天然物の全合成

—— 華麗な戦略と方法 ——

竜田邦明［著］

朝倉書店

まえがき

本書は天然生理活性物質（天然物）の全合成を題材として有機合成化学を理解することを目的としている．有機合成化学は多種多様な化合物の合成および新しい医薬品や材料の創製に寄与するばかりでなく，生命現象を化学的に解明するための最高の手段でもある．したがって，科学の中心学問の一つであると言っても過言ではない．非常に幅広い分野の基礎であり，また先導的な学問でもある．そのため，有機合成化学のすべてを短期間に理解することは困難である．特に，多くの反応を学んでも，それを実際の化合物の合成にいかに応用するかという合成概念あるいは合成戦略を身につけなければ意味がない．そこで，本書では，従来の参考書に見られるような反応別あるいは反応様式別に論じることは意識的に避け，最初から天然生理活性物質（天然物）を対象化合物として選び，それらの全合成（入手可能な最小ユニットから天然物を合成すること）を紹介することにした．これにより，各工程に用いられた多様な反応と合成全体におけるそれらの有用性を理解すると同時に，合成戦略も理解することができると考える．したがって，従来の成書とは趣を異にしている．

特に，本書は著者らがこれまでに完成した85種以上の天然物の全合成を中心に解説する．幸いそのうち約80種については世界最初の全合成であるので，同一あるいは同様の天然物を他の研究者が追随して報告した全合成研究も併せて紹介することにより，使用された多くの反応のみならず合成概念，戦略，方法論などの相違も明確にすることを目的とした．そこには優劣はなく，ただ，各研究者の個性の傑出した全合成という作品があるだけである．それぞれの優れた哲学が浮き彫りになるので，それを真摯に学べばよいと考えた．

同じ景色を描くにしても，たとえばモネ，ゴッホ，ピカソが描いた絵にはそれぞれ個性が凝縮され芸術と称されるものが多い．どれが優れているかという問題ではない．優劣をつけても意味がない．あるのは哲学の違い，絵画する心の違いだけである．好き嫌いは個人の問題である．まずは優れた技法を学びまねすればよい．全合成も同じで，どれが優れているかは大きな問題ではない．それぞれ有機合成化学の進歩に貢献したことは間違いない事実で，あるのはやはり哲学の違い，科学する心の違いだけである．

したがって，まずは，本書に掲載されている反応をすべて基本として理解することが大切である．それらが理解できれば，他の反応も新しい反応も理解でき，新しい全合成研究にも興味がわくようになる．

そこで，まず，全合成，特に最初の全合成の意義についても触れておきたい．

天然物の全合成によって，新しい合成概念，戦略，方法論などが創出されるのは当然であり，逆に，なければ独創的な全合成は完成しない．しかるに，天然物の全合成の意義は別にあり，少なくとも三つの大きな意義がある．一つは月にロケットを軟直陸させることと同じである．月に到達したということは，それまでの科学が正しかったということの証明である．天然にあるものと同じものを約50工程かけて合成できたということは，これまでの化学が正しかった証明になる．二つ目は天然物の構造，特に絶対構造の確証である．立体特異的あるいは立体選択的に合成した化合物が天然物と同一であることを明らかにすることにより，初めて天然物の右か左，すなわち絶対構造が確証される．三つ目は，天然物の生理活性，生物活性の確証である．自然界から天然物を純度100%で単離するのは困難であるので，含まれる微量の不純物が強力な活性を有していると，全体として活性を示すことになる．このような例はこれまでにも少なくない．そこで，全合成で得た化合物の活性を測定し，その活性が天然物固有のものであることを確証する．これらは有機合成化学によって初めて成し遂げられることである．

単一な反応が点あるいは線とすれば，化合物の合成は面であり，立体である．いかに構築するか，そのためにはいかなる反応を組み合わせるか，そこに各自が開発した反応や方法論を一つ組み込むことができれば，それが全合成の華 (art) の部分になり，結果として優れた合成研究が創生される．

要するに，反応ごとの単なる細切れの知識ではなく実践的に使える有機合成化学を身につけていただきたい．それぞれの合成研究の違いを楽しみながら天然物の合成法を学び，総合的に有機合成化学を実践的な知識として学ぶことが大切である．

それぞれの研究者の個性，哲学，方法論，戦略の違いを感じ取っていただき，同時に反応の使い方と重要性を理解していただけるように願っている．

各反応の活用方法は最後の索引の項から検索できるが，それぞれの天然物の全合成はもちろんのこと，各反応についても，ぜひ参考文献から原著を検索し熟読することにより，さらに理解を深めることをお薦めする．

2006年4月17日

著　者

目　次 (Contents)

目　　次

略語表（List of Abbreviations）

9-BBN	9-borabicyclo[3.3.1]nonane
Ac	acetyl
Adogen® 464	methyltrialkyl(C_8-C_{10})ammonium chloride
Am	amyl(pentyl)
acac	acetylacetonate
AIBN	2,2'-azobisisobutyronitrile
APA	1,3-diaminopropane
aq.	aqueous
BHT	2,6-di-*t*-butyl-*p*-cresol
BINAL-H	2,2'-dihydroxy-1,1'-binaphthyl lithium aluminum hydride
BINAP	2,2'-bis(diphenylphosphino)-1,1-binaphthyl
BMB	*o*-(benzoyloxymethyl)benzoyl
Bn	benzyl
Boc	*t*-butoxycarbonyl
BOM	benzyloxymethyl
BOP	benzotriazol-1-yloxy-tris-(dimethylamino)-phosphonium hexafluorophosphate
BOPCl	bis(2-oxo-3-oxazolidinyl)phosphinic chloride
BSTFA	*N*,*O*-bis(trimethylsilyl)trifluoroacetamide
BTAC	benzyl triethylammonium chloride
Bu	butyl
Bz	benzoyl
Bzh	benzhydryl
c-Hex	cyclohexyl
CAN	ceric(IV)ammonium nitrate
cat.	catalytic
Cbz	benzyloxycarbonyl
CDI	1,1'-carbonyldiimidazole
chloramine T	sodium *N*-chloro-*p*-toluenesulfonamide
conc.	concentrated
cod	1,5-cyclooctadiene
Cp	cyclopentadienyl
CSA	10-camphorsulfonic acid
Cy	cyclohexyl
DABCO	1,4-diazabicyclo[2,2,2]octane
DAST	diethylaminosulfur trifluoride
dba	dibenzylideneacetone
DBB	4,4'-di-*t*-butylbiphenyl
DBN	1,5-diazabicyclo[4.3.0]non-5-ene
DBU	1,8-diazabicyclo[5.4.0]undec-7-ene
DCC	1,3-dicyclohexylcarbodiimide
DCM	dichloromethane
DDMPO	diisobutyl aluminum 2,6-di-*t*-butyl-4-methylphenoxide
DDQ	2,3-dichloro-5,6-dicyano-1,4-benzoquinone
DEAD	diethyl azodicarboxylate
DEIPS	diethylisopropylsilyl
DHP	3,4-dihydro-2*H*-pyran
DIAD	diisopropyl azodicarboxylate
DIBAL-H	diisobutylaluminum hydride
dil.	dilute
DIPT	diisopropyl tartrate
DMAP	4-(dimethylamino)pyridine
DMB	2,4-dimethoxybenzyl
DMDO	2,2-dimethyldioxirane
DME	1,2-dimethoxyethane
DMF	*N*,*N*-dimethylformamide
DMP	Dess-Martin periodinane
DMPM	3,4-dimethoxybenzyl
DMPU	1,3-dimethyl-3,4,5,6-tetrahydro-2(1*H*)-pyrimidinone
DMSO	dimethyl sulfoxide
DMSY	dimethyl sulphonium methylide
DPPA	diphenylphosphoryl azide
dppf	1,1'-bis(diphenylphosphino)ferrocene
dppe	1,2-bis(diphenylphosphino)ethane
DTBMP	2,6-di-*t*-butyl-4-methylpyridine
EDC or EDCI	1-(3-dimethylaminopropyl)-3-ethyl-carbodiimide hydrochloride
EE	1-ethoxyethyl
en	ethylenediamine
Et	ethyl
EVE	ethyl vinyl ether
FAMSO	formaldehyde dimethyldithioacetal *S*-oxide
fod	6,6,7,7,8,8,8-heptafluoro-2,2-dimethyl-3,5-octanedionate
HMDS	1,1,1,3,3,3-hexamethyldisilazane
HMPA	hexamethylphosphoramide
HMPT	hexamethylphosphorous triamide
HOBt	1-hydroxybenzotriazole
i	iso
IBX	*o*-iodoxybenzoic acid
Imid	imidazole
Ipc	isopinocamphenyl

略　語　表

IPDMS	isopropyldimethylsilyl
liq.	liquid
KAPA	potassium 3-aminopropylamide
K-Selectride®	potassium tri-*s*-butylborohydride
KHMDS	potassium hexamethyldisilazide
L-Selectride®	lithium tri-*s*-butylborohydride
LDA	lithium diisopropylamide
LHMDS	lithium hexamethyldisilazide
m	meta
MAPh	methylaluminum bis(2,6-diphenylphenoxide)
*m*CPBA	*m*-chloroperbenzoic acid
Me	methyl
MEK	methyl ethyl ketone
MEM	2-methoxyethoxymethyl
Men	menthyl
MMPP	magnesium bis(monoperoxyphthalate) hexahydrate
MOM	methoxymethyl
MP	*p*-methoxyphenyl
MS	molecular sieves
Ms	methanesulfonyl
MTr	monomethoxytrityl
n	normal
NaHMDS	sodium hexamethyldisilazide
NBS	*N*-bromosuccinimide
NBSH	*o*-nitrobenzenesulfonyl hydrazide
NCS	*N*-chlorosuccinimide
NDMBA	*N*,*N*-dimethylbarbituric acid
NIS	*N*-iodosuccinimide
NMI	*N*-methylimidazole
NMO	*N*-methylmorpholine-*N*-oxide
NMP	1-methyl-2-pyrrolidinone
NPSP	*N*-phenylselenophthalimide
Ns	2-nitrobenzenesulfonyl
o	ortho
p	para
PCC	pyridinium chlorochromate
PDC	pyridinium dichromate
pet.	petroleum
Ph	phenyl
Pht	phthaloyl or
	phthalimide
PIFA	[bis(trifluoroacetoxy)iodo]benzene
Piv	pivaloyl
PMB	*p*-methoxybenzyl
PMP	*p*-methoxyphenyl
PNB	*p*-nitrobenzyl
PNZ	*p*-nitrobenzyloxycarbonyl
PPA	polyphosphoric acid
PPTS	pyridinium *p*-toluenesulfonate
Pr	propyl
Prenyl	3,3-dimethylallyl
Py	pyridine
ref.	reference
rt	room temperature
quant.	quantitative
Red-Al®	sodium bis(2-methoxyethoxy)aluminum hydride
s	secondary
sat.	saturated
SE	2-(trimethylsilyl)ethyl
SEM	2-(trimethylsilyl)ethoxymethyl
Sia_2BH	disiamylborane
t	tertiary
TASF	tris(dimethylamino)sulfur(trimethylsilyl)difluoride
TBAB	tetra-*n*-butylammonium bromide
TBAF	tetra-*n*-butylammonium fluoride
TBAI	tetra-*n*-butylammonium iodide
TBDPS	*t*-butyldiphenylsilyl
TBHP	*t*-butyl hydroperoxide
TBS	*t*-butyldimethylsilyl
TC	thiophene-2-carboxylate
TCDI	1,1'-thiocarbonyldiimidazole
TCIA	trichloroisocyanuric acid
TEG	triethylene glycol
TEMPO	2,2,6,6-tetramethylpiperidinyloxy
TES	triethylsilyl
Tf	trifluoromethanesulfonyl
TFA	trifluoroacetic acid
TFAA	trifluoroacetic anhydride
THF	tetrahydrofuran
	tetrahydrofuranyl
THP	tetrahydropyranyl
TIPDS	1,3-(1,1,3,3-tetraisopropyl)disiloxanylidene
TIPS	triisopropylsilyl
TMAD	*N*,*N*,*N'*,*N'*-tetramethylazodicarboxamide
TMEDA	*N*,*N*,*N'*,*N'*-tetramethylethylenediamine
TMS	trimethylsilyl
Tol	*p*-tolyl
TPAP	tetra-*n*-propylammonium perruthenate(VII)
TPP	tetraphenylporphyrin
Tr	triphenylmethyl, trityl
Ts	*p*-toluenesulfonyl
WSCI	1-(3-dimethylaminopropyl)-3-ethylcarbodiimide
Z	benzyloxycarbonyl
Z-ONB	*N*-(benzyloxycarbonyl-5-norbornen-2,3-dicarboximide

試薬表 (List of Reagents)

AD-mix-α

cat. $K_2OsO_2(OH)_2$
cat. $(DHQ)_2PHAL$
K_2CO_3, $K_2Fe(CN)_6$

Burgess Reagent

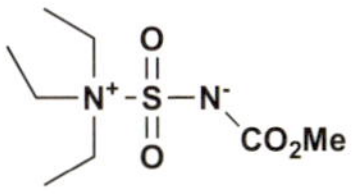

Davis Reagent

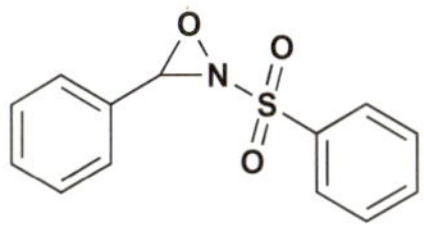

Dess-Martin Periodinane

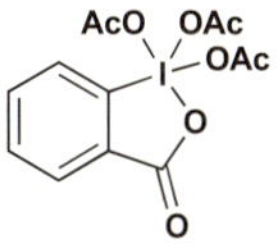

$(DHQ)_2PHAL$

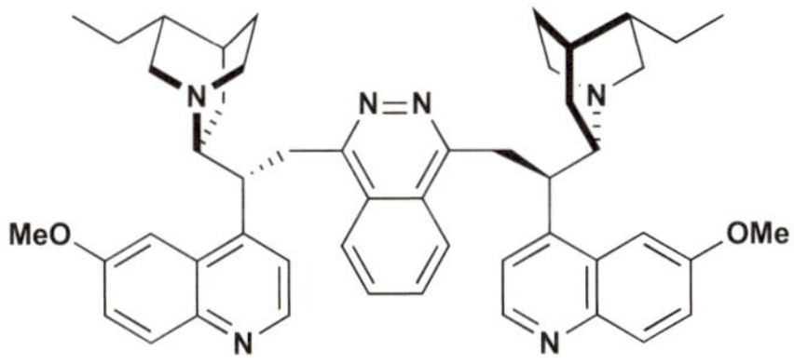

Grubbs catalyst

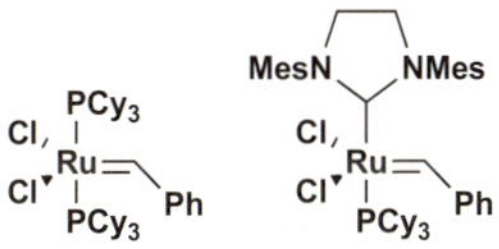

Hoveyda catalyst

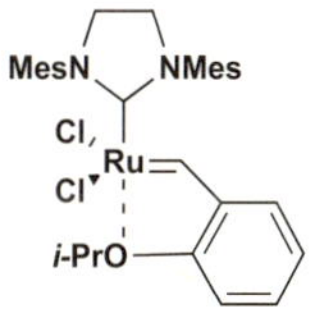

IBX

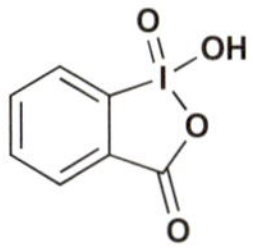

Martin Sulfurane

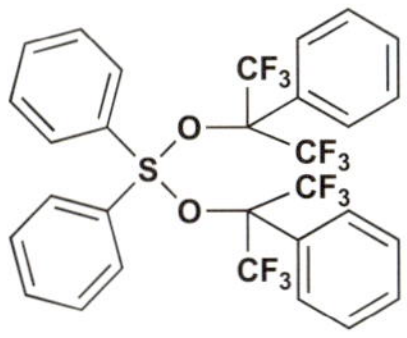

A26771B

1) Stereospecific Total Synthesis and Absolute Configuration of a Macrocyclic Lactone Antibiotic, A26771B[1,2,3)]

糖質を不斉炭素源にして、Wittig反応と山口法によるラクトン化を経て天然型の光学活性な16員環の天然物を全合成

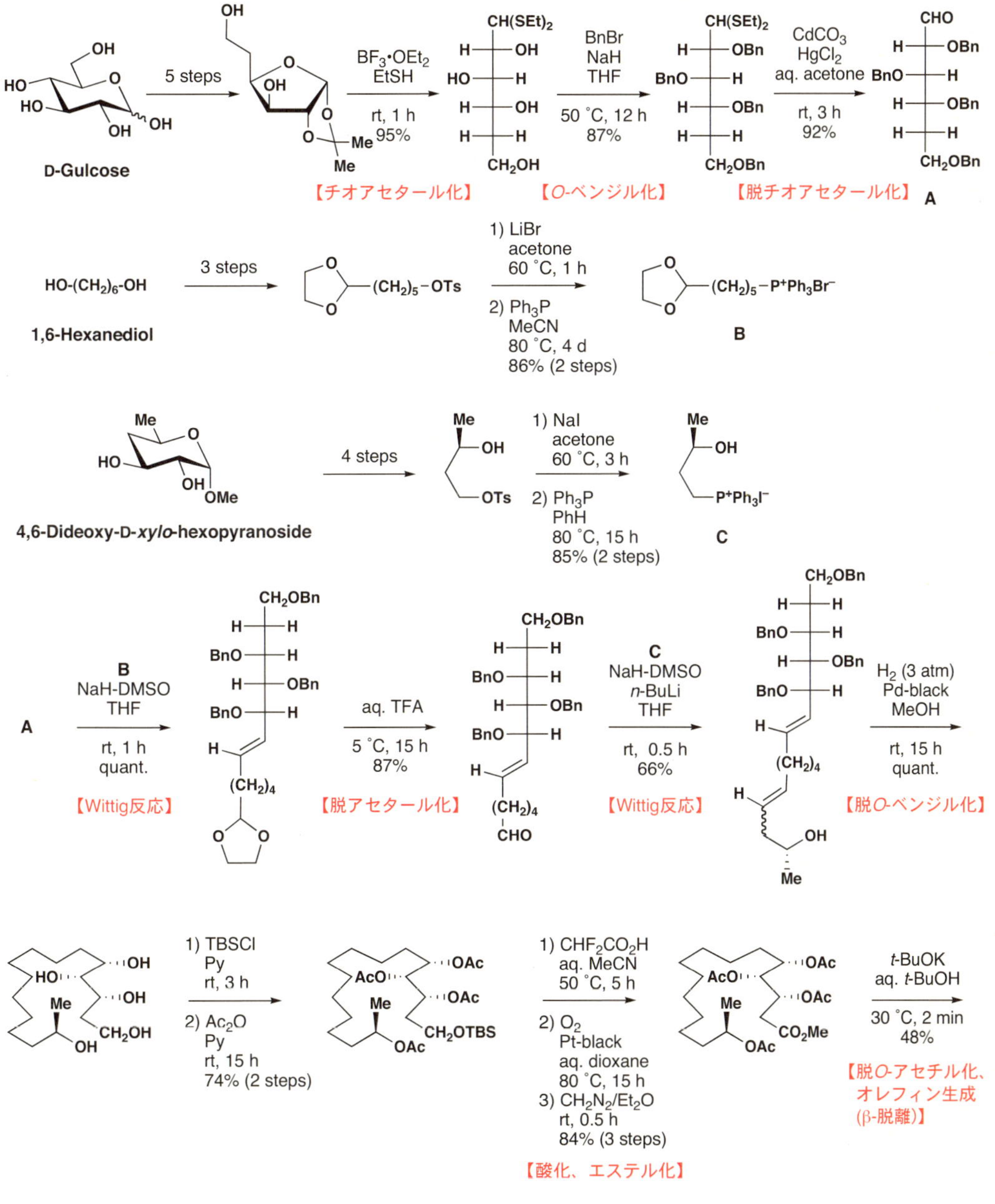

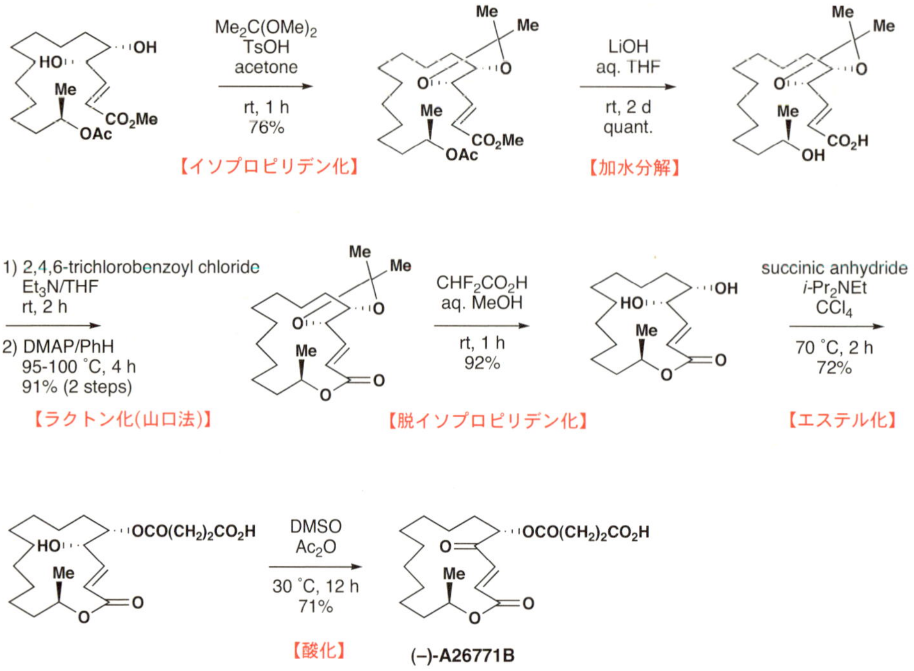

2) Synthesis of the Macrolide Antibiotic A26771B Methyl Ester[4)]

導入したフラン環を開環してα,β-不飽和カルボン酸を構築

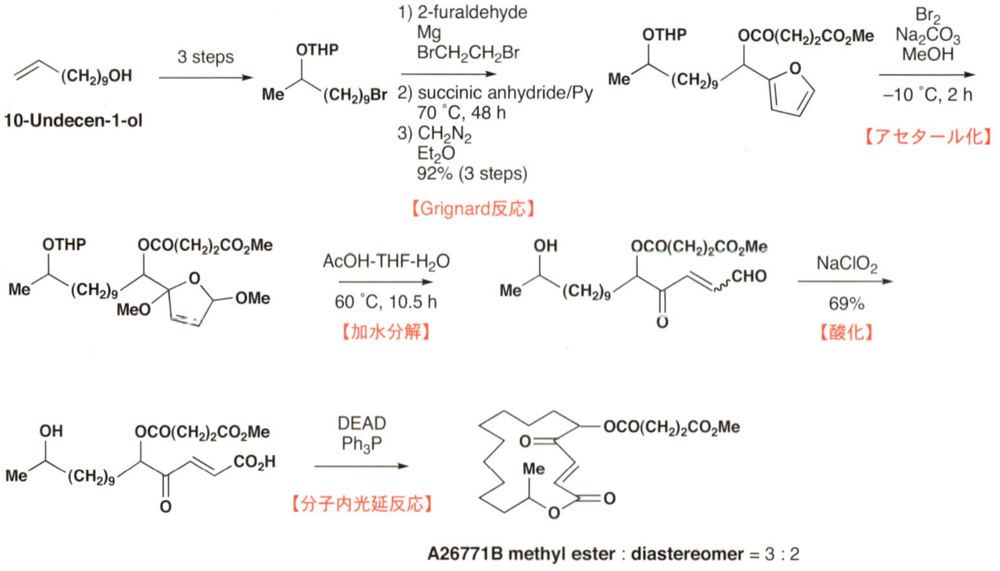

3) Total Synthesis of the Macrolide Antibiotic (±)-A26771B[5)]

分子内光延反応を用いてラクトン環を形成

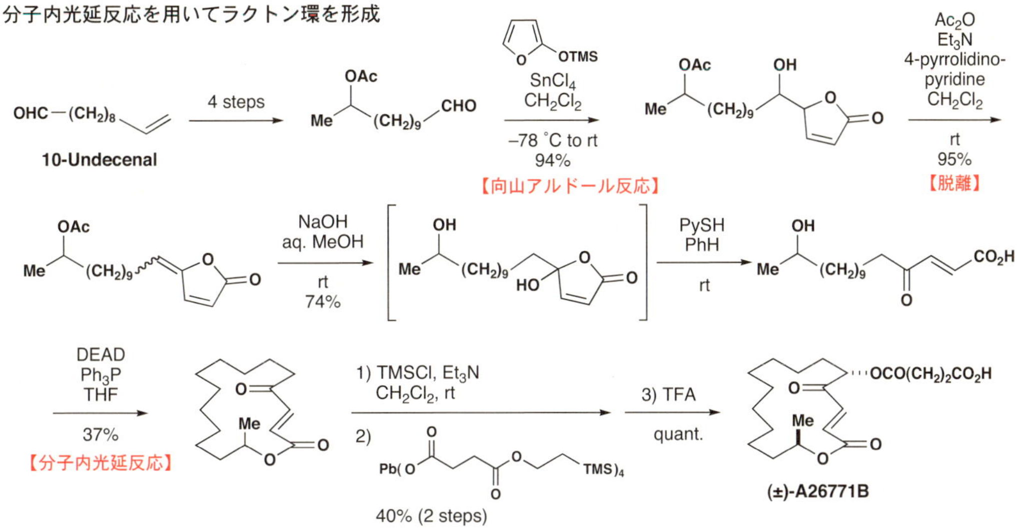

4) Synthesis of Macrocyclic Lactones Applying Intramolecular 1,3-Dipolar Cycloaddition: Synthesis of (±)-A26771B[6)]

ニトリルオキシドを用いる[3+2]付加環化を鍵反応として16員環を構築

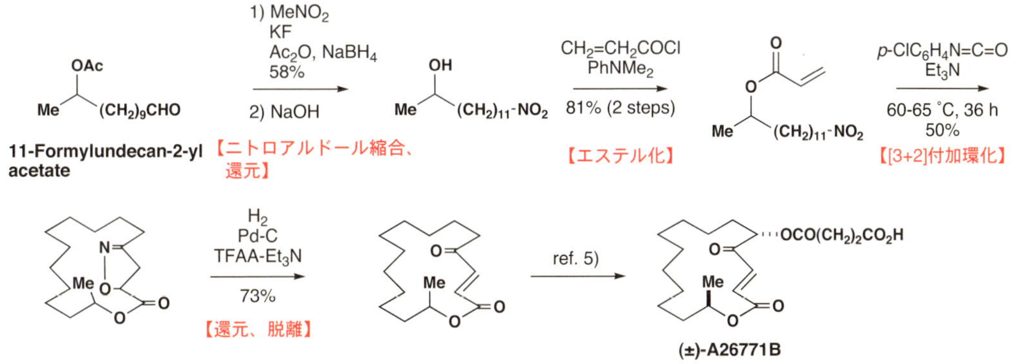

5) Palladium-assisted Macrocyclization Approach to Cytochalasins: A Synthesis of Antibiotic A26771B[7)]

Pd錯体を用いて辻-Trost反応を起こさせ、16員環を構築

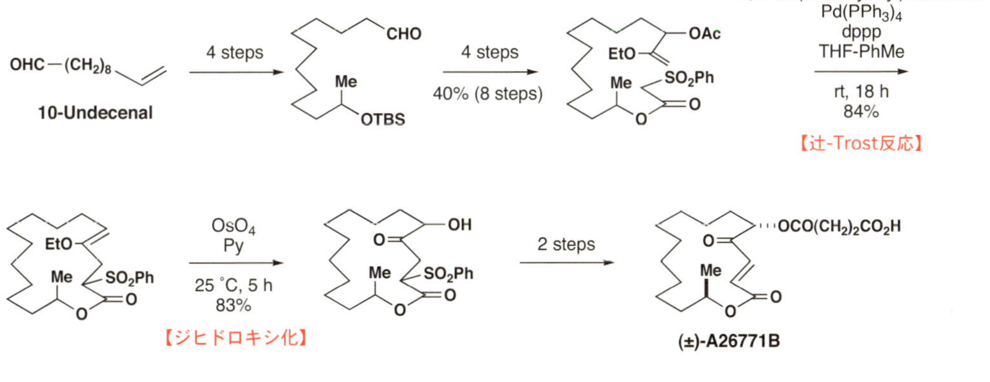

6) A Short-step Synthesis of Antibiotic A26771B Utilizing the Ring-opening Reaction of β-Ethynyl-β-propiolactone[8)]

β-エチニル-β-プロピオラクトンの開環によるアレンの生成を経てヒドロキシカルボン酸を合成

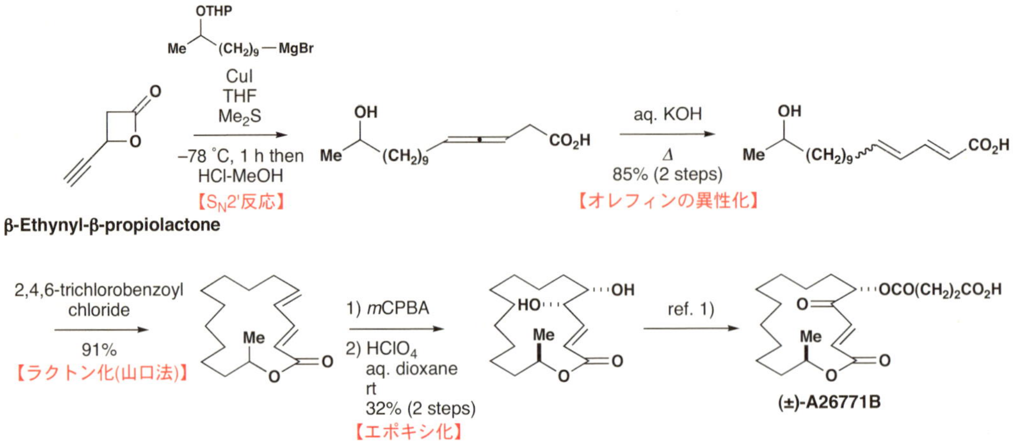

7) Oxidation of α,β-Unsaturated Esters and Lactones with Selenium Dioxide to γ-Oxo or γ-Hydroxy Derivatives; Synthesis of (±)-A26771B and Norpyrenophorin[9)]

Wittig 試薬を用いる増炭反応とラクトン化を一挙に行い16員環を構築

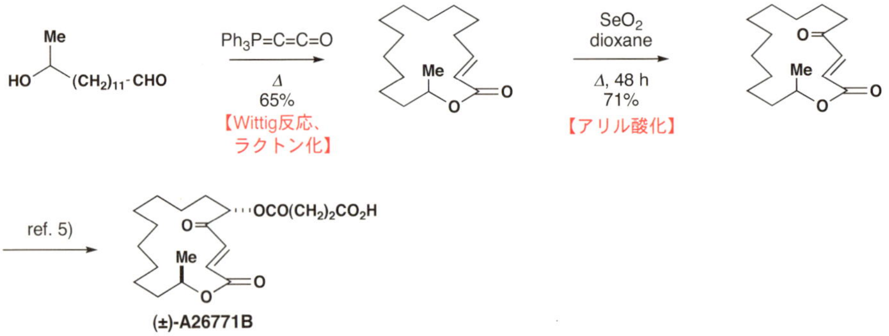

8) Stereoselective Synthesis of a Macrolide Antibiotic A26771B[10)]

光学活性グリセルアルデヒドを用いて光学活性な16員環ラクトンを構築

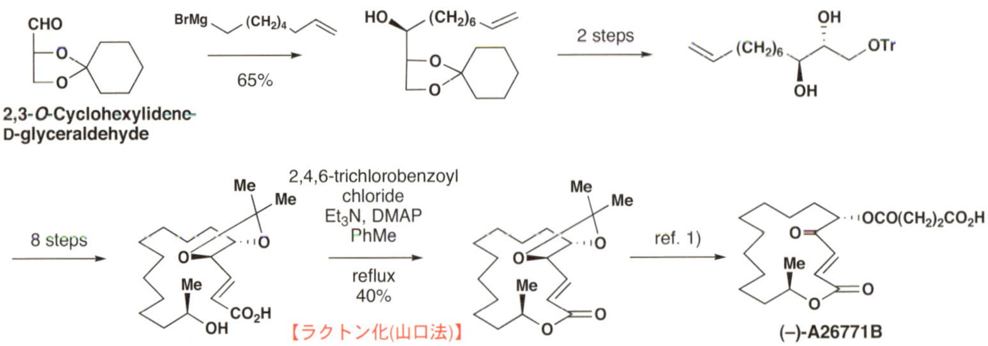

9) Synthese des Makrolide-antibiotikums (–)-A26771B mit Photolactonisierung als Schlüsselreaktion und Computersimulation als Effektive Optimierungshilfe[11)]

光ラクトン化を鍵反応として16員環を構築

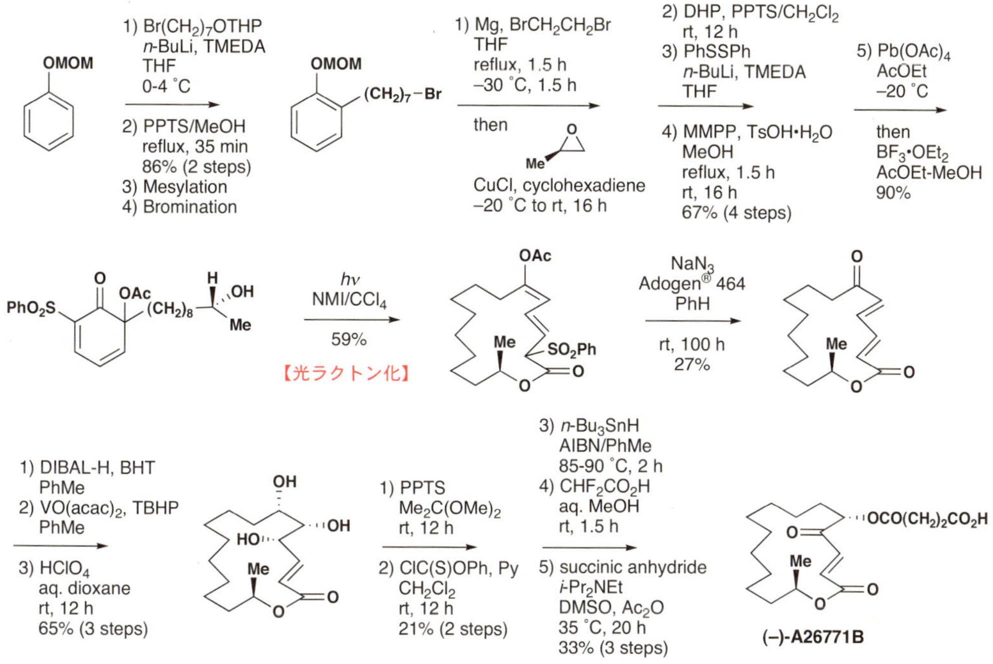

10) Intramolecular Palladium-catalysed Cross Coupling; a Direct Route to γ-Oxo-α,β-unsaturated Macrocycles[12)]

Pd錯体を触媒とする分子内クロスカップリングによる16員環の構築

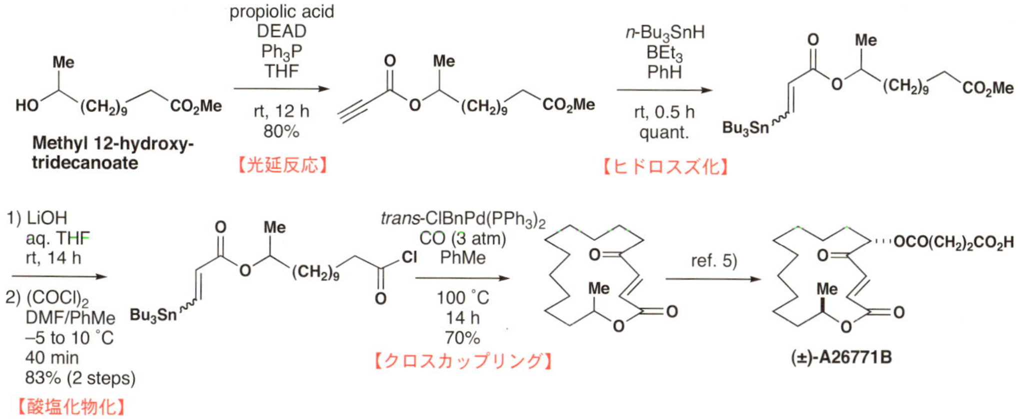

11) A General Approach to Enantiomerically Pure Methylcarbinols. Asymmetric Synthesis of Antibiotic (–)-A26771B and the WCR Sex Pheromone[13)]

Sharpless不斉ジヒドロキシ化を鍵反応として光学活性な16員環ラクトンを構築

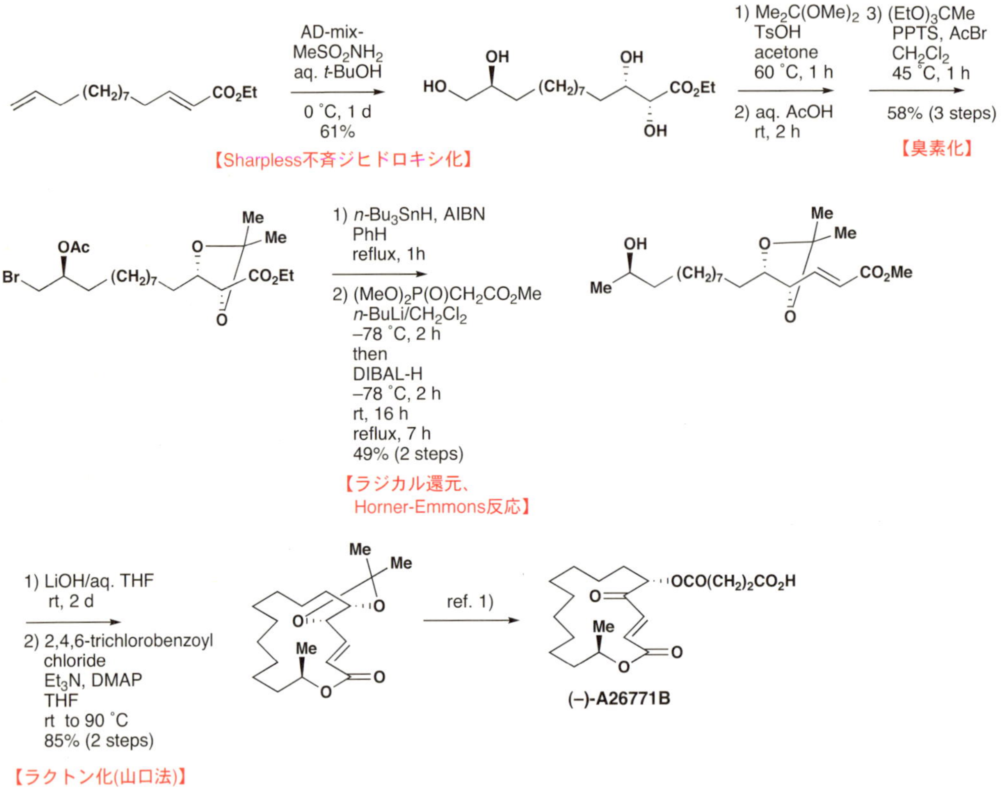

12) Boc$_2$O Mediated Macrolactonisation: Formal Chemoenzymatic Synthesis of Macrolide Antibiotic (–)-A26771B[14)]

酵素反応による光学分割を経て光学活性な16員環を構築

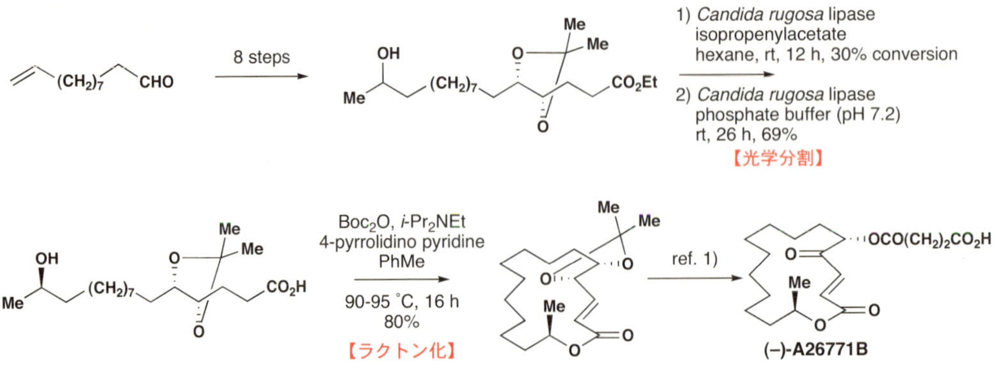

13) An Efficient Synthesis of Antibiotic (–)-A26771B[15)]

光学活性なエピクロルヒドリンを用いて光学活性な16員環を構築

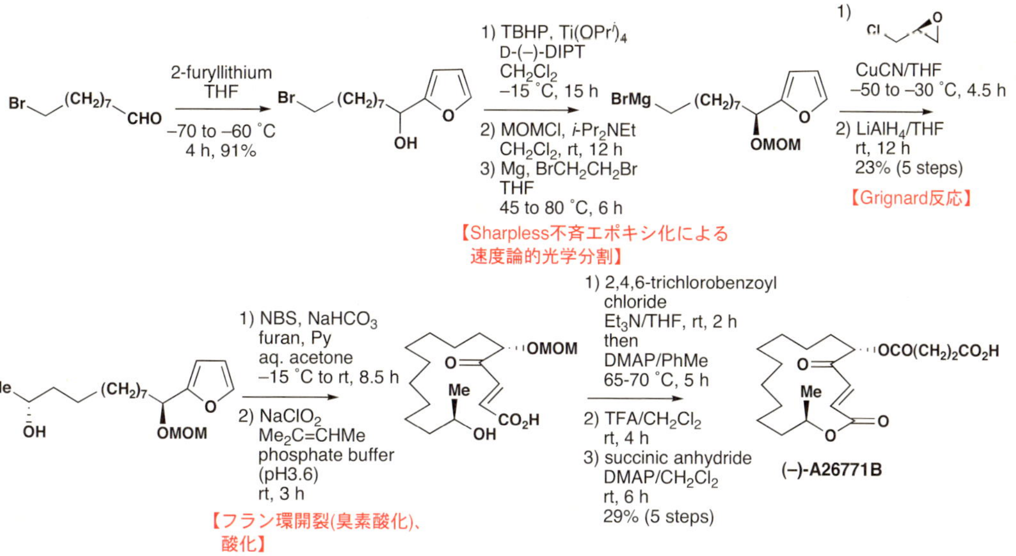

14) A Rapid Formal Synthesis of the Macrolide (–)-A26771B[16)]

閉環メタセシスを経て16員環ラクトン環を構築

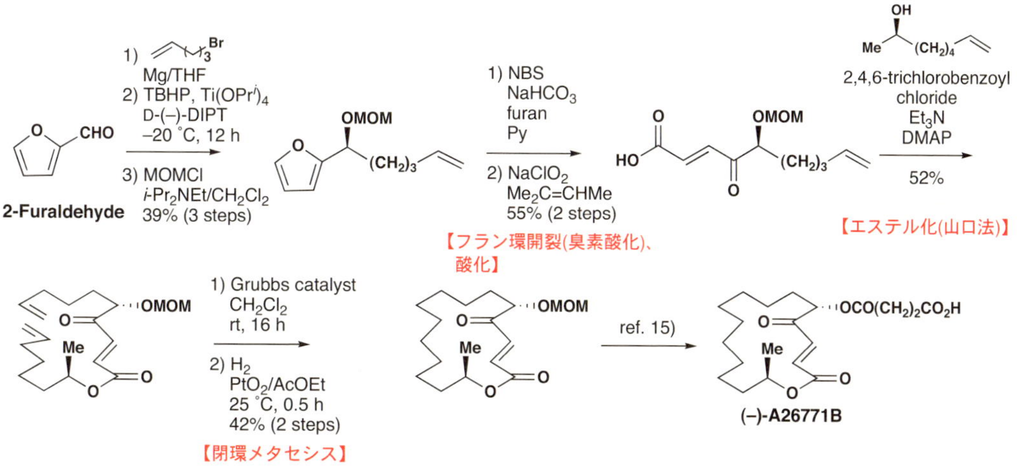

References

1) K. Tatsuta, A. Nakagawa, S. Maniwa and M. Kinoshita, *Tetrahedron Lett.*, **21**, 1479-1482 (1980)
2) K. Tatsuta, A. Nakagawa, S. Maniwa, Y. Amemiya and M. Kinoshita, *Nippon Kagaku Kaishi*, 762-768 (1981)
3) K. Tatsuta, A. Y. Amemiya, Y. Kanemura and M. Kinoshita, *Bull. Chem. Soc. Jpn.*, **55**, 3248-3253 (1982)
4) T. A. Hase and E.-L. Nylund, *Tetrahedron Lett.*, **20**, 2633-2636 (1979)
5) M. Asaoka, N. Yanagida and H. Takei, *Tetrahedron Lett.*, **21**, 4611-4614 (1980)
6) M. Asaoka, M. Abe, T. Mukuta and H. Takei, *Chem. Lett.*, 215-218 (1982)
7) B. M. Trost and S. J. Brickner, *J. Am. Chem. Soc.*, **105**, 568-575 (1983)
8) T. Fujisawa, N. Okada, M. Takeuchi and T. Sato, *Chem. Lett.*, 1271-1272 (1983)
9) H. J. Bestmann and R. Schobert, *Angew. Chem. Int. Ed. Engl.*, **24**, 791-792 (1985)
10) I. Ichimoto, M. Sato, H. Tsuji, M. Kirihara and H. Ueda, *Chem. Exp.*, **3**, 499-502 (1988)
11) G. Quinkert, F. Kuber, W. Knauf, M. Wacker, U. Koch, H. Becker, H.P. Nestler, G. Dürner, G. Zimmermann, J. W. Bats and E. Egert, *Helv. Chim. Acta*, **74**, 1853-1923 (1991)
12) J. E. Baldwin, R. M. Adlington and S. H. Ramcharitar, *Tetrahedron*, **48**, 2957-2976 (1992)
13) S. C. Sinha, A. Shinha-Bagchi and E. Keinan, *J. Org. Chem.*, **58**, 7789-7796 (1993)
14) M. Nagarajan, *Tetrahedron Lett.*, **40**, 1207-1210 (1999)
15) Y. Kobayashi and H. Okui, *J. Org. Chem.*, **65**, 612-615 (2000)
16) W.-W. Lee, H. J. Shin and S. Chang, *Tetrahedron Asymm.*, **12**, 29-31 (2001)

AB3217-A

1) The Total Synthesis of AB3217-A[1,2)]

分子内グリコシル化を経て天然物を全合成

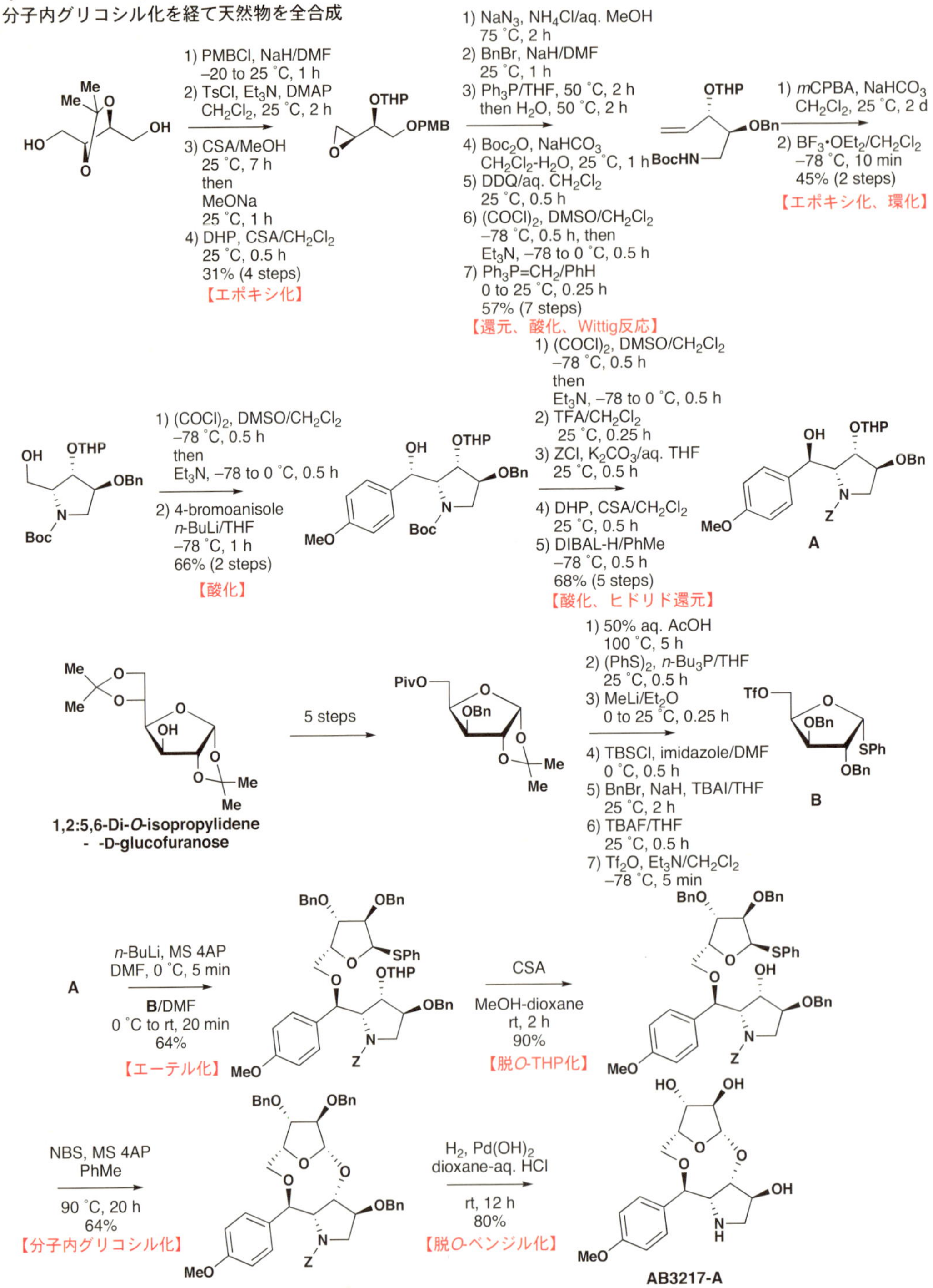
1) PMBCl, NaH/DMF
–20 to 25 °C, 1 h
2) TsCl, Et3N, DMAP
CH2Cl2, 25 °C, 2 h
3) CSA/MeOH
25 °C, 7 h
then
MeONa
25 °C, 1 h
4) DHP, CSA/CH2Cl2
25 °C, 0.5 h
31% (4 steps)
【エポキシ化】
1) NaN3, NH4Cl/aq. MeOH
75 °C, 2 h
2) BnBr, NaH/DMF
25 °C, 1 h
3) Ph3P/THF, 50 °C, 2 h
then H2O, 50 °C, 2 h
4) Boc2O, NaHCO3
CH2Cl2-H2O, 25 °C, 1 h
5) DDQ/aq. CH2Cl2
25 °C, 0.5 h
6) (COCl)2, DMSO/CH2Cl2
–78 °C, 0.5 h, then
Et3N, –78 to 0 °C, 0.5 h
7) Ph3P=CH2/PhH
0 to 25 °C, 0.25 h
57% (7 steps)
【還元、酸化、Wittig反応】
1) mCPBA, NaHCO3
CH2Cl2, 25 °C, 2 d
2) BF3•OEt2/CH2Cl2
–78 °C, 10 min
45% (2 steps)
【エポキシ化、環化】
1) (COCl)2, DMSO/CH2Cl2
–78 °C, 0.5 h
then
Et3N, –78 to 0 °C, 0.5 h
2) 4-bromoanisole
n-BuLi/THF
–78 °C, 1 h
66% (2 steps)
【酸化】
1) (COCl)2, DMSO/CH2Cl2
–78 °C, 0.5 h
then
Et3N, –78 to 0 °C, 0.5 h
2) TFA/CH2Cl2
25 °C, 0.25 h
3) ZCl, K2CO3/aq. THF
25 °C, 0.5 h
4) DHP, CSA/CH2Cl2
25 °C, 0.5 h
5) DIBAL-H/PhMe
–78 °C, 0.5 h
68% (5 steps)
【酸化、ヒドリド還元】
A
1,2:5,6-Di-O-isopropylidene
- -D-glucofuranose
5 steps
1) 50% aq. AcOH
100 °C, 5 h
2) (PhS)2, n-Bu3P/THF
25 °C, 0.5 h
3) MeLi/Et2O
0 to 25 °C, 0.25 h
4) TBSCl, imidazole/DMF
0 °C, 0.5 h
5) BnBr, NaH, TBAI/THF
25 °C, 2 h
6) TBAF/THF
25 °C, 0.5 h
7) Tf2O, Et3N/CH2Cl2
–78 °C, 5 min
B
A
n-BuLi, MS 4AP
DMF, 0 °C, 5 min
B/DMF
0 °C to rt, 20 min
64%
【エーテル化】
CSA
MeOH-dioxane
rt, 2 h
90%
【脱O-THP化】
NBS, MS 4AP
PhMe
90 °C, 20 h
64%
【分子内グリコシル化】
H2, Pd(OH)2
dioxane-aq. HCl
rt, 12 h
80%
【脱O-ベンジル化】
AB3217-A

References

1) M. Nakata, T. Tamai, T. Kamio, M. Kinoshita and K. Tatsuta, *Tetrahedron Lett.*, **35**, 3099-3102 (1994)
2) M. Nakata, T. Tamai, T. Kamio, M. Kinoshita and K. Tatsuta, *Bull. Chem. Soc. Jpn.*, **67**, 3057-3066 (1994)

Allosamizolines

1) Enantiospecific Total Synthesis of (–)-Allosamizoline, an Aminocyclitol Moiety of the Insect Chitinase Inhibitor Allosamidin[1)]

ニトリルオキシドを用いる[3+2]付加環化を鍵反応として、光学活性な多置換シクロペンタンを構築し合成

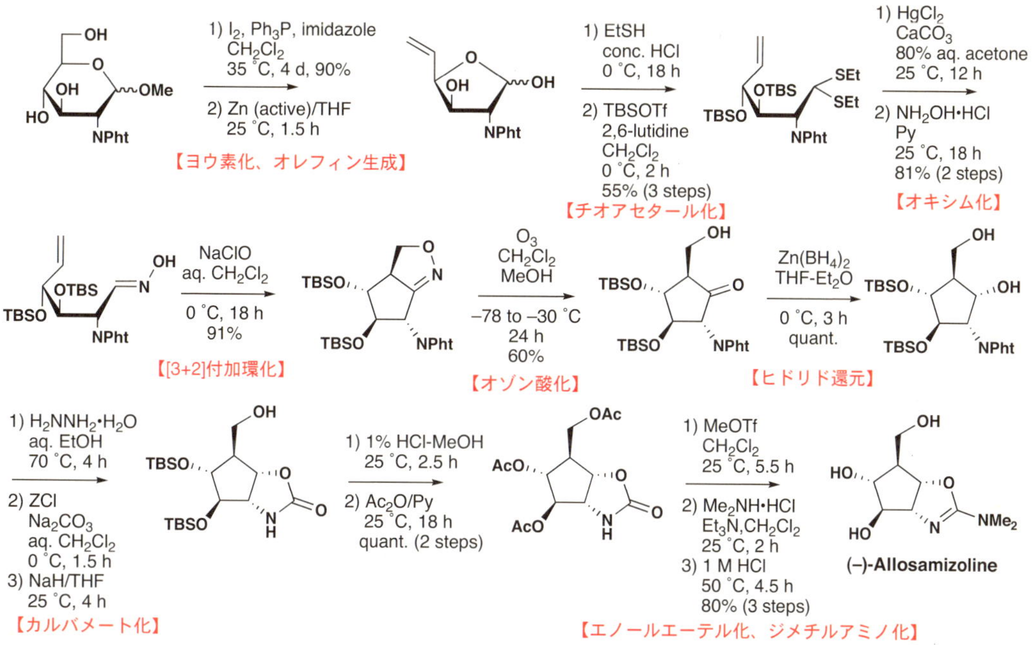

2) Synthesis of (–)-Allosamizoline, the Pseudoaminosugar Moiety of Allosamidin, a Chitinase Inhibitor[2)]

糖質を不斉炭素源とし、[3+2]付加環化を経て合成

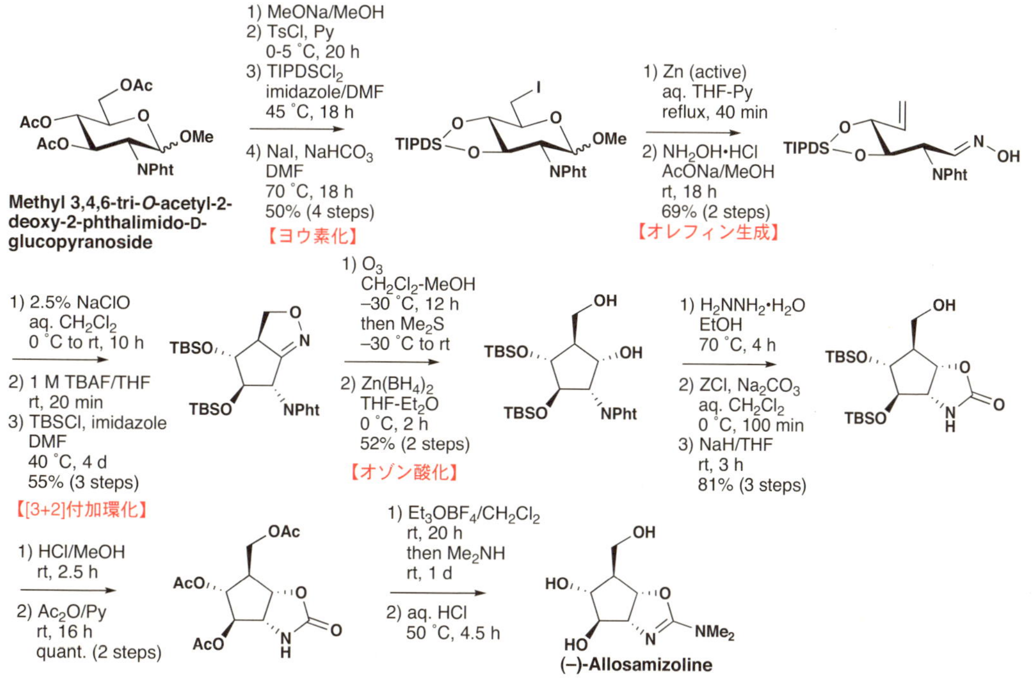

3) Stereocontrolled Synthesis of (–)-Allosamizoline Using D-Glucosamine as a Chiral Template[3)]

糖質のグルコサミンを不斉炭素源にし、Ferrier反応と環縮小(骨格転位)反応を経て合成

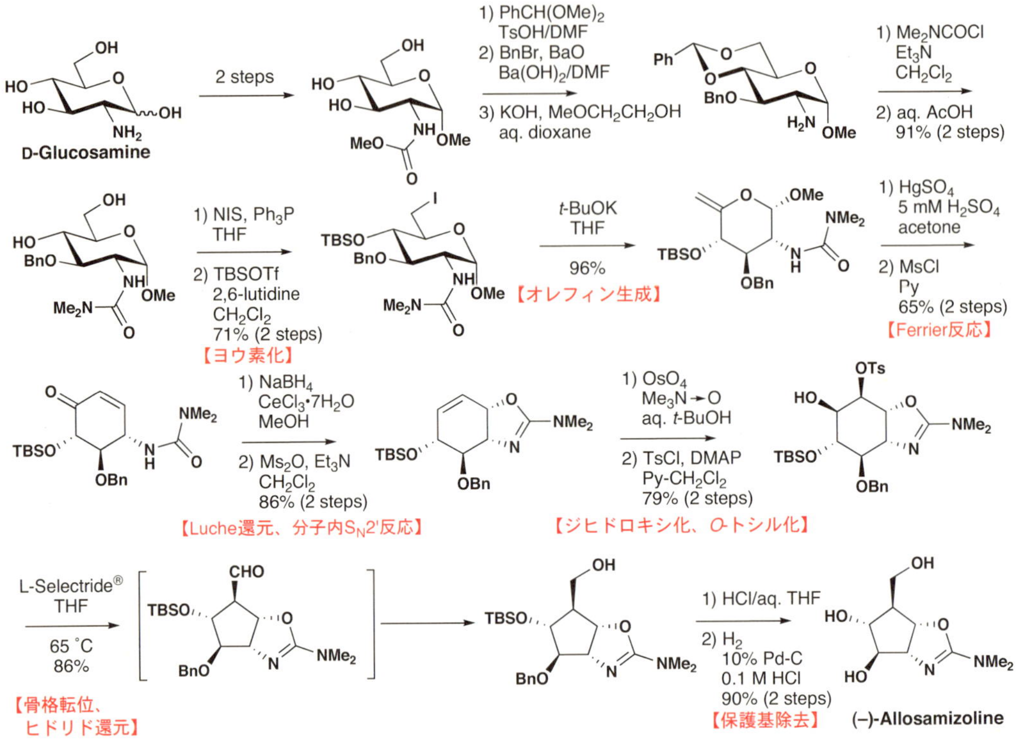

4) An Enantiospecific Total Synthesis of Allosamizoline[4,5)]

糖質を不斉炭素源にし、ラジカル環化を経て合成

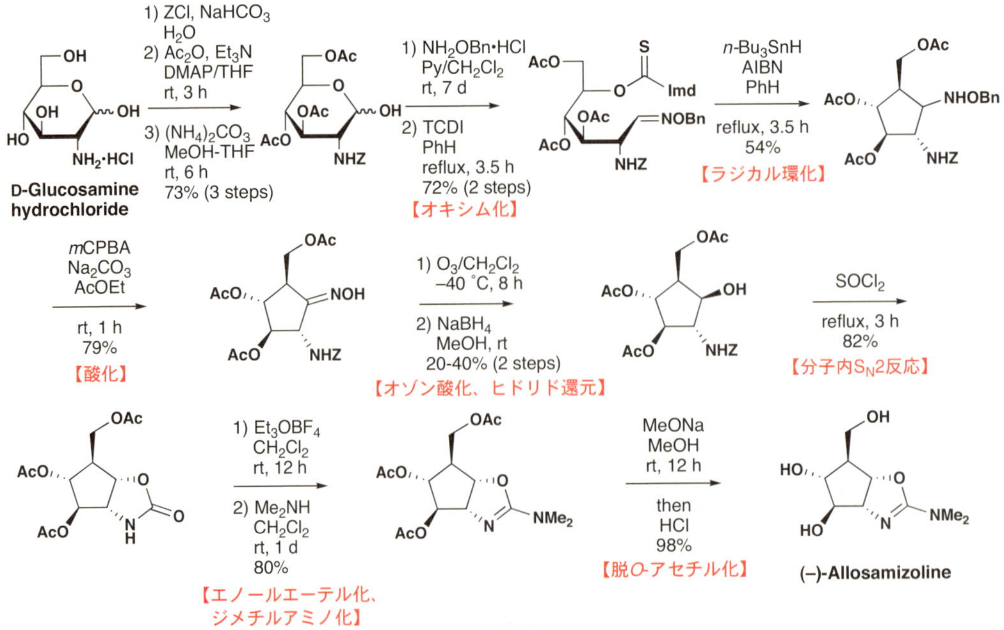

5) Template-Direct Synthesis of (±)-Allosamizoline and Its 3,4-Epimers[6,7]

シクロペンタジエニルアニオンを原料にし、カルバメート環化を経て合成

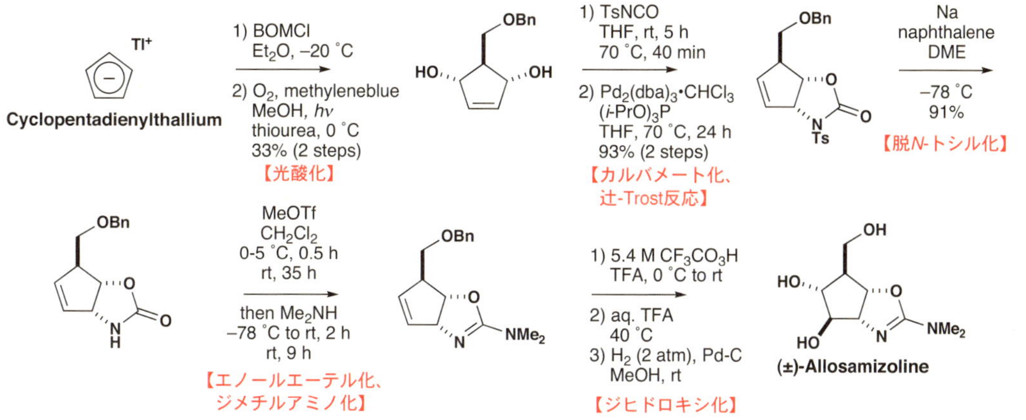

6) A Concise Synthesis of the (−)-Allosamizoline Aminocyclopentitol Based on Pyridinium Salt Photochemistry[8]

ピリジニウム塩の光酸化を用いる三置換シクロペンテンの構築と酵素による光学分割を経て合成

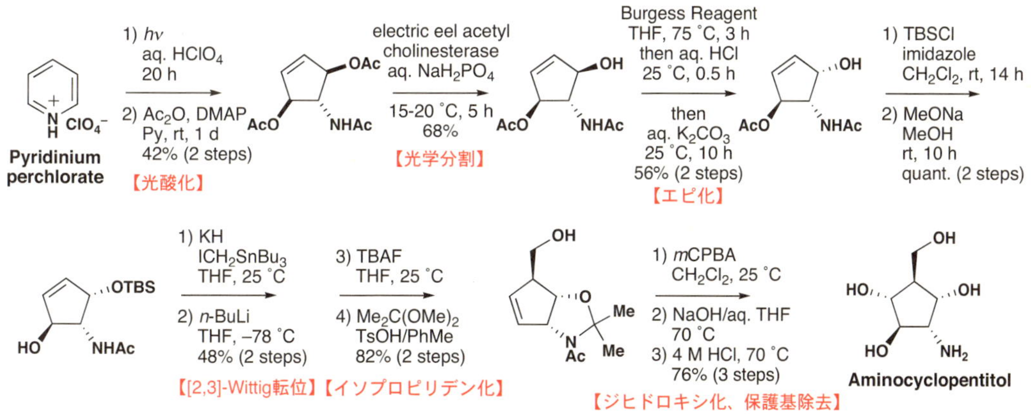

7) Total Synthesis of (±)-Allosamizoline from a Symmetric Trisubstituted Cyclopentene[9]

光酸化を用いる三置換シクロペンテンの構築を経て合成

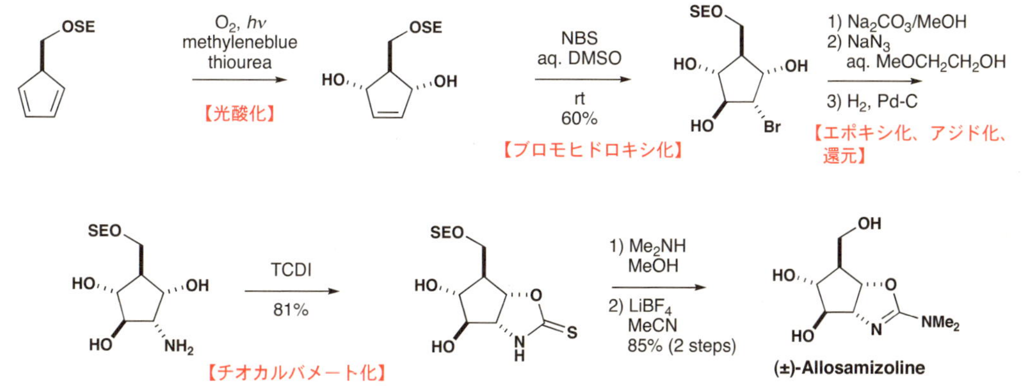

8) Asymmetric Desymmetrization of *meso*-Cyclopentitol Using a C_2-Symmetric Bis-sulfoxide: A Synthesis of (–)-Allosamizoline[10)]

C_2-不斉ビス-スルホキシドを用いるメソ-シクロペンチトールの不斉不均等化を鍵反応として合成

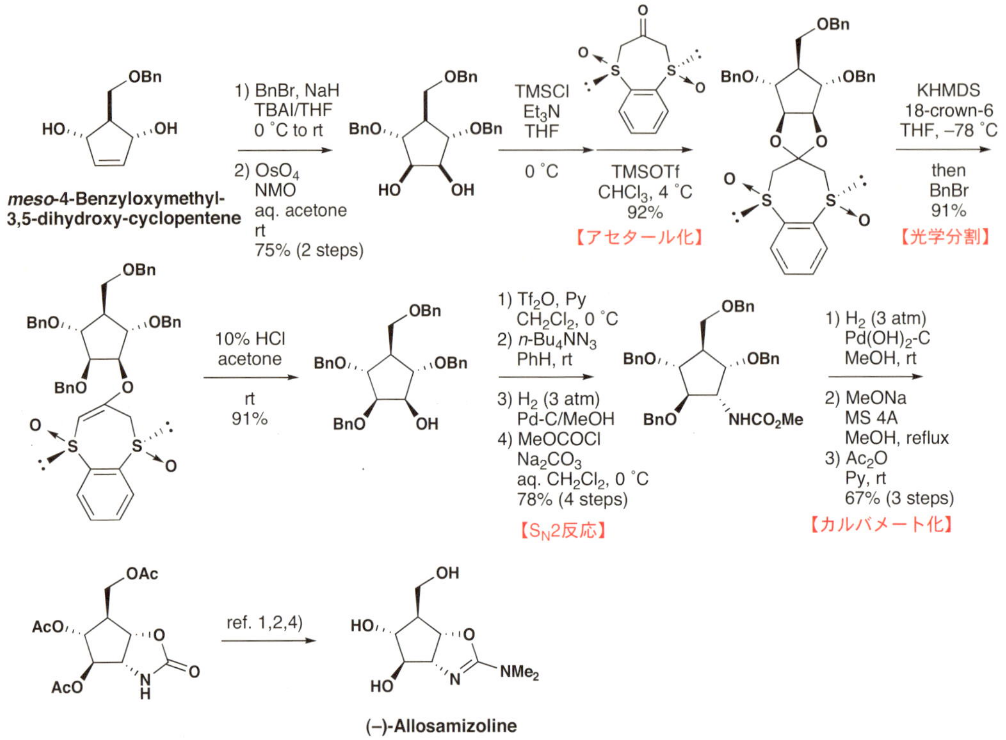

9) Synthesis of the Glucoallosamidin Pseudo-disaccharide: Use of an Efficient Hg(II) Mediated Cyclization[11)]

シクロペンタジエニルアニオンを原料にし、酵素による光学分割とイミデートの環化を鍵反応として合成

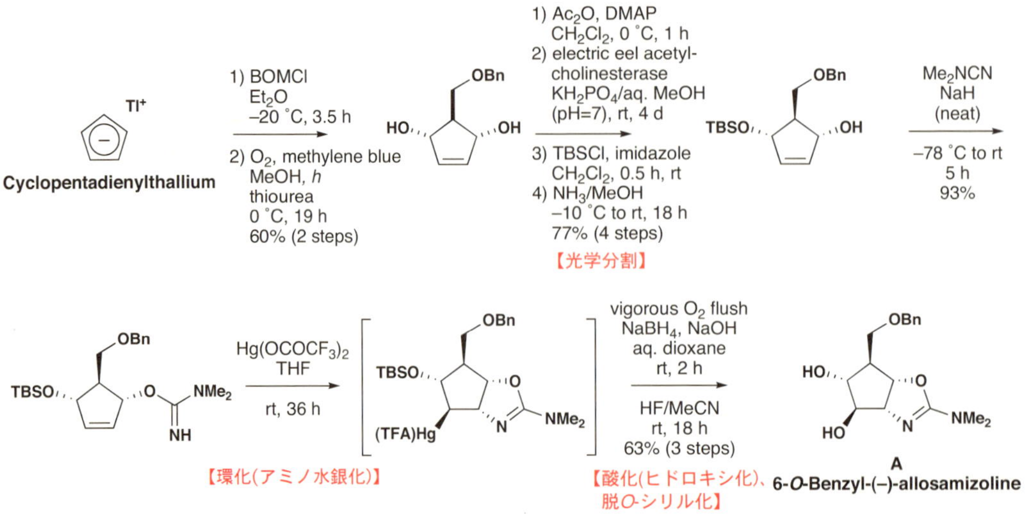

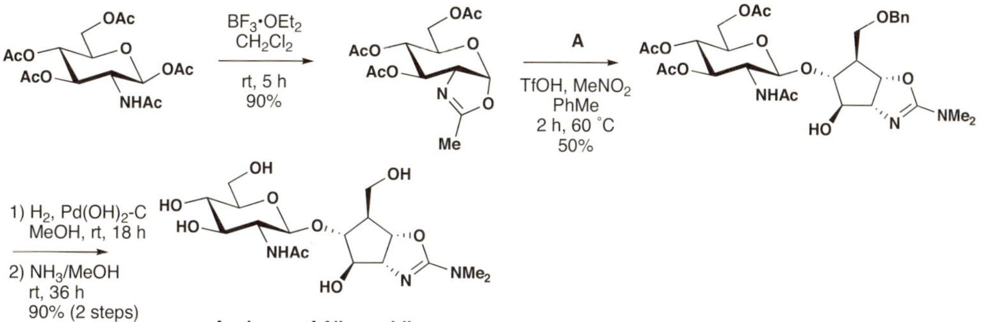

Analogue of Allosamidin

10) Total Synthesis of Allosamidin: An Application of the Sulfonamidoglycosylation of Glycals[12,13)]

グリカール類のスルホンアミドグリコシル化を鍵反応として天然物アロサミジンを全合成

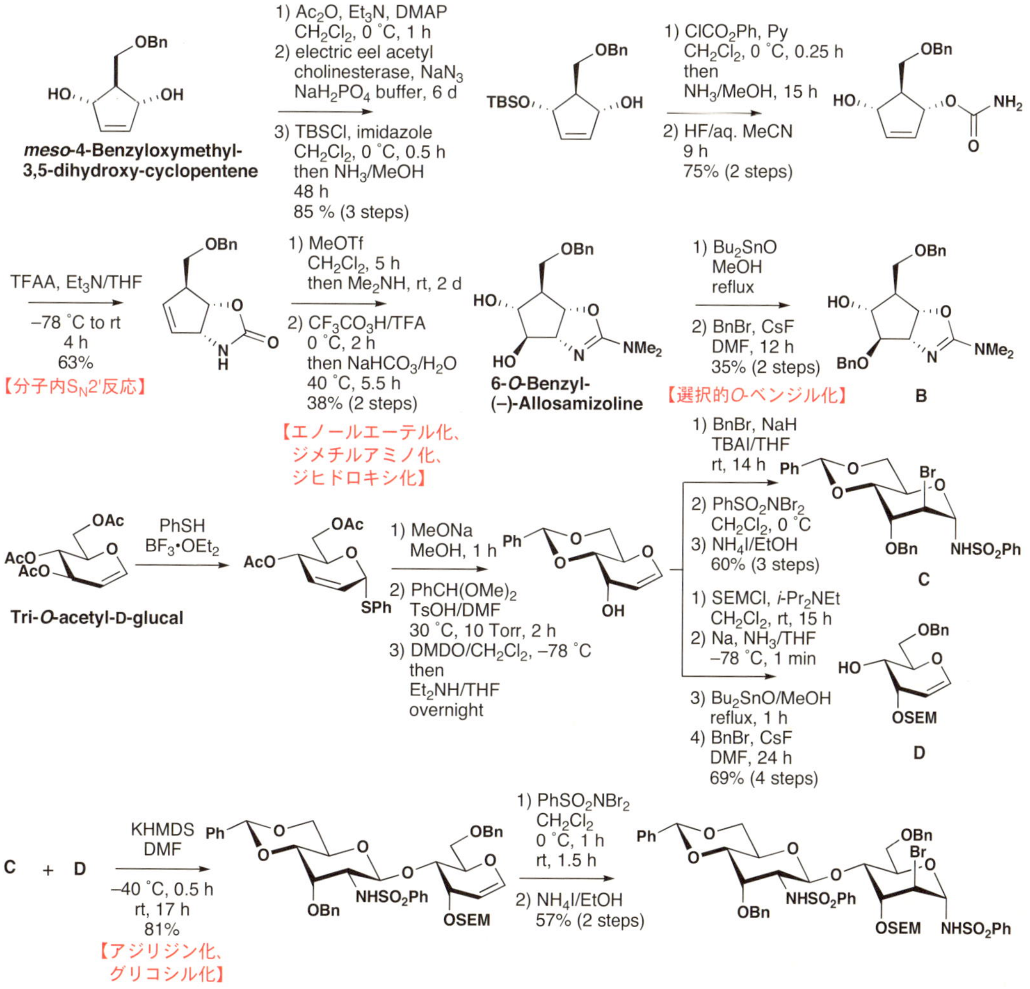

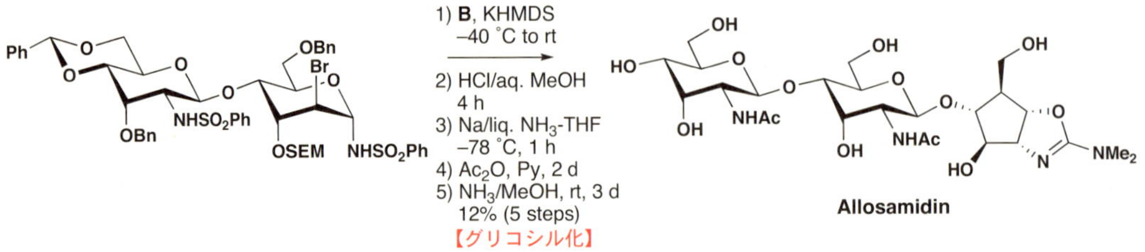

11) Synthesis of Allosamidin[14,15]

選択的グリコシル化を用いて天然物アロサミジンを全合成

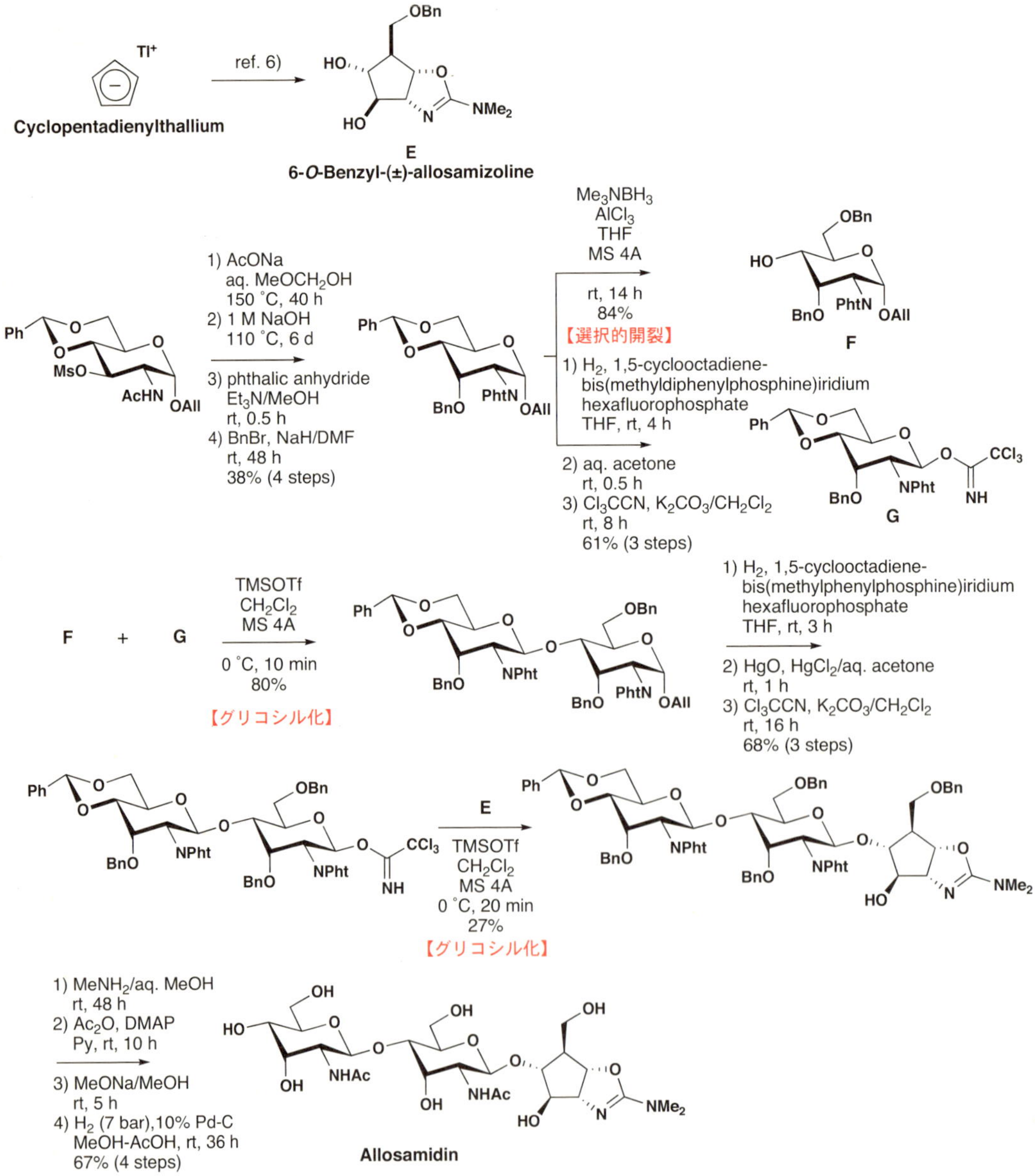

12) Syntheses of the Fungicide/Insecticide Allosamidin and a Structural Isomer[16)]

[3+2]付加環化、アミノヒドロキシ化を経て天然物を全合成

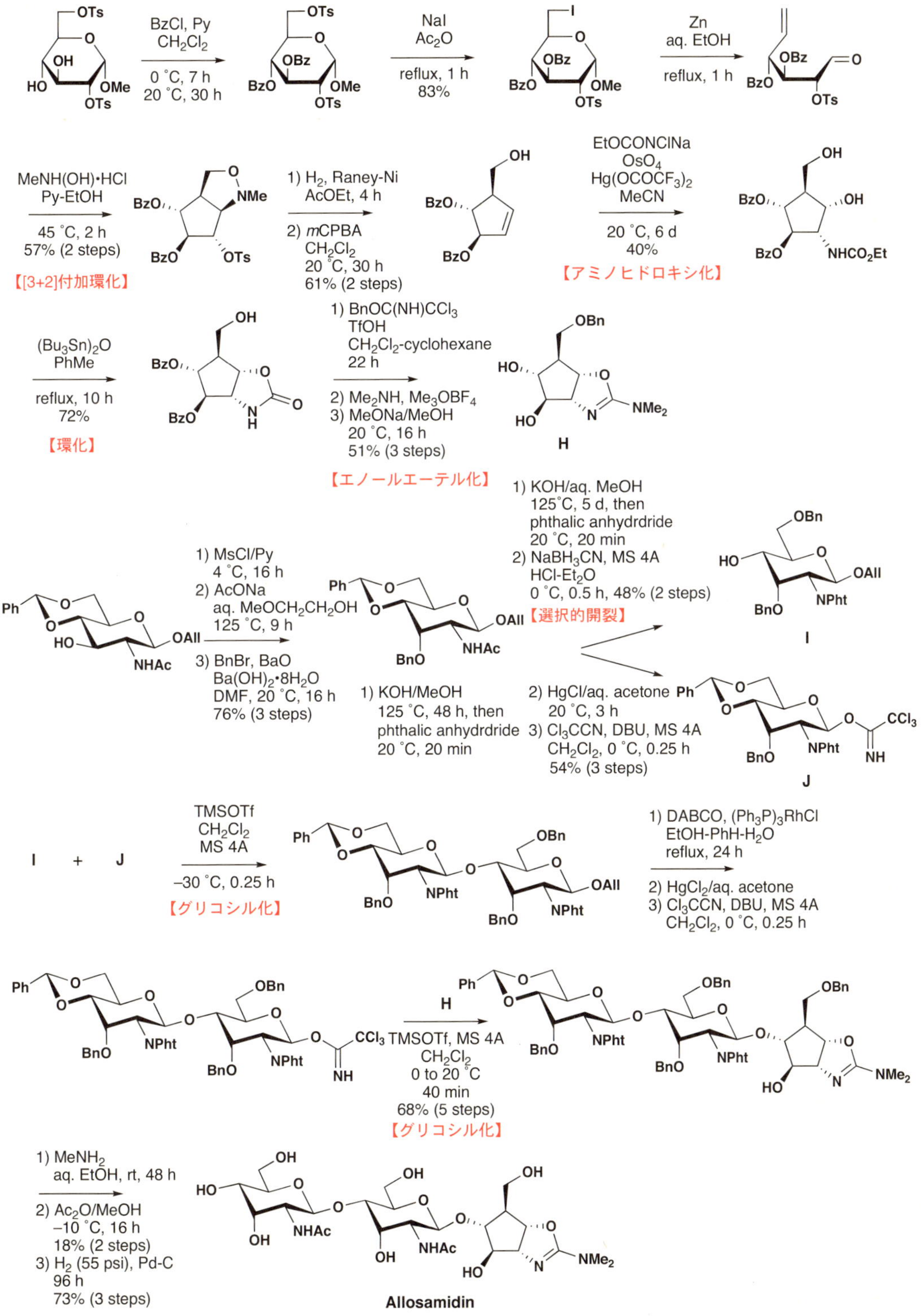

References

1) M. Nakata, S. Akazawa, S. Kitamura and K. Tatsuta, *Tetrahedron Lett.*, **32**, 5363-5366 (1991)
2) T. Kitahara, N. Suzuki, K. Koseki and K. Mori, *Biosci. Biotech. Biochem.*, **57**, 1906-1909 (1993)
3) S. Takahashi, H. Terayama and H. Kuzuhara, *Tetrahedron Lett.*, **32**, 5123-5126 (1991)
4) N. S. Simpkins, S. Stokes and A. J. Whittle, *Tetrahedron Lett.*, **33**, 793-796 (1992)
5) N. S. Simpkins, S. Stokes and A. J. Whittle, *J. Chem. Soc., Perkin Trans. 1*, 2471-2477 (1992)
6) B. M. Trost and D. L. van Vranken, *J. Am. Chem. Soc.*, **112**, 1261-1263 (1990)
7) B. M. Trost and D. L. van Vranken, *J. Am. Chem. Soc.*, **115**, 444-458 (1993)
8) H. Lu, P. S. Mariano and Y.-f. Lam, *Tetrahedron Lett.*, **42**, 4755-4757 (2001)
9) B. K. Goering and B. Ganem, *Tetrahedron Lett.*, **35**, 6997-7000 (1994)
10) N. Maezaki, A. Sakamoto, T. Tanaka and C. Iwata, *Tetrahedron Asymm.*, **9**, 179-182 (1998)
11) W. D. Shrader and B. Imperiali, *Tetrahedron Lett.*, **37**, 599-602 (1996)
12) D. A. Griffith and S. J. Danishefsky, *J. Am. Chem. Soc.*, **113**, 5863-5864 (1991)
13) D. A. Griffith and S. J. Danishefsky, *J. Am. Chem. Soc.*, **118**, 9526-9538 (1996)
14) J.-L. Maloisel, A. Vasella, B. M. Trost and D. L. van Vranken, *J. Chem. Soc., Chem. Commun.*, 1099-1101 (1991)
15) J.-L. Maloisel, A. Vasella, B. M. Trost and D. L. van Vranken, *Helvetica Chimica Acta*, **75**, 1515-1526 (1992)
16) R. Blattner, R. H. Furneaux, T. Kemmitt, P. C. Tyler, R. J. Ferrier and A.-K. Tidén, *J. Chem. Soc., Perkin Trans. 1*, 3411-3421 (1994)

Apramycin and Saccharocin

1) Total Synthesis of Aminoglycoside Antibiotics, Apramycin and Saccharocin (KA-5685)[1,2]

一級アミンのアルデヒドへの選択的変換、グリカールのアジドニトロエステル化、分子内カルバメートの構築、立体選択的グリコシル化を経て天然物を全合成

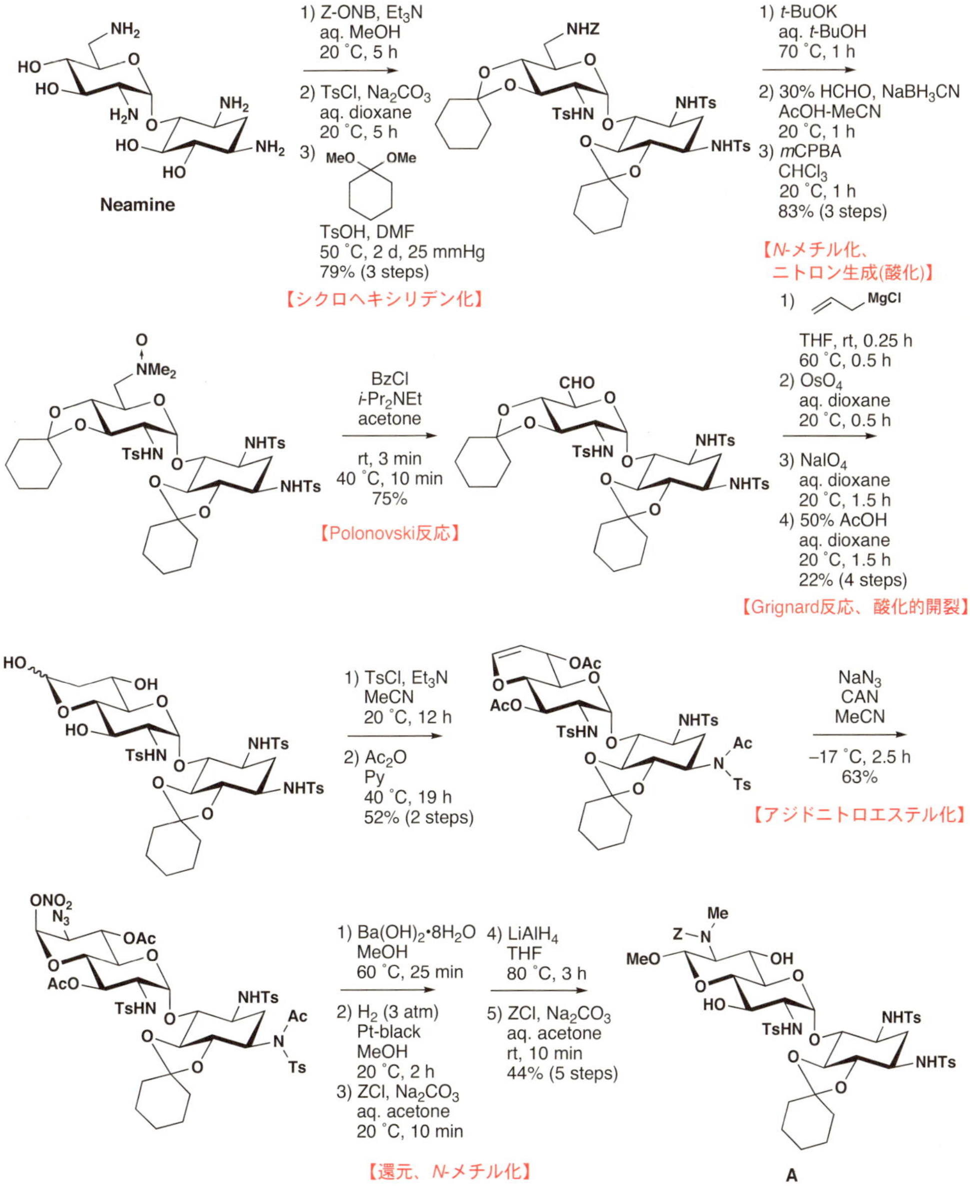

Apramycin and Saccharocin

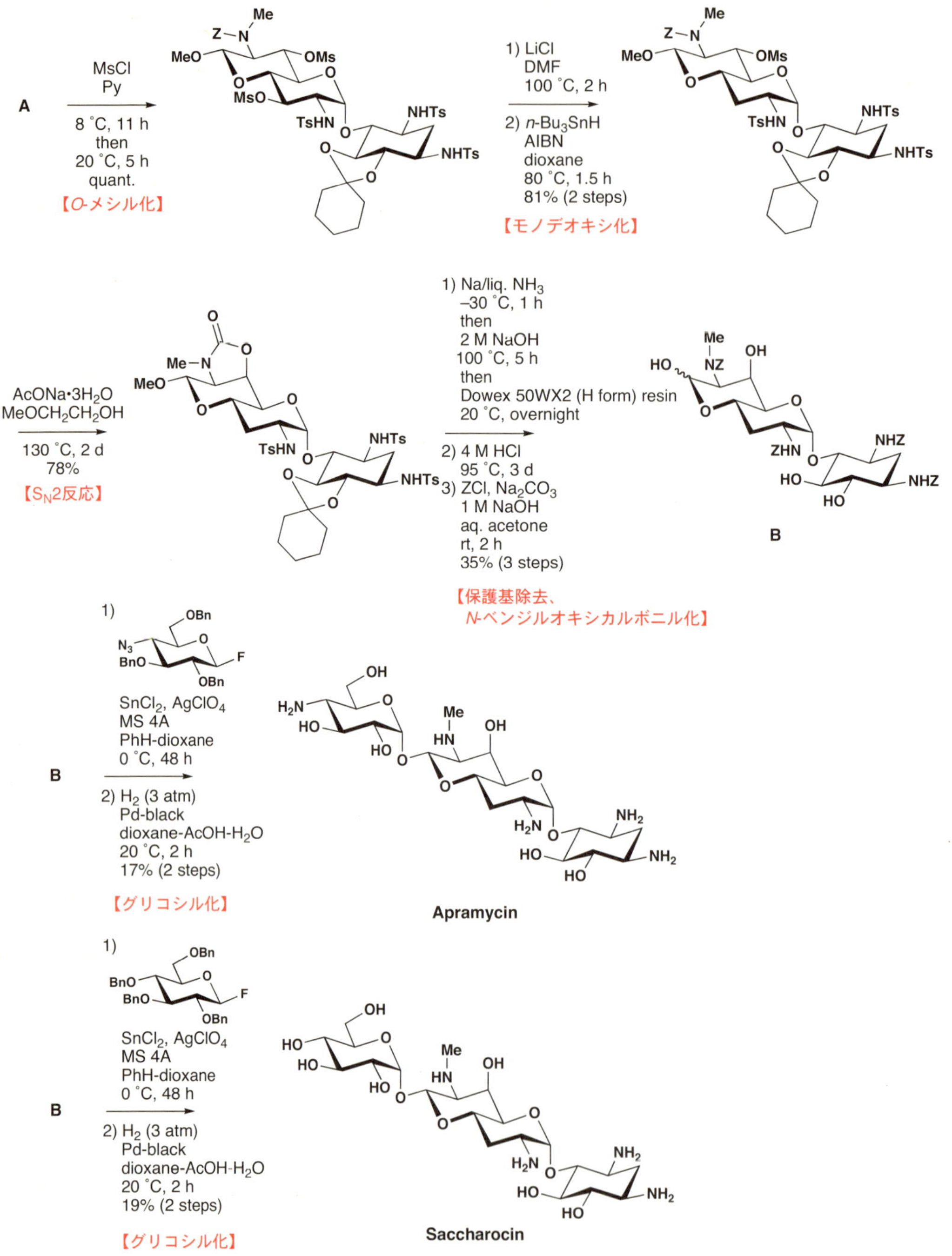

References

1) K. Tatsuta, K. Akimoto, H. Takahashi, T. Hamatsu, M. Annaka and M. Kinoshita, *Tetrahedron Lett.*, **24**, 4867-4870 (1983)
2) K. Tatsuta, K. Akimoto, H. Takahashi, T. Hamatsu, M. Annaka and M. Kinoshita, *Bull. Chem. Soc. Jpn.*, **57**, 529-538 (1984)

Arphamenine A

1) Synthesis of Arphamenine A and *epi*-Arphamenine A[1]

マロン酸エステル部分と臭化アルキルとの反応により天然物を全合成

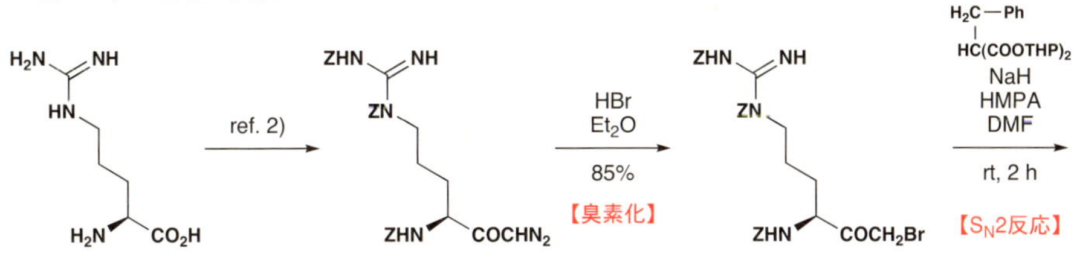

L-Guanidine

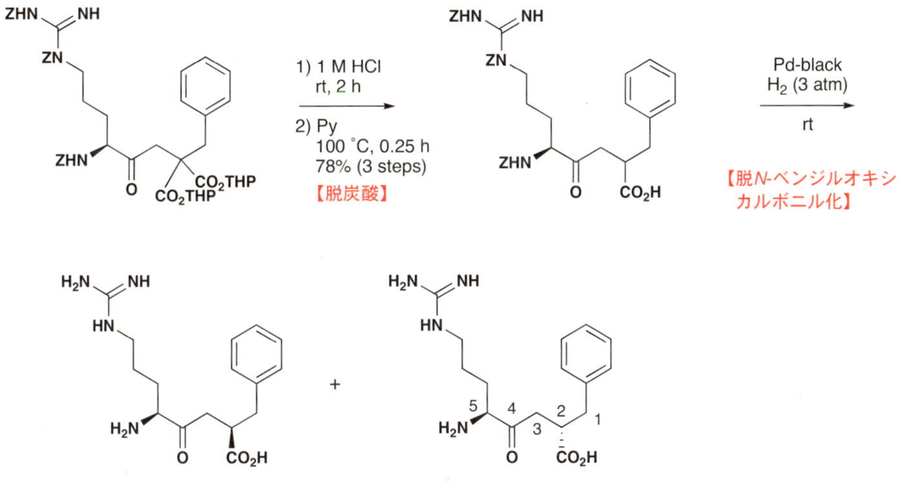

Arphamenine A　　　2-*epi*-Arphamenine A

References

1) H. Umezawa, T. Nakamura, S. Fukatsu, T. Aoyagi and K. Tatsuta, *J. Antibiot.*, **36**, 1787-1788 (1983)
2) K. Stachowiak, M. C. Khosla, K. Plucinska, P. A. Khairallah and F. M. Bumpus, *J. Med. Chem.*, **22**, 1128-1130 (1979)

Asterriquinone and Demethylasterriquinone

1) Short and Convergent Synthesis of Asterriquinone B1 and Demethylasterriquinone B1[1)]

インドール部分の選択的Michael反応と*retro*-Michael反応を鍵として効率よく天然物を全合成

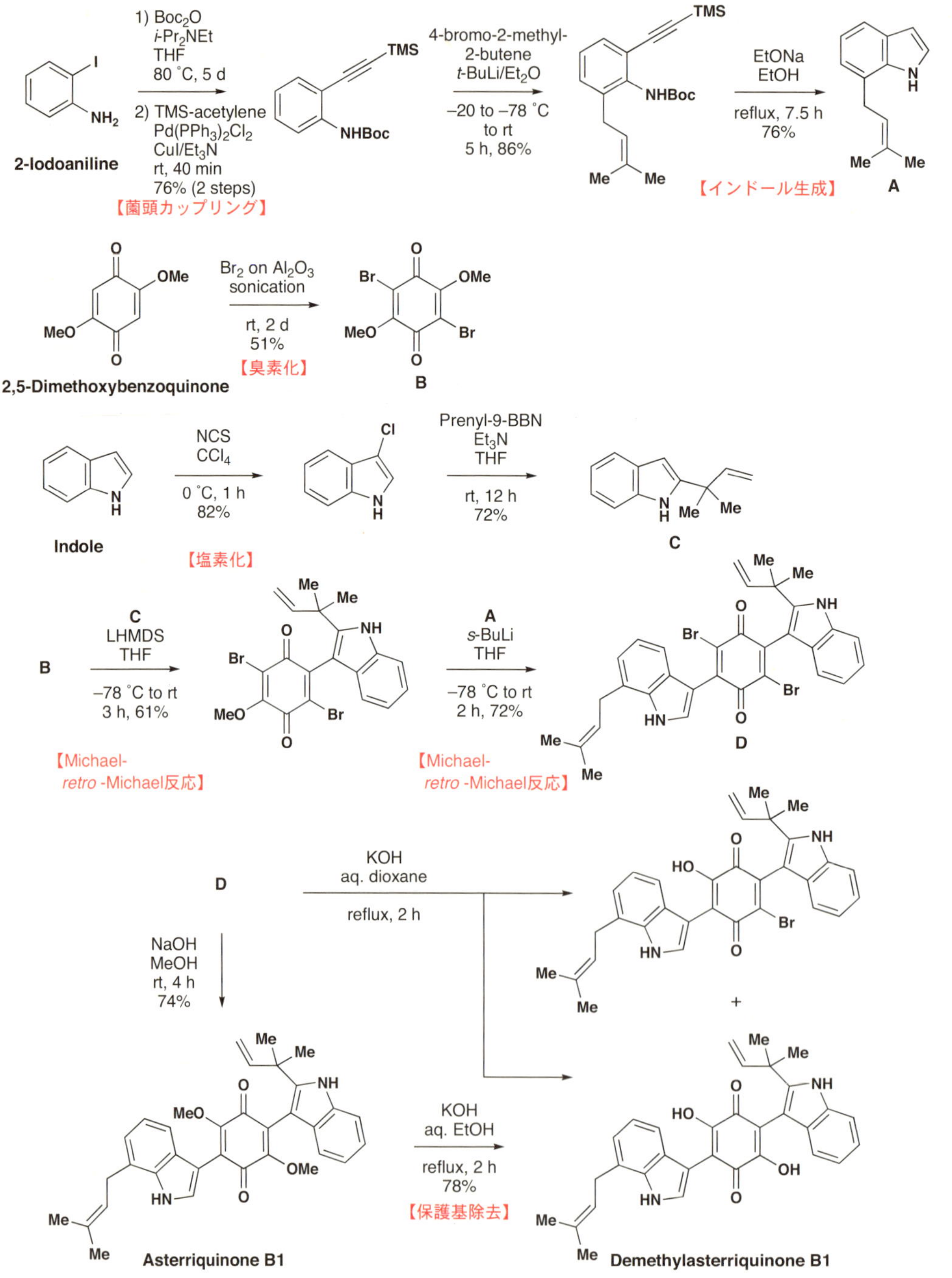

2) Total Synthesis of Asterriquinone B1[2)]

Dieckmann型反応による骨格転位を鍵反応として合成

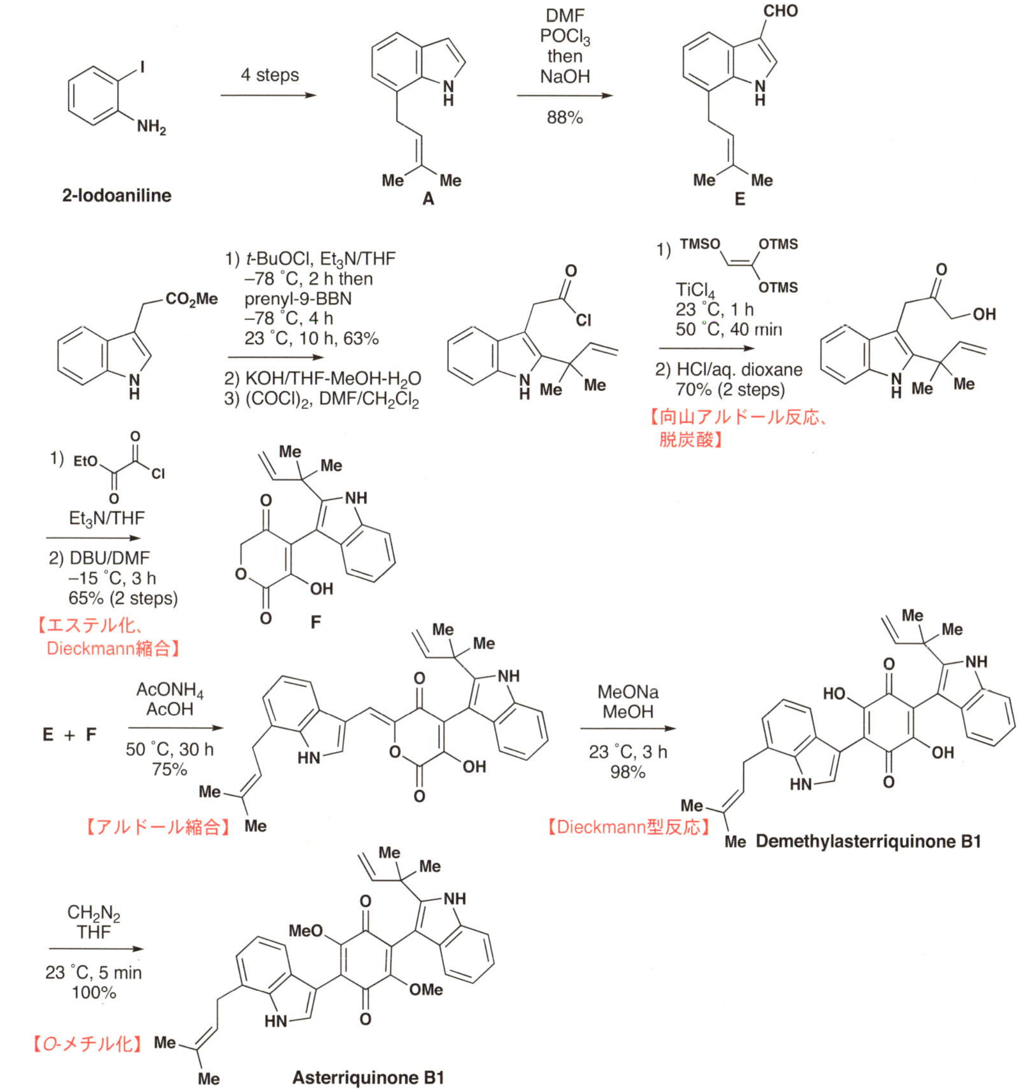

3) A One-Pot, Two-step Synthesis of Tetrahydro Asterriquinone E[3)]

p-ブロモアニルから炭酸セシウムを塩基として類縁体を合成

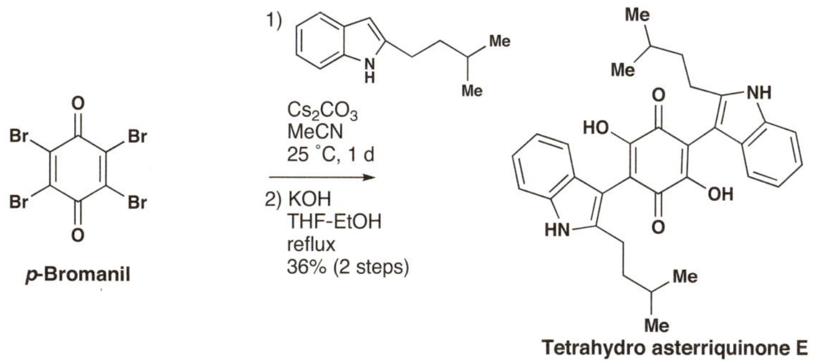

4) Total Syntheses of Demethylasterriquinone B1, an Orally Active Insulin Mimetic, and Demethylasterriquinone A1[4)]

Stilleカップリングによるインドール部位の導入を経て合成

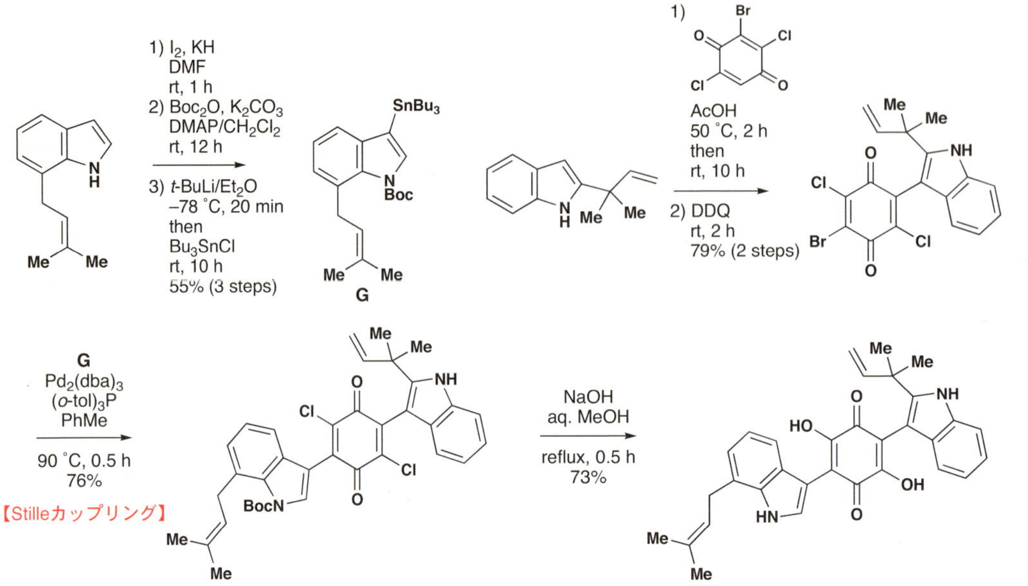

Demethylasterriquinone B1

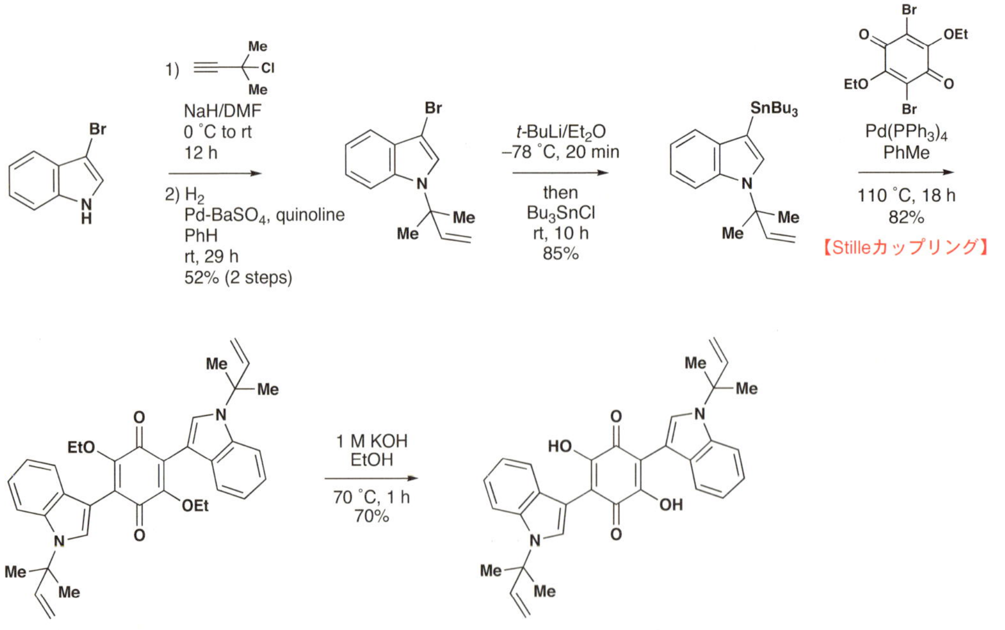

Demethylasterriquinone A1

References

1) K. Tatsuta, H. Mukai and K. Mitsumoto, *J. Antibiot.*, **54**, 105-108 (2001)
2) K. Liu, H. B. Wood and A. B. Jones, *Tetrahedron Lett.*, **40**, 5119-5122 (1999)
3) G. D. Harris, Jr., A. Nguyen, H. App, P. Hirth, G. McMahon and C. Tang. *Org. Lett.*, **1**, 431-434 (1999)
4) M. C. Pirrung, Z. Li, K. Park and J. Zhu, *J. Org. Chem.*, **67**, 7919-7926 (2002)

Azepinomycin and Its β-D-Ribofuranoside

1) Synthesis of Azepinomycin and Its β-D-Ribofuranoside[1)]

エステルの還元によるアミドヘミアセタールの構築を経て天然物を全合成

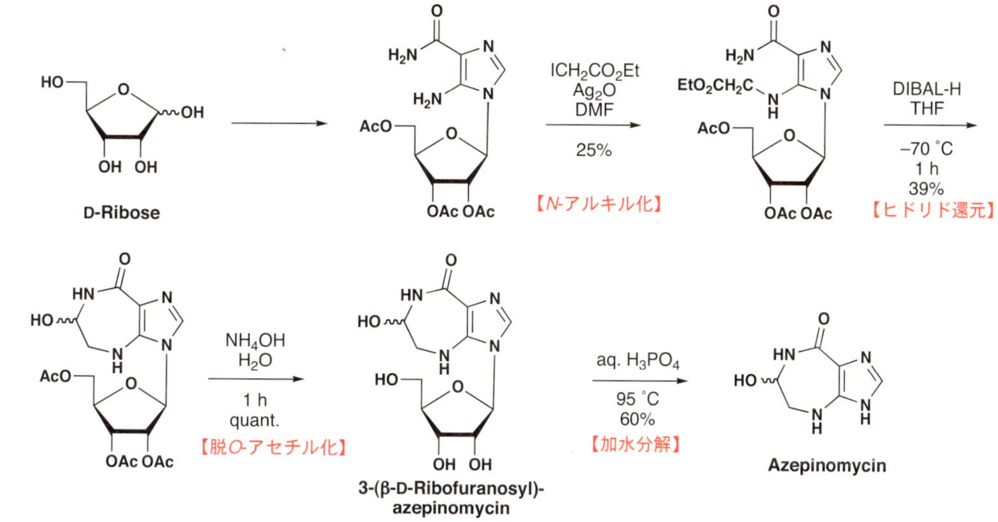

2) Alternative Syntheses of Azepinomycin[2,3)]

アデニン骨格の分解を経て合成

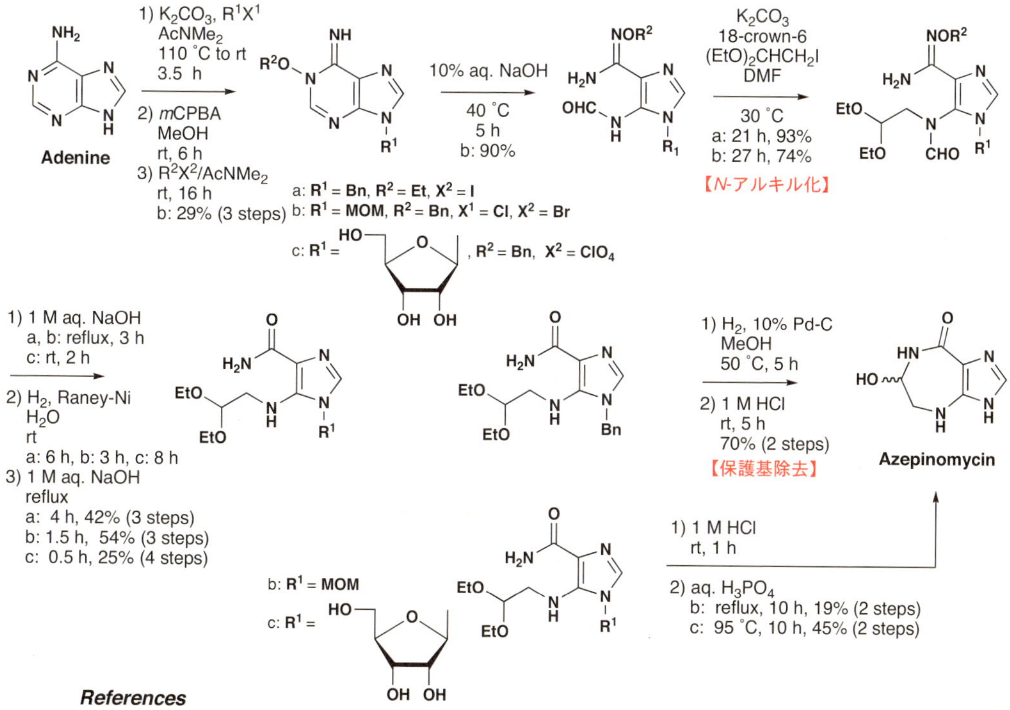

References

1) K. Isshiki, Y. Takahashi, H. Iinuma, H. Naganawa, Y. Umezawa, T. Takeuchi, H. Umezawa, S. Nishimura, N. Okada and K. Tatsuta, *J. Antibiot.*, **40**, 1461-1463 (1987)

2) T. Fujii, T. Saito and T. Fujisawa, *Heterocycles*, **27**, 1163-1166 (1988)

3) T. Fujii, T. Saito and T. Fujisawa, *Chem. Pharm. Bull.*, **42**, 1231-1237 (1994)

BE-54238B

1) The First Total Synthesis of a Pyranonaphthoquinone Antitumor, BE-54238B[1)]

Michael-Dieckmann型反応、オキソピロリジン部分との反応、Wittig反応、分子内Michael環化、イミニウムのプロトン互変異性を経て天然物を全合成

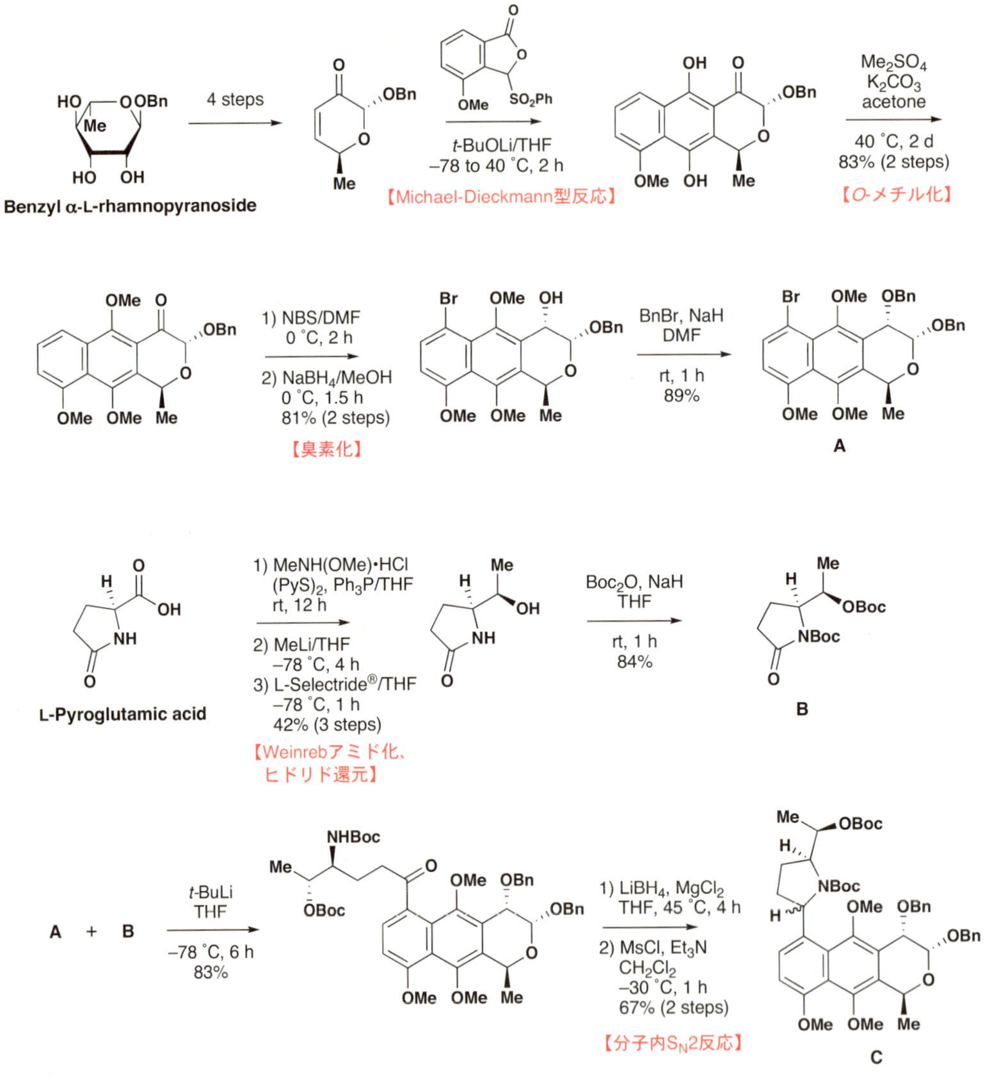

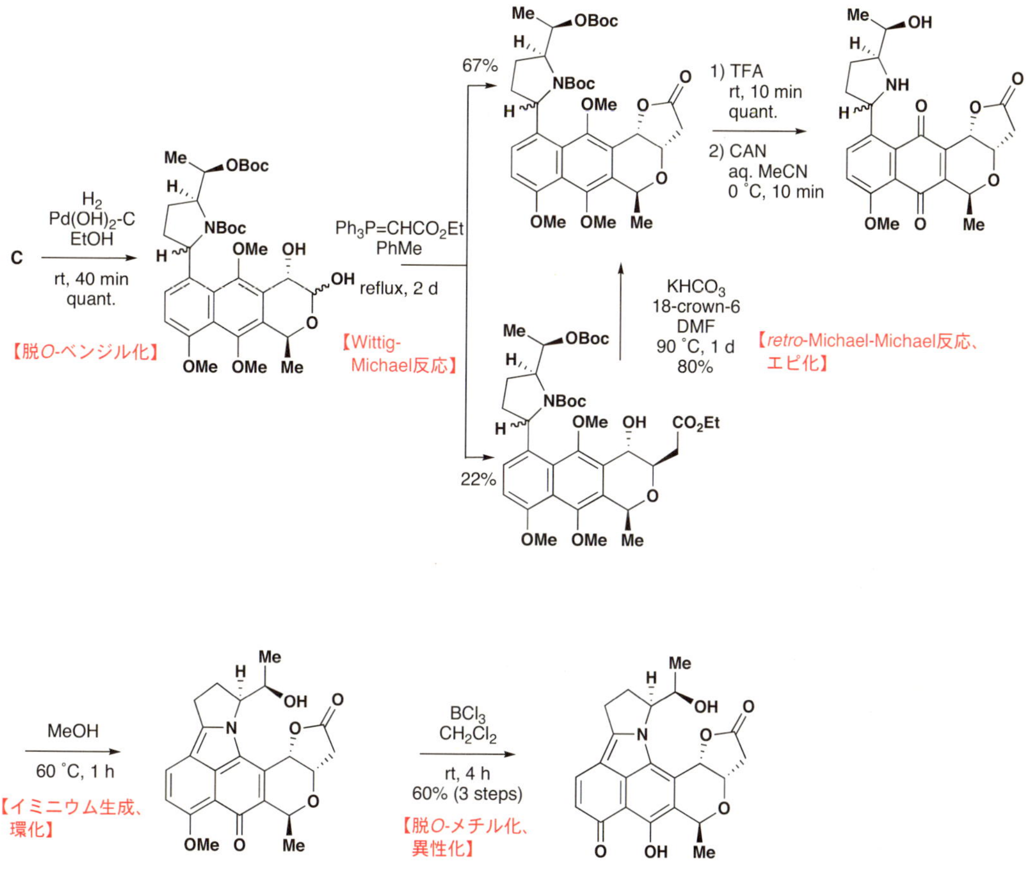

BE-54238B

Reference

1) K. Tatsuta, T. Hirabayashi, M. Kojima, Y. Suzuki and T. Ogura, *J. Antibiot.,* **57**, 291-297 (2004)

Calbistrin A

1) The First Total Synthesis of Calbistrin A, a Microbial Product Possessing Multiple Bioactivities[1)]

α,β-不飽和アルデヒドを含むシリルエノールエーテルの分子内Diels-Alder反応、酵素を用いた光学分割を経る脂肪酸部分の構築、ナフチルカルボニルクロリドを用いるエステル化を経て天然物を全合成

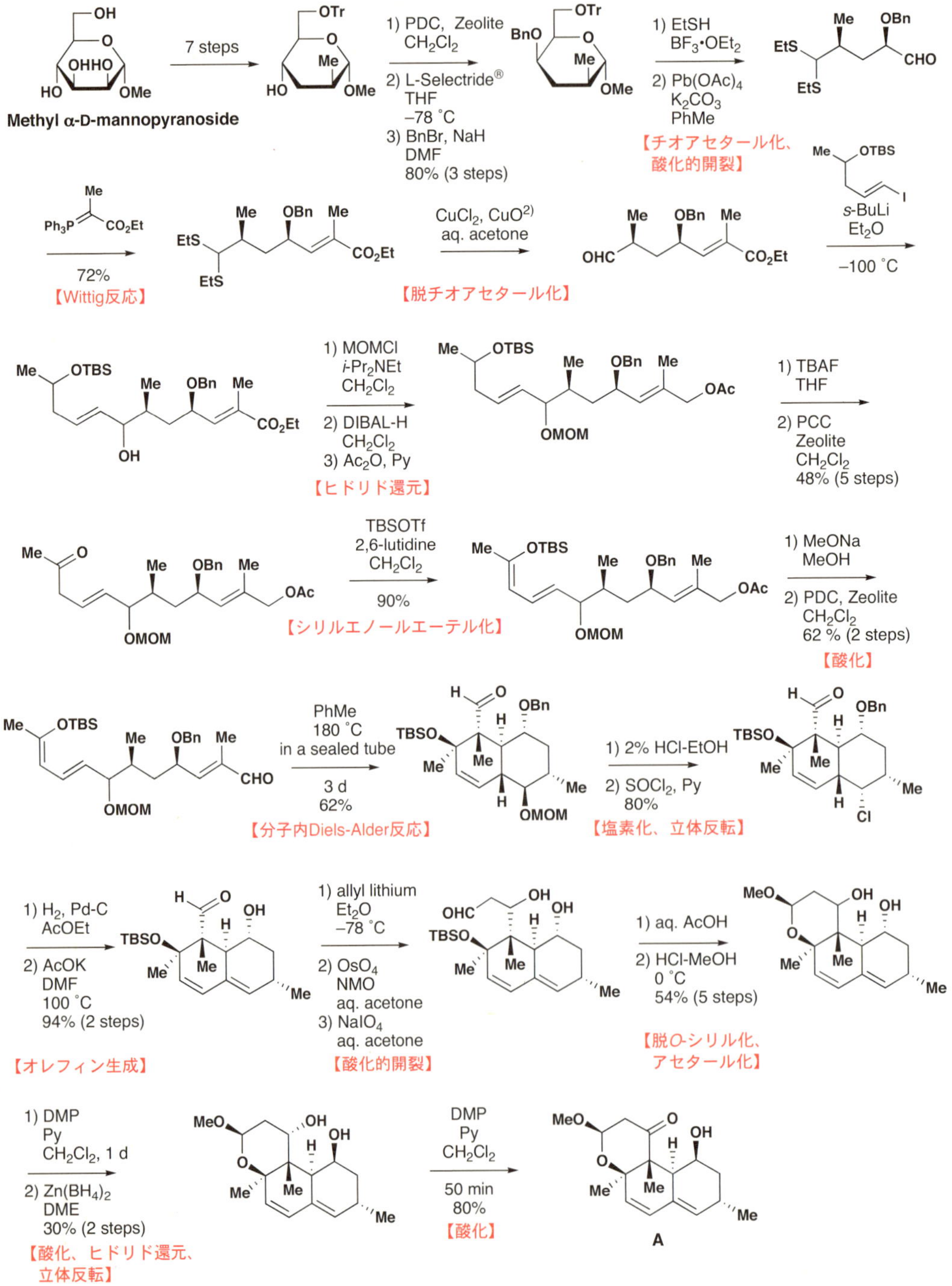

Calbistrin A

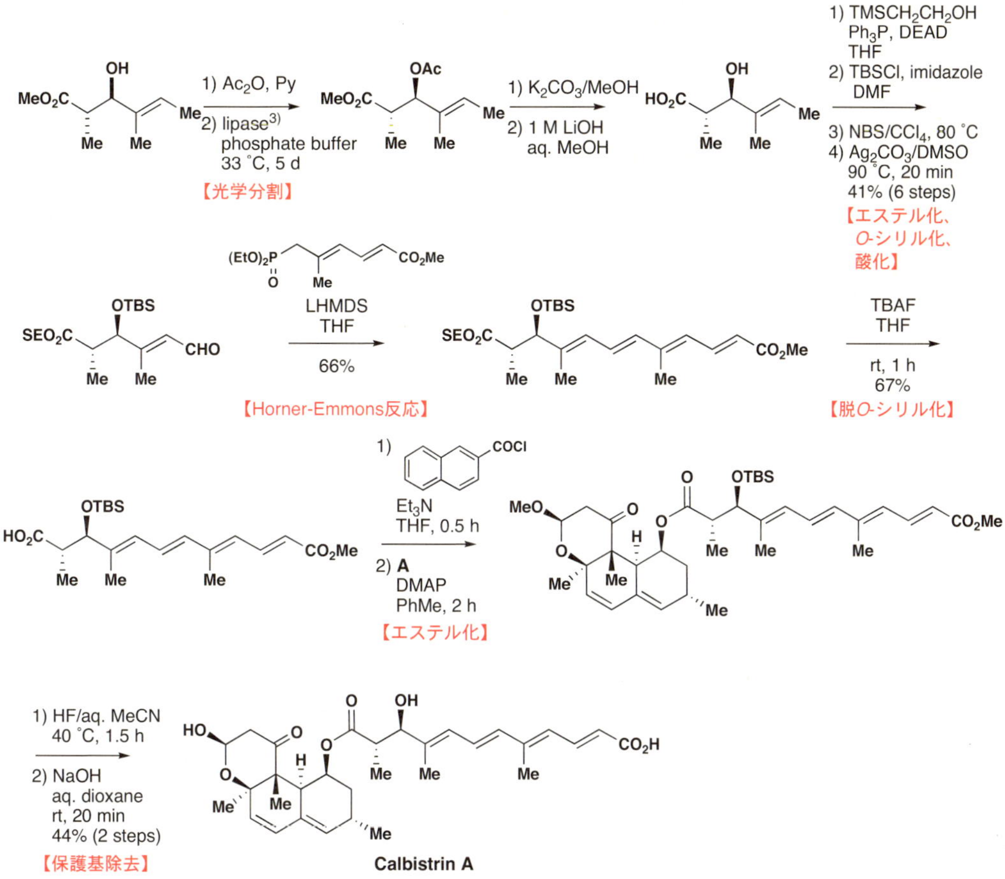

References

1) K. Tatsuta, M. Itoh, R. Hirama, N. Araki and M. Kitagawa, *Tetrahedron Lett.*, **38**, 583-586 (1997)
2) K. Narasaka, T. Sakashita and T. Mukaiyama, *Bull. Chem. Soc. Jpn.*, **45**, 3724-3726 (1972)
3) H. Akita, H. Matsukura and T. Oishi, *Tetrahedron Lett.*, **27**, 5241-5244 (1986)

Deacetyl-Caloporoside Derivatives

1) Total Synthesis of Deacetyl-caloporoside, A Novel Inhibitor of the GABA$_A$ Receptor Ion Channel[1,2)]

ナフタレンチオールのグリコシドを用いる立体選択的β-マンノシドの構築、ナフチルカルボニルクロリドを用いるエステル化を経て天然物を全合成

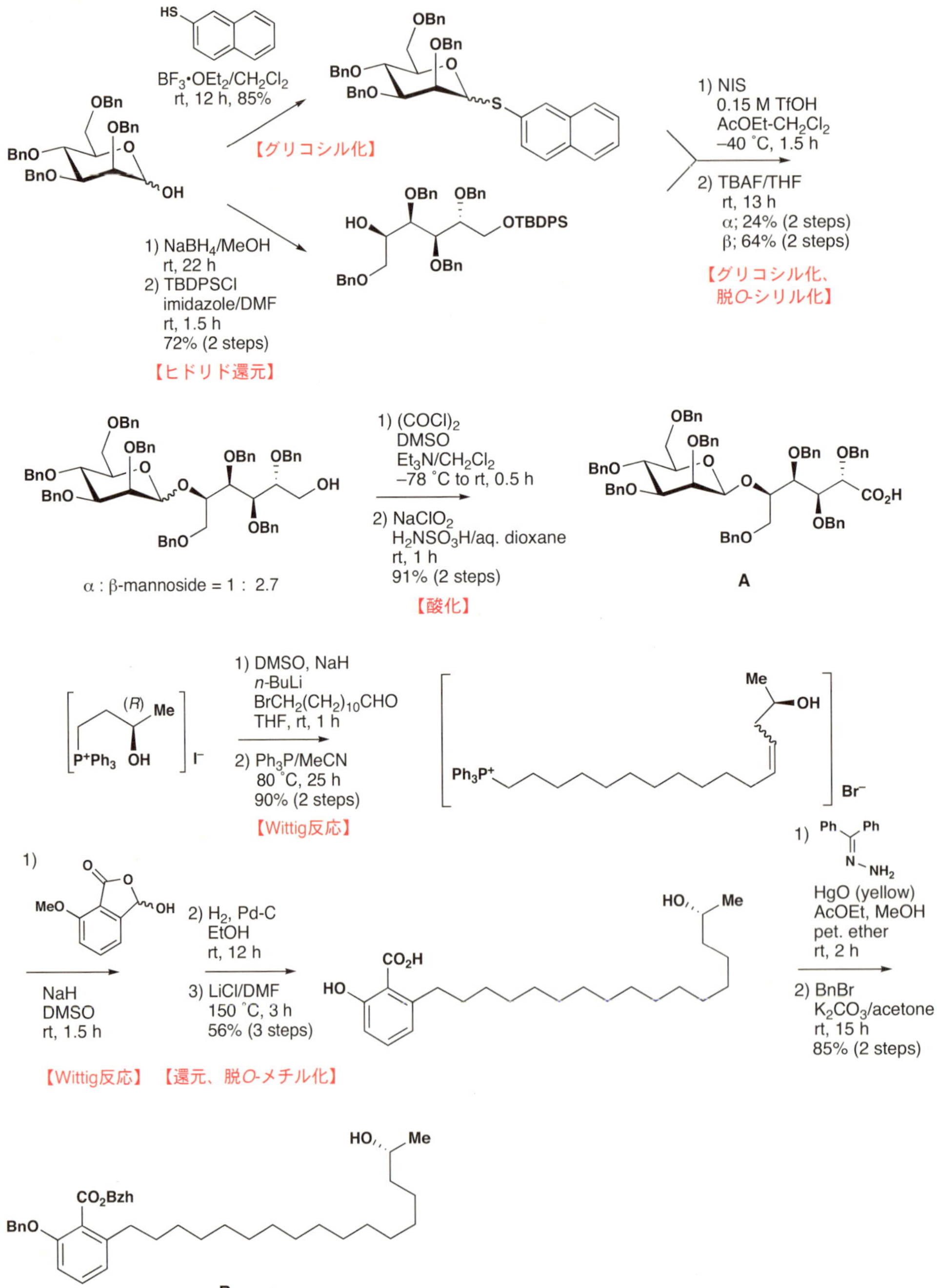

B

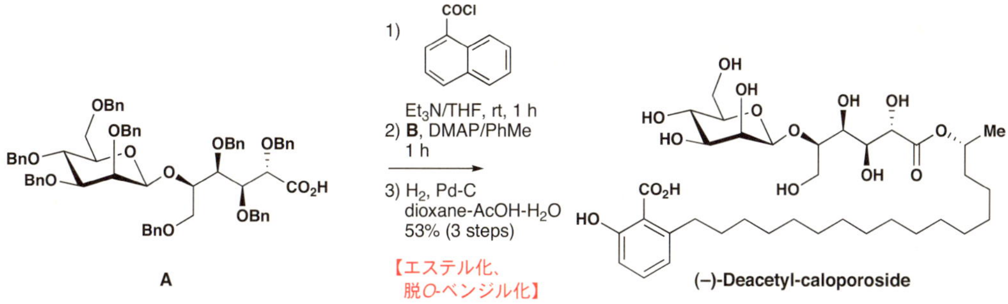

2) Total Synthesis of Caloporoside[3)]

β-グルコシドの酸化、還元によるβ-マンノシドの構築を経て合成

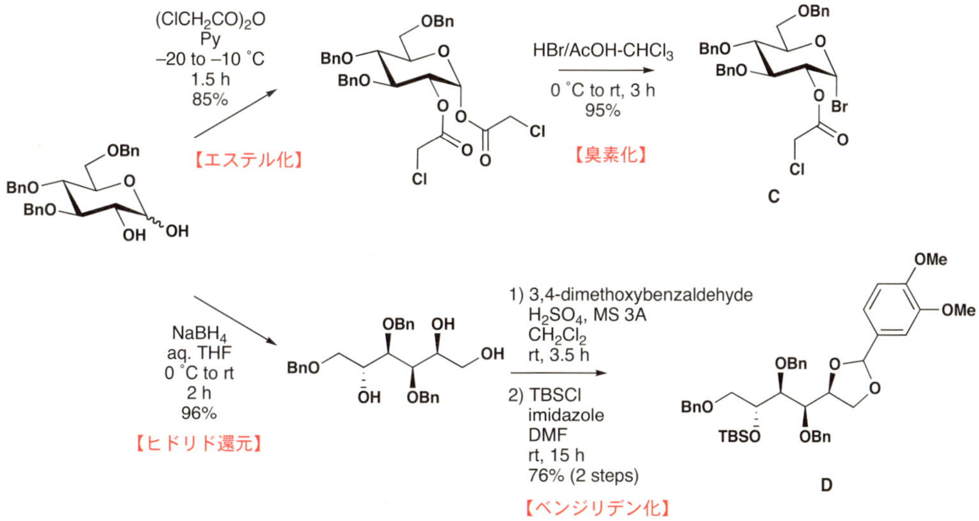

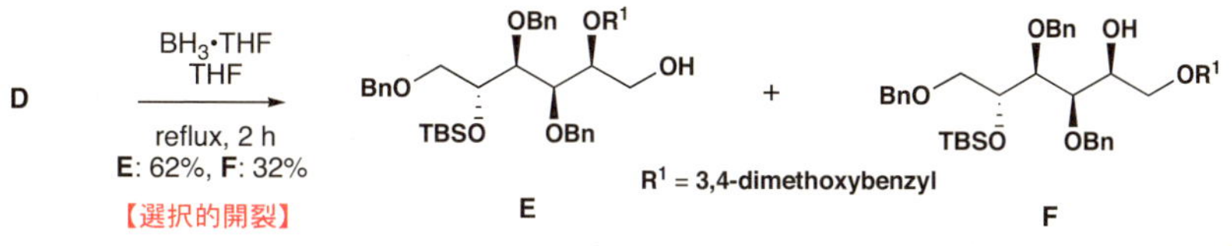

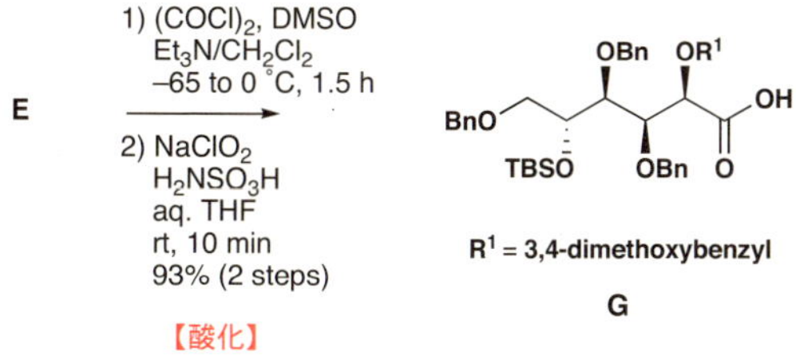

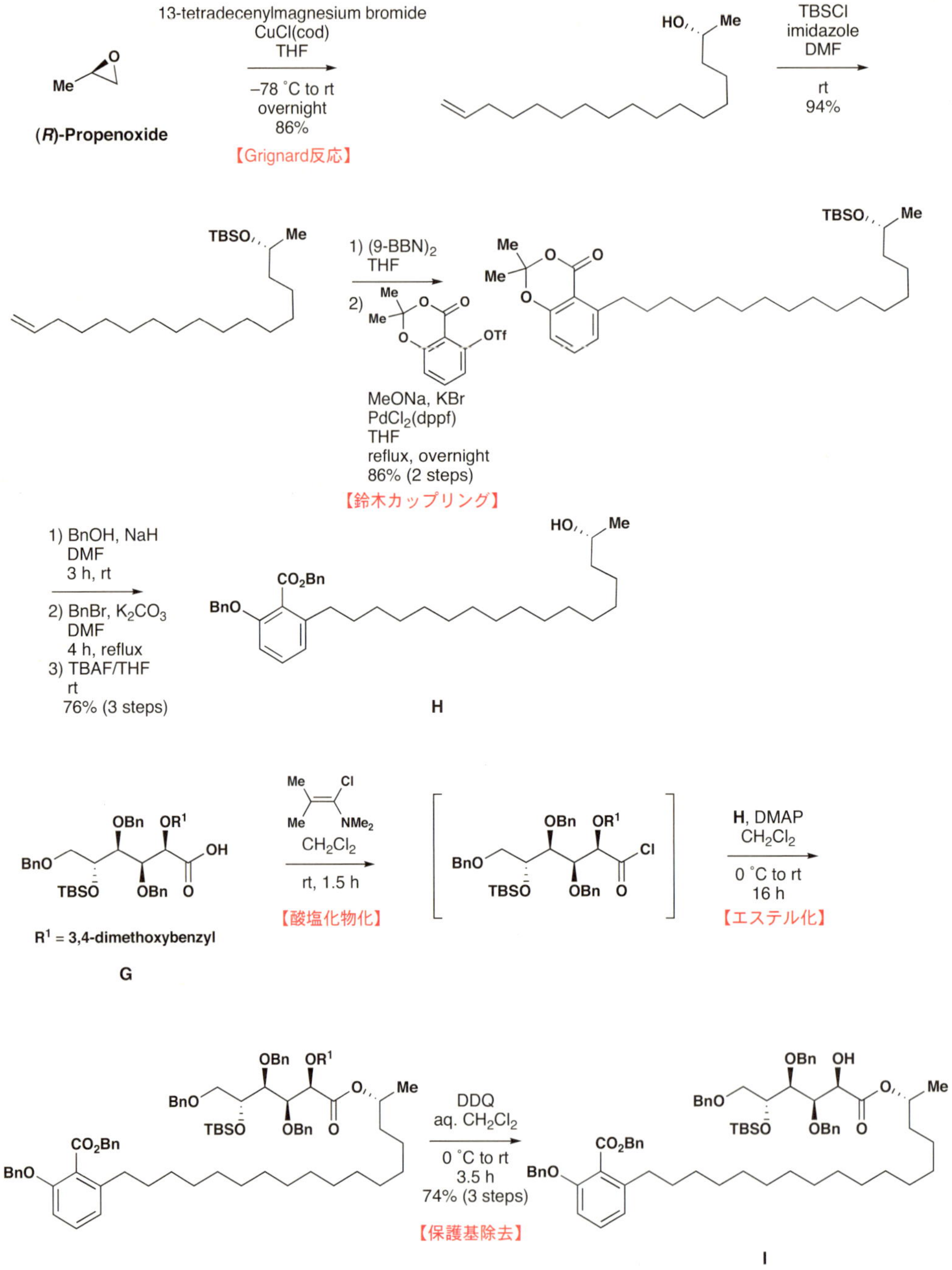
(R)-Propenoxide
13-tetradecenylmagnesium bromide
CuCl(cod)
THF
–78 ˚C to rt
overnight
86%
【Grignard反応】
TBSCl
imidazole
DMF
rt
94%
1) (9-BBN)2
THF
2)
OTf
MeONa, KBr
PdCl2(dppf)
THF
reflux, overnight
86% (2 steps)
【鈴木カップリング】
1) BnOH, NaH
DMF
3 h, rt
2) BnBr, K2CO3
DMF
4 h, reflux
3) TBAF/THF
rt
76% (3 steps)
H
R1 = 3,4-dimethoxybenzyl
G
CH2Cl2
rt, 1.5 h
【酸塩化物化】
H, DMAP
CH2Cl2
0 ˚C to rt
16 h
【エステル化】
DDQ
aq. CH2Cl2
0 ˚C to rt
3.5 h
74% (3 steps)
【保護基除去】
I

Deacetyl-Caloporoside Derivatives

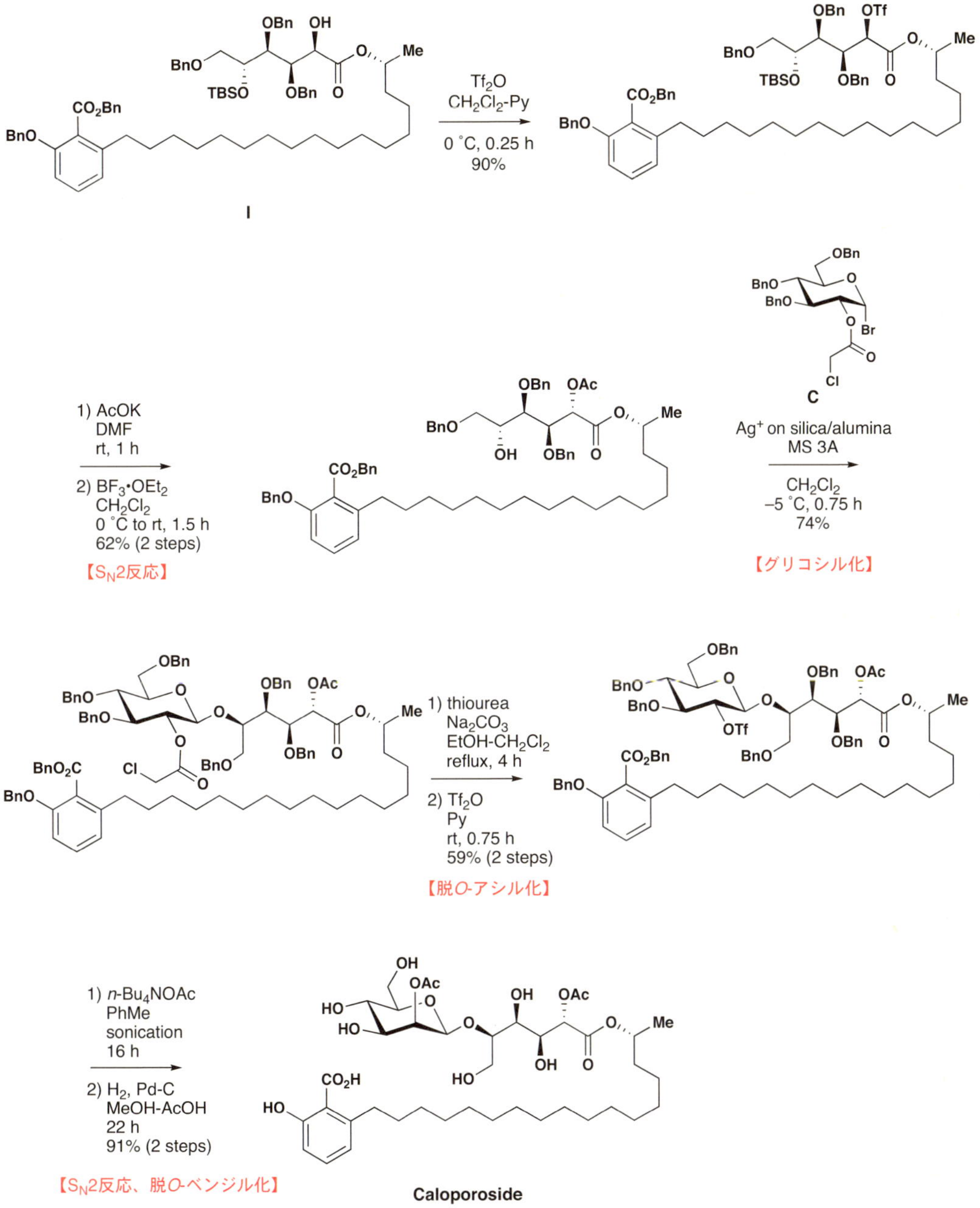

3) Convergent, Stereoselective Synthesis of the Caloporoside Disaccharide[4)]

マンノシルスルホキシドを用いるβ-マンノシド部分の合成

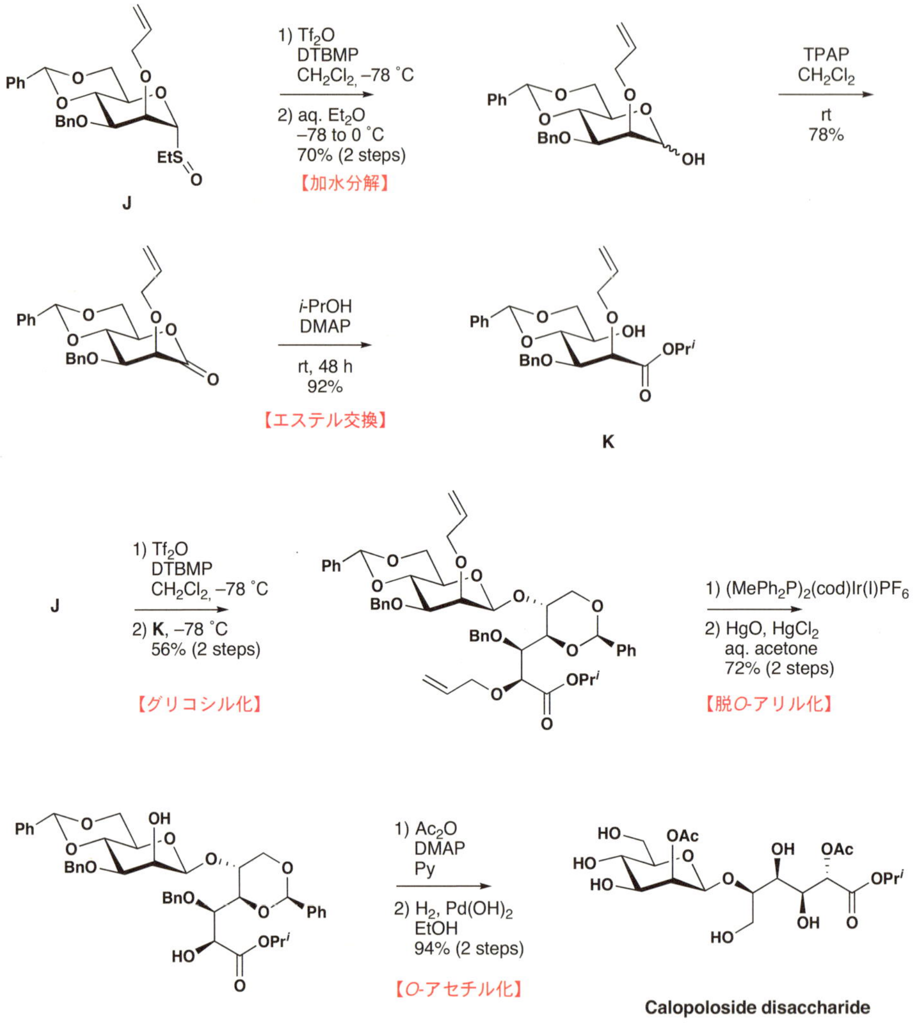

References

1) K. Tatsuta and S. Yasuda, *Tetrahedron Lett.*, **37**, 2453-2456 (1996)
2) K. Tatsuta and S. Yasuda, *J. Antibiot.*, **49**, 713-715 (1996)
3) A. Fürstner and I. Konetzki, *J. Org. Chem.*, **63**, 3072-3080 (1998)
4) D. Crich and G. R. Barba, *Tetrahedron Lett.*, **39**, 9339-9342 (1998)

Carbomycin, Leucomycin A$_3$ (Josamycin) and their Aglycones

1) Total Synthesis of Carbomycin B and Leucomycin A$_3$ (Josamycin)[1,2]

糖質を不斉炭素源にし、C1ユニットの立体選択的導入、アルドール縮合、正宗ラクトン化、
位置および立体選択的グリコシル化を経て天然物を全合成

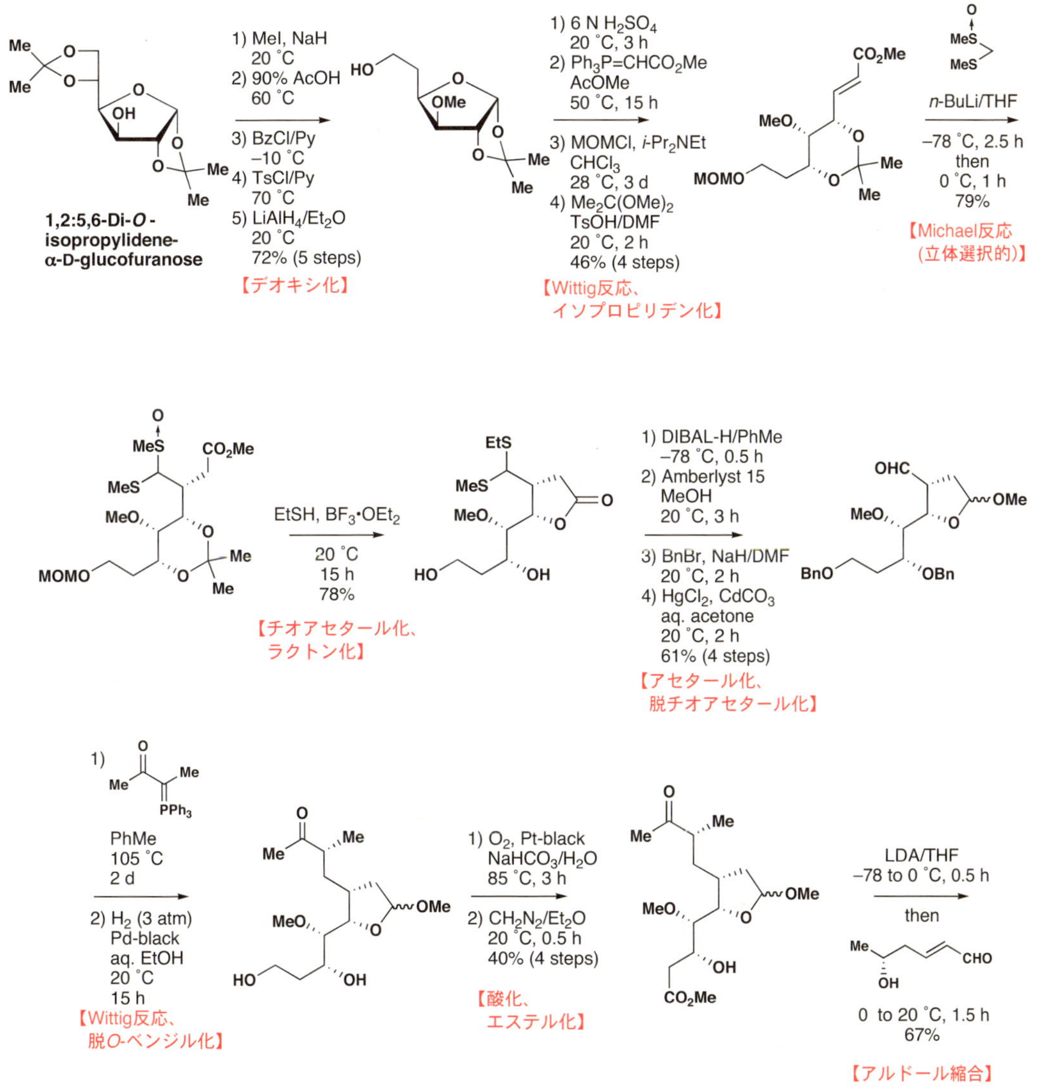

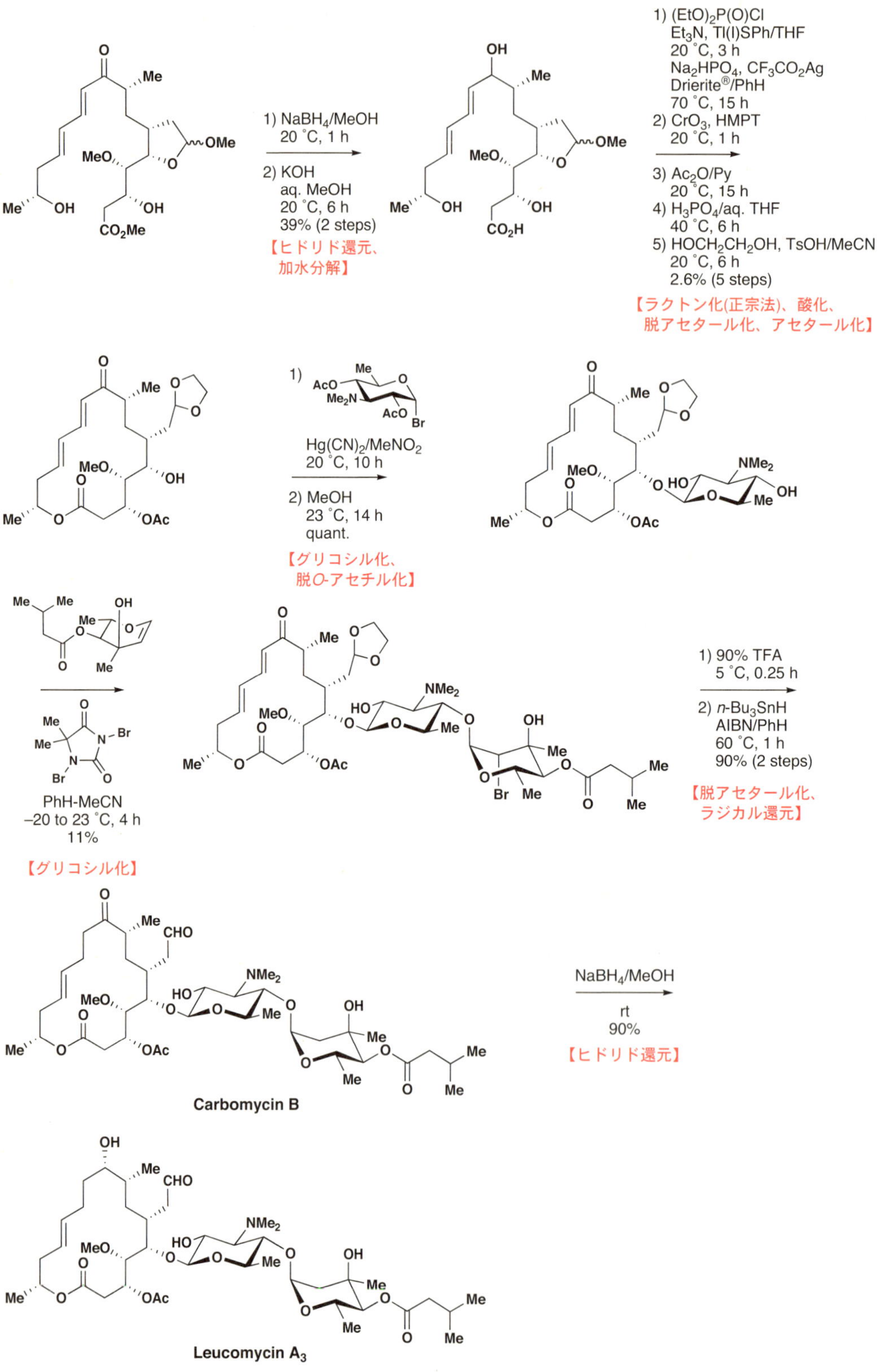
1) NaBH4/MeOH
20 °C, 1 h
2) KOH
aq. MeOH
20 °C, 6 h
39% (2 steps)
【ヒドリド還元、
加水分解】
1) (EtO)2P(O)Cl
Et3N, Tl(I)SPh/THF
20 °C, 3 h
Na2HPO4, CF3CO2Ag
Drierite®/PhH
70 °C, 15 h
2) CrO3, HMPT
20 °C, 1 h
3) Ac2O/Py
20 °C, 15 h
4) H3PO4/aq. THF
40 °C, 6 h
5) HOCH2CH2OH, TsOH/MeCN
20 °C, 6 h
2.6% (5 steps)
【ラクトン化(正宗法)、酸化、
脱アセタール化、アセタール化】
Hg(CN)2/MeNO2
20 °C, 10 h
2) MeOH
23 °C, 14 h
quant.
【グリコシル化、
脱O-アセチル化】
PhH-MeCN
–20 to 23 °C, 4 h
11%
【グリコシル化】
1) 90% TFA
5 °C, 0.25 h
2) n-Bu3SnH
AIBN/PhH
60 °C, 1 h
90% (2 steps)
【脱アセタール化、
ラジカル還元】
NaBH4/MeOH
rt
90%
【ヒドリド還元】
Carbomycin B
Leucomycin A3

2) Synthesis of 16-Membered-ring Macrolide Antibiotics. Carbomycin B and Leucomycin A$_3$[3,4]

糖質を不斉炭素源にし、分子内Horner-Emmons反応により16員環ラクトンを構築

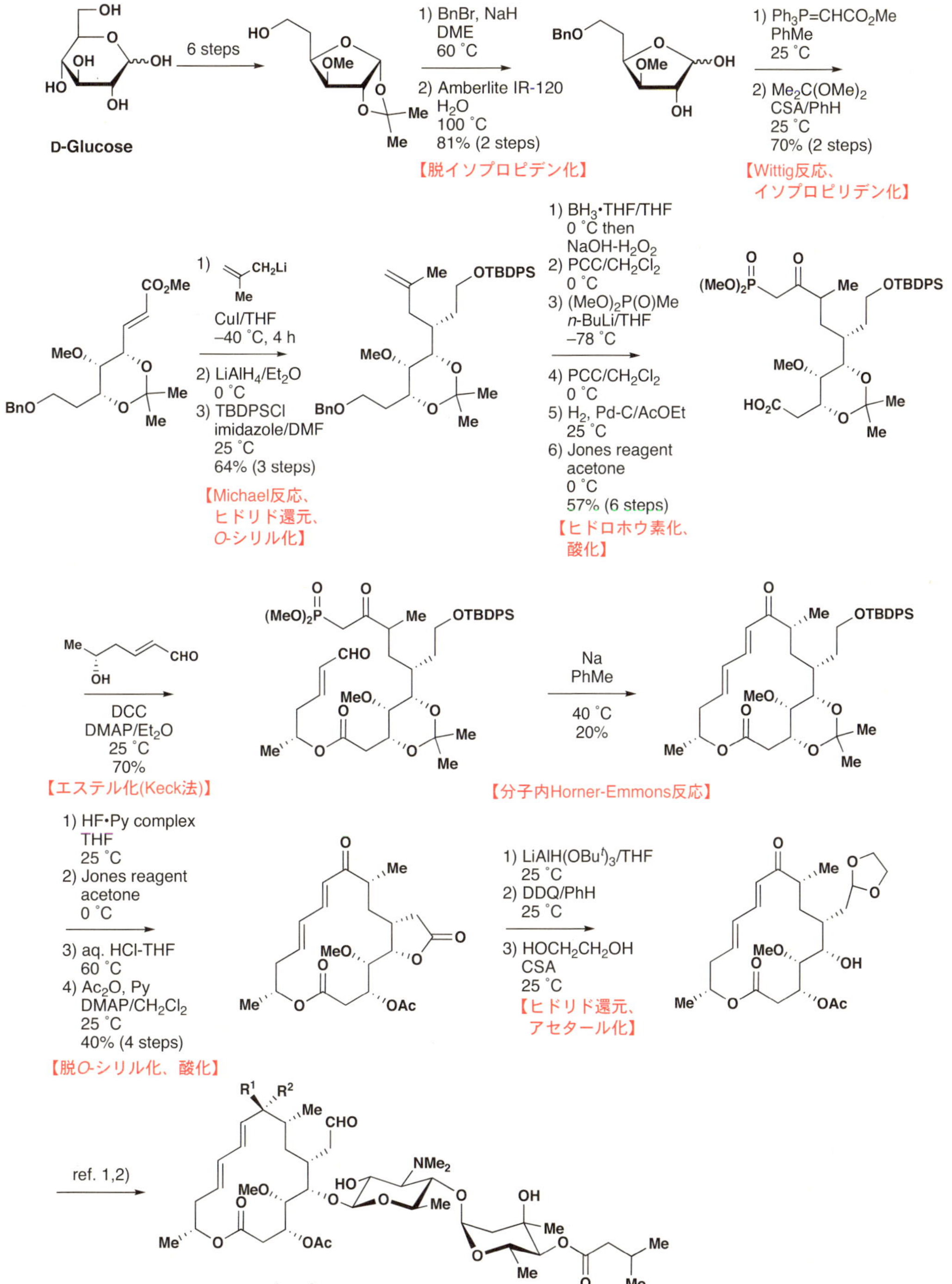

R^1 = R^2 = O, Carbomycin B
R^1 = H, R^2 = OH, Leucomycin A$_3$

3) A Stereocontrolled Synthesis of the 16-Membered Ring Macrolide Aglycone, Carbonolide B[5,6)]

糖質を不斉炭素源にし、山口法によるエステル化、分子内Horner-Emmons反応により16員環を構築

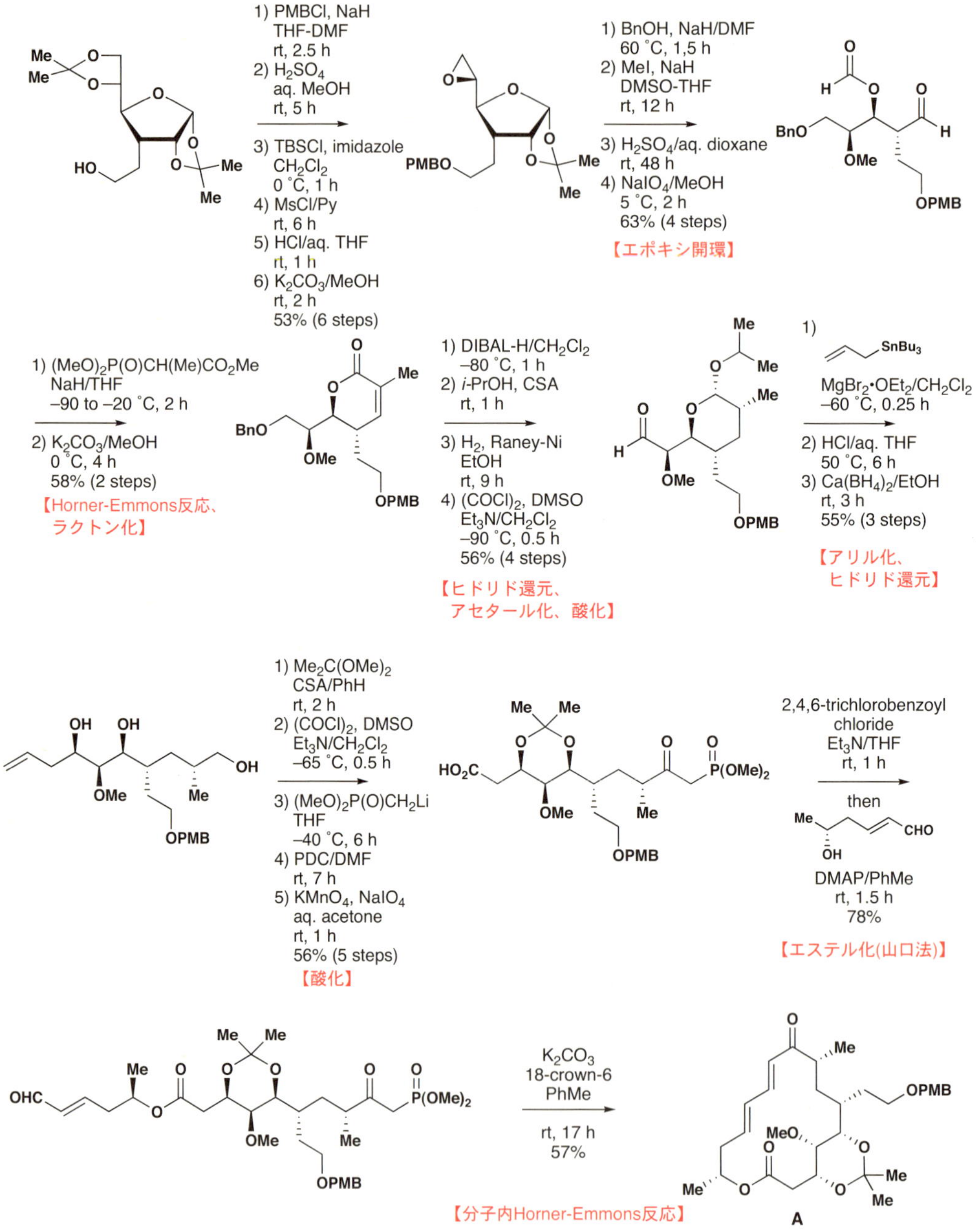

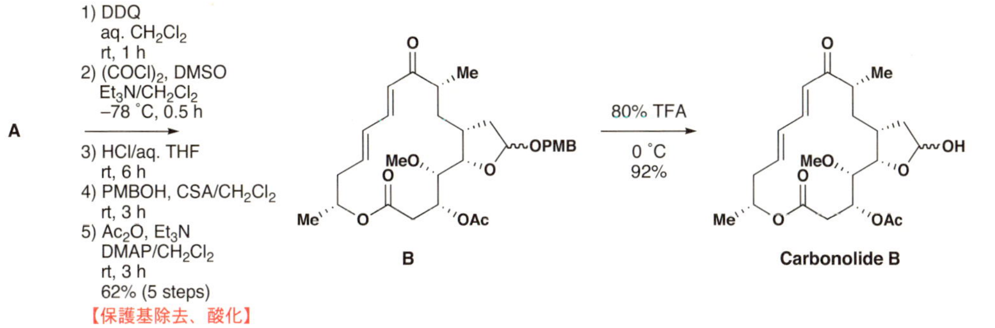

4) Synthesis of 16-Membered Macrolide Aglycones, Carbonolide A, Leuconolides and Maridonolide II via Carbonolide B[7)]

A
1) DDQ aq. CH$_2$Cl$_2$, rt, 1 h
2) (COCl)$_2$, DMSO Et$_3$N/CH$_2$Cl$_2$ −78 °C, 0.5 h
3) HCl/aq. THF rt, 6 h
4) PMBOH, CSA/CH$_2$Cl$_2$ rt, 3 h
5) Ac$_2$O, Et$_3$N DMAP/CH$_2$Cl$_2$ rt, 3 h
62% (5 steps)
【保護基除去、酸化】

→ **B** → 80% TFA, 0 °C, 92% → **Carbonolide B**

B
1) mCPBA, NaHCO$_3$, CH$_2$Cl$_2$, 20 °C
2) DDQ aq. CH$_2$Cl$_2$
77% (2 steps)
【エポキシ化】
→ **Carbonolide A**

A
1) NaBH$_4$, MeOH, 0 °C, 5 min
2) (ClCH$_2$CO)$_2$O, DMAP/Py
3) DDQ aq. CH$_2$Cl$_2$
81% (3 steps)
→
1) (COCl)$_2$, DMSO, Et$_3$N, CH$_2$Cl$_2$, −78 to 0 °C
2) HCl/aq. THF
77% (2 steps)
→ **C**
【酸化、脱イソプロピリデン化】

C → K$_2$CO$_3$, MeOH, 0 °C, 5 min, 98% → **Leuconolide A$_1$**
【脱 O-アシル化】

C →
1) Ac$_2$O, Et$_3$N, DMAP/CH$_2$Cl$_2$
2) K$_2$CO$_3$, MeOH, 0 °C, 5 min
74% (2 steps)
→ **Leuconolide A$_3$**
【O-アセチル化、脱 O-アシル化】

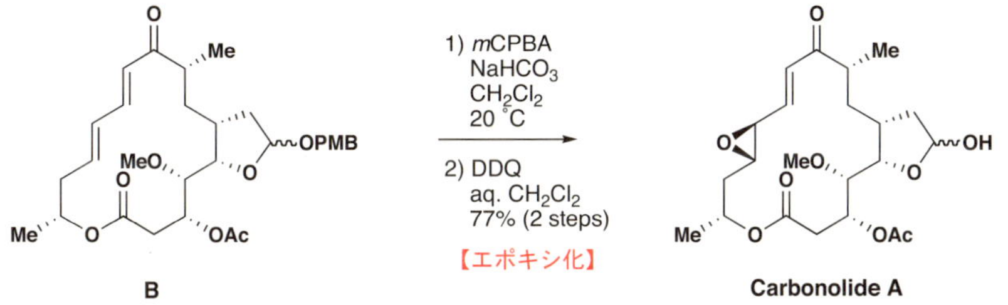

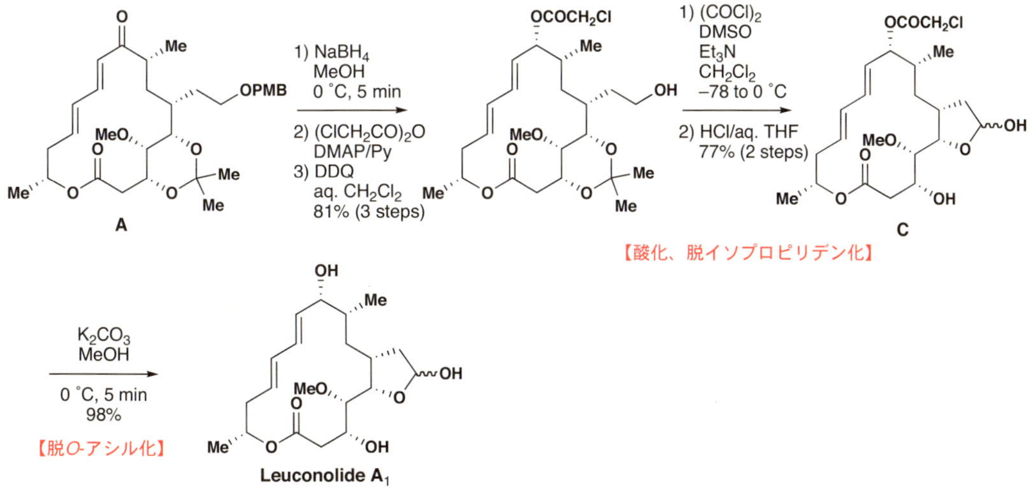

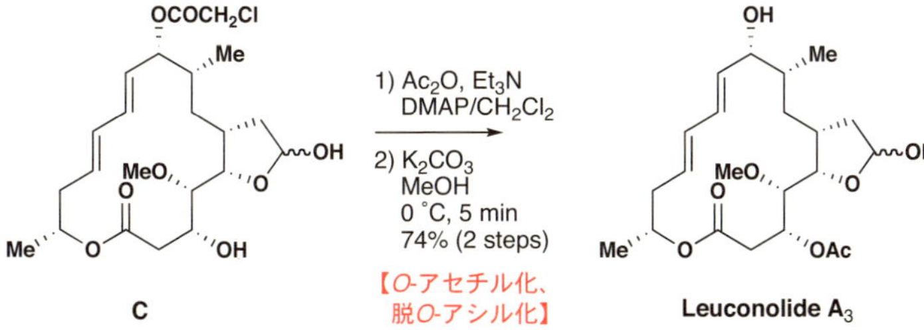

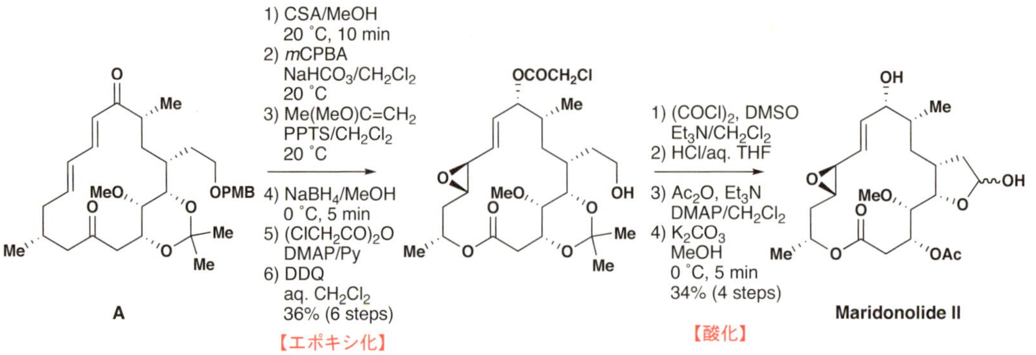

5) Total Synthesis of (+)-Carbonolide B[8]

アルデヒド とのエン反応、分子内Horner-Emmons反応を経て合成

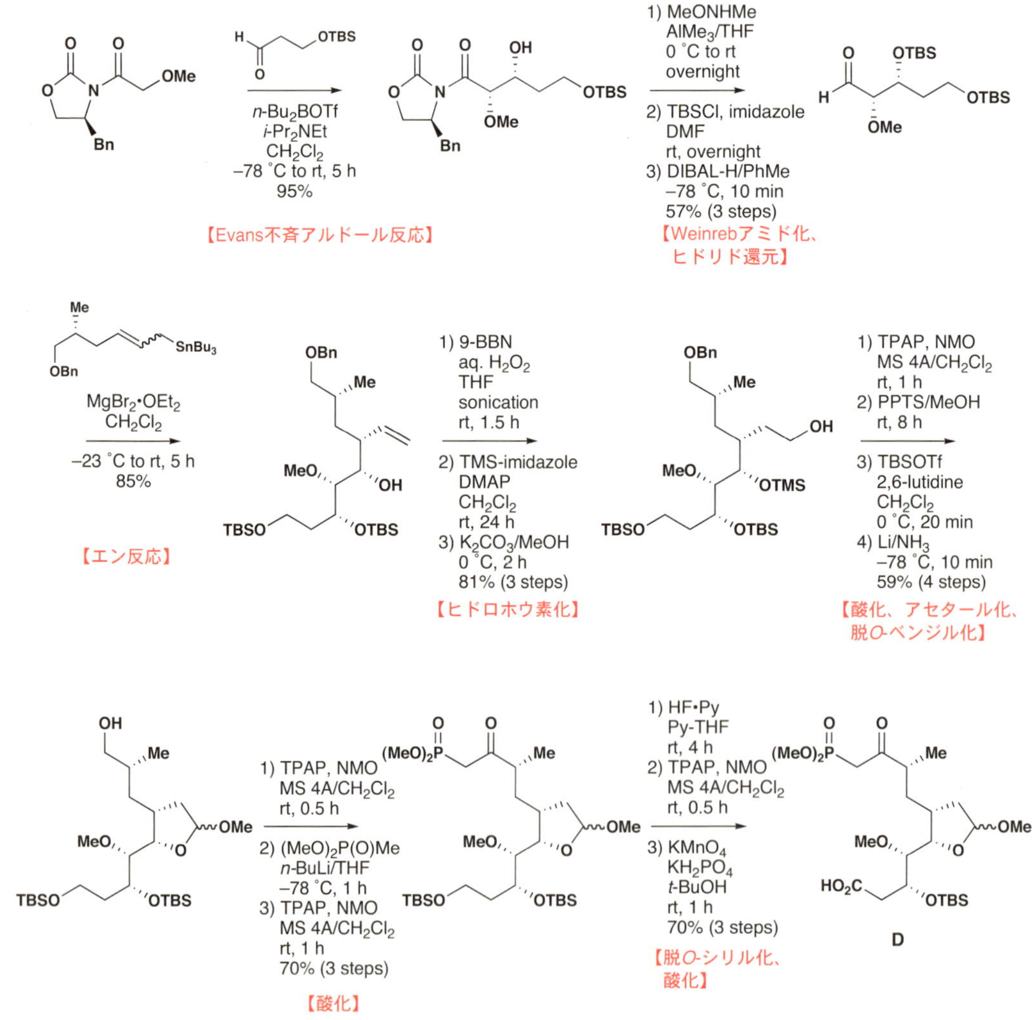

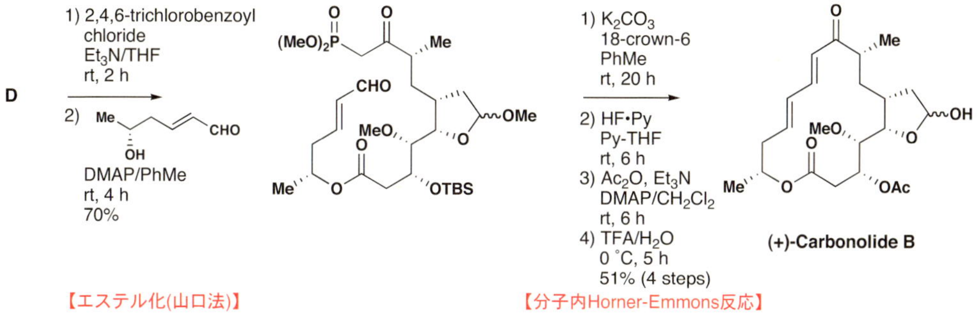

References

1) K. Tatsuta, Y. Amemiya, S. Maniwa and M. Kinoshita, *Tetrahedron Lett.*, **21**, 2837-2840 (1980)
2) K. Tatsuta, A. Tanaka, K. Fujimoto, M. Kinoshita and S. Umezawa, *J. Am. Chem. Soc.*, **99**, 5826 (1977)
3) K. C. Nicolaou, S. P. Seitz and M. R. Pavia, *J. Am. Chem. Soc.*, **103**, 1222-1224 (1981)
4) K. C. Nicolaou, M. R. Pavia and S. P. Seitz, *J. Am. Chem. Soc.*, **103**, 1224-1226 (1981)
5) N. Nakajima, T. Matsushima, O. Yonemitsu, H. Goto and E. Osawa, *Chem. Pharm. Bull.*, **39**, 2819-2829 (1991)
6) N. Nakajima, K. Uoto, O. Yonemitsu and T. Hata, *Chem. Pharm. Bull.*, **39**, 64-74 (1991)
7) N. Nakajima, K. Uoto, T. Matsushima, O. Yonemitsu, H. Goto and E. Osawa, *J. Org. Chem.*, **55**, 1129-1132 (1990)
8) G. E. Keck, A. Palani and S. F. McHardy, *J. Org. Chem.*, **59**, 3113-3122 (1994)

Cochleamycin A

1) The First Total Synthesis of Cochleamycin A and Determination of the Absolute Strucure[1)]

糖質を含む光学活性な原料を用い、薗頭カップリング、分子内Diels-Alder反応、SmI_2による10員環構築、北エステル化を用いる10員環ラクトンの構築、選択的*O*-アセチル化を経て天然物を全合成および絶対構造決定

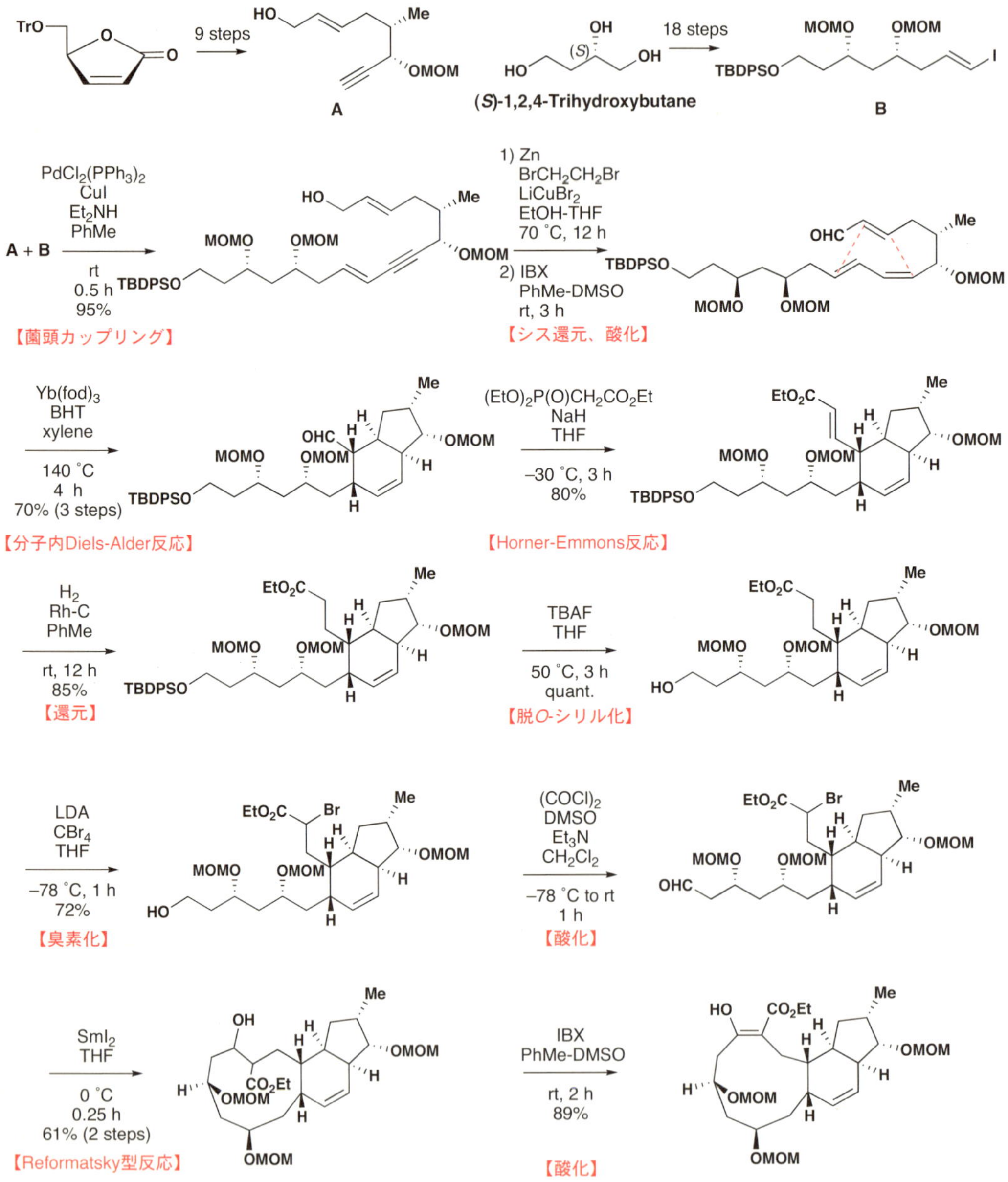

Cochleamycin A

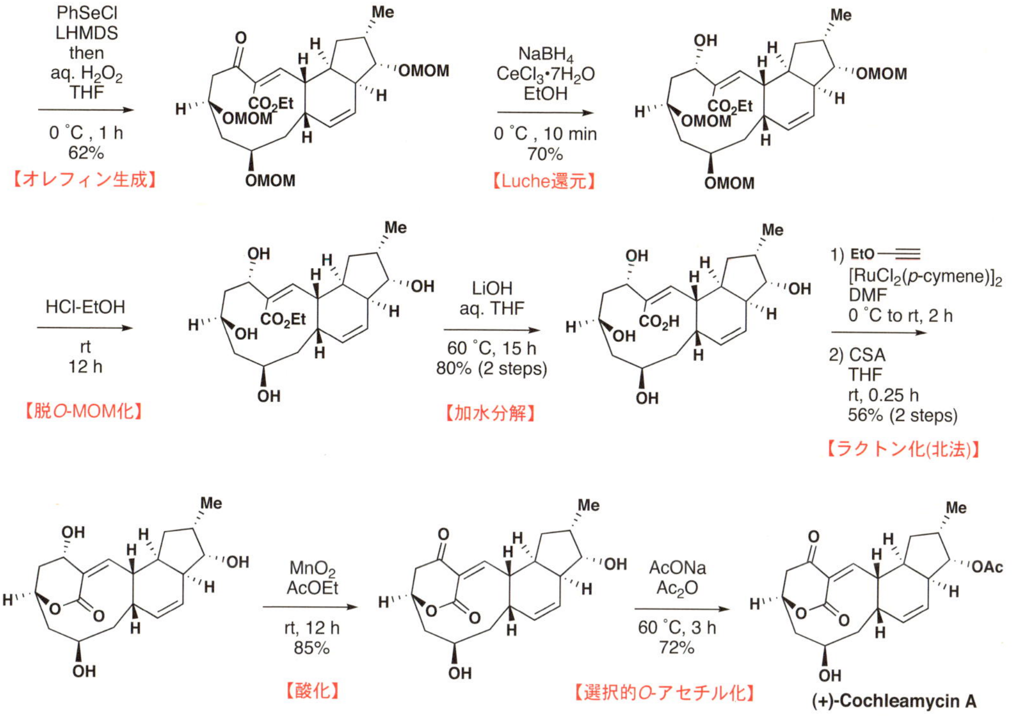

2) Total Synthesis of (+)-Macquarimicin A[2,3)]

Pd触媒下の環化と渡環Diels-Alder反応を鍵として天然物を全合成

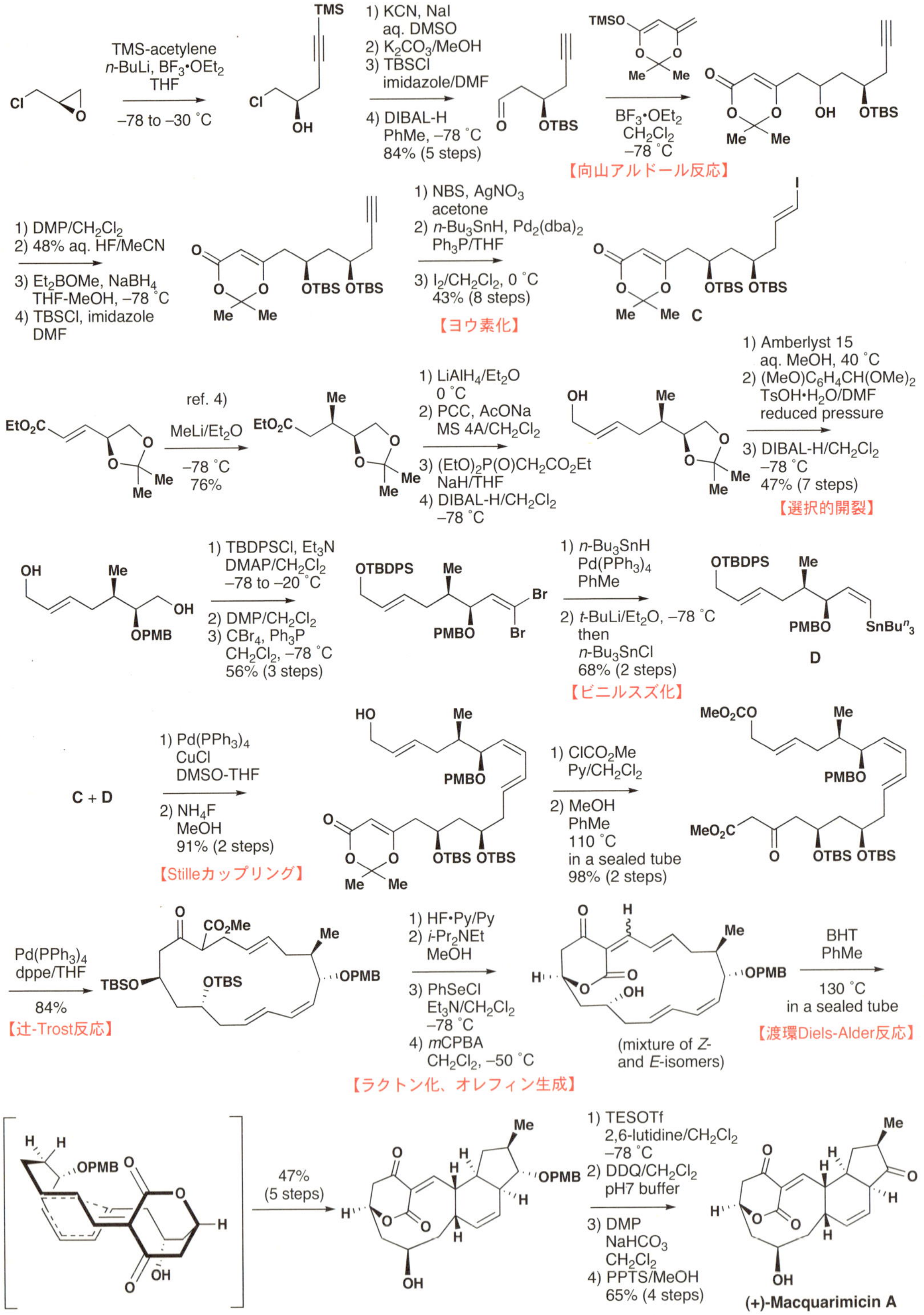

3) Total Synthesis of Cochleamycin A[5)]

ビニルスズとヨウ化ビニル体とのStilleカップリングと渡環Diels-Alder反応を鍵として天然物を全合成

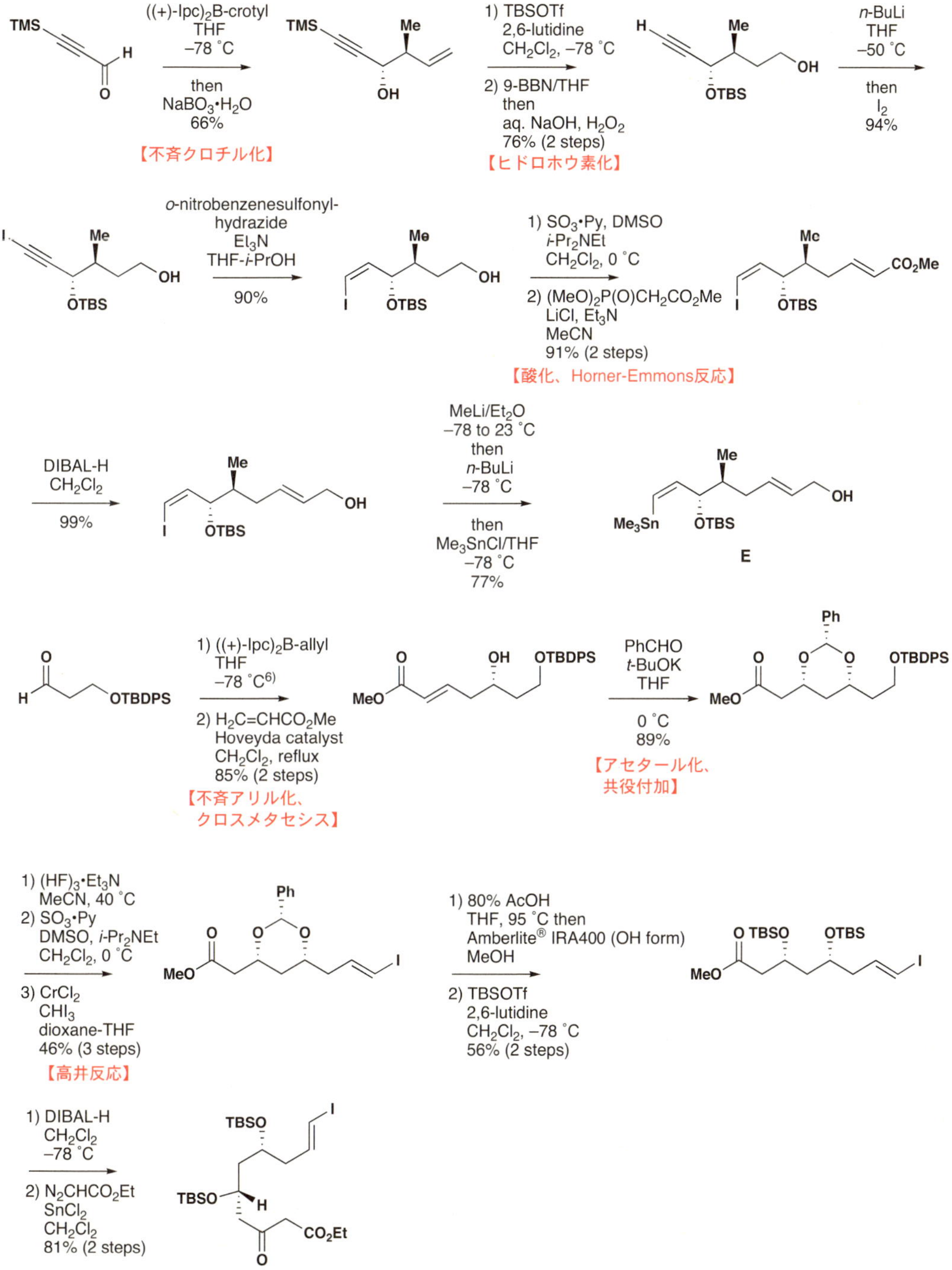

F

Cochleamycin A

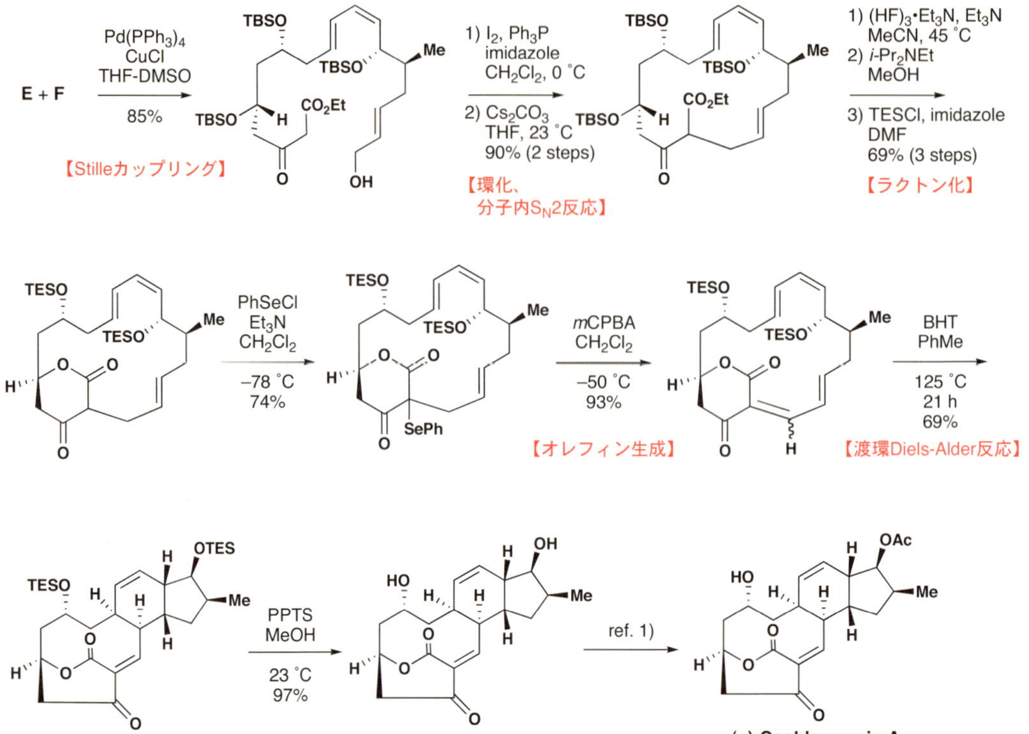

(+)-Cochleamycin A

References

1) K. Tatsuta, F. Narazaki, N. Kashiki, J. Yamamoto and S. Nakano, *J. Antibiot.*, **56**, 584-590 (2003)
2) R. Munakata, H. Katakai, T. Ueki, J. Kurosaka, K. Takao and K. Tadano, *J. Am. Chem. Soc.*, **125**, 14722-14723 (2003)
3) R. Munakata, H. Katakai, T. Ueki, J. Kurosaka, K. Takao and K. Tadano, *J. Am. Chem. Soc.*, **126**, 11254-11267 (2004)
4) J. Leonard, S. Mohialdin, D. Reed, G.Ryan and P. A. Swain, *Tetrahedron*, **51**, 12843-12858 (1995)
5) T. A. Dineen and W. R. Roush, *Org. Lett.*, **6**, 2043-2046 (2004)
6) U. S. Racherla and H. C. Brown, *J. Org. Chem.*, **56**, 401-404 (1991)

Concanamycins

1) Enantiospecific Synthesis of C_{20}-C_{28} Segment of Concanamycin A: Application of Diethylisopropylsilyl Protecting Group[1)]

糖質を不斉炭素源にし、独自に開発したシリル保護基を有効に用い、グリコシル化を経てセグメントを合成

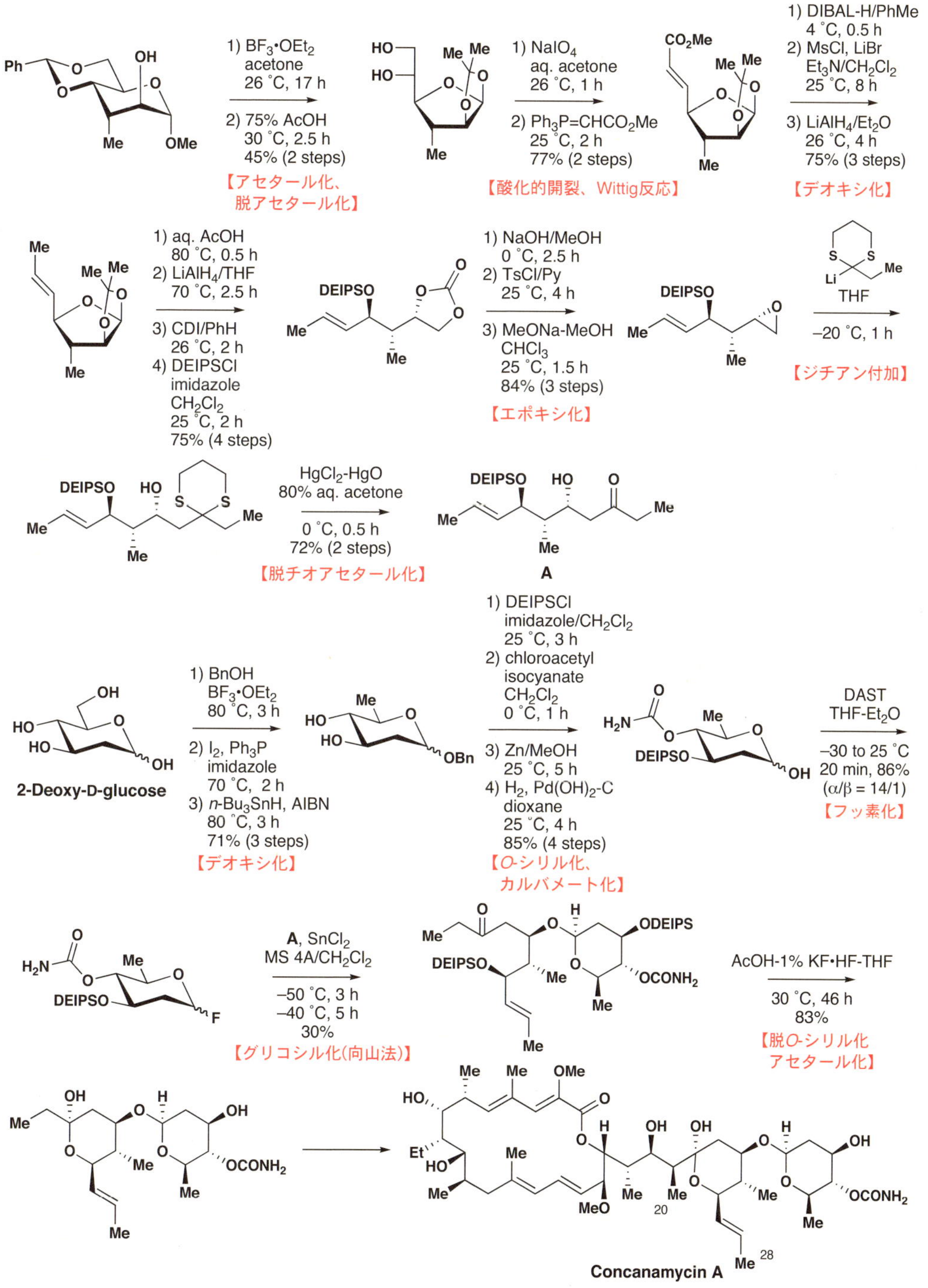

2) The First Total Synthesis of Concanamycin F (Concanolide A)[2,3]

山口法によるエステル化、分子内Stilleカップリングを用いるジエン部分の構築と閉環、
立体選択的アルドール反応を経て天然物を全合成

1) (MeO)$_2$CHC$_6$H$_4$OMe
CSA/CH$_2$Cl$_2$
rt, 16 h
2) (COCl)$_2$, DMSO
Et$_3$N/CH$_2$Cl$_2$
−78 °C, 20 min
3) EtMgBr/Et$_2$O
25 °C, 3 h
56% (3 steps)
【酸化、Grignard反応】

1) (COCl)$_2$, DMSO
Et$_3$N/CH$_2$Cl$_2$
−78 °C, 20 min
2) Ph$_3$P=CH$_2$
PhH
rt, 0.5 h
88% (2 steps)
【酸化、Wittig反応】

BH$_3$·SMe$_2$
C$_6$H$_{10}$/THF
rt, 3 h
then
aq. NaOH
H$_2$O$_2$
50 °C, 1 h
89%
【ヒドロホウ素化】

1) (COCl)$_2$, DMSO
Et$_3$N/CH$_2$Cl$_2$
−78 °C, 20 min
2) N-propionyl-(4S)-benzyl-
2-oxazolidinone
n-Bu$_2$BOTf, Et$_3$N
CH$_2$Cl$_2$
−78 to 0 °C, 2 h
81% (2 steps)
【酸化、Evans不斉アルドール反応】

1) LiBH$_4$
EtOH/Et$_2$O
−10 °C, 1 h
2) TsCl/Py
rt, 2 h
3) TBSOTf
2,6-lutidine
CH$_2$Cl$_2$
rt, 2h
4) HC≡CLi, DMSO
rt, 3 h
66% (4 steps)
【S$_N$2反応】

1) HF
H$_2$O-THF-MeCN
40 °C, 48 h
2) PivCl, DMAP
Py/CH$_2$Cl$_2$
rt, 16 h
3) DEIPSOTf
2,6-lutidine
CH$_2$Cl$_2$
rt, 4 h
58% (3 steps)

1) DIBAL-H/PhMe
−78 °C, 0.25 h
2) (COCl)$_2$, DMSO
Et$_3$N/CH$_2$Cl$_2$
−78 °C, 20 min
3) Ph$_3$P=C(Me)CO$_2$Et
PhMe
100 °C, 16 h
83% (3 steps)
【酸化、Wittig反応】

1) DIBAL-H/PhMe
−78 °C, 0.25 h
2) Cp$_2$ZrCl$_2$, AlMe$_3$
I$_2$/ClCH$_2$CH$_2$Cl$_2$
rt, 16 h
3) MnO$_2$/CH$_2$Cl$_2$
rt, 1.5 h
74% (3 steps)

1) (EtO)$_2$P(O)CH(OMe)CO$_2$Me
KHMDS
18-crown-6
THF
−20 °C, 16 h
2) KOH
aq. dioxane
80 °C, 3 h
91% (2 steps)
【Horner-Emmons反応】

B

1) CH$_2$=CHCH(OMe)$_2$
CrCl$_2$, TMSI
THF
−42 °C, 16 h
2) 1% HCl-MeOH
rt, 0.5 h
3) Me$_2$C(OMe)$_2$, CSA
CH$_2$Cl$_2$
rt, 16 h
47% (3 steps)

1) OsO$_4$, NMO
aq. acetone
rt, 16 h
2) NaIO$_4$
aq. THF
rt, 0.5 h

1) CrCl$_2$, CHI$_3$
THF
rt, 14 h
2) n-Bu$_3$SnCl
n-BuLi/THF
−78 °C, 1 h
35% (4 steps)
【ビニルスズ化】

1) PPTS
MeOH
rt, 2 h
2) MTrCl
Et$_3$N, DMAP
CH$_2$Cl$_2$
rt, 1 h
78% (2 steps)

C

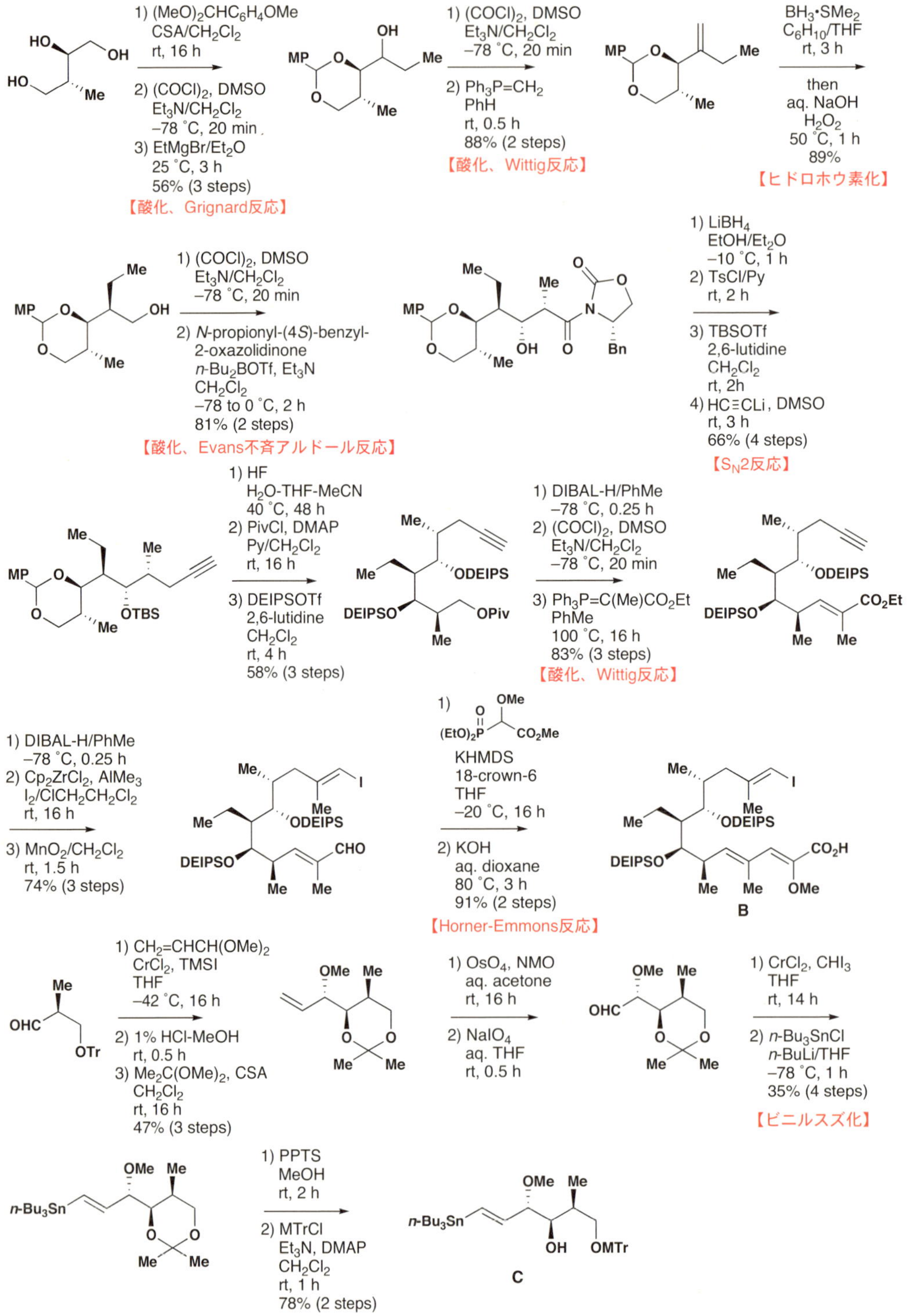

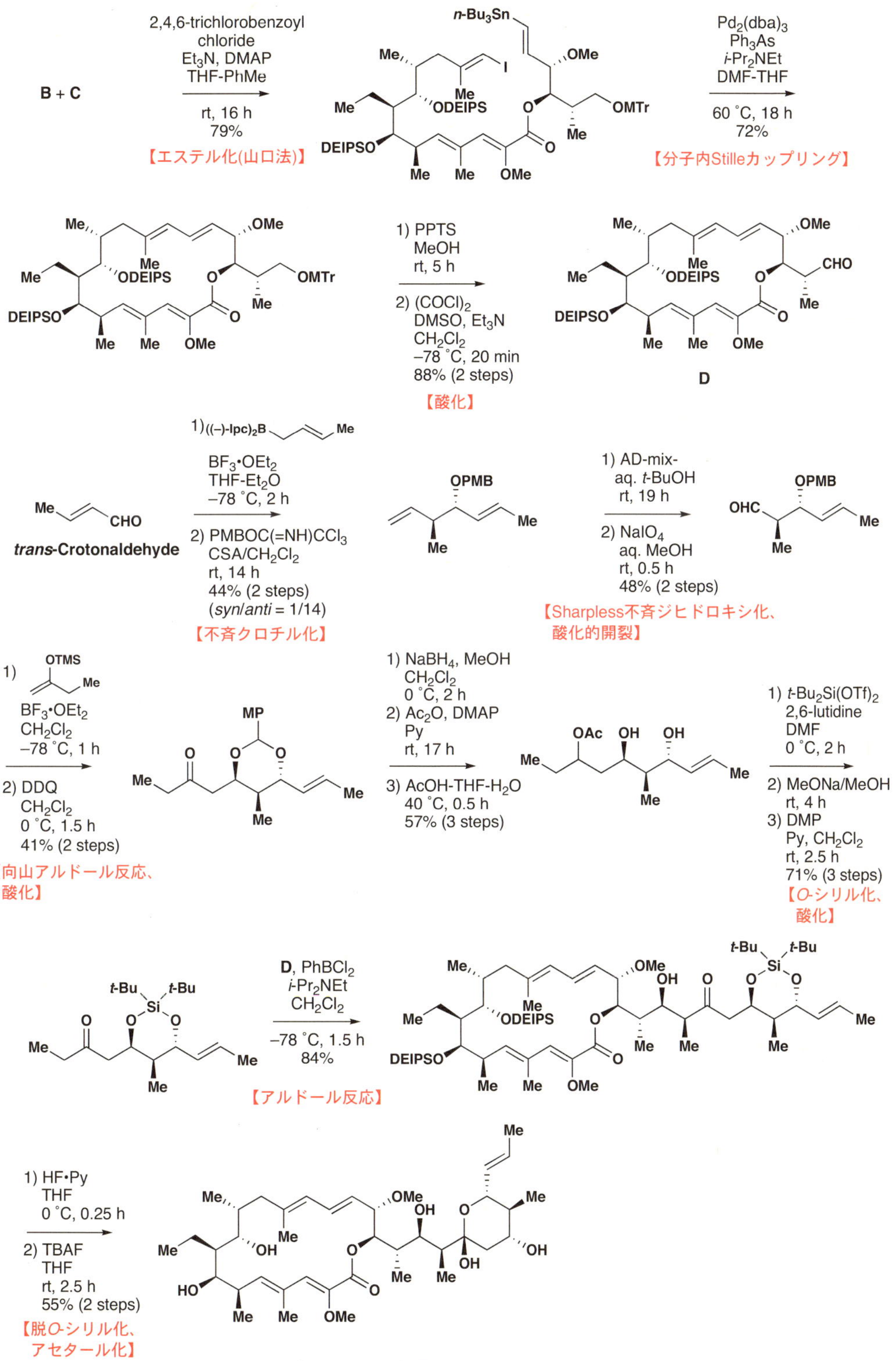

Concanamycin F

3) Total Synthesis of (+)-Concanamycin F[4,5)]

立体選択的アルドール反応、Stilleカップリングによるジエン部分の構築、閉環反応を経て合成

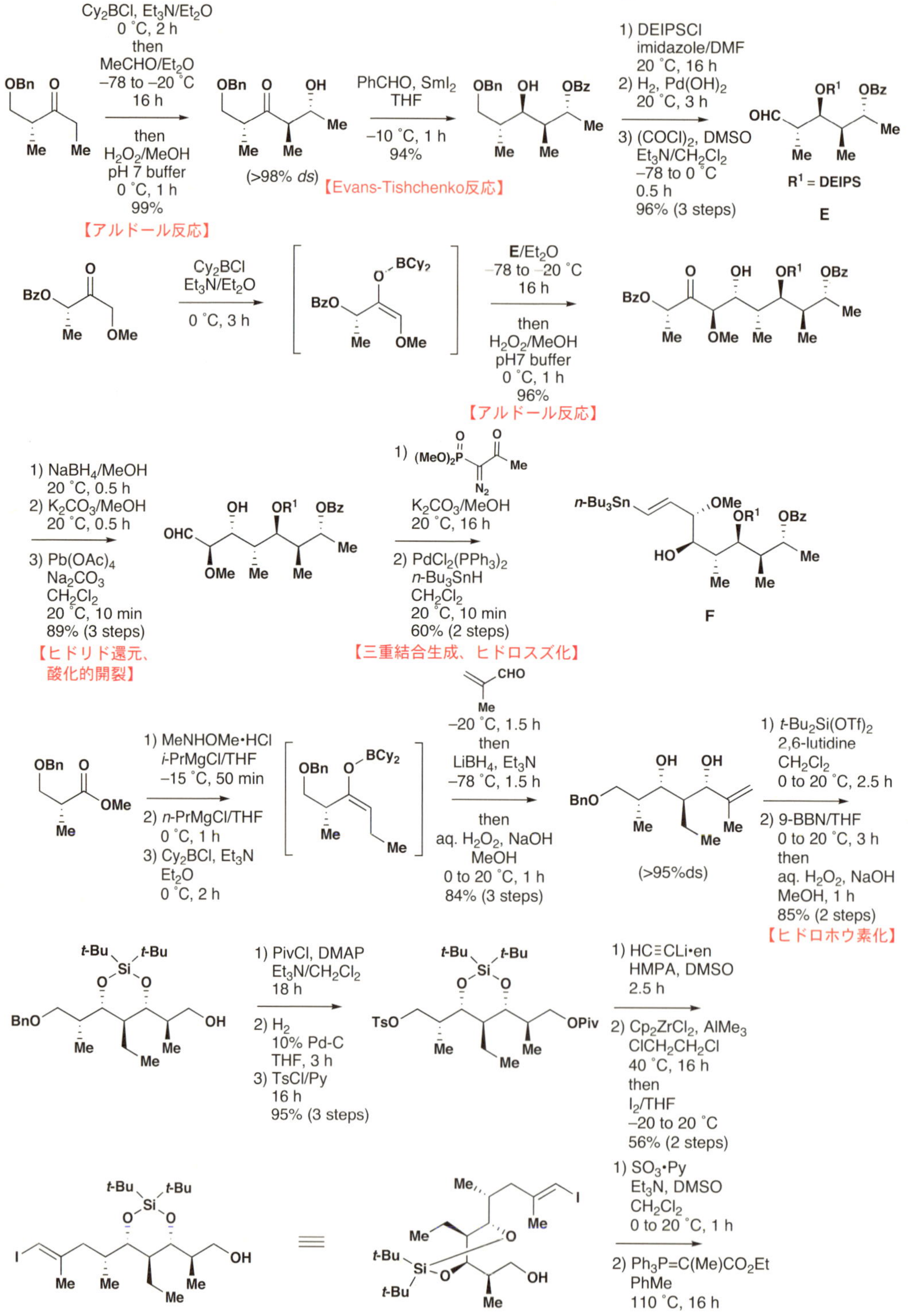

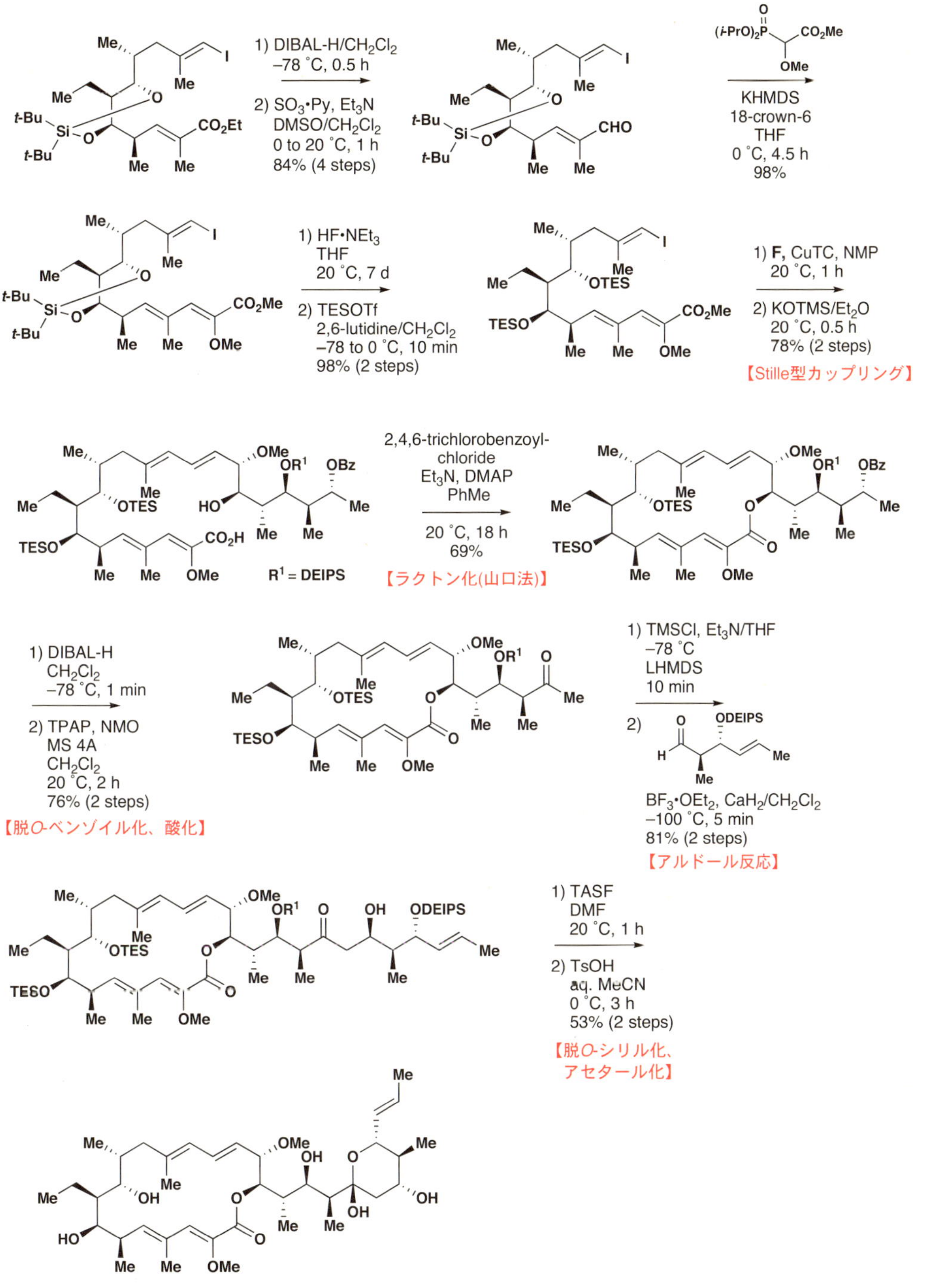

Concanamycin F

References

1) K. Toshima, M. Misawa, K. Ohta, K. Tatsuta and M. Kinoshita, *Tetrahedron Lett.*, **30**, 6417-6420 (1989)
2) K. Toshima, T. Jyojima, H. Yamaguchi, Y. Noguchi, T. Yoshida, H. Murase, M. Nakata and S. Matsumura, *J. Org. Chem.*, **62**, 3271-3284 (1997)
3) K. Toshima, T. Jyojima, N. Miyamoto, M. Katohno, M. Nakata and S. Matsumura, *J. Org. Chem.*, **66**, 1708-1715 (2001)
4) I. Paterson and M. D. McLeod, *Tetrahedron Lett.*, **38**, 4183-4186 (1997)
5) I. Paterson, V. A. Doughty, M. D. McLeod and T. Trieselmann, *Angew. Chem. Int. Ed. Engl.*, **39**, 1308-1312 (2000)

Coriolins

1) The Total Synthesis of (±)-Coriolin[1,2)]

[2+2]付加環化、骨格転位、立体選択的酸化反応を経て天然物を全合成

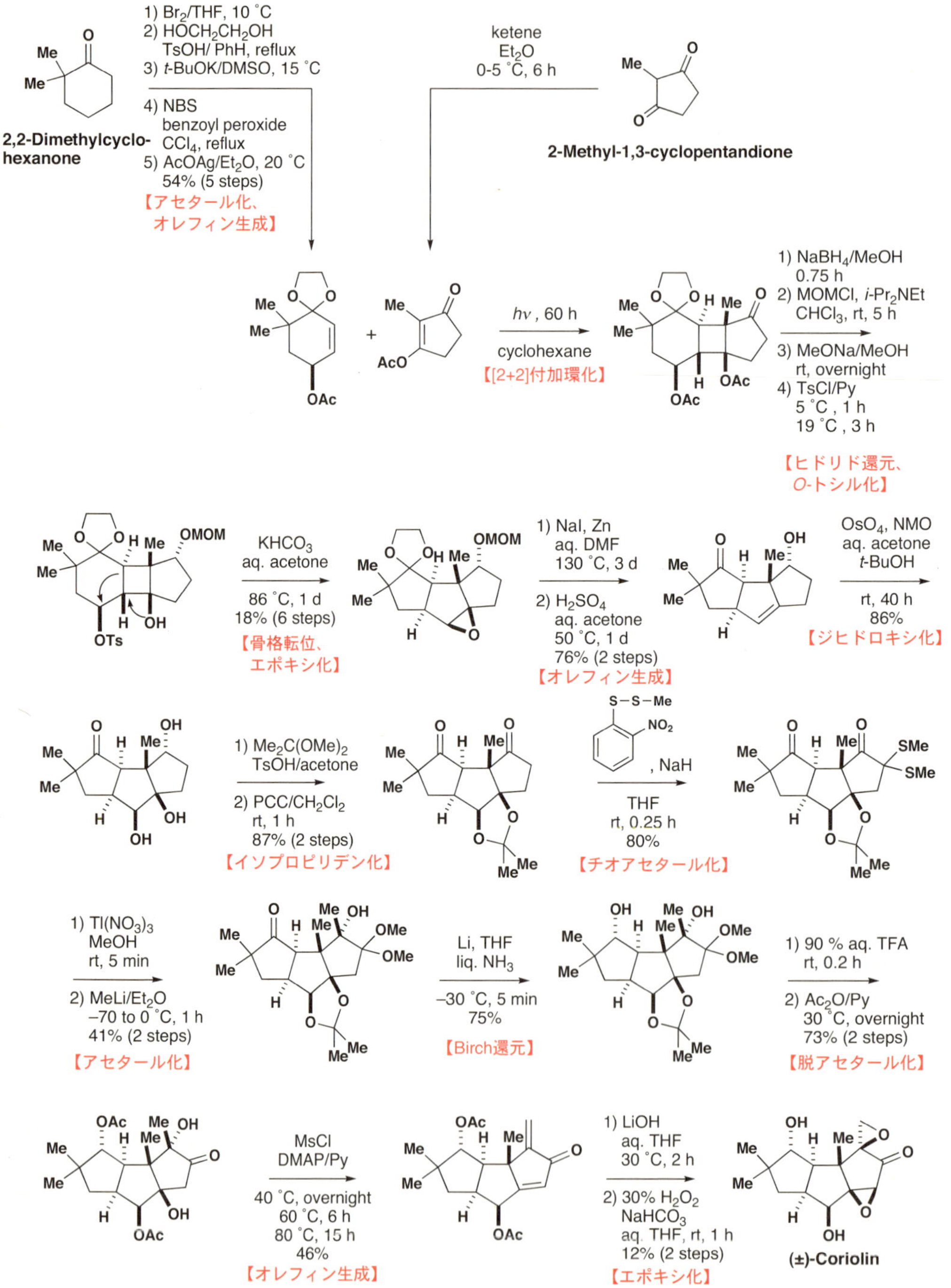
2,2-Dimethylcyclo-hexanone
1) Br2/THF, 10 °C
2) HOCH2CH2OH TsOH/ PhH, reflux
3) t-BuOK/DMSO, 15 °C
4) NBS benzoyl peroxide CCl4, reflux
5) AcOAg/Et2O, 20 °C
54% (5 steps)
【アセタール化、オレフィン生成】
ketene
Et2O
0-5 °C, 6 h
2-Methyl-1,3-cyclopentandione
hν, 60 h
cyclohexane
【[2+2]付加環化】
1) NaBH4/MeOH 0.75 h
2) MOMCl, i-Pr2NEt CHCl3, rt, 5 h
3) MeONa/MeOH rt, overnight
4) TsCl/Py 5 °C, 1 h 19 °C, 3 h
【ヒドリド還元、O-トシル化】
KHCO3
aq. acetone
86 °C, 1 d
18% (6 steps)
【骨格転位、エポキシ化】
1) NaI, Zn aq. DMF 130 °C, 3 d
2) H2SO4 aq. acetone 50 °C, 1 d
76% (2 steps)
【オレフィン生成】
OsO4, NMO
aq. acetone
t-BuOH
rt, 40 h
86%
【ジヒドロキシ化】
1) Me2C(OMe)2 TsOH/acetone
2) PCC/CH2Cl2 rt, 1 h
87% (2 steps)
【イソプロピリデン化】
, NaH
THF
rt, 0.25 h
80%
【チオアセタール化】
1) Tl(NO3)3 MeOH rt, 5 min
2) MeLi/Et2O –70 to 0 °C, 1 h
41% (2 steps)
【アセタール化】
Li, THF
liq. NH3
–30 °C, 5 min
75%
【Birch還元】
1) 90 % aq. TFA rt, 0.2 h
2) Ac2O/Py 30 °C, overnight
73% (2 steps)
【脱アセタール化】
MsCl
DMAP/Py
40 °C, overnight
60 °C, 6 h
80 °C, 15 h
46%
【オレフィン生成】
1) LiOH aq. THF 30 °C, 2 h
2) 30% H2O2 NaHCO3 aq. THF, rt, 1 h
12% (2 steps)
【エポキシ化】
(±)-Coriolin

2) Stereospecific Total Syntheses of *dl*-Coriolin and *dl*-Coriolin B[3,4)]

Michael反応、分子内アルドール縮合、Diels-Alder反応、選択的酸化反応を経て合成

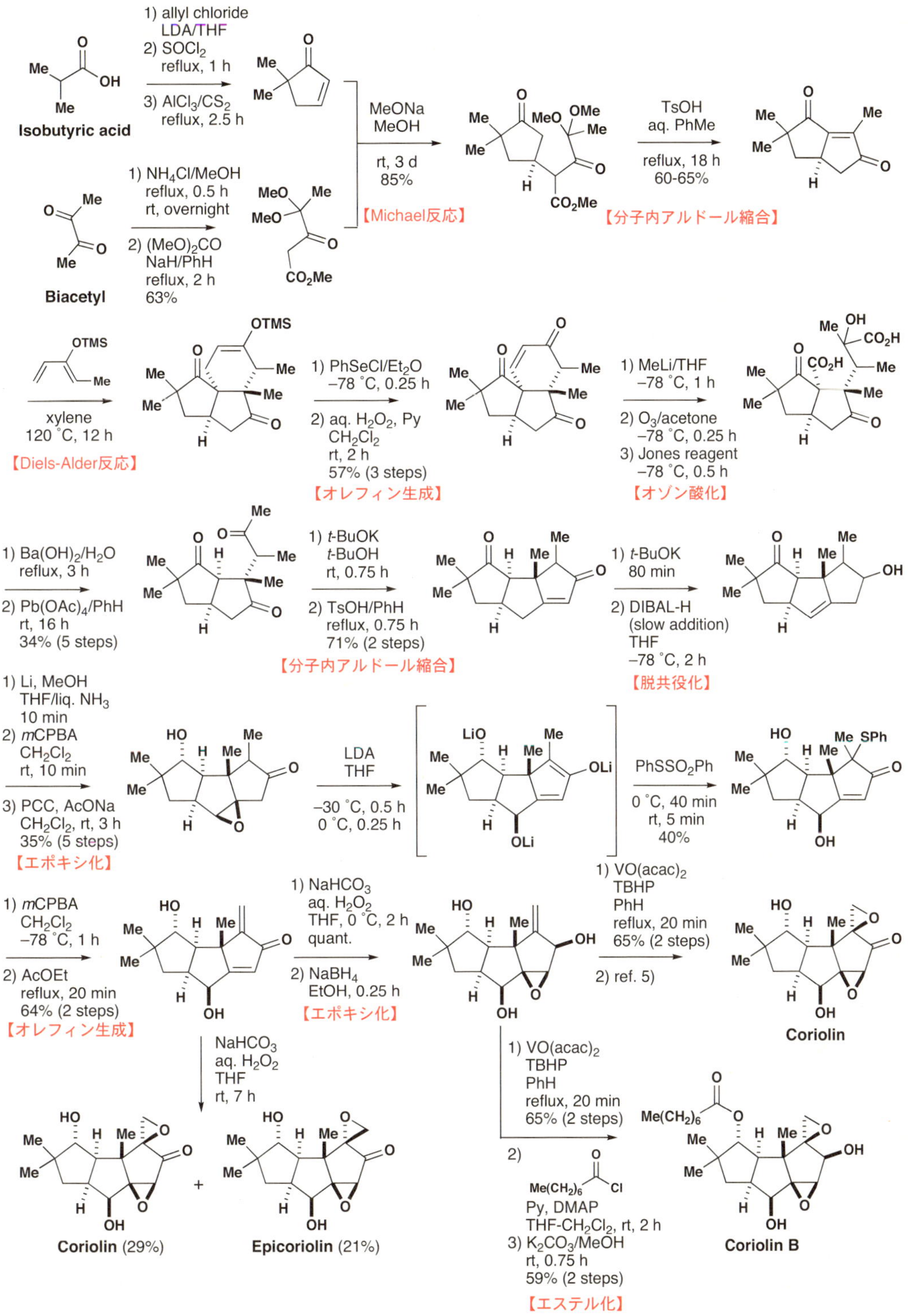

3) A Total Synthesis of *dl*-Coriolin[6,7)]

Wacker酸化、分子内アルドール縮合、立体選択的酸化反応を経て合成

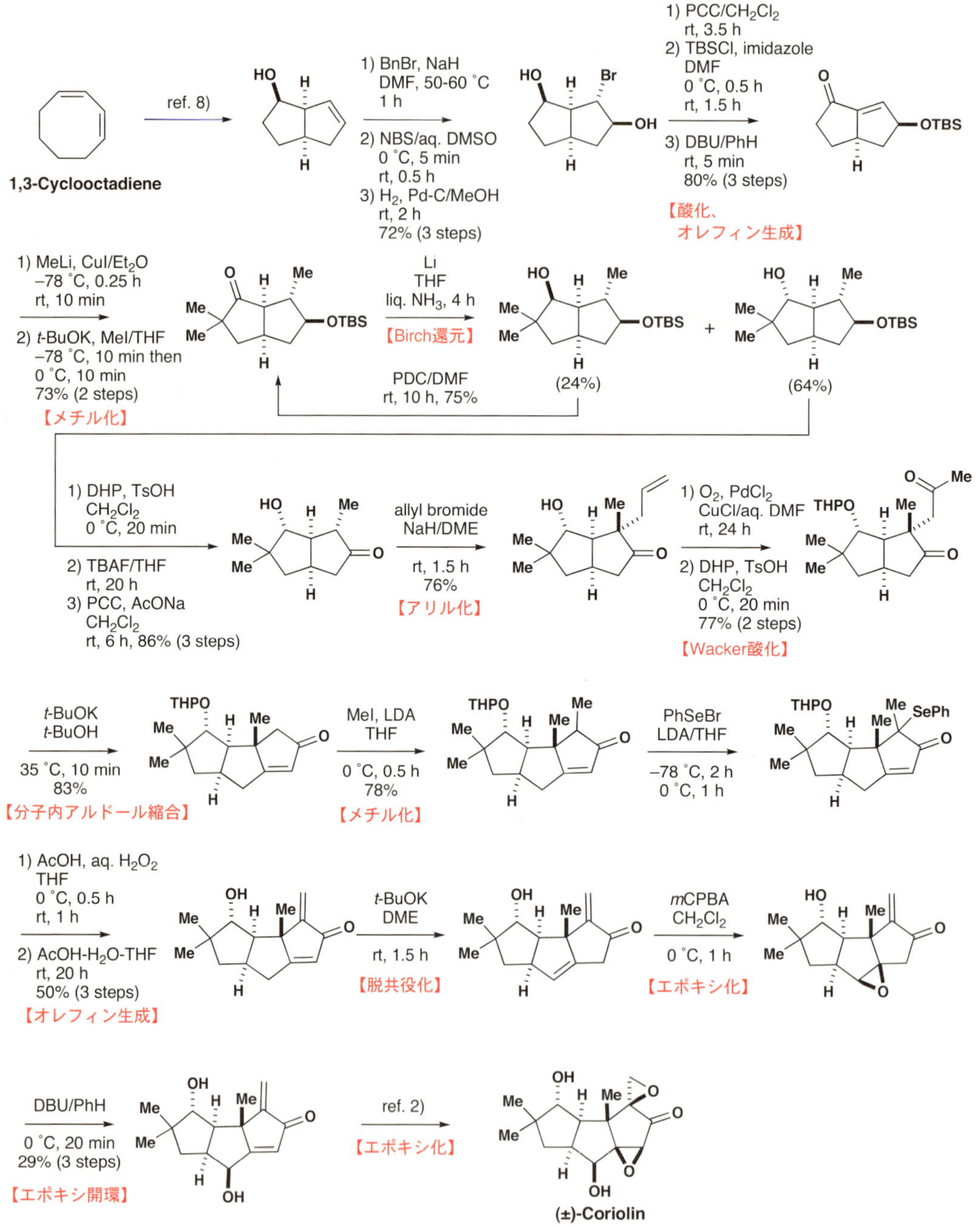

4) Synthesis of *dl*-Coriolin[9)]

エン反応、スルホニルメチルエステルの脱離を経て合成

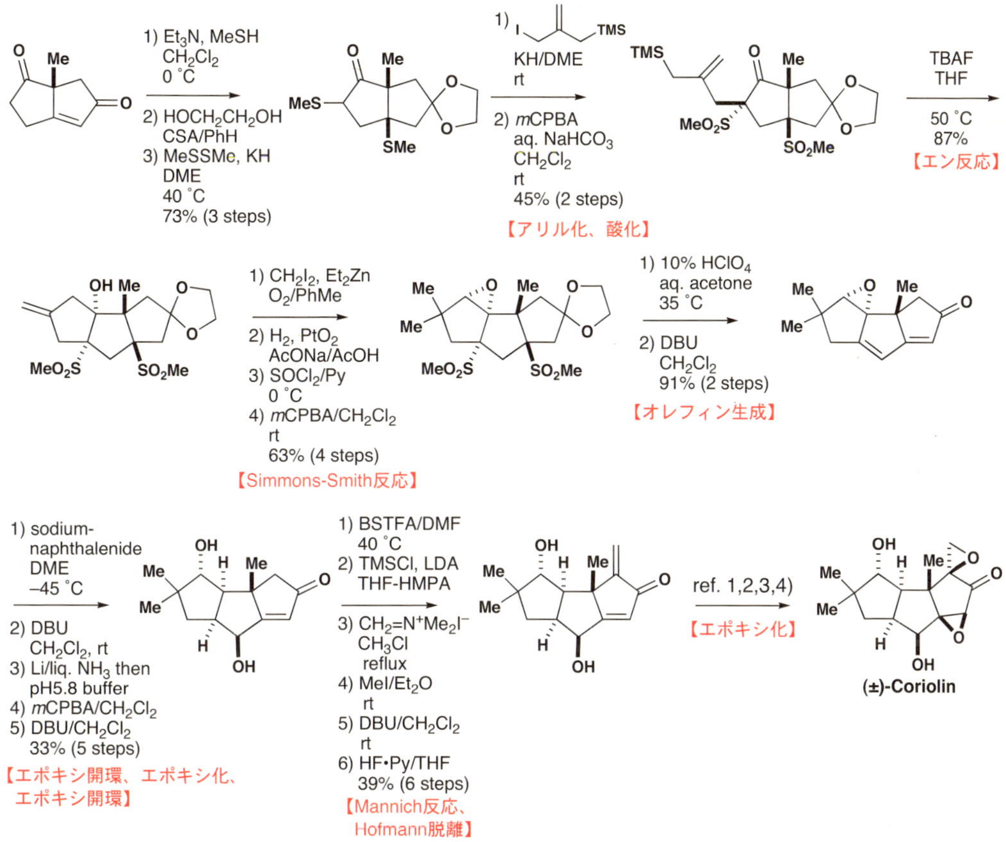
1) Et3N, MeSH
CH2Cl2
0 °C
2) HOCH2CH2OH
CSA/PhH
3) MeSSMe, KH
DME
40 °C
73% (3 steps)
1) KH/DME
rt
2) mCPBA
aq. NaHCO3
CH2Cl2
rt
45% (2 steps)
【アリル化、酸化】
TBAF
THF
50 °C
87%
【エン反応】
1) CH2I2, Et2Zn
O2/PhMe
2) H2, PtO2
AcONa/AcOH
3) SOCl2/Py
0 °C
4) mCPBA/CH2Cl2
rt
63% (4 steps)
【Simmons-Smith反応】
1) 10% HClO4
aq. acetone
35 °C
2) DBU
CH2Cl2
91% (2 steps)
【オレフィン生成】
1) sodium-naphthalenide
DME
–45 °C
2) DBU
CH2Cl2, rt
3) Li/liq. NH3 then
pH5.8 buffer
4) mCPBA/CH2Cl2
5) DBU/CH2Cl2
33% (5 steps)
【エポキシ開環、エポキシ化、
エポキシ開環】
1) BSTFA/DMF
40 °C
2) TMSCl, LDA
THF-HMPA
3) CH2=N+Me2I−
CH3Cl
reflux
4) MeI/Et2O
rt
5) DBU/CH2Cl2
rt
6) HF•Py/THF
39% (6 steps)
【Mannich反応、
Hofmann脱離】
ref. 1,2,3,4)
【エポキシ化】
(±)-Coriolin

5) A General Approach to Linearly Fused Triquinane Natural Products. Total Synthesis of (±)-Hirsutene, (±)-Coriolin[10)] and (±)-Capnellen[11)]

連続するDiels-Alder反応、[2+2]付加環化、4員環の開裂を鍵反応として合成

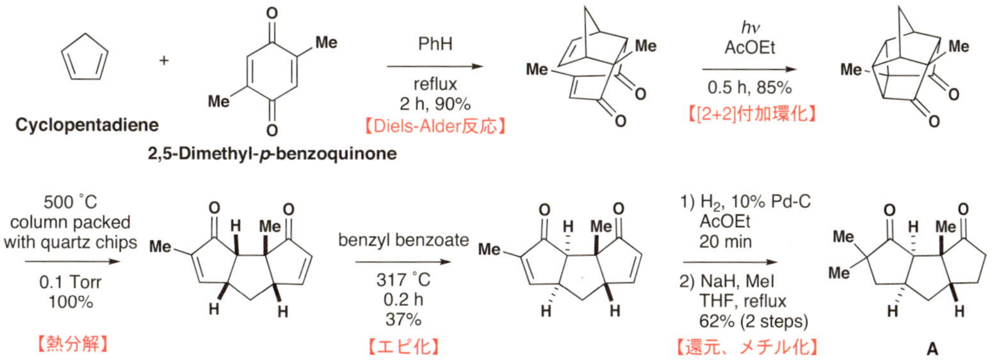
Cyclopentadiene
2,5-Dimethyl-p-benzoquinone
PhH
reflux
2 h, 90%
【Diels-Alder反応】
hν
AcOEt
0.5 h, 85%
【[2+2]付加環化】
500 °C
column packed
with quartz chips
0.1 Torr
100%
【熱分解】
benzyl benzoate
317 °C
0.2 h
37%
【エピ化】
1) H2, 10% Pd-C
AcOEt
20 min
2) NaH, MeI
THF, reflux
62% (2 steps)
【還元、メチル化】
A

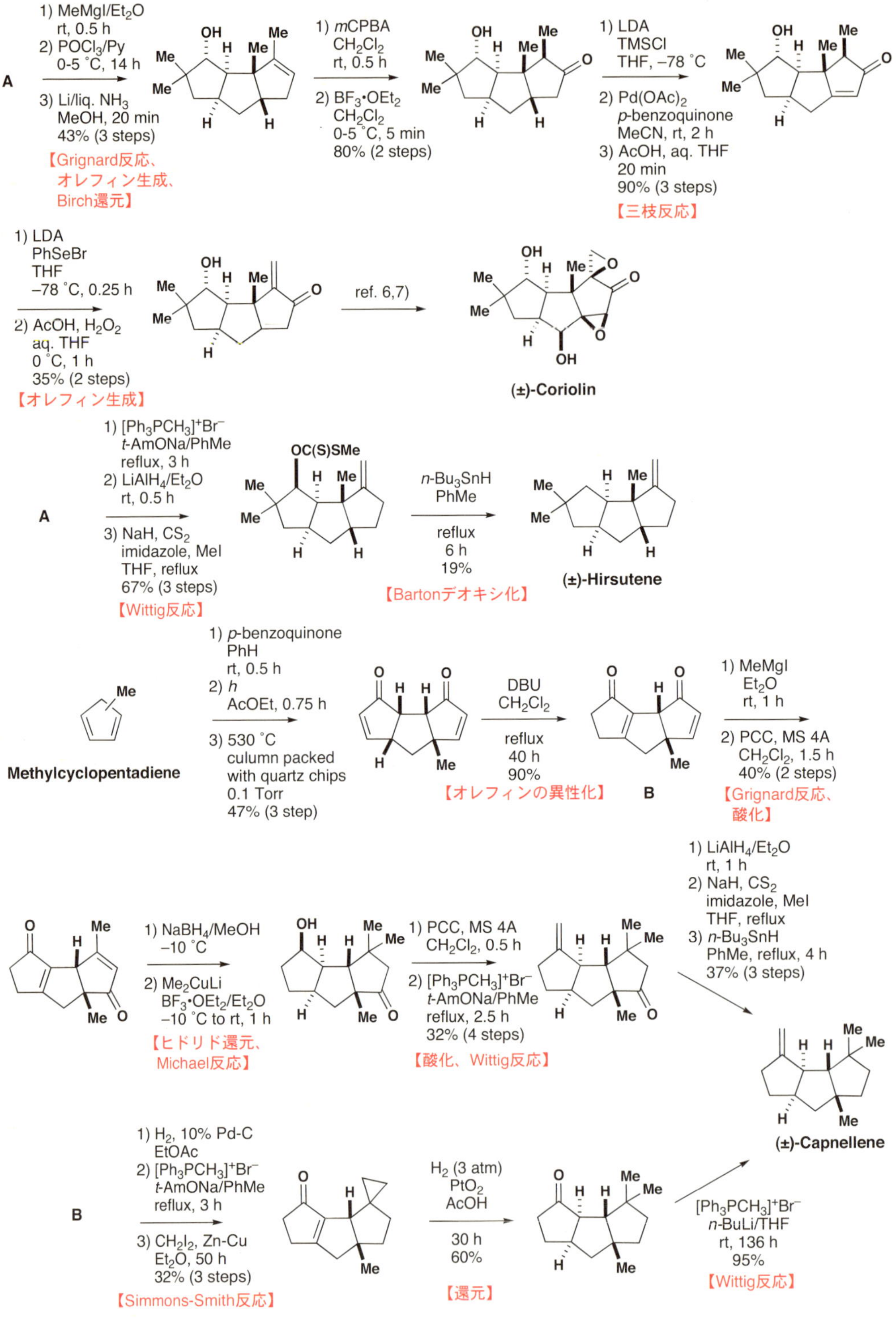
A
1) MeMgI/Et2O
rt, 0.5 h
2) POCl3/Py
0-5 °C, 14 h
3) Li/liq. NH3
MeOH, 20 min
43% (3 steps)
【Grignard反応、オレフィン生成、Birch還元】
1) mCPBA
CH2Cl2
rt, 0.5 h
2) BF3•OEt2
CH2Cl2
0-5 °C, 5 min
80% (2 steps)
1) LDA
TMSCl
THF, −78 °C
2) Pd(OAc)2
p-benzoquinone
MeCN, rt, 2 h
3) AcOH, aq. THF
20 min
90% (3 steps)
【三枝反応】
1) LDA
PhSeBr
THF
−78 °C, 0.25 h
2) AcOH, H2O2
aq. THF
0 °C, 1 h
35% (2 steps)
【オレフィン生成】
ref. 6,7)
(±)-Coriolin
A
1) [Ph3PCH3]+Br−
t-AmONa/PhMe
reflux, 3 h
2) LiAlH4/Et2O
rt, 0.5 h
3) NaH, CS2
imidazole, MeI
THF, reflux
67% (3 steps)
【Wittig反応】
OC(S)SMe
n-Bu3SnH
PhMe
reflux
6 h
19%
【Bartonデオキシ化】
(±)-Hirsutene
Methylcyclopentadiene
1) p-benzoquinone
PhH
rt, 0.5 h
2) h
AcOEt, 0.75 h
3) 530 °C
culumn packed
with quartz chips
0.1 Torr
47% (3 step)
DBU
CH2Cl2
reflux
40 h
90%
【オレフィンの異性化】
B
1) MeMgI
Et2O
rt, 1 h
2) PCC, MS 4A
CH2Cl2, 1.5 h
40% (2 steps)
【Grignard反応、酸化】
1) NaBH4/MeOH
−10 °C
2) Me2CuLi
BF3•OEt2/Et2O
−10 °C to rt, 1 h
【ヒドリド還元、Michael反応】
1) PCC, MS 4A
CH2Cl2, 0.5 h
2) [Ph3PCH3]+Br−
t-AmONa/PhMe
reflux, 2.5 h
32% (4 steps)
【酸化、Wittig反応】
1) LiAlH4/Et2O
rt, 1 h
2) NaH, CS2
imidazole, MeI
THF, reflux
3) n-Bu3SnH
PhMe, reflux, 4 h
37% (3 steps)
(±)-Capnellene
B
1) H2, 10% Pd-C
EtOAc
2) [Ph3PCH3]+Br−
t-AmONa/PhMe
reflux, 3 h
3) CH2I2, Zn-Cu
Et2O, 50 h
32% (3 steps)
【Simmons-Smith反応】
H2 (3 atm)
PtO2
AcOH
30 h
60%
【還元】
[Ph3PCH3]+Br−
n-BuLi/THF
rt, 136 h
95%
【Wittig反応】

6) Synthesis of *dl*-Coriolin.[12,13)]

Kochi脱炭酸、ネオペンチル位のS_N2反応、分子内アルドール縮合を経て合成

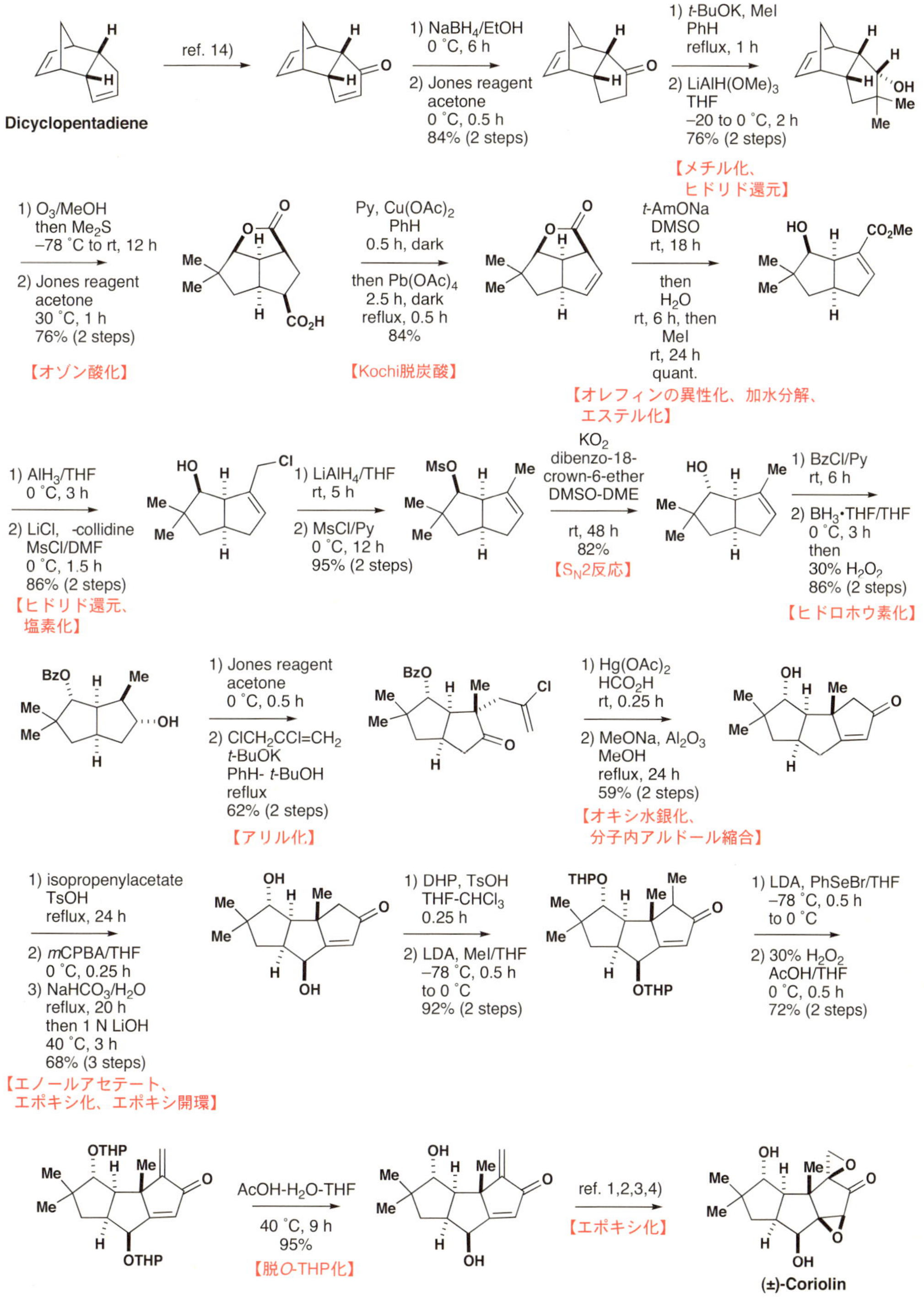
Dicyclopentadiene
ref. 14)
1) NaBH4/EtOH
0 °C, 6 h
2) Jones reagent
acetone
0 °C, 0.5 h
84% (2 steps)
1) t-BuOK, MeI
PhH
reflux, 1 h
2) LiAlH(OMe)3
THF
−20 to 0 °C, 2 h
76% (2 steps)
【メチル化、
ヒドリド還元】
1) O3/MeOH
then Me2S
−78 °C to rt, 12 h
2) Jones reagent
acetone
30 °C, 1 h
76% (2 steps)
【オゾン酸化】
Py, Cu(OAc)2
PhH
0.5 h, dark
then Pb(OAc)4
2.5 h, dark
reflux, 0.5 h
84%
【Kochi脱炭酸】
t-AmONa
DMSO
rt, 18 h
then
H2O
rt, 6 h, then
MeI
rt, 24 h
quant.
【オレフィンの異性化、加水分解、
エステル化】
1) AlH3/THF
0 °C, 3 h
2) LiCl, -collidine
MsCl/DMF
0 °C, 1.5 h
86% (2 steps)
【ヒドリド還元、
塩素化】
1) LiAlH4/THF
rt, 5 h
2) MsCl/Py
0 °C, 12 h
95% (2 steps)
KO2
dibenzo-18-
crown-6-ether
DMSO-DME
rt, 48 h
82%
【SN2反応】
1) BzCl/Py
rt, 6 h
2) BH3•THF/THF
0 °C, 3 h
then
30% H2O2
86% (2 steps)
【ヒドロホウ素化】
1) Jones reagent
acetone
0 °C, 0.5 h
2) ClCH2CCl=CH2
t-BuOK
PhH- t-BuOH
reflux
62% (2 steps)
【アリル化】
1) Hg(OAc)2
HCO2H
rt, 0.25 h
2) MeONa, Al2O3
MeOH
reflux, 24 h
59% (2 steps)
【オキシ水銀化、
分子内アルドール縮合】
1) isopropenylacetate
TsOH
reflux, 24 h
2) mCPBA/THF
0 °C, 0.25 h
3) NaHCO3/H2O
reflux, 20 h
then 1 N LiOH
40 °C, 3 h
68% (3 steps)
【エノールアセテート、
エポキシ化、エポキシ開環】
1) DHP, TsOH
THF-CHCl3
0.25 h
2) LDA, MeI/THF
−78 °C, 0.5 h
to 0 °C
92% (2 steps)
1) LDA, PhSeBr/THF
−78 °C, 0.5 h
to 0 °C
2) 30% H2O2
AcOH/THF
0 °C, 0.5 h
72% (2 steps)
AcOH-H2O-THF
40 °C, 9 h
95%
【脱O-THP化】
ref. 1,2,3,4)
【エポキシ化】
(±)-Coriolin

7) Chemistry of the Dianions of 3-Heteroatom-Substituted Cyclopent-2-en-1-ones: An Expedient Route to *dl*-Coriolin[15)]

3-アルコキシシクロペンテノンのジアニオンの反応、アルドール反応を経て合成

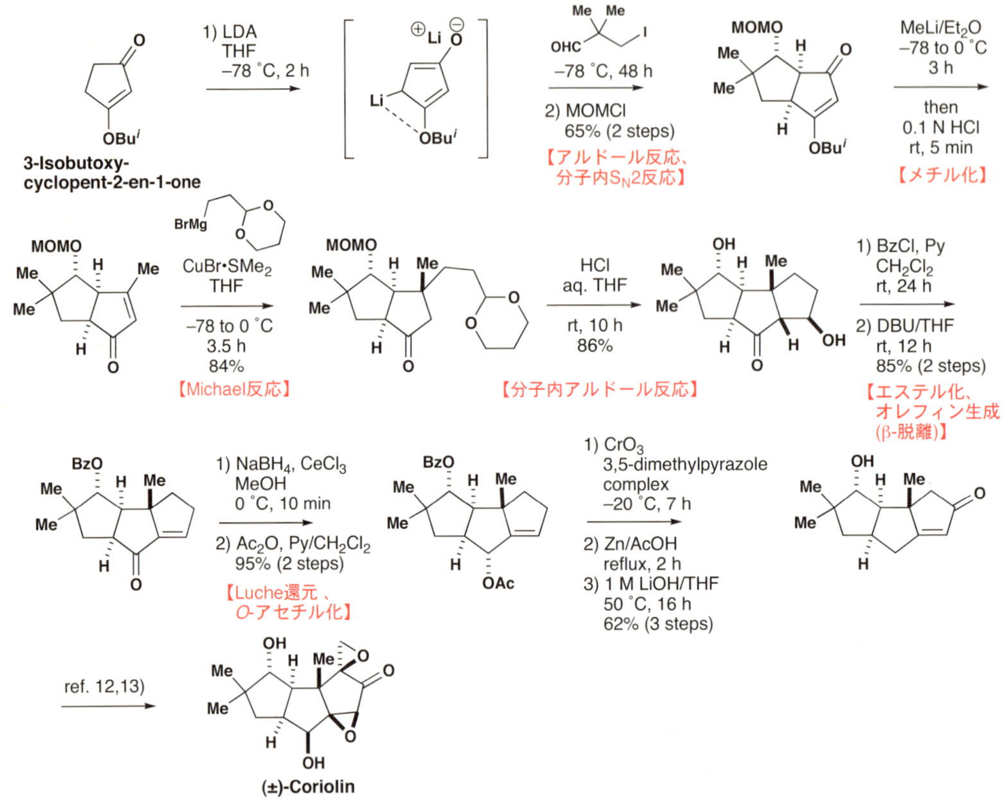

8) Stereoselectivity of Intramolecular Dicobalt Octacarbonyl Alkene-Alkyne Cyclizations: Short Synthesis of *dl*-Coriolin[16)]

Pauson-Khand反応を鍵として合成

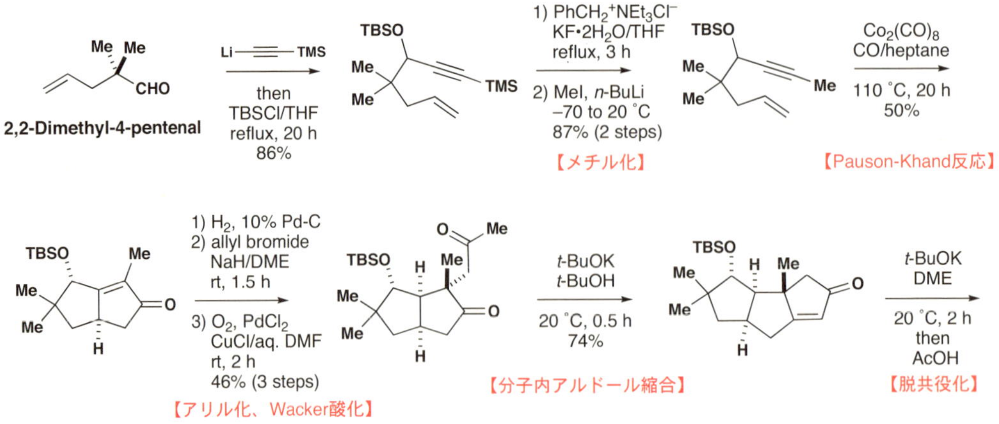

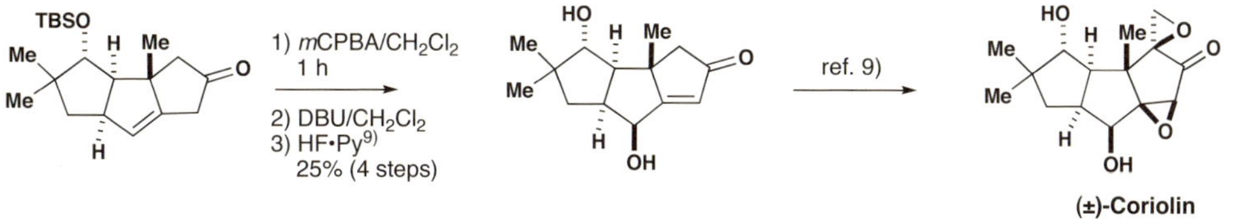

9) The Synthesis of *dl*-Coriolin[17,18,19]

Diels-Alder反応、分子内アルドール縮合を経て合成

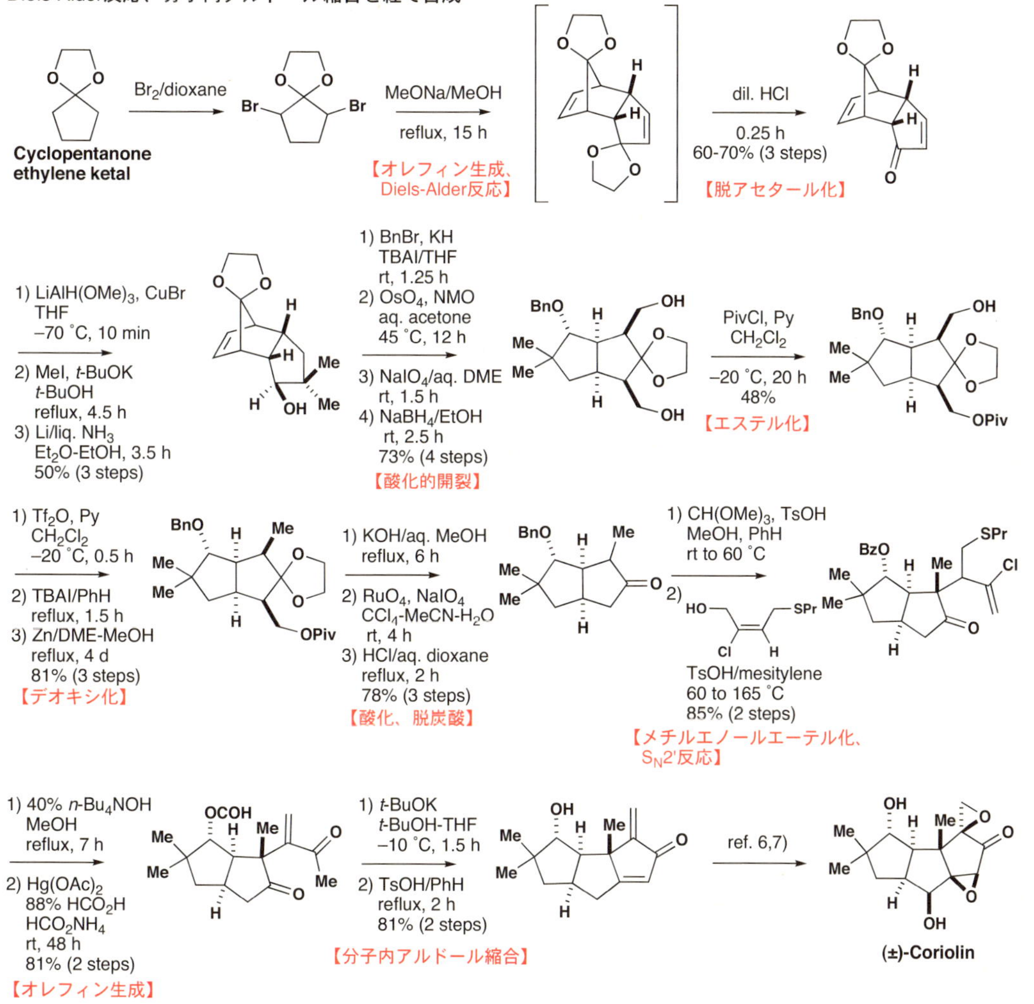

10) Synthetic Studies on Areneolefin Cycloadditions VI. Two Syntheses of (±)-Coriolin[20]

光反応によるアレン-オレフィン付加環化を鍵反応として合成

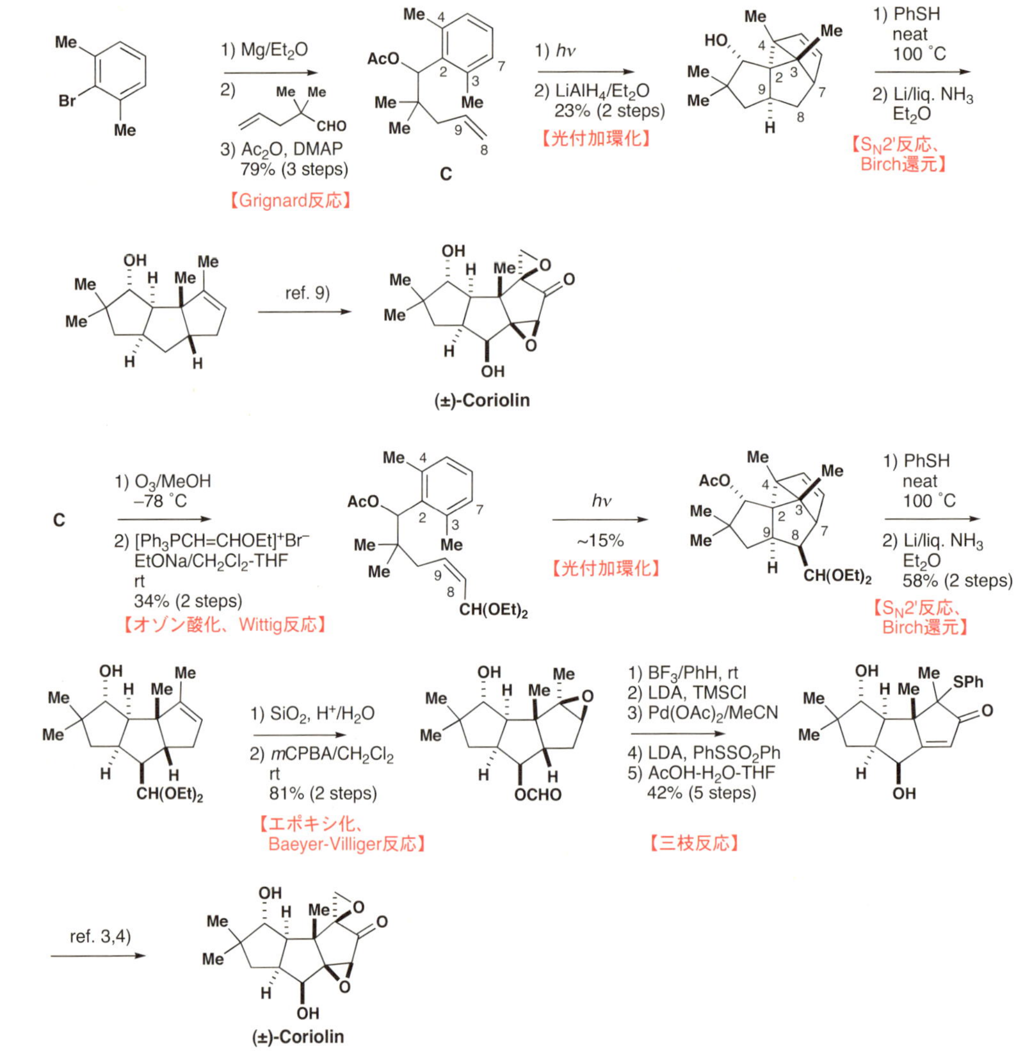

11) Intramolecular Cycloaddition Reactions of Exocyclic Nitrones. Application in the Total Synthesis of Terpenes[21)]

エン反応、ニトロンによる[3+2]付加環化を鍵反応として合成

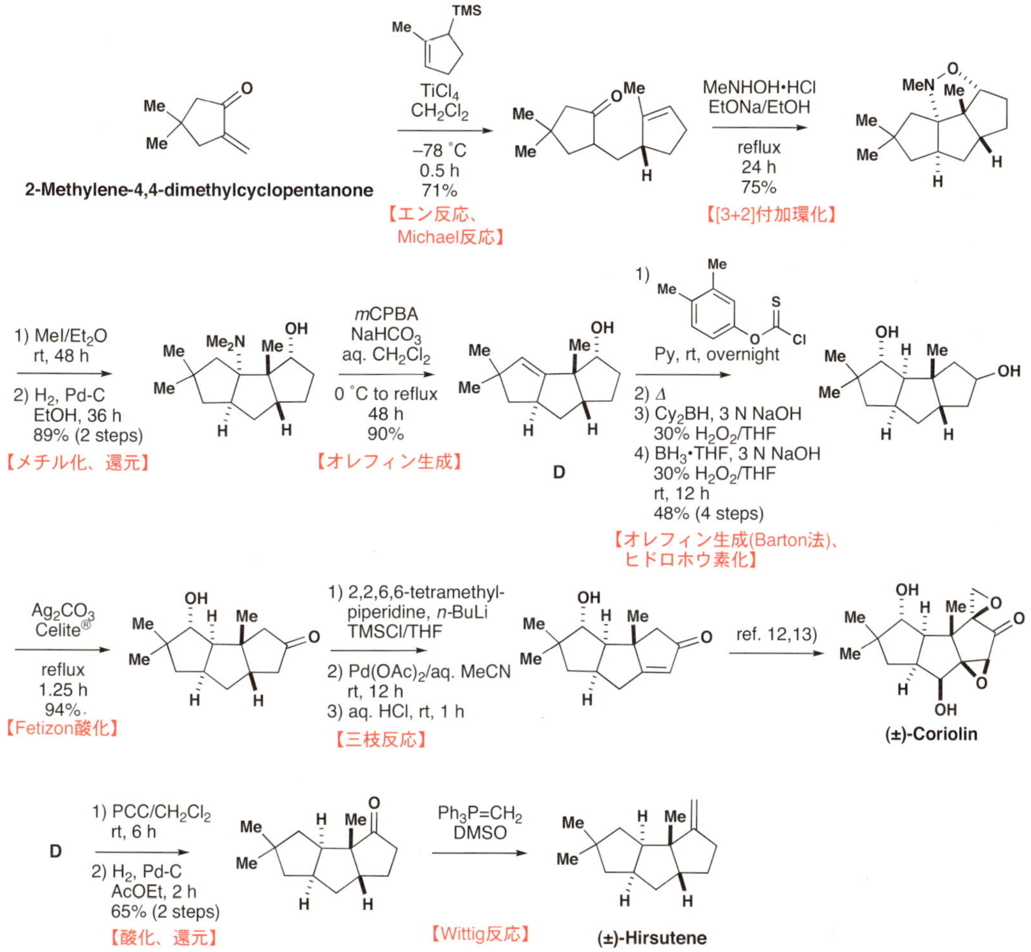
2-Methylene-4,4-dimethylcyclopentanone
TMS
TiCl4
CH2Cl2
−78 °C
0.5 h
71%
【エン反応、
Michael反応】
MeNHOH•HCl
EtONa/EtOH
reflux
24 h
75%
【[3+2]付加環化】
1) MeI/Et2O
rt, 48 h
2) H2, Pd-C
EtOH, 36 h
89% (2 steps)
【メチル化、還元】
mCPBA
NaHCO3
aq. CH2Cl2
0 °C to reflux
48 h
90%
【オレフィン生成】
D
Py, rt, overnight
2) Δ
3) Cy2BH, 3 N NaOH
30% H2O2/THF
4) BH3•THF, 3 N NaOH
30% H2O2/THF
rt, 12 h
48% (4 steps)
【オレフィン生成(Barton法)、
ヒドロホウ素化】
Ag2CO3
Celite®
reflux
1.25 h
94%
【Fetizon酸化】
1) 2,2,6,6-tetramethyl-
piperidine, n-BuLi
TMSCl/THF
2) Pd(OAc)2/aq. MeCN
rt, 12 h
3) aq. HCl, rt, 1 h
【三枝反応】
ref. 12,13)
(±)-Coriolin
1) PCC/CH2Cl2
rt, 6 h
2) H2, Pd-C
AcOEt, 2 h
65% (2 steps)
【酸化、還元】
Ph3P=CH2
DMSO
【Wittig反応】
(±)-Hirsutene

12) Intramolecular 1,3-Diyl Trapping Reactions. Total Syntheses of (±)-Hypnophilin and (±)-Coriolin. Formation of the Trans-Fused Bicyclo[3.3.0]octane Ring System.[22,23]

Diels-Alder反応、[3+2]付加環化を経て合成

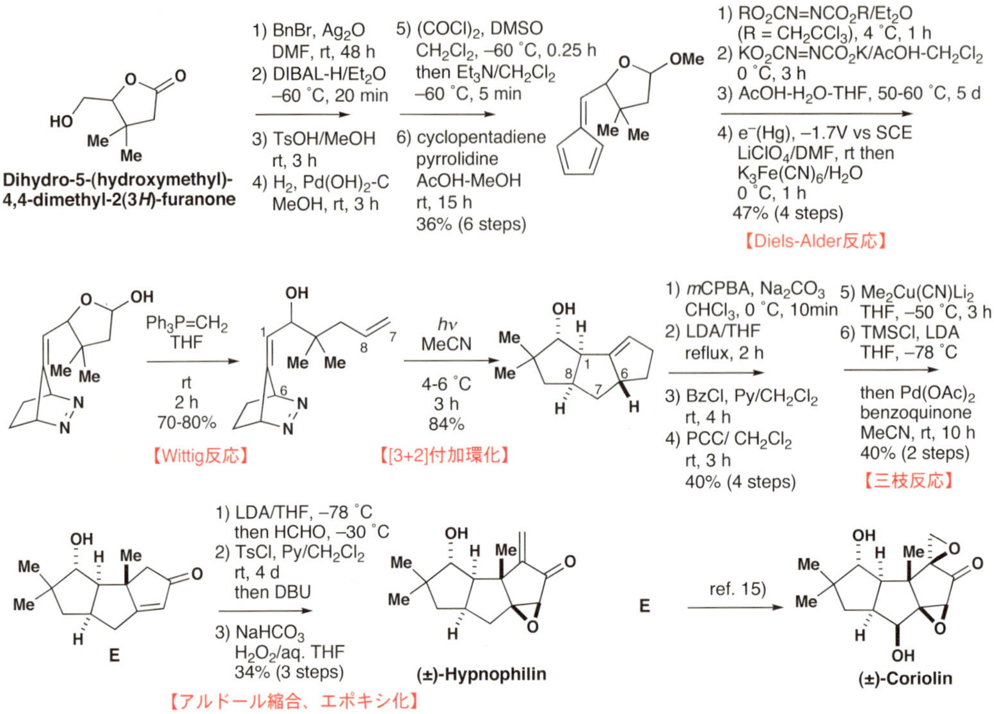

13) Total Synthesis of (–)-Coriolin[24,25,26]

立体選択的C-メチル化、光環化、分子内アルドール縮合を経て合成

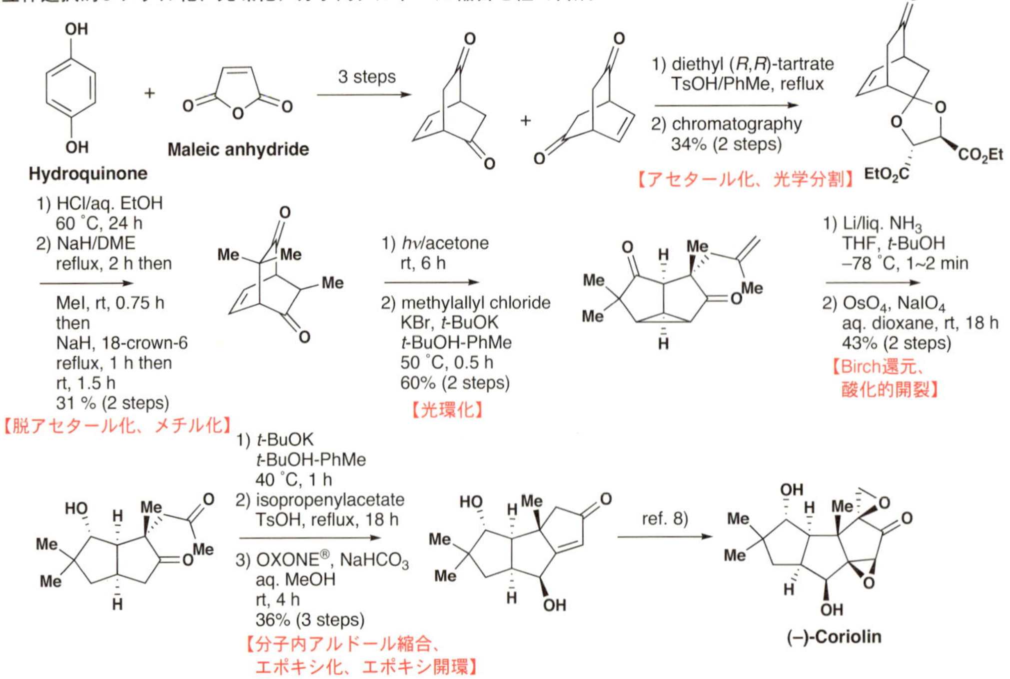

14) Intramolecular Photoinduced Diene-Diene Cycloadditions: A Selective Method for the Synthesis of Complex Eight-Membered Rings and Polyquinanes[27)]

光反応によるジエン-ジエン付加環化を鍵反応として合成

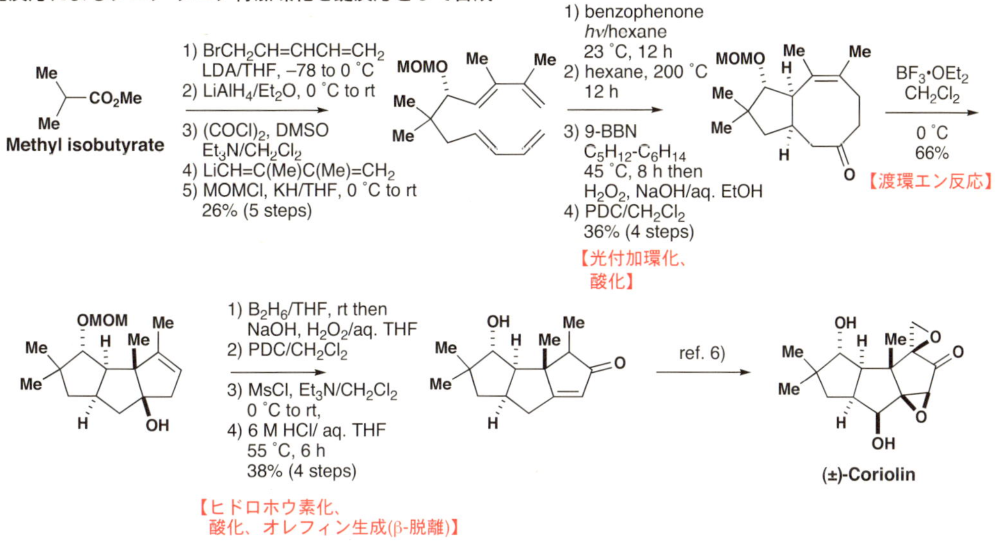

15) A Samarium(II) Iodide Promoted Tandem Radical Cyclization. The Total Synthsis of (±)-Hypnophilin and the Formal Synthesis of (±)-Coriolin[28)]

SmI_2による連続ラジカル環化を鍵反応として合成

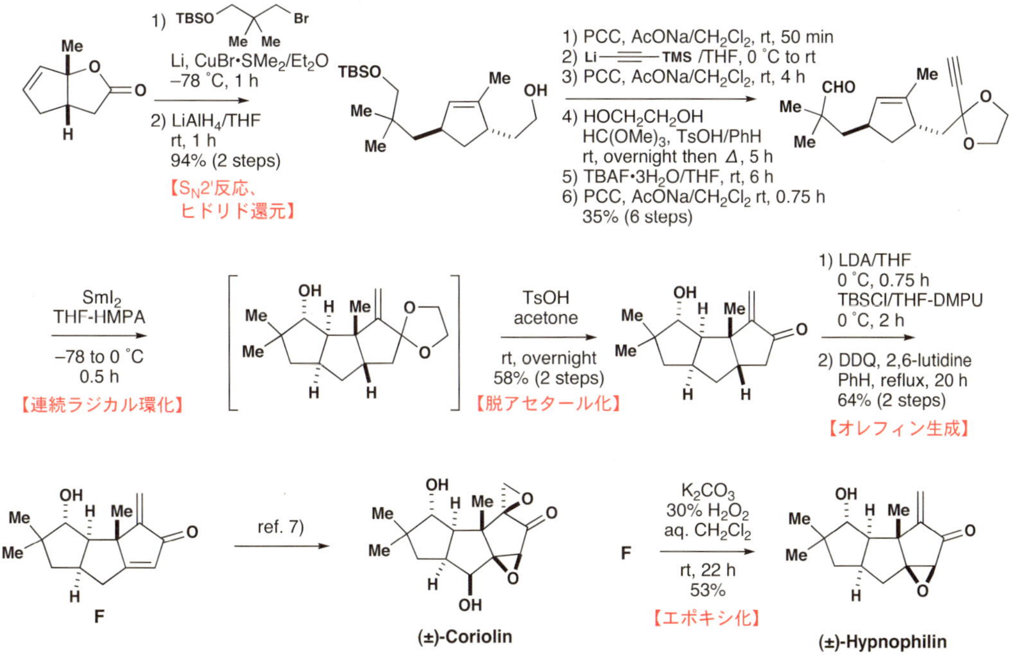

16) Total Synthese von (–)-Coriolin und (–)-Epicoriolin aus (*S*)-(+)-Carvon[29)]

SmI_2による連続ラジカル環化を鍵反応として合成

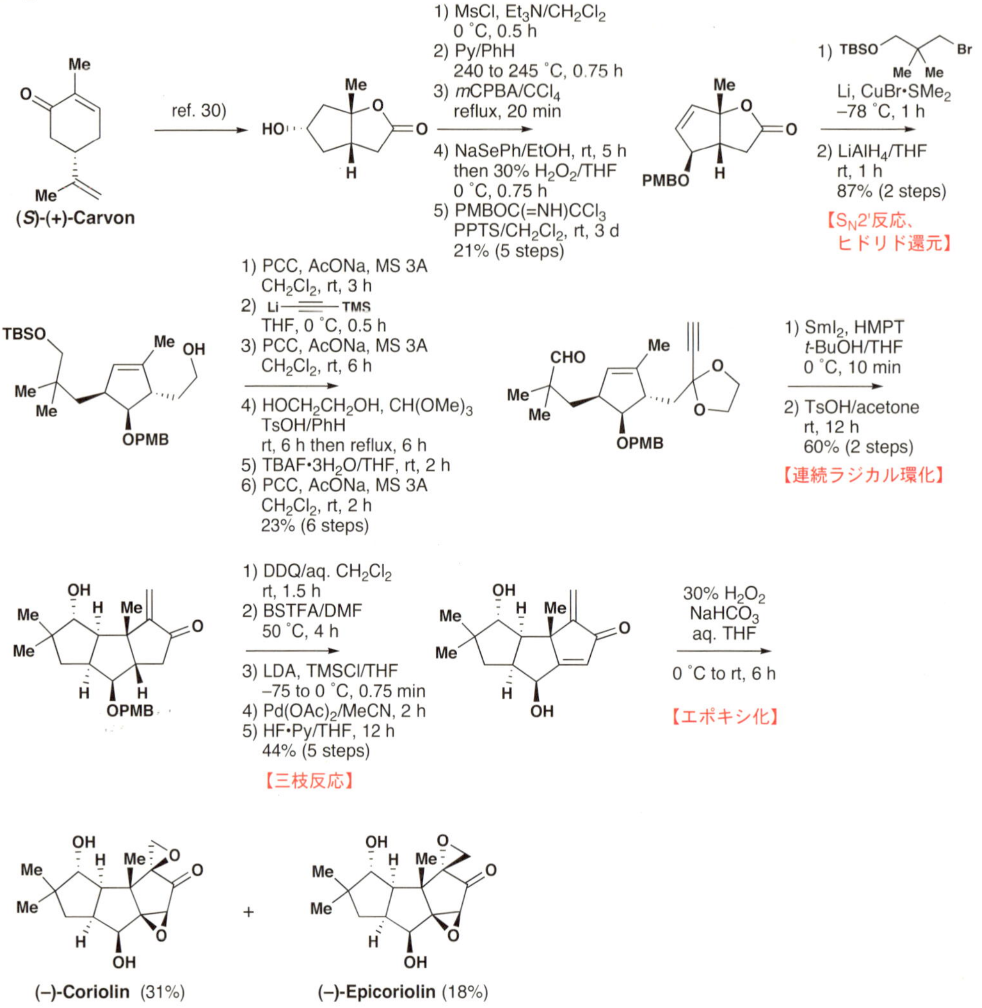
(S)-(+)-Carvon
ref. 30)
1) MsCl, Et3N/CH2Cl2 0 °C, 0.5 h
2) Py/PhH 240 to 245 °C, 0.75 h
3) mCPBA/CCl4 reflux, 20 min
4) NaSePh/EtOH, rt, 5 h then 30% H2O2/THF 0 °C, 0.75 h
5) PMBOC(=NH)CCl3 PPTS/CH2Cl2, rt, 3 d
21% (5 steps)
1) TBSO Br Me Me
Li, CuBr•SMe2 –78 °C, 1 h
2) LiAlH4/THF rt, 1 h
87% (2 steps)
【SN2'反応、ヒドリド還元】
1) PCC, AcONa, MS 3A CH2Cl2, rt, 3 h
2) Li TMS THF, 0 °C, 0.5 h
3) PCC, AcONa, MS 3A CH2Cl2, rt, 6 h
4) HOCH2CH2OH, CH(OMe)3 TsOH/PhH rt, 6 h then reflux, 6 h
5) TBAF•3H2O/THF, rt, 2 h
6) PCC, AcONa, MS 3A CH2Cl2, rt, 2 h
23% (6 steps)
1) SmI2, HMPT t-BuOH/THF 0 °C, 10 min
2) TsOH/acetone rt, 12 h
60% (2 steps)
【連続ラジカル環化】
1) DDQ/aq. CH2Cl2 rt, 1.5 h
2) BSTFA/DMF 50 °C, 4 h
3) LDA, TMSCl/THF –75 to 0 °C, 0.75 min
4) Pd(OAc)2/MeCN, 2 h
5) HF•Py/THF, 12 h
44% (5 steps)
【三枝反応】
30% H2O2 NaHCO3 aq. THF
0 °C to rt, 6 h
【エポキシ化】
(–)-Coriolin (31%)
(–)-Epicoriolin (18%)

17) Total Synthesis of (–)-Coriolin[31,32]

$EtAlCl_2$を触媒とする[3+2]型付加環化を鍵反応として合成

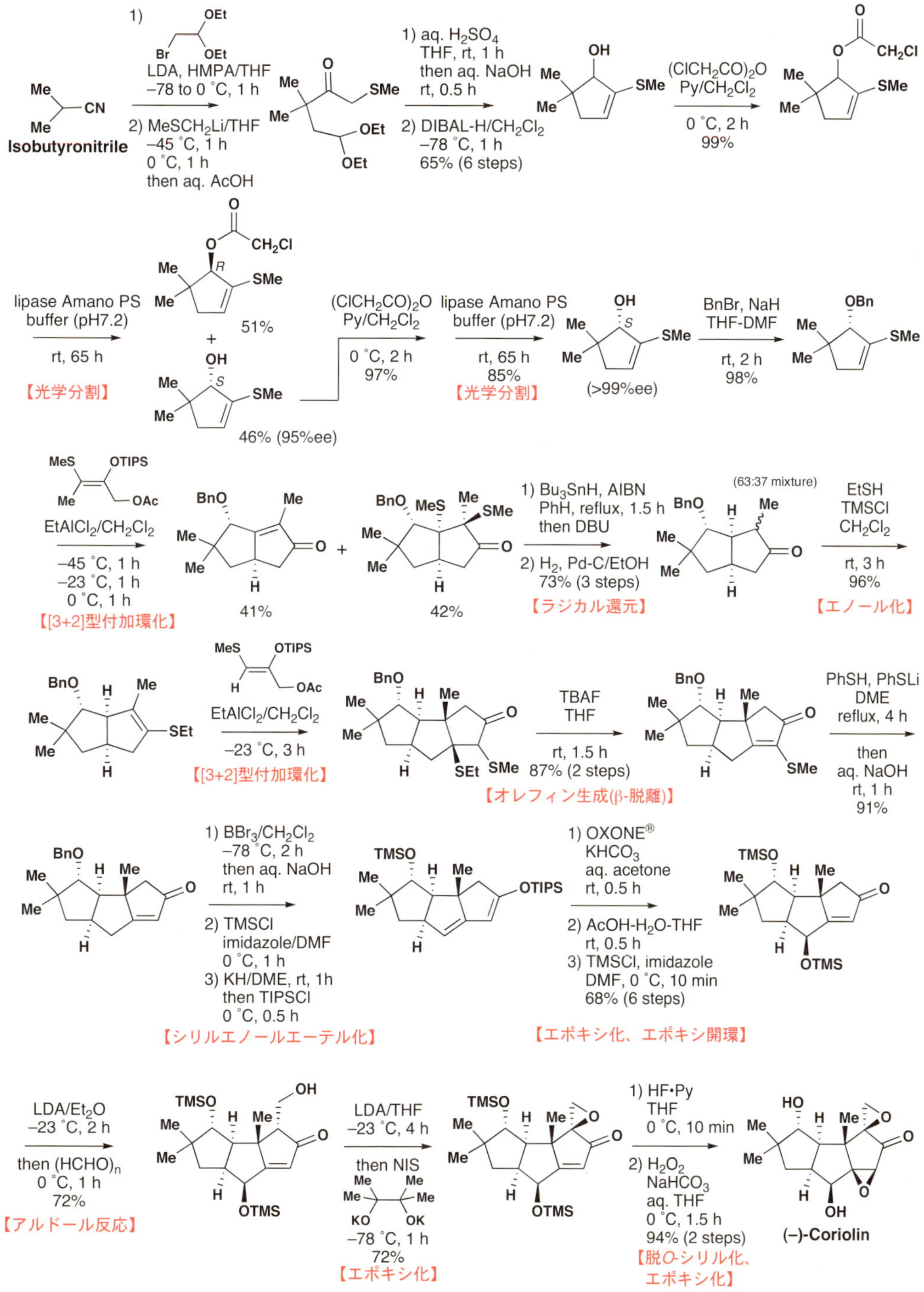

18) Molecular Complexity from Aromatics: Synthesis and Photoreaction of *endo*-Tricyclo[5.2.2.0^{2,6}]undecanes. Formal Total Synthesis of (±)-Coriolin[33,34)]

Diels-Alder反応、骨格転位を経て合成

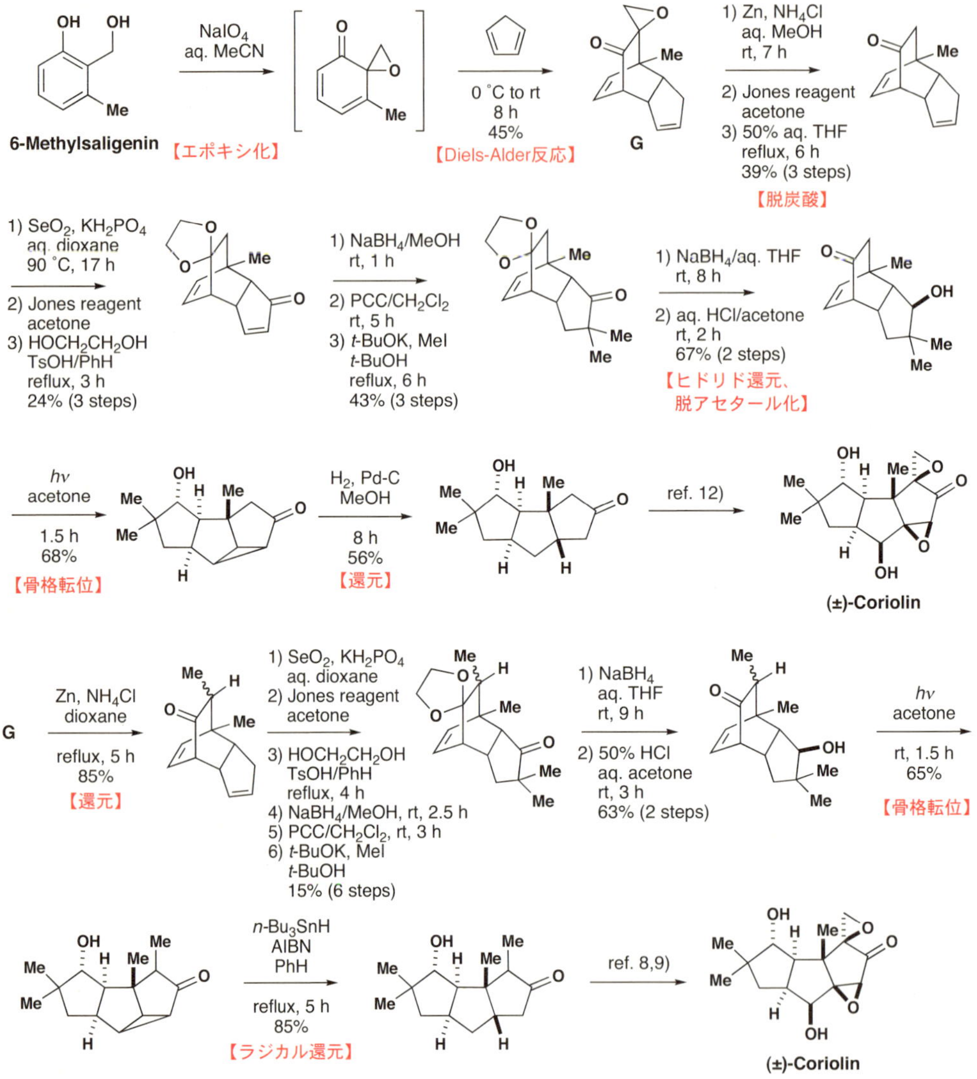

19) Applications of the Squarate Ester Cascade to the Expenditious Synthesis of Hypnophilin, Coriolin and Ceratopicanol[35)]

ジイソプロピルスクアラートを用い、分子内アルドール反応を経て、効率よく合成

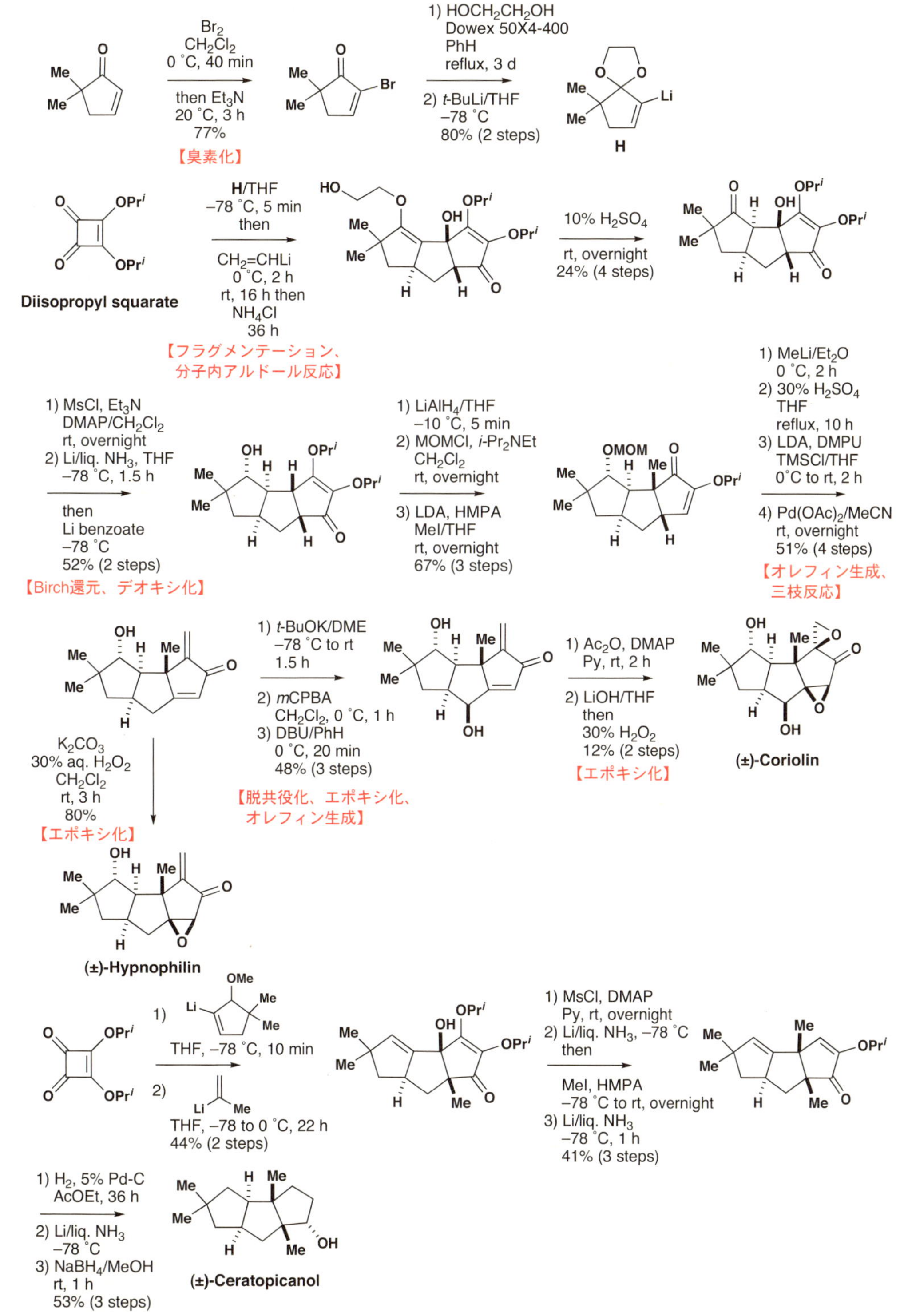

20) Asymmetric Heck Reaction-Carbanion Capture Process. Catalytic Asymmetric Total Synthesis of (–)-$\Delta^{9(12)}$-Capnellene[36)]

連続不斉Heck-辻-Trost反応、ラジカル環化を鍵反応として全合成

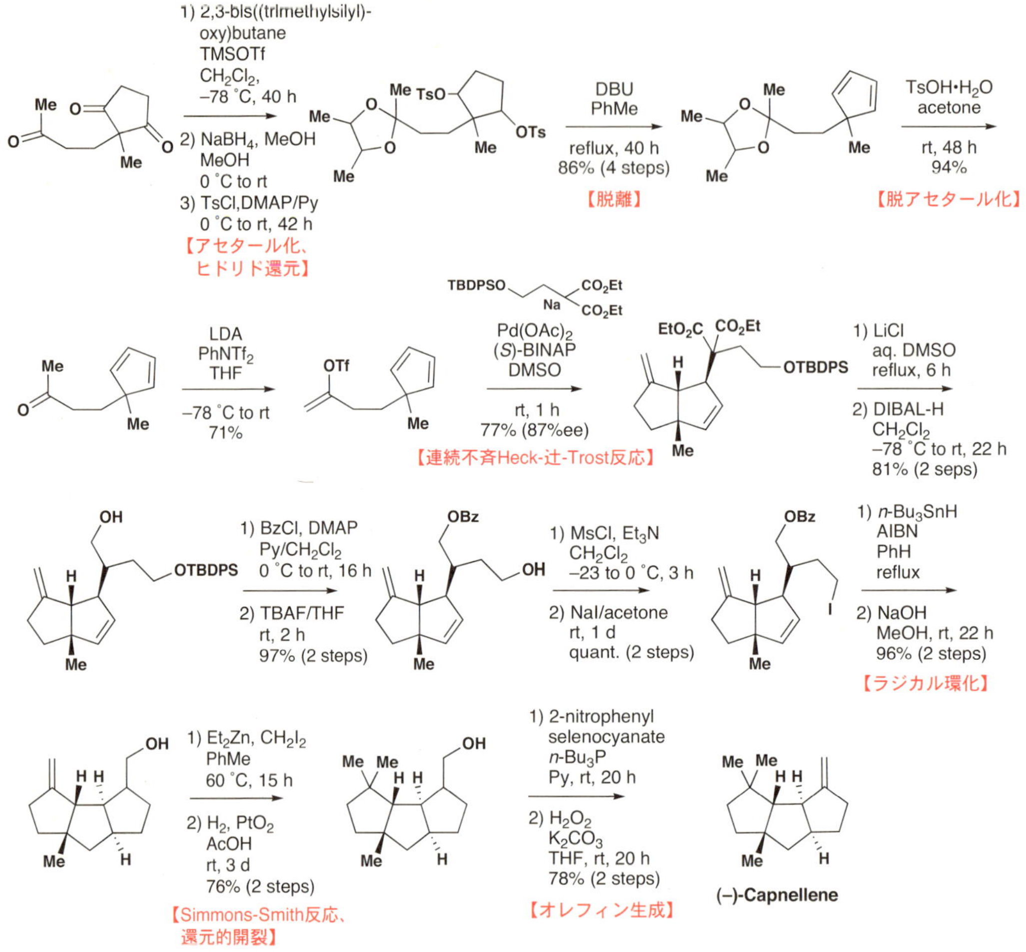

References

1) K. Tatsuta, K. Akimoto and M. Kinoshita, *J. Antibiot.,* **33**, 100-102 (1980)
2) K. Tatsuta, K. Akimoto and M. Kinoshita, *Tetrahedron*, **37**, 4365-4369 (1981)
3) S. Danishefsky, R. Zamboni, M. Kahn and S. J. Etheredge, *J. Am. Chem. Soc.*, **102**, 2097-2098 (1980)
4) S. Danishefsky, R. Zamboni, M. Kahn and S. J. Etheredge, *J. Am. Chem. Soc.*, **103**, 3460-3467 (1981)
5) T. Takeuchi, M. Ishizuka, H. Umezawa, Y. Nishimura, Y. Koyama and S. Umezawa, *J. Antibiot.*, **33**, 404-407 (1980)
6) M. Shibasaki, K. Iseki and S. Ikegami, *Tetrahedron Lett.*, **21**, 3587-3590 (1980)
7) K. Iseki, M. Yamazaki, M. Shibasaki and S. Ikegami, *Tetrahedron*, **37**, 4411-4418 (1981)
8) J. K. Crandall and L.-H. Chang, *J. Org. Chem.*, **32**, 532-536 (1967)
9) B. M. Trost and D. P. Curran, *J. Am. Chem. Soc.*, **103**, 7380-7381 (1981)
10) G. Mehta, A. V. Reddy, A. N. Murthy and D. S. Reddy, *J. Chem. Soc., Chem. Commun.*, 540-541 (1982)
11) G. Mehta, A. N. Murthy, D. S. Reddy and A. V. Reddy, *J. Am. Chem. Soc.*, **108**, 3443-3452 (1986)
12) T. Ito, N. Tomiyoshi, K. Nakamura, S. Azuma, M. Izawa, F. Maruyama, M. Yanagiya, H. Shirahama and T. Matsumoto, *Tetrahedron Lett.*, **23**, 1721-1724 (1982)
13) T. Ito, N. Tomiyoshi, K. Nakamura, S. Azuma, M. Izawa, F. Maruyama, M. Yanagiya, H. Shirahama and T. Matsumoto, *Tetrahedron*, **40**, 241-255 (1984)
14) R. B. Woodward and T. J. Katz, *Tetrahedron*, **5**, 70-89 (1959)
15) M. Koreeda and S. G. Mislankar, *J. Am. Chem. Soc.*, **105**, 7203-7205 (1983)
16) C. Exon and P. Magnus, *J. Am. Chem. Soc.*, **105**, 2477-2478 (1983)
17) P. F. Schuda, H. L. Ammon, M. R. Heimann and S. Bhattacharjee, *J. Org. Chem.*, **47**, 3434-3440 (1982)
18) P. F. Schuda and M. R. Heimann, *Tetrahedron Lett.*, **24**, 4267-4270 (1983)
19) P. F. Schuda and M. R. Heimann, *Tetrahedron*, **40**, 2365-2380 (1984)
20) P. A. Wender and J. J. Howbert, *Tetrahedron Lett.*, **24**, 5325-5328 (1983)
21) R. L. Funk, G. L. Bolton, J. U. Daggett, M. M. Hansen and L. H. M. Horcher, *Tetrahedron*, **41**, 3479-3495 (1985)
22) L. V. Hijfte and R. D. Little, *J. Org. Chem.*, **50**, 3940-3942 (1985)
23) L. V. Hijfte, R. D. Little, J. L. Petersen and K. D. Moeller, *J. Org. Chem.*, **52**, 4647-4661 (1987)
24) M. Demuth, P. Ritterskamp and K. Schaffner, *Helv. Chim. Acta.*, **67**, 2023-2027 (1984)
25) M. Demuth, A. Cánovas, E. Weigt, C. Krüger and Y.-H. Tsay, *Angew. Chem. Int. Ed. Engl.*, **22**, 721-722 (1983)
26) M. Demuth, P. Ritterskamp, E. Weigt and K. Schaffner, *J. Am. Chem. Soc.*, **108**, 4149-4154 (1986)
27) P. A. Wender and C. R. D. Correia, *J. Am. Chem. Soc.*, **109**, 2523-2525 (1987)
28) T. L. Fevig, R. L. Elliott and D. P. Curran, *J. Am. Chem. Soc.*, **110**, 5064-5067 (1988)
29) K. Weinges, R. Braun, U. Huber-Patz and H. Irngartinger, *Liebigs Ann. Chem.*, 1133-1140 (1993)
30) K. Weinges, H. Reichert, U. Huber-Patz and H. Irngartinger, *Liebigs Ann. Chem.*, 403-411 (1993)
31) K. Tanino, *Yukigosei Kagaku Kyoukaishi*, **59**, 549-559 (2001)
32) H. Mizuno, K. Domon, K. Masuya, K. Tanino and I. Kuwajima, *J. Org. Chem.*, **64**, 2648-2656 (1999)
33) V. Singh and B. Samanta, *Tetrahedron Lett.*, **40**, 383-386 (1999)
34) V. Singh, B. Samanta and V. V. Kane, *Tetrahedron,* **56**, 7785-7795 (2000)
35) L. A. Paquette and F. Geng, *J. Am. Chem. Soc.*, **124**, 9199-9203 (2002)
36) T. Ohshima, K. Kagechika, M. Adachi, M. Sodeoka and M. Shibasaki, *J. Am. Chem. Soc.*, **118**, 7108-7116 (1996)

Cyclophellitol

1) Enantiospecific Total Synthesis of a β-Glucosidase Inhibitor, Cyclophellitol[1)]

ニトリルオキシドを用いる[3+2]付加環化、独自に開発したシリル保護基の活用を経て天然物を全合成

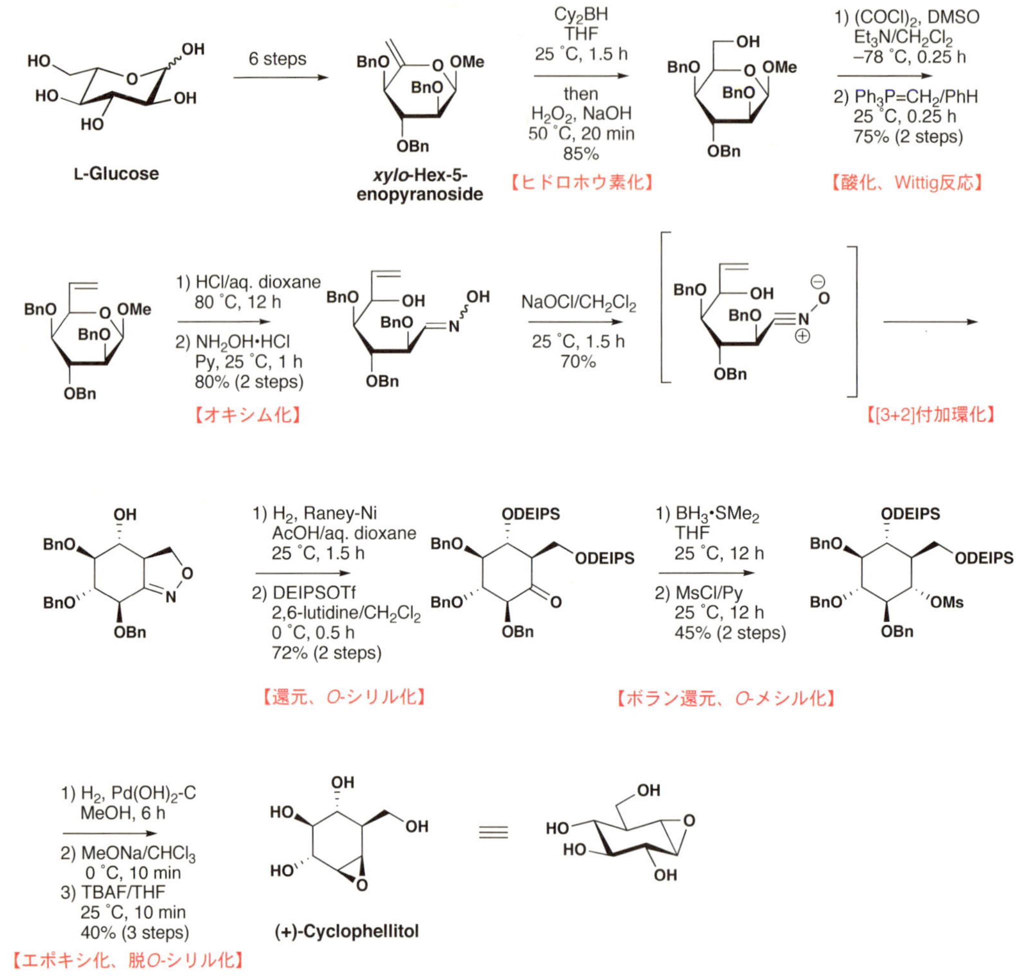

2) Total Synthesis of Cyclophellitol from L-Quebrachitol[2)]

Quebrachitolの水酸基の選択的保護を経て合成

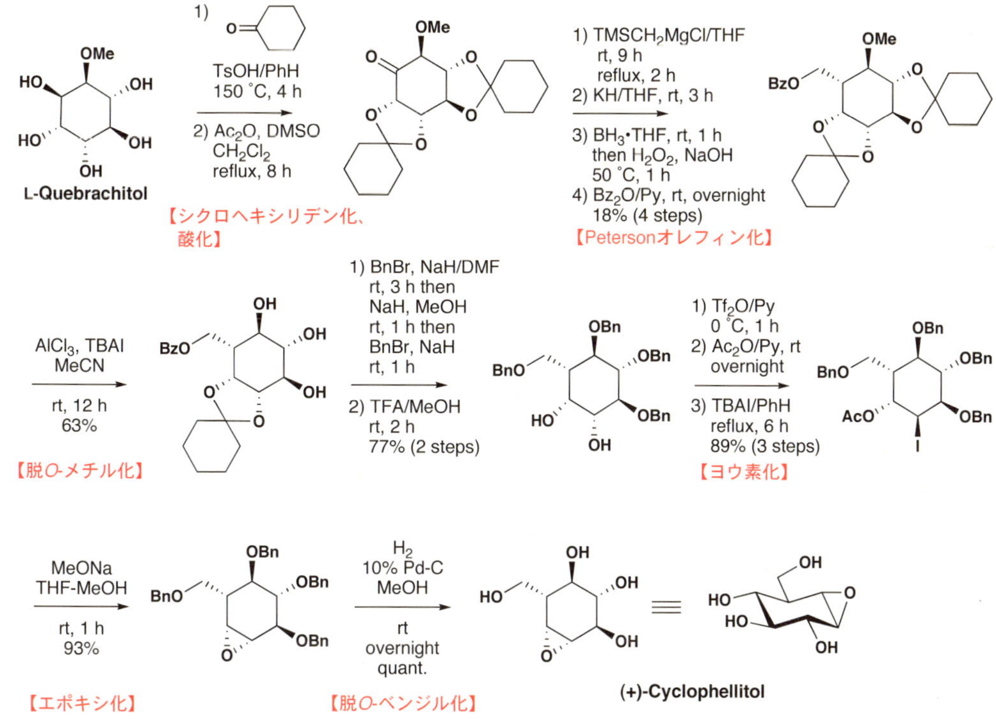

3) Total Synthesis of Cyclophellitol Starting from Furan[3)]

フランのDiels-Alder反応を鍵として合成

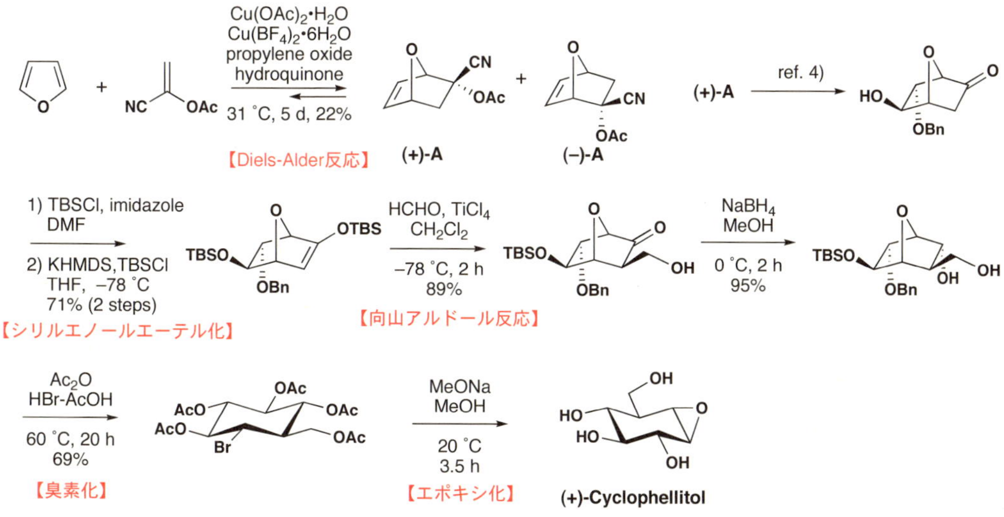

4) Facile Syntheses of Cyclophellitol and Its (1*R*,6*S*)-,(1*R*,2*S*,6*S*)-,(2*S*)-Diastereoisomers from (–)-Quinic acid[5)]

Quinic acidを不斉炭素源として合成

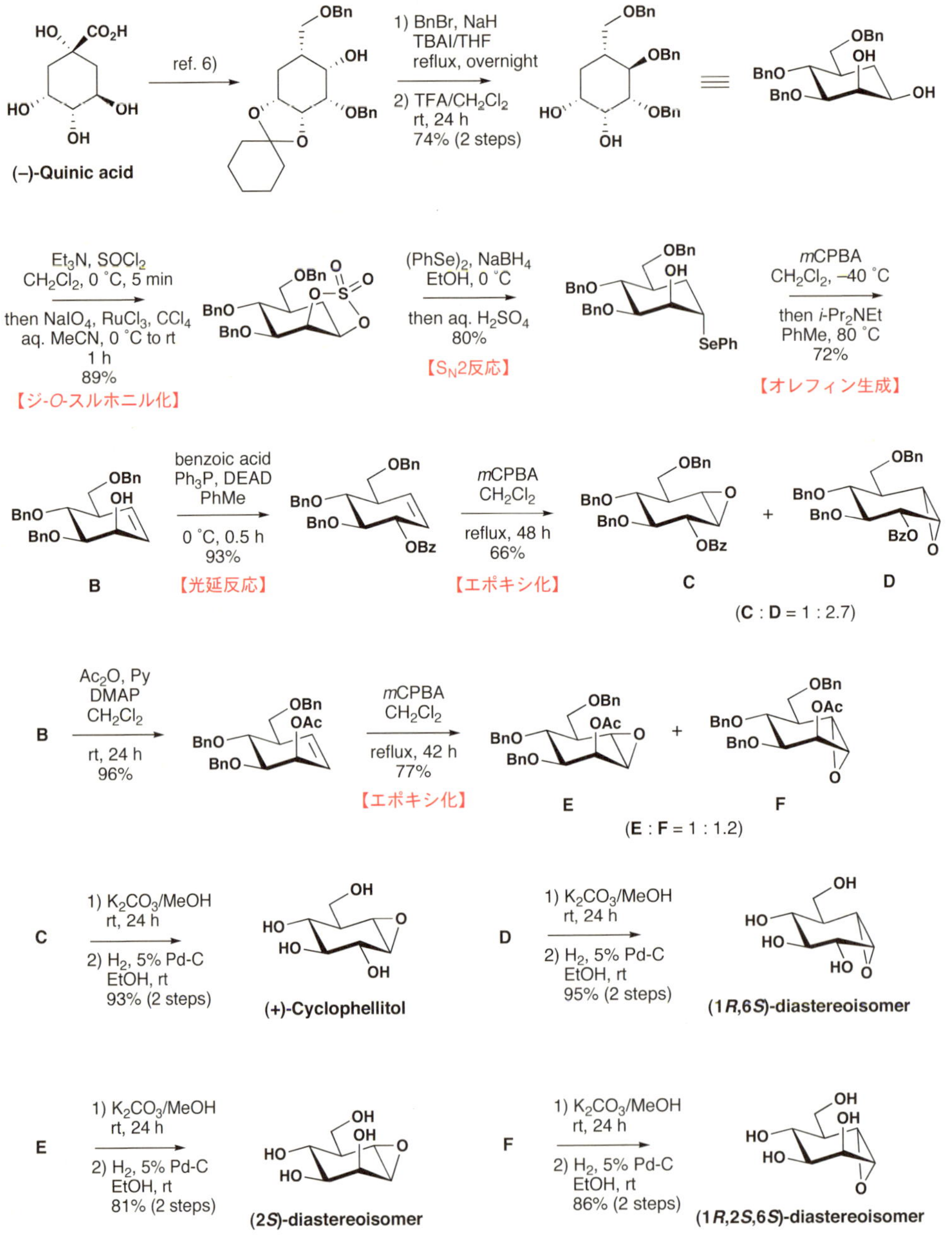

5) A Divergent Route for a Total Synthesis of Cyclophellitol and Epicyclophellitol from a [2.2.2]Oxabicyclic Glycoside Prepared from D-Glucal[7)]

分子内架橋グリコシドを用いて合成

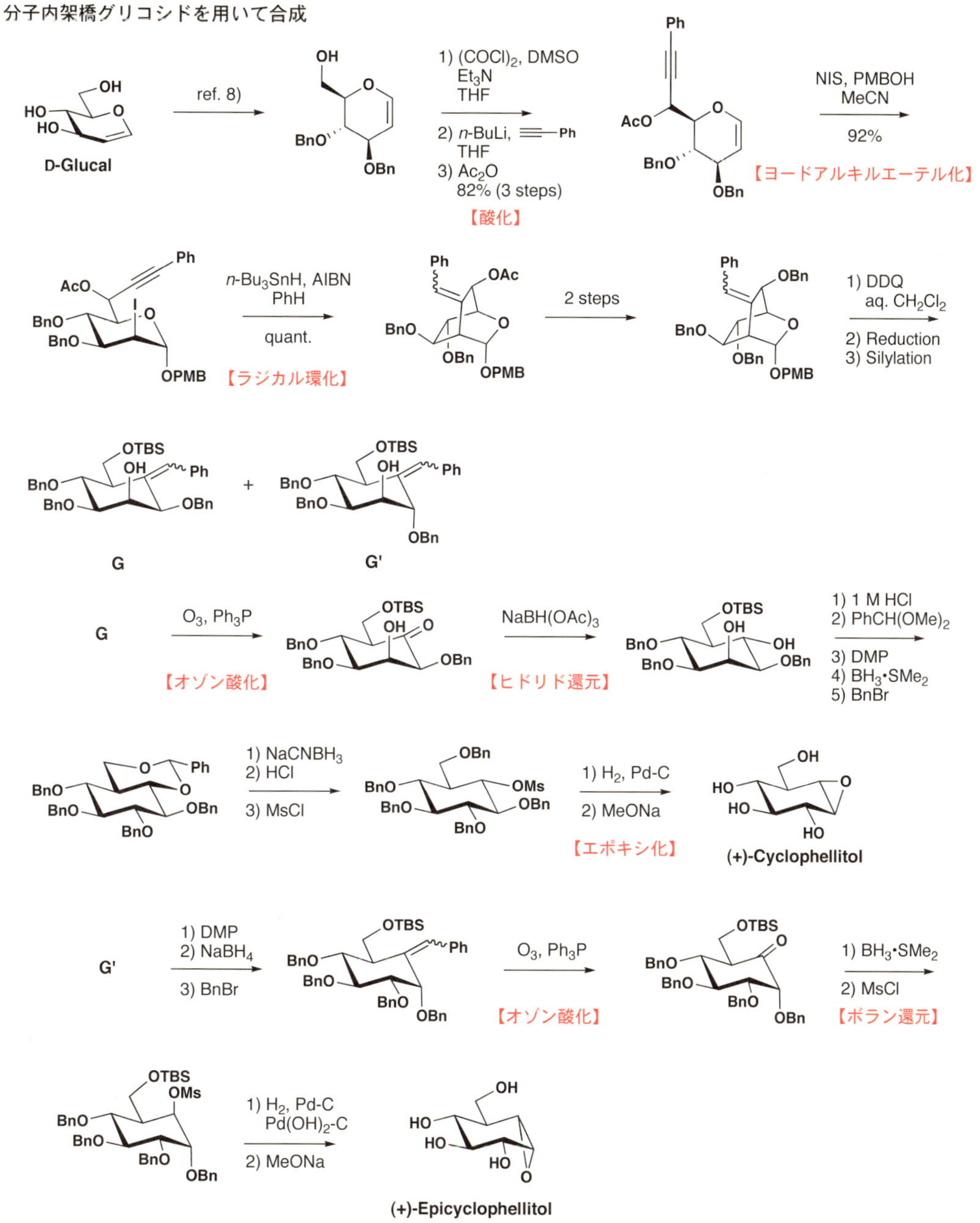

6) Total Synthesis of a Novel β-Glucosidase Inhibitor, Cyclophellitol Starting from D-Glucose[9)]

Ferrier反応を鍵として合成

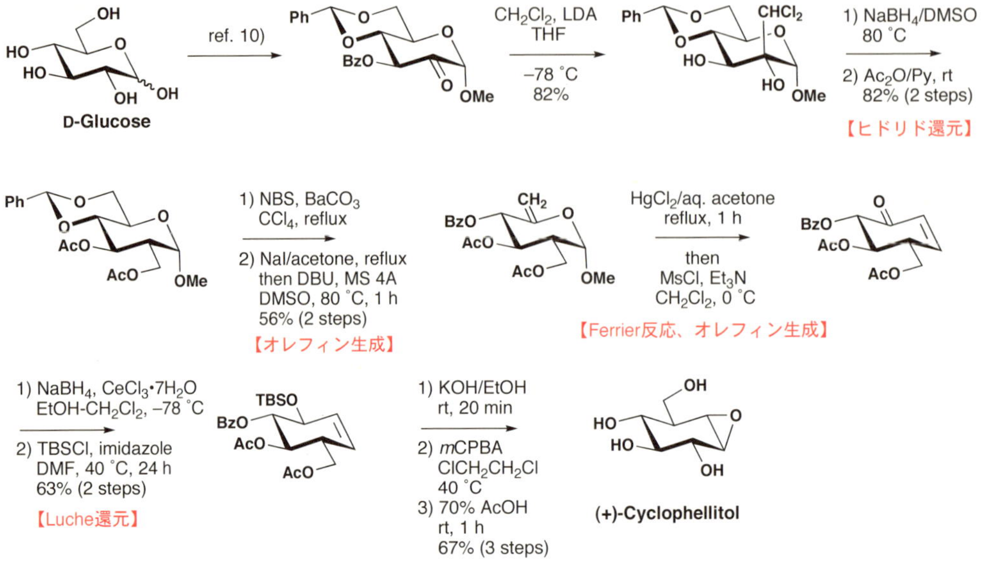

7) Enantioselective Synthesis of (+)-Cyclophellitol[11)]

アレーンとフランのDiels-Alder反応を鍵として合成

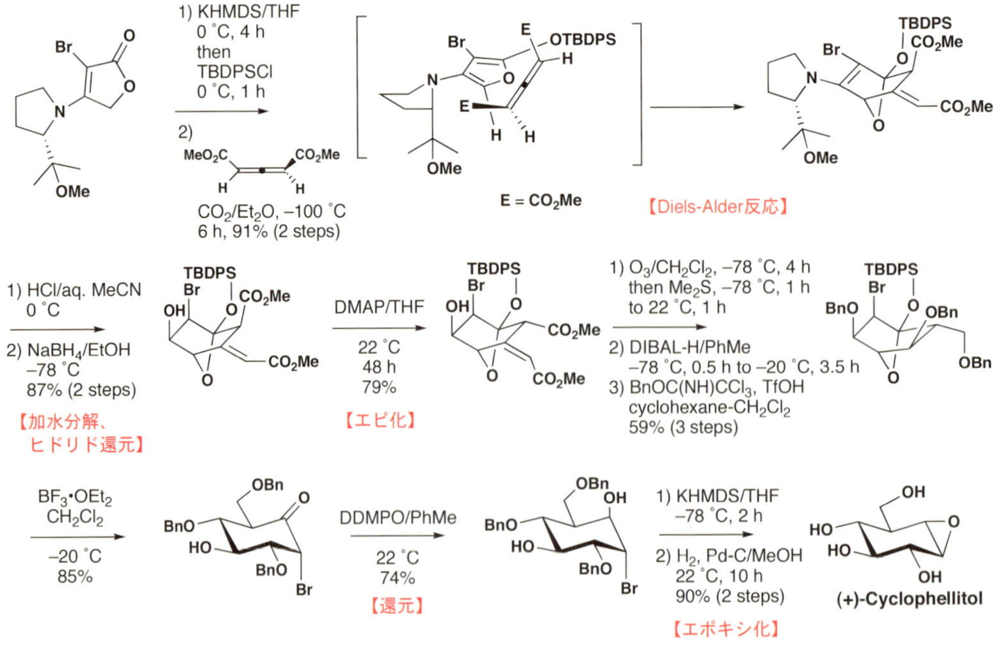

8) Total Synthesis of Cyclophellitol and (1*R*,2*S*)-Cyclophellitol from D-Mannose[12)]

Ferrier反応を鍵として合成

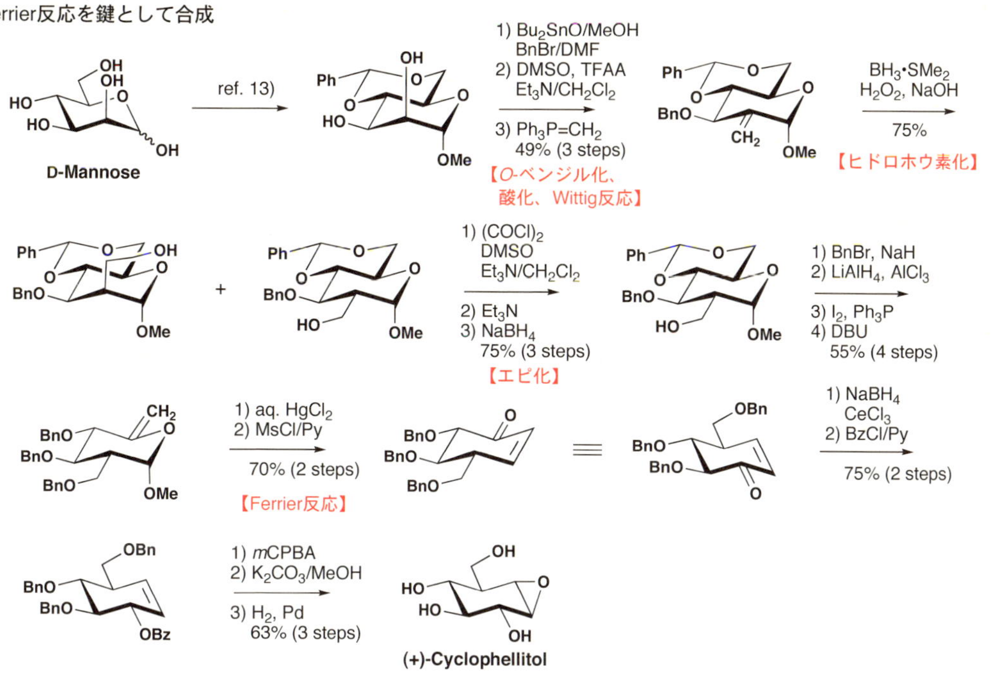

9) A Stereodivergent Synthesis of (±)-Cyclophellitol and (1*R**,6*S**)-Cyclophellitol from the 7-Oxabicyclo-[2.2.1]hept-5-ene-2-*endo*-carboxylic Acid[14)]

ブロモケトンを鍵中間体として合成

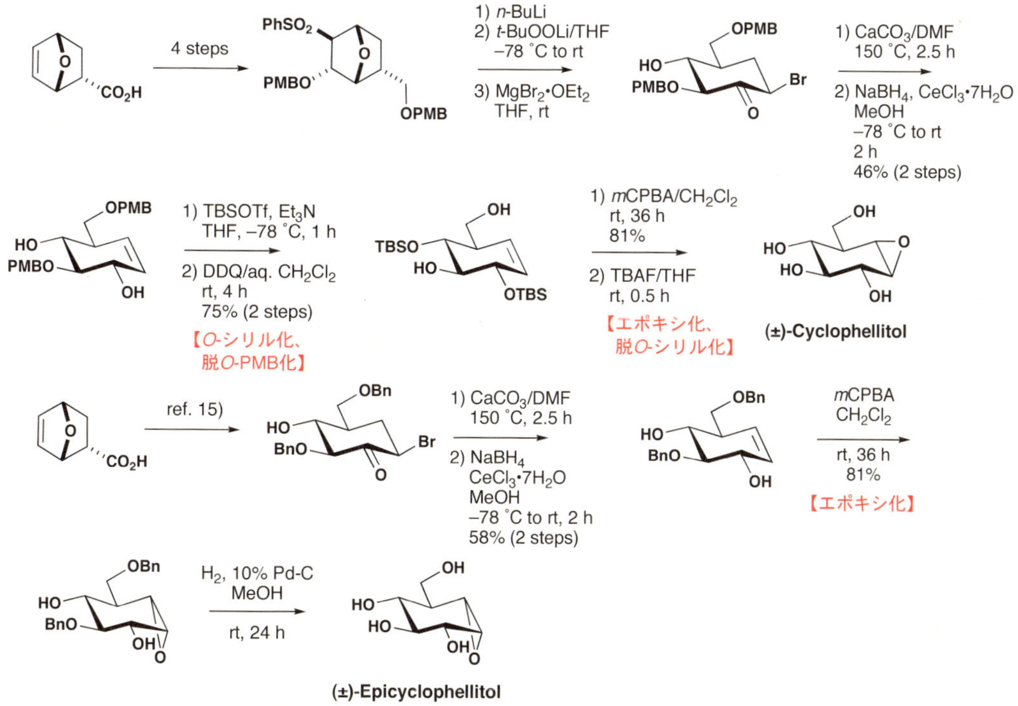

10) A Synthesis of (+)-Cyclophellitol from D-Xylose[16)]

閉環メタセシスを鍵反応として合成

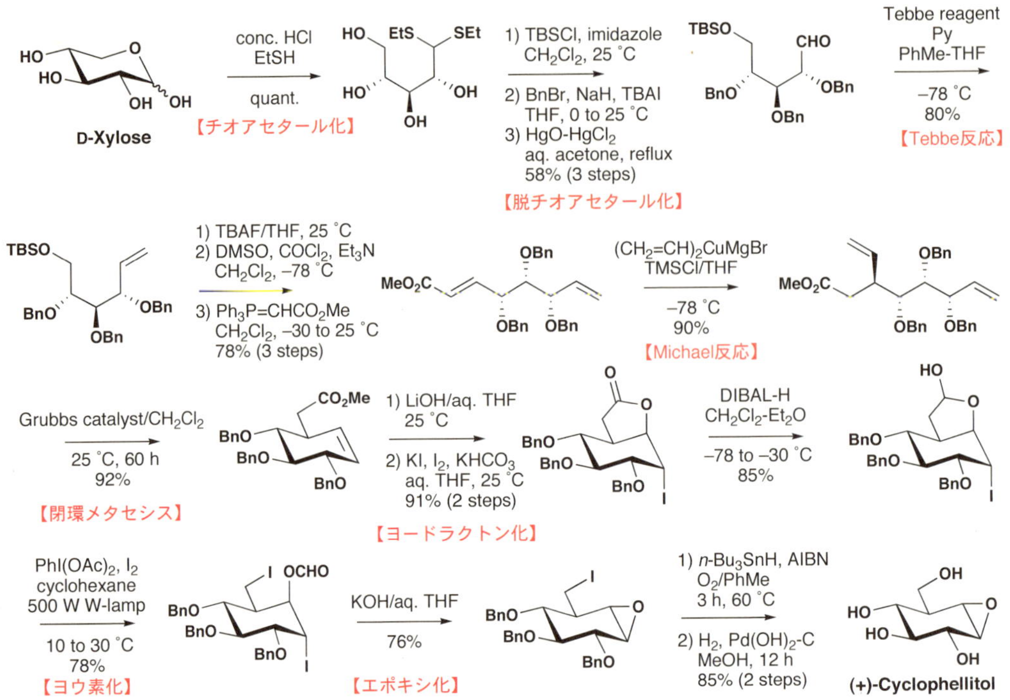

11) Pd Catalyzed Kinetic Resolution of Conduritol B. Asymmetric Synthesis of (+)-Cyclophellitol[17)]

Pd錯体を触媒とする速度論的光学分割と[2,3]-Wittig転位を経て合成

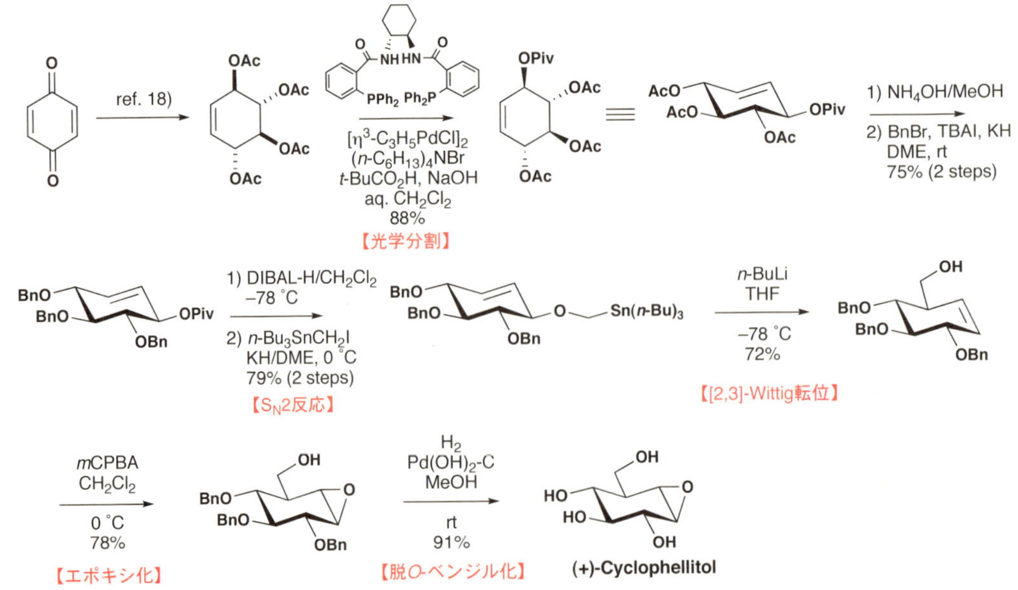

12) Conversion of D-Glucose to Cyclitol with Hydroxymethyl Substituent via Intramolecular Silyl Nitronate Cycloaddition Reaction: Application to Total Synthesis of (+)-Cyclophellitol[19)]

シリルニトロナートの[3+2]付加環化を経て合成

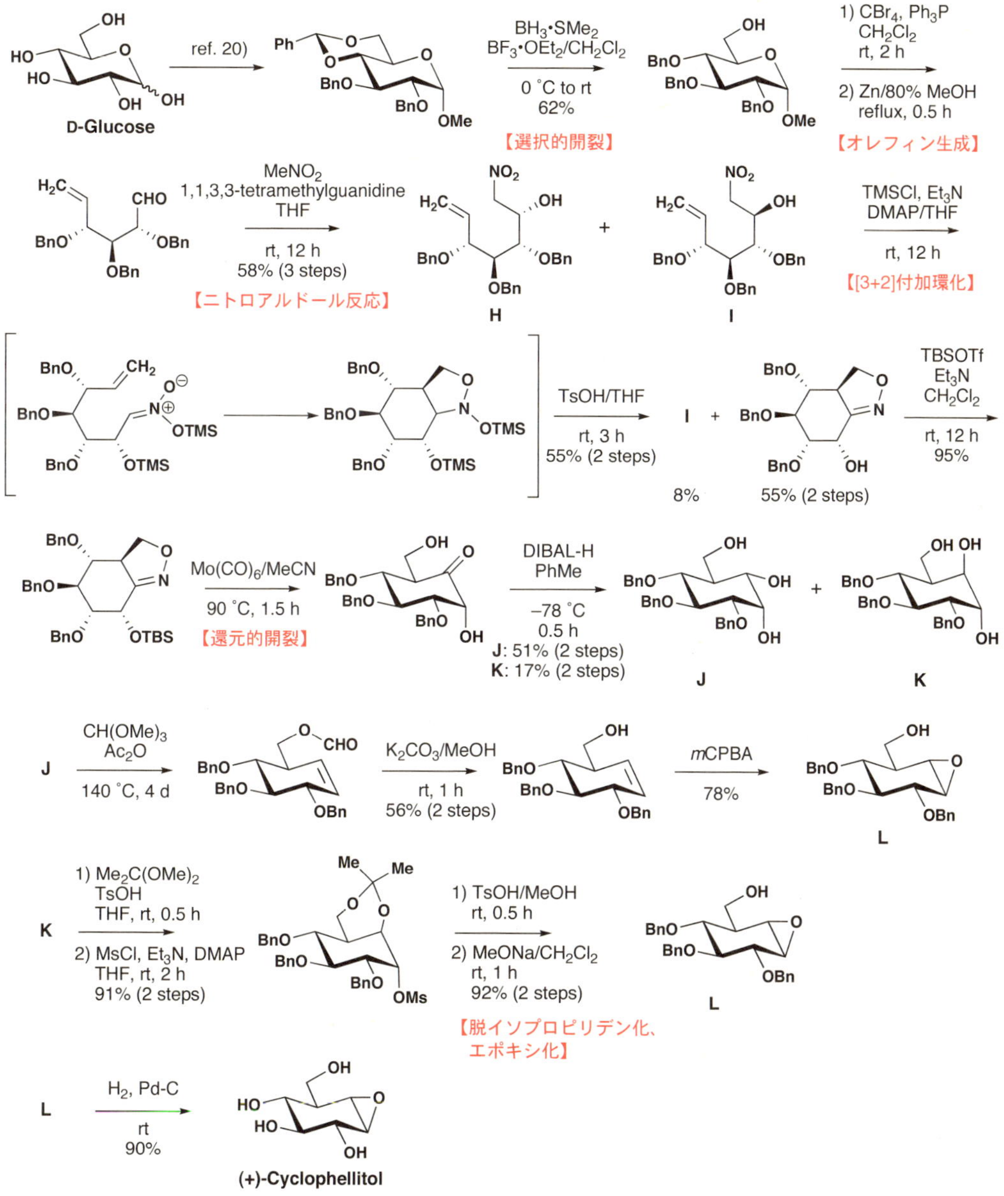

13) Enantiodivergent Formal Synthesis of (+)-and (–)-Cyclophellitol from D-Xylose Based on the Latent Symmetry Concept[21)]

閉環メタセシスを経て全合成

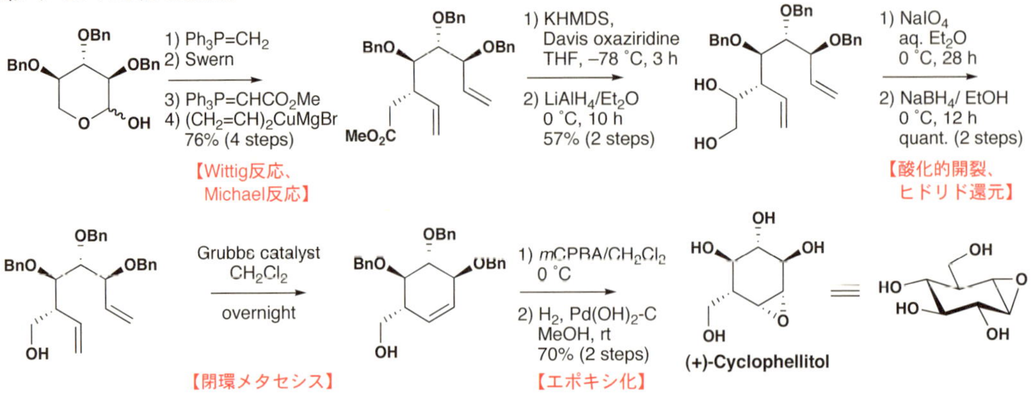

14) A Short Synthesis of (+)-Cyclophellitol[22)]

インジウムによるアリル付加、閉環メタセシスを経て短行程で全合成

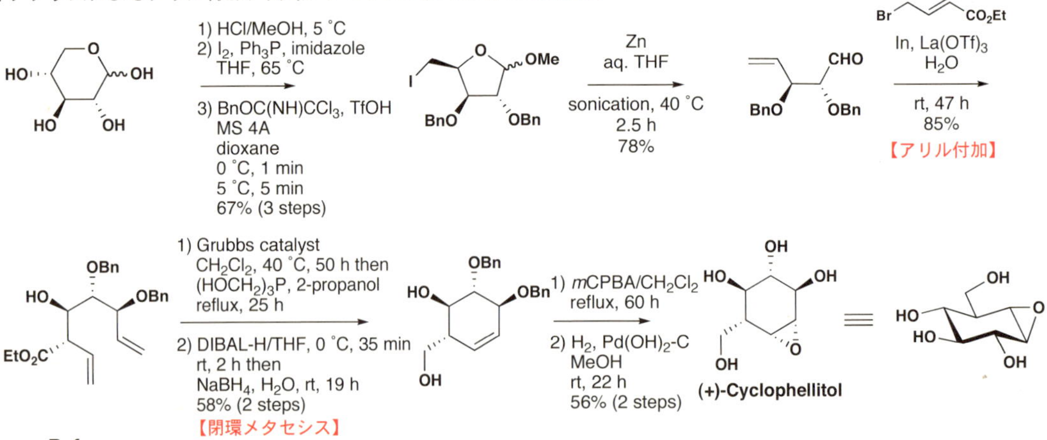

References

1) K. Tatsuta, Y. Niwata, K. Umezawa, K. Toshima and M. Nakata, *Tetrahedron Lett.*, **31**, 1171-1172 (1990)
2) T. Akiyama, M. Ohnari, H. Shima and S. Ozaki, *Synlett.*, 831-832 (1991)
3) V. Moritz and P. Vogel, *Tetrahedron Lett.*, **33**, 5243-5244 (1992)
4) C. Le Drian, J.-P. Vionnet and P. Vogel, *Helv. Chim. Acta.*, **73**, 161-168 (1990)
5) T. K. M. Shing and V. W.-f. Tai, *J. Chem. Soc., Chem. Commun.*, 995-997 (1993)
6) T. K. M. Shing, Yu-xin Cui and Y. Tang, *J. Chem. Soc., Chem. Commun.*, 756-757 (1991)
7) R. E. McDevitt and B. Fraser-Reid, *J. Org. Chem.*, **59**, 3250-3252 (1994)
8) R. A. Alonso, G. D. Vite, R. E. McDevitt and B. Fraser-Reid, *J. Org. Chem.*, **57**, 573-584 (1992)
9) K. Sato, M. Bokura, H. Moriyama and T. Igarashi, *Chemistry Lett.*, 37-40 (1994)
10) Y. Kondo, N. Kashimura and K. Onodera, *Agric. Biol. Chem.*, **38**, 2553-2558 (1974)
11) R. H. Schlessinger and C. P. Bergstrom, *J. Org. Chem.*, **60**, 16-17 (1995)
12) M. E. Jung and S. W. Tina Choe, *J. Org. Chem.*, **60**, 3280-3281 (1995)
13) J. G. Buchanan and J. C. P. Schwarz, *J. Chem. Soc.*, 4770-4777 (1962)
14) J. L. Acena, E. D. Alba, O. Arjona and J. Plumet, *Tetrahedron Lett.*, **37**, 3043-3044 (1996)
15) J. L. Acena, O. Arjona, R. F. Pradilla, J. Plumet and A. Viso, *J. Org. Chem.*, **59**, 6419-6424 (1994)
16) F. E. Ziegler and Y. Wang, *J. Org. Chem.*, **63**, 426-427 (1998)
17) B. M. Trost and E. J. Hembre, *Tetrahedron Lett.*, **40**, 219-222 (1999)
18) Z.-X. Guo, A. H. Haines, S. M. Pyke, S. G. Pyke and R. J. K. Taylor, *Carbohydr. Res.*, **264**, 147-153 (1994)
19) T. Ishikawa, Y. Shimizu, T. Kudoh and S. Saito, *Org. Lett.*, **5**, 3879-3882 (2003)
20) B. Bernet and A. Vasella, *Helv. Chim. Acta*, **62**, 1990-2001 (1979)
21) A. S. Kireev, A. T. Breithaupt, W. Collins, O. N. Nadein and A. Kornienko, *J. Org. Chem.*, **70**, 742-745 (2005)
22) F. G. Hansen, E. Bundgaard and R. Madsen, *J. Org. Chem.*, **70**, 10143-10146 (2005)

Elaiophylin (Azalomycin B)

1) Total Synthesis of Elaiophylin (Azalomycin B)[1,2)]

糖質を不斉炭素源として、2-デオキシグリコシル化、ジエステル化、独自に開発した*O*-シリル保護基の活用、立体選択的アルドール反応を経て天然物を全合成

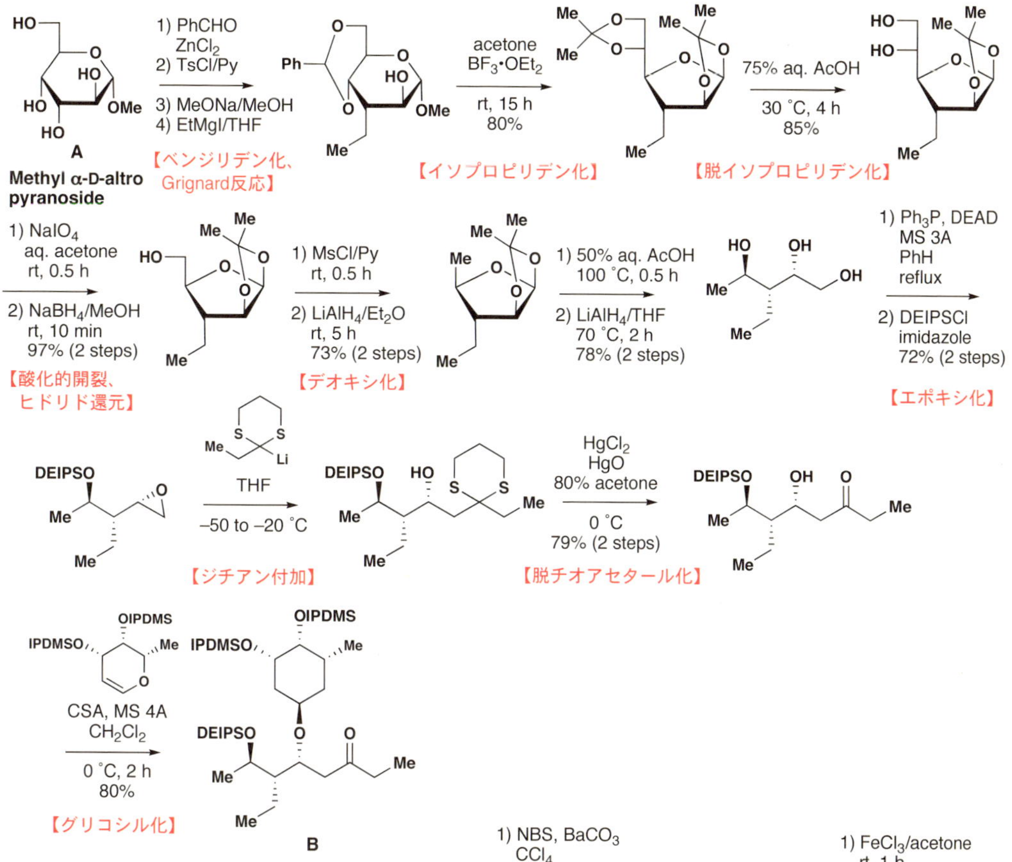

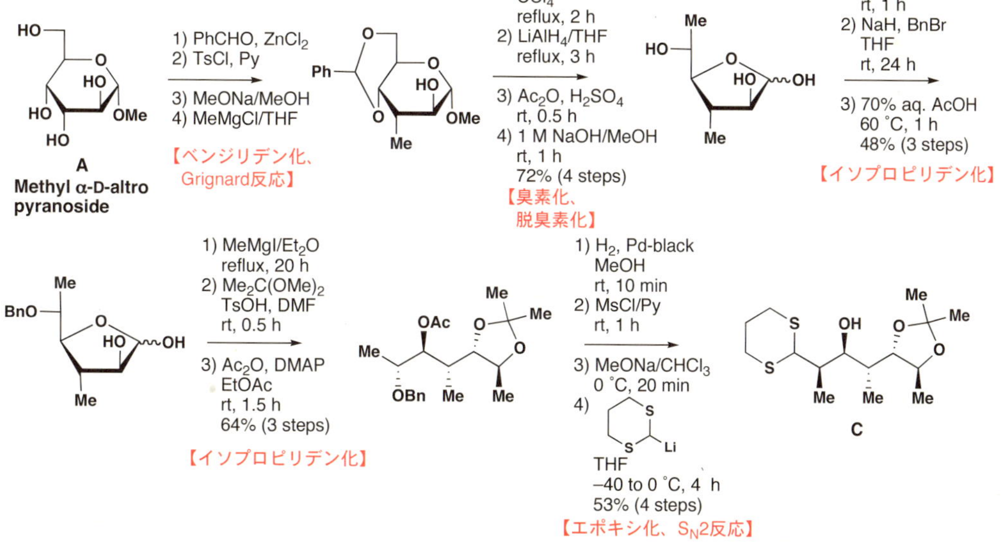

Elaiophylin (Azalomycin B)

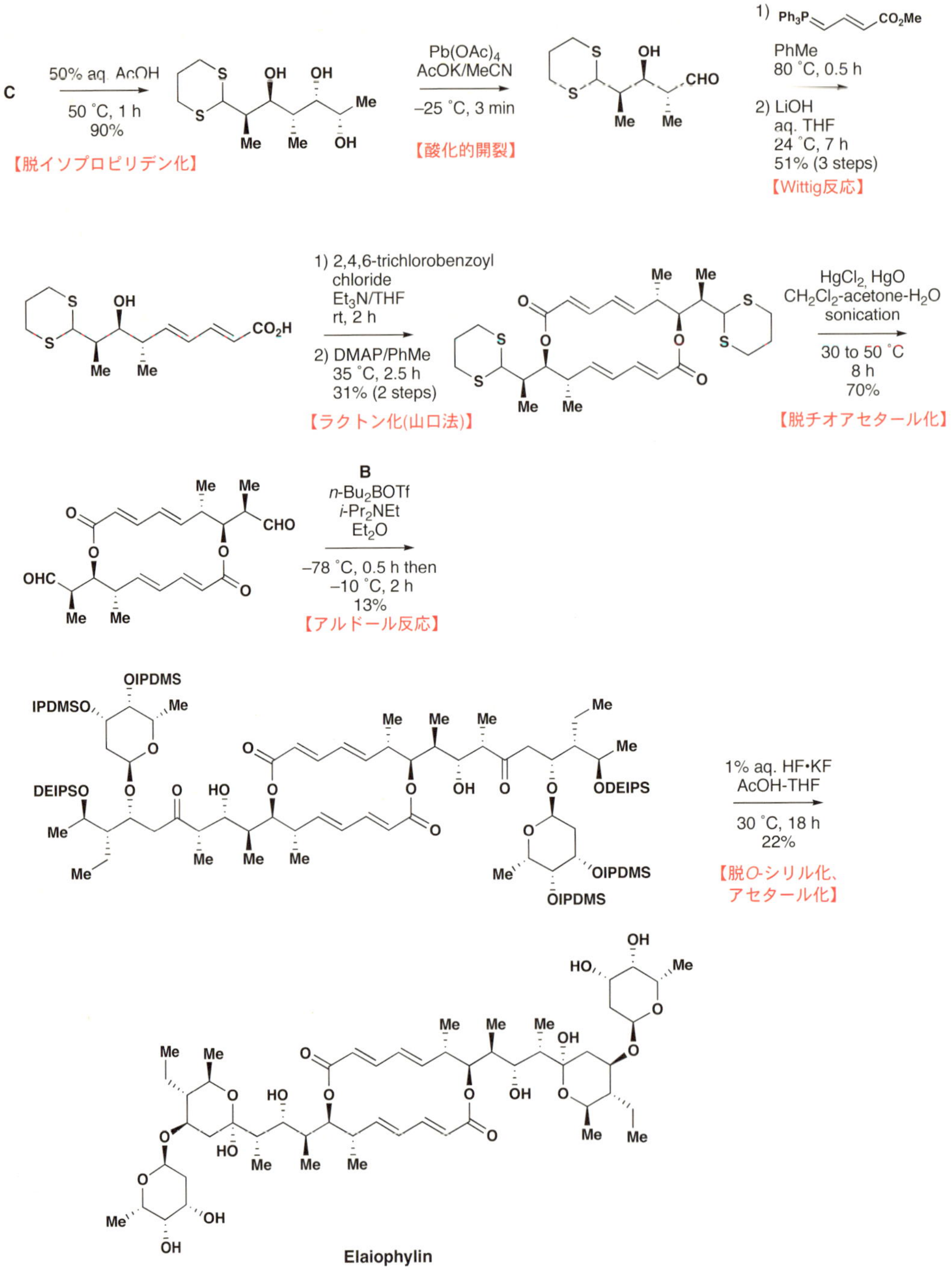

2) Enantioselective Synthesis of the Elaiophylin Aglycone[3)]

立体選択的エン反応、ジエステル化、立体選択的アルドール反応を経て、アグリコンを合成

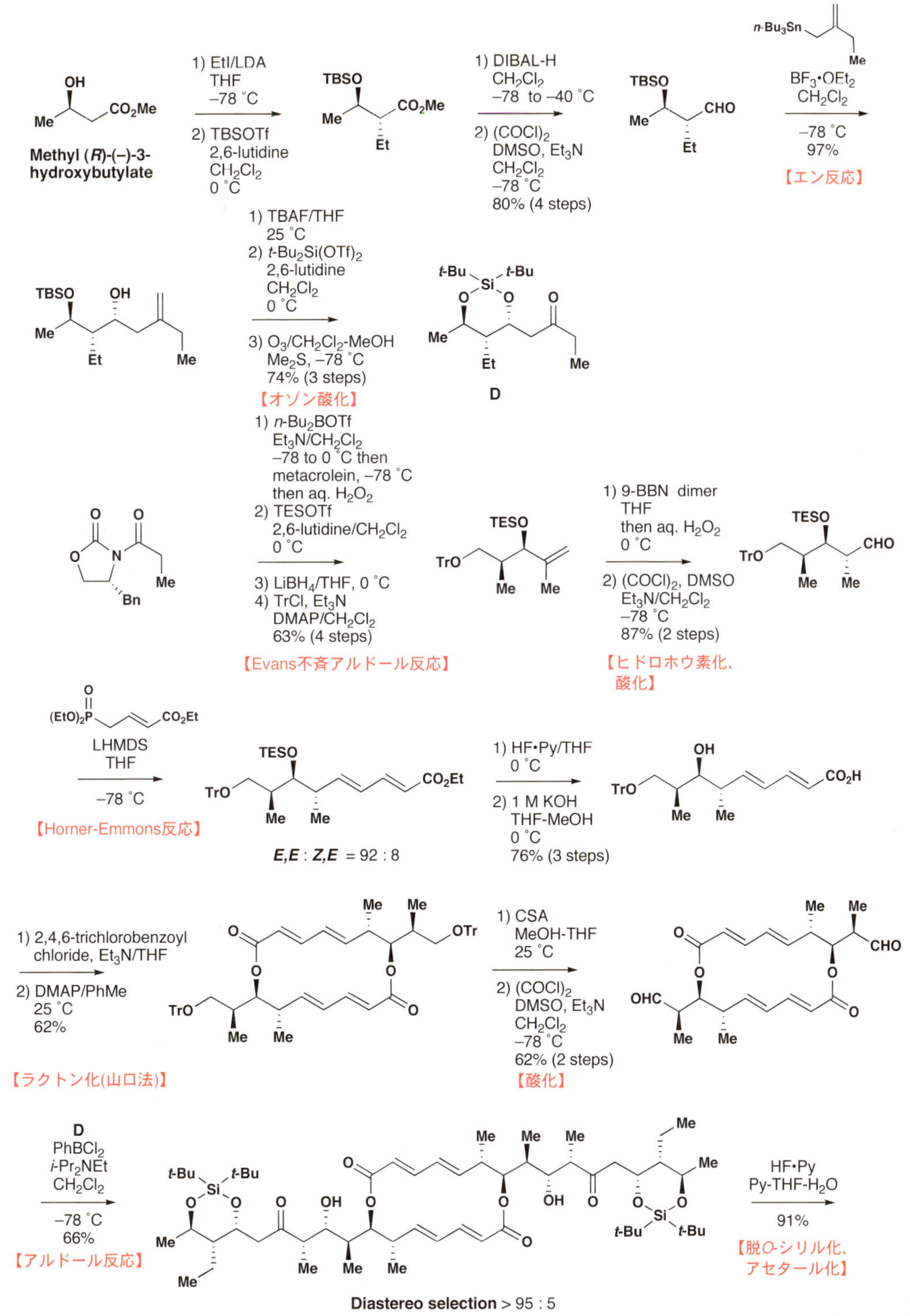

Elaiophylin (Azalomycin B)

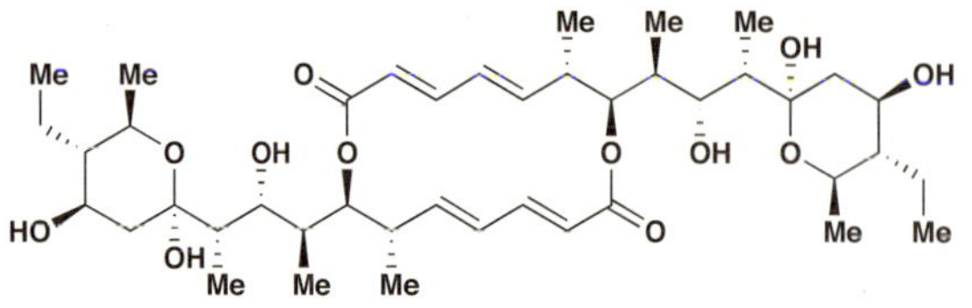

Elaiolide

3) Total Synthesis of (+)-11,11'-Di-*O*-methylelaiophylidene: An Aglycone of Elaiophylin[4,5,6,7]

立体選択的アルドール反応を経てアグリコンを合成

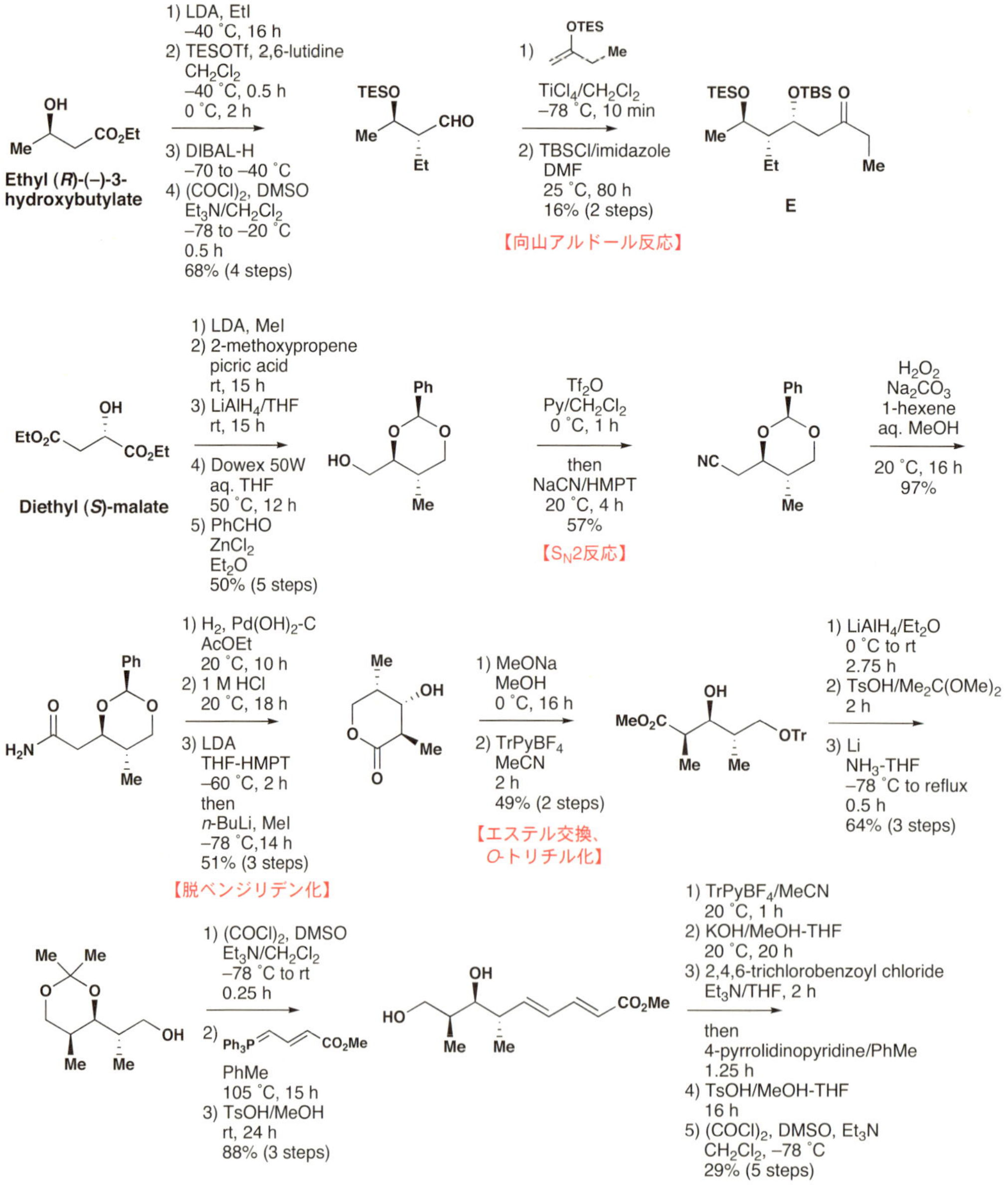

Ethyl (R)-(−)-3-hydroxybutylate
1) LDA, EtI −40 °C, 16 h
2) TESOTf, 2,6-lutidine CH2Cl2 −40 °C, 0.5 h 0 °C, 2 h
3) DIBAL-H −70 to −40 °C
4) (COCl)2, DMSO Et3N/CH2Cl2 −78 to −20 °C 0.5 h
68% (4 steps)
1) OTES Me
TiCl4/CH2Cl2 −78 °C, 10 min
2) TBSCl/imidazole DMF 25 °C, 80 h
16% (2 steps)
【向山アルドール反応】
E
Diethyl (S)-malate
1) LDA, MeI
2) 2-methoxypropene picric acid rt, 15 h
3) LiAlH4/THF rt, 15 h
4) Dowex 50W aq. THF 50 °C, 12 h
5) PhCHO ZnCl2 Et2O
50% (5 steps)
Tf2O Py/CH2Cl2 0 °C, 1 h
then NaCN/HMPT 20 °C, 4 h
57%
【SN2反応】
H2O2 Na2CO3 1-hexene aq. MeOH
20 °C, 16 h
97%
1) H2, Pd(OH)2-C AcOEt 20 °C, 10 h
2) 1 M HCl 20 °C, 18 h
3) LDA THF-HMPT −60 °C, 2 h then n-BuLi, MeI −78 °C,14 h
51% (3 steps)
【脱ベンジリデン化】
1) MeONa MeOH 0 °C, 16 h
2) TrPyBF4 MeCN 2 h
49% (2 steps)
【エステル交換、O-トリチル化】
1) LiAlH4/Et2O 0 °C to rt 2.75 h
2) TsOH/Me2C(OMe)2 2 h
3) Li NH3-THF −78 °C to reflux 0.5 h
64% (3 steps)
1) (COCl)2, DMSO Et3N/CH2Cl2 −78 °C to rt 0.25 h
2) Ph3P CO2Me PhMe 105 °C, 15 h
3) TsOH/MeOH rt, 24 h
88% (3 steps)
1) TrPyBF4/MeCN 20 °C, 1 h
2) KOH/MeOH-THF 20 °C, 20 h
3) 2,4,6-trichlorobenzoyl chloride Et3N/THF, 2 h then 4-pyrrolidinopyridine/PhMe 1.25 h
4) TsOH/MeOH-THF 16 h
5) (COCl)2, DMSO, Et3N CH2Cl2, −78 °C
29% (5 steps)

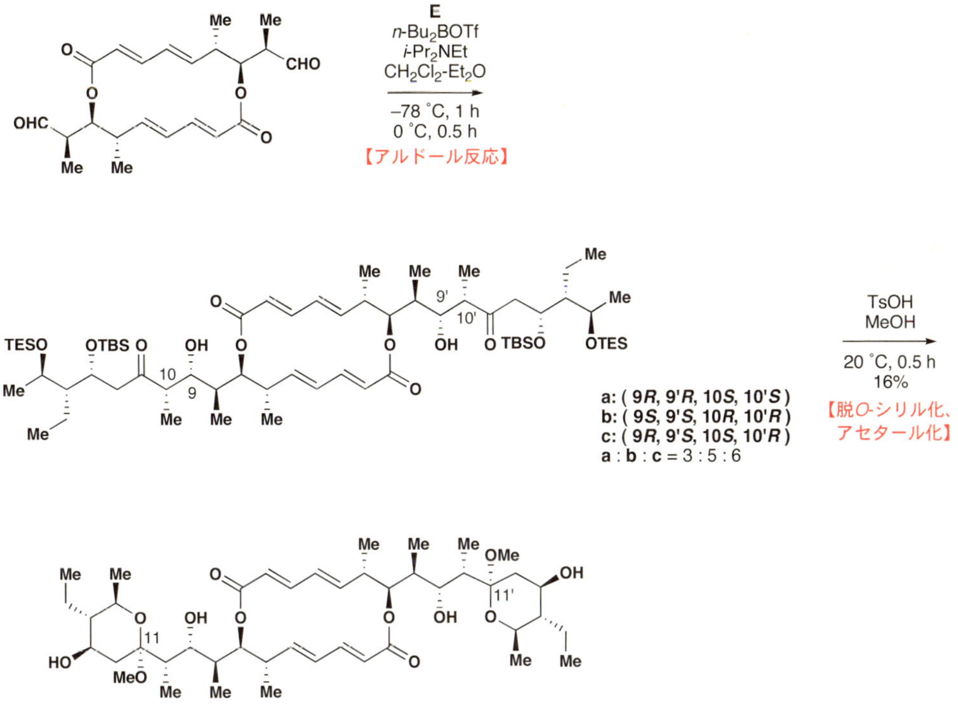
E
n-Bu_2BOTf
i-Pr_2NEt
CH_2Cl_2-Et_2O
–78 °C, 1 h
0 °C, 0.5 h
【アルドール反応】
a: (9R, 9'R, 10S, 10'S)
b: (9S, 9'S, 10R, 10'R)
c: (9R, 9'S, 10S, 10'R)
a : b : c = 3 : 5 : 6
TsOH
MeOH
20 °C, 0.5 h
16%
【脱O-シリル化、
アセタール化】

(+)-11,11'-Di-*O*-methylelaiophylidene

References

1) K. Toshima, K. Tatsuta and M. Kinoshita, *Bull. Chem. Soc. Jpn.*, **61**, 2369-2381 (1988)
2) K. Toshima, K. Tatsuta and M. Kinoshita, *Tetrahedron Lett.*, **27**, 4741-4744 (1986)
3) D. A. Evans and D. M. Fitch, *J. Org. Chem.*, **62**, 454-455 (1997)
4) D. Seebach, H.-F. Chow, R. F. W. Jackson, K. Lawson, M. A. Sutter, S. Thaisrivongs and J. Zimmermann, *J. Am. Chem. Soc.*,**107**, 5292-5293 (1985)
5) D. Seebach, H.-F. Chow, R. F. W. Jackson, M. A. Sutter, S. Thaisrivongs and J. Zimmermann, *Liebigs Ann. Chem.*, 1281-1308 (1986)
6) M. A. Sutter and D. Seebach, *Liebigs Ann. Chem.*, 939-949 (1983)
7) J. Inanaga, K. Hirata, H. Saeki and T. Katsuki and M. Yamaguchi, *Bull. Chem. Soc. Jpn.*, **52**, 1989-1993 (1979)

4-*O*-(4"-*O*-Acetyl-α-L-rhamnopyranosyl)-ellagic acid

1) Isolation and Synthesis of a New Bioactive Ellagic Acid Derivatives from *Combretum yunnanensis*[1)]

光延反応変法を用いるフェノール類の立体選択的グリコシル化により天然物を全合成

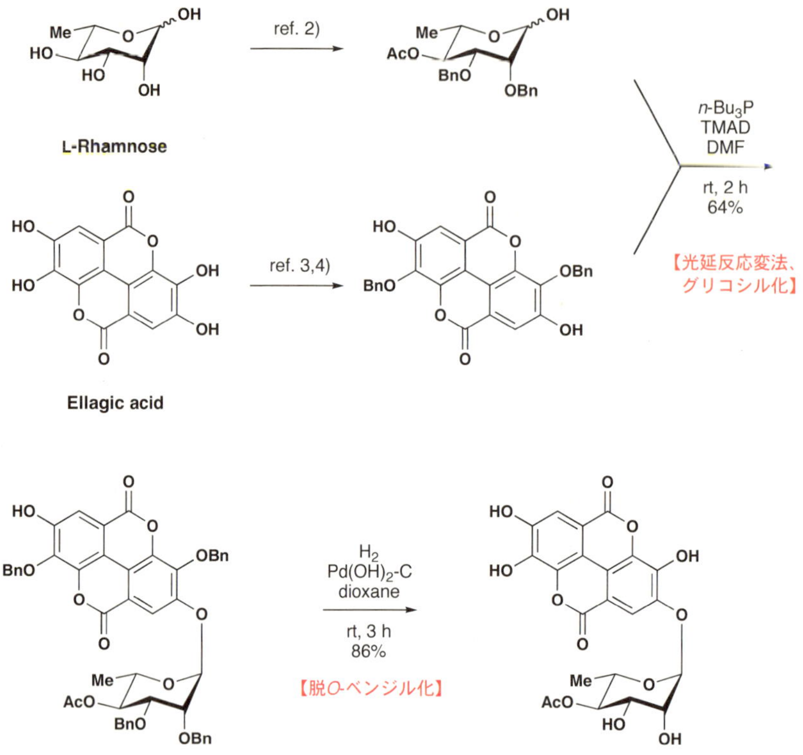

4-*O*-(4"-*O*-Acetyl-α-L-rhamnopyranosyl)-ellagic acid

Reference

1) Y. Asami, T. Ogura, N. Otake, T. Nishimura, Y. Xinsheng, T. Sakurai, H. Nagasawa, S. Sakuda and K. Tatsuta, *J. Nat. Prod.*, **66**, 729-731 (2003)
2) S. Koto, N. Morishima, K. Takenaka, K. Kanemitsu, N. Shimomura, M. Kase, S. Kojiro, T. Nakamura, T. Kawase and S. Zen, *Bull. Chem. Soc. Jpn.*, **62**, 3549-3566 (1989)
3) L. Jurd, *J. Am. Chem. Soc.*, **81**, 4606-4610 (1959)
4) S. Terashima, M. Shimizu, H. Nakayama, M. Ishikura, Y. Ueda, K. Imai, A. Suzui and N. Morita, *Chem. Pharm. Bull.*, **38**, 2733-2736 (1990)

Erbstatin

1) Effective Synthesis of Erbstatin and Its Analogs[1)]

Horner-Emmons反応により合成

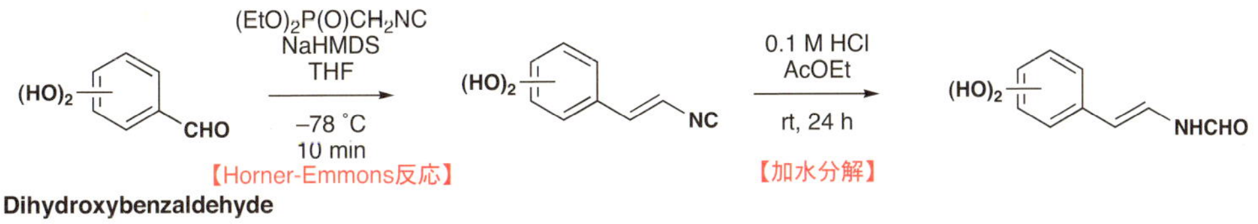

2) Synthesis of Erbstatin, a Naturally Occurring Inhibitor of Tyrosine-Specific Protein Kinase[2)]

ニトロアルドール縮合により合成

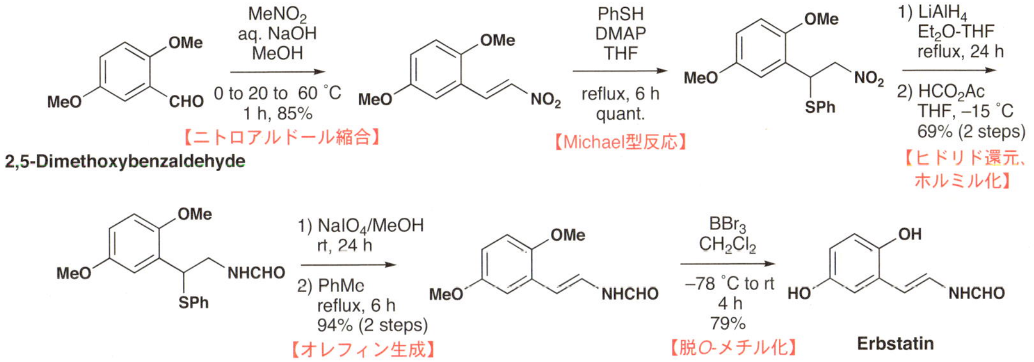

3) Total Synthesis of Erbstatin[3)]

イミンを経て合成

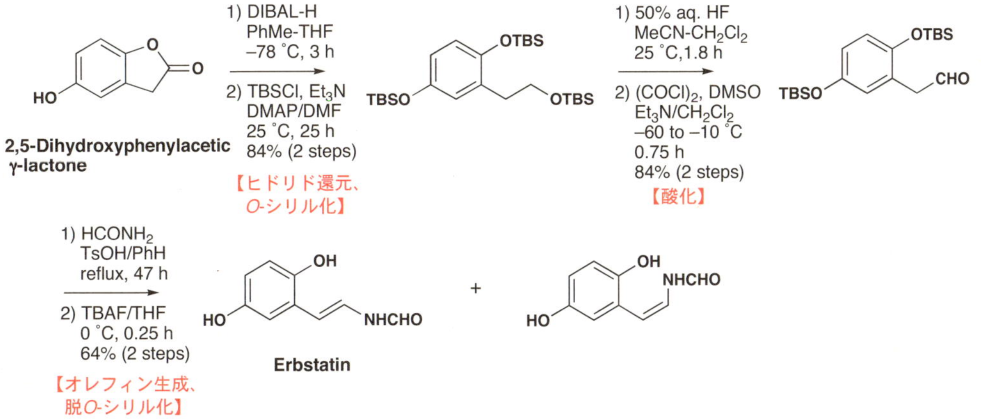

4) Total Synthesis of Erbstatin[4)]

イソシアナートを経て合成

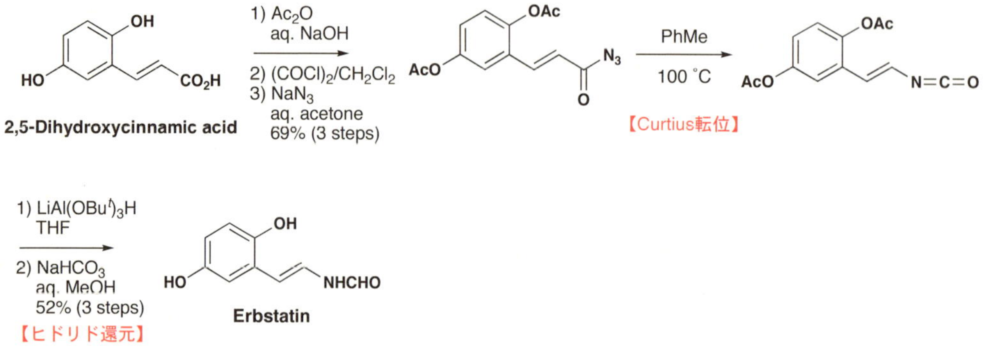

5) A Simple Synthesis of Erbstatin and Its *cis*-Isomer[5)]

cis-オレフィンの光照射による*trans* オレフィンへの変換を経て合成

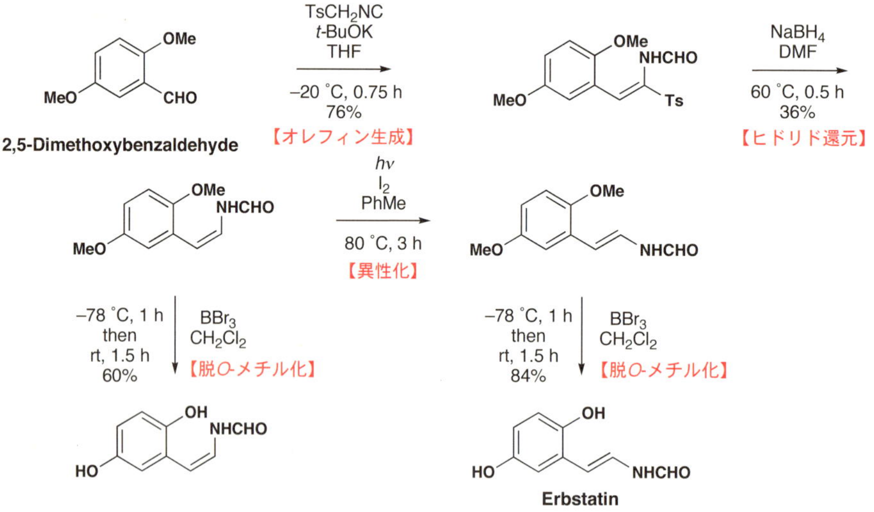

6) Synthesis of Erbstatin[6)]

Claisen転位を経て合成

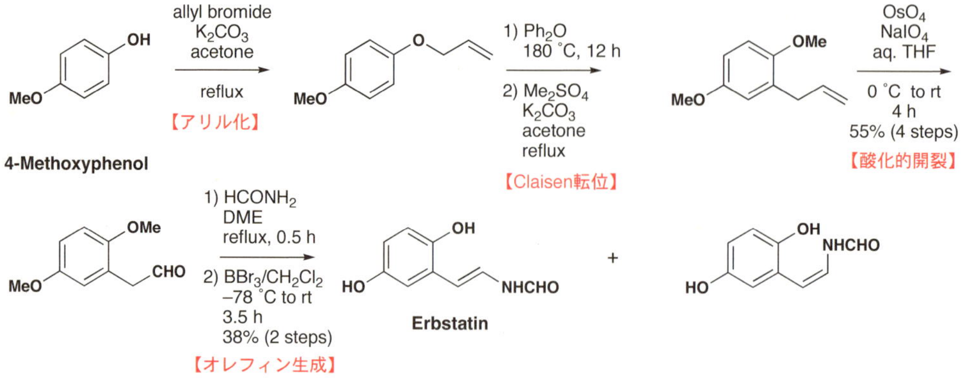

7) A Short Stereoselective Synthesis of Erbstatin[7]

Horner-Emmons反応、クロルイミデートの反応を経て合成

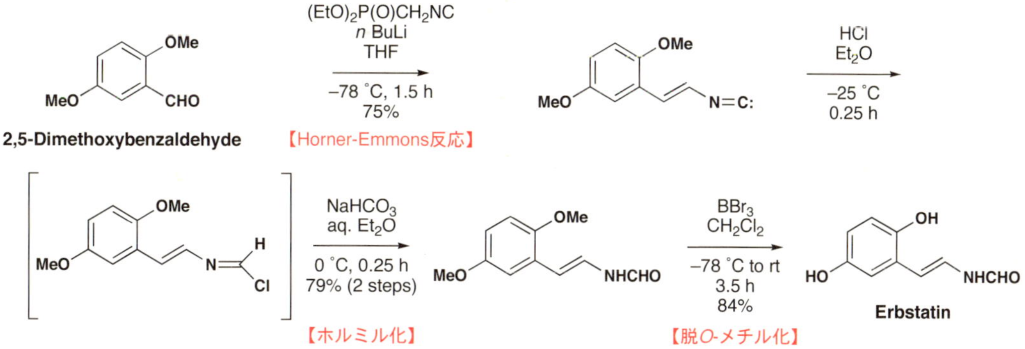

References

1) K. Isshiki, M. Imoto, T. Takeuchi, H. Umezawa, T. Tsuchida and K. Tatsuta, *J. Antibiot.*, **40**, 1207-1208 (1987)
2) W. K. Anderson, T. T. Dabrah and D. M. Houston, *J. Org. Chem.*, **52**, 2945-2947 (1987)
3) D. G. Hangauer, *Tetrahedron Lett.*, **27**, 5799-5802 (1986)
4) R. L. Dow and M. J. Flynn, *Tetrahedron Lett.*, **28**, 2217-2220 (1987)
5) J. Kleinschroth and J. Hartenstein, *Synthesis*, 970-972 (1988)
6) M. N. Deshmukh and S. V. Joshi, *Synthetic Commun.*, **18**, 1483-1489 (1988)
7) J. Stoelwinder and A. M. van Leusen, *Synthesis*, 568-569 (1990)

ES-242-4 and ES-242-5

1) The First Total Synthesis of ES-242s, *N*-Methyl-D-aspartate Receptor Antagonisits[1,2,3,4,5]

連続Michael-Dieckmann反応、酸化的カップリング(二量化)を経て、天然物とアトロープ異性体を全合成、絶対構造を決定

構造-活性相関研究のためトランス誘導体も合成

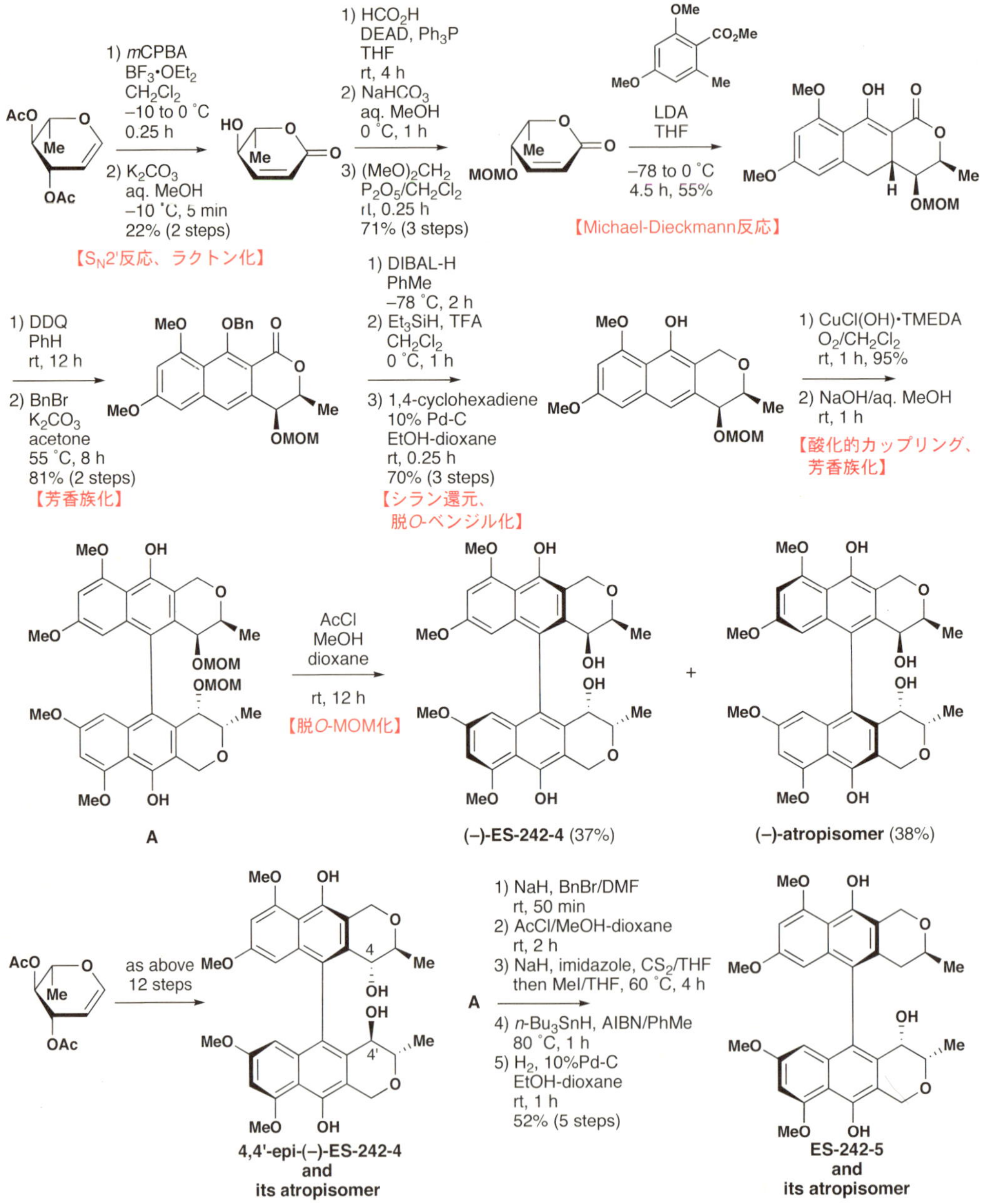

References

1) K. Tatsuta, T. Yamazaki and T. Yoshimoto, *J. Antibiot.*, **51**, 383-386 (1998)
2) K. Tatsuta, T. Yamazaki, T. Mase and T. Yoshimoto, *Tetrahedron Lett.*, **39**, 1771-1772 (1998)
3) K. Tatsuta, T. Nagai, T. Mase, T. Yamazaki and T. Tamura, *J. Antibiot.*, **52**, 422-425 (1999)
4) K. Tatsuta, T. Nagai, T. Mase and T. Tamura, *J. Antibiot.*, **52**, 433-436 (1999)
5) T. Yoshimoto. Ph. D. Thesis, Graduate School of Science and Engineering Waseda University (2000)

Gualamycin

1) Total Synthesis of an Acaricide, Gualamycin[1,2)]

選択的グリコシル化、Wittig反応、分子内光延反応によるピロリジン環構築を経て天然物を全合成

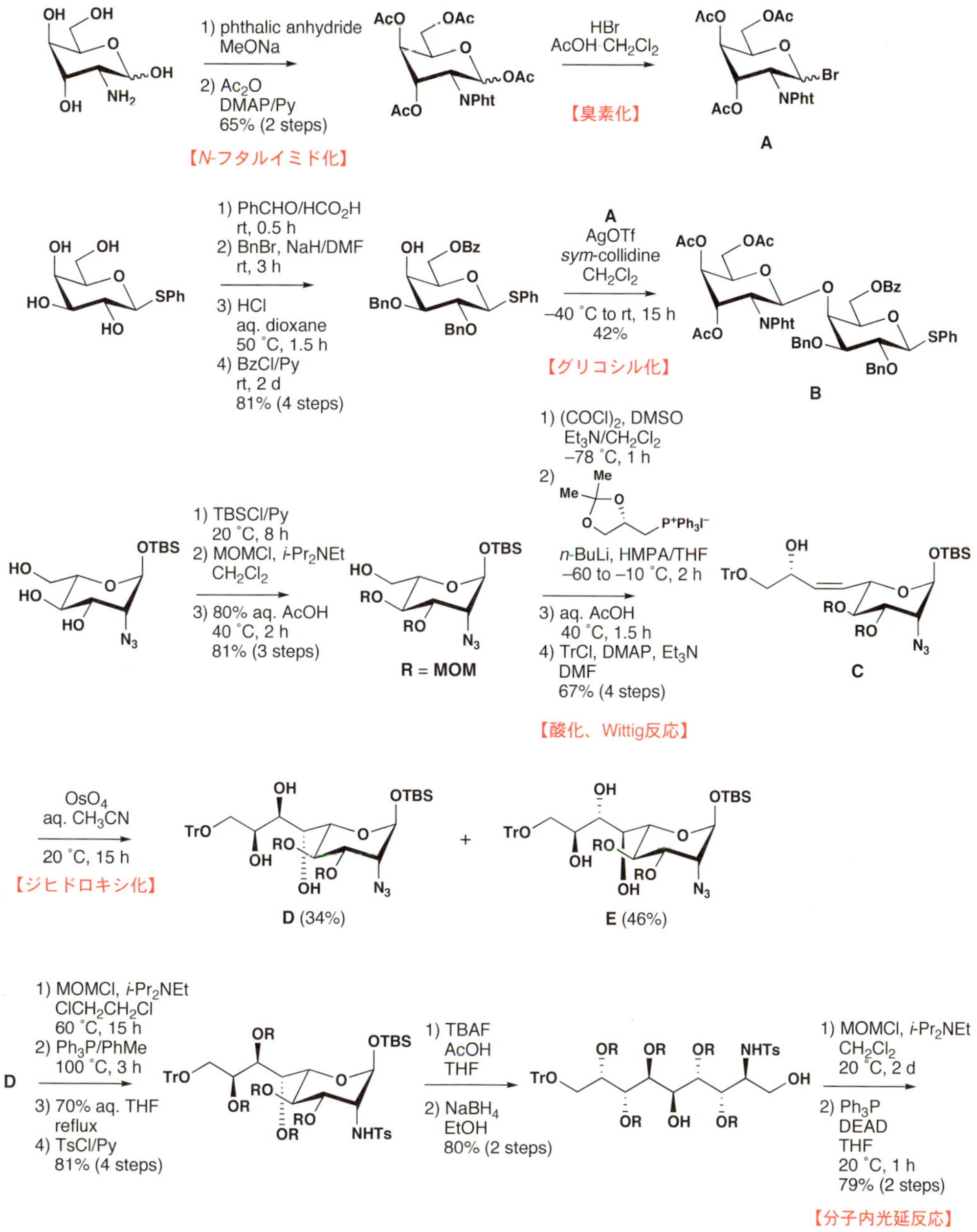

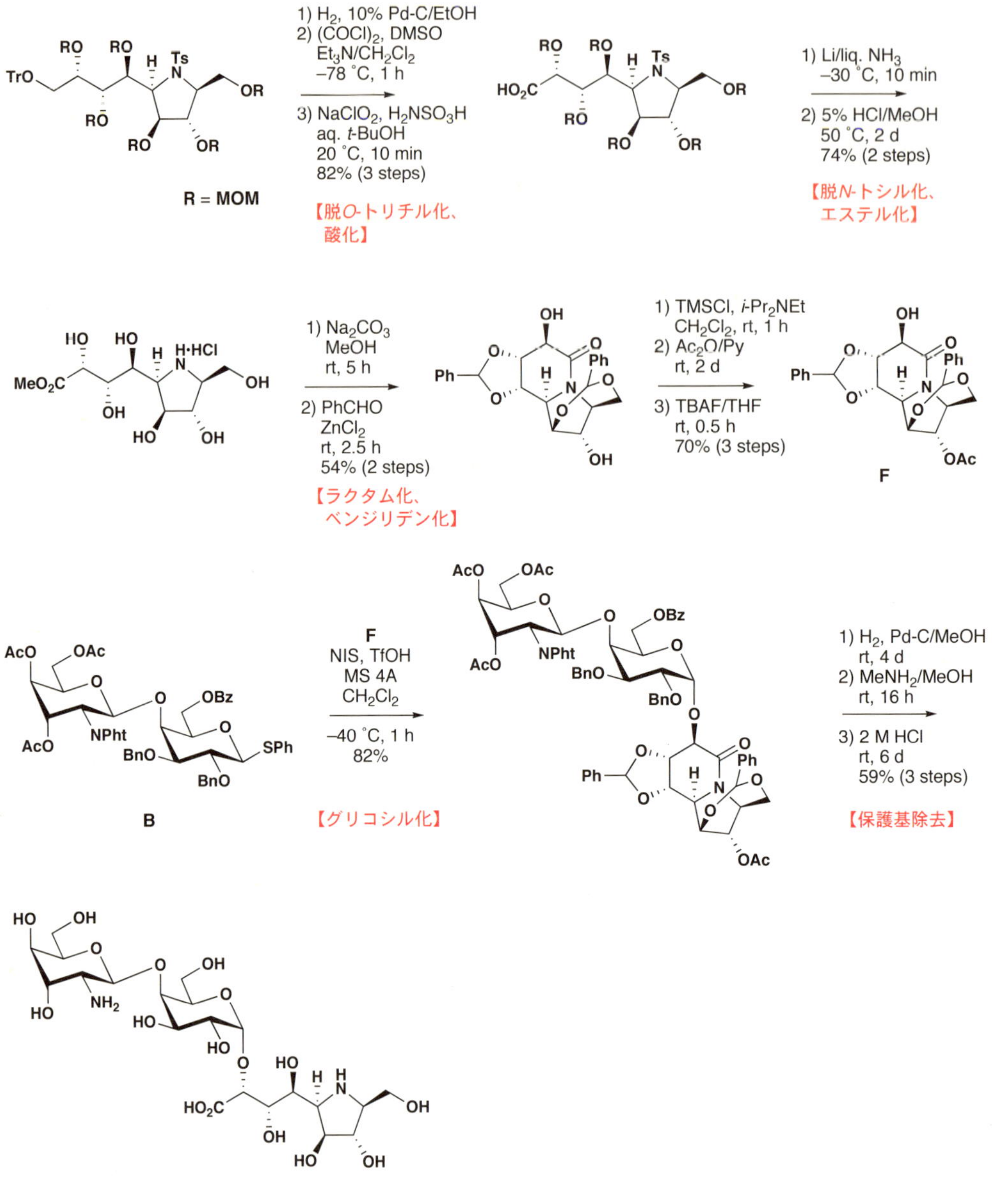

(+)-Gualamycin

References

1) K. Tatsuta and M. Kitagawa, *Tetrahedron Lett.*, **36**, 6717-6720 (1995)
2) K. Tatsuta, M. Kitagawa, T. Horiuchi, K. Tsuchiya and N. Shimada, *J. Antibiot.*, **48**, 741-744 (1995)

Herbimycins

1) The Total Synthesis of Herbimycin A[1,2)]

糖質を不斉炭素源として、不斉アルドール反応、Still型Horner-Emmons反応、
大環状ラクタムの構築を経て天然物を全合成

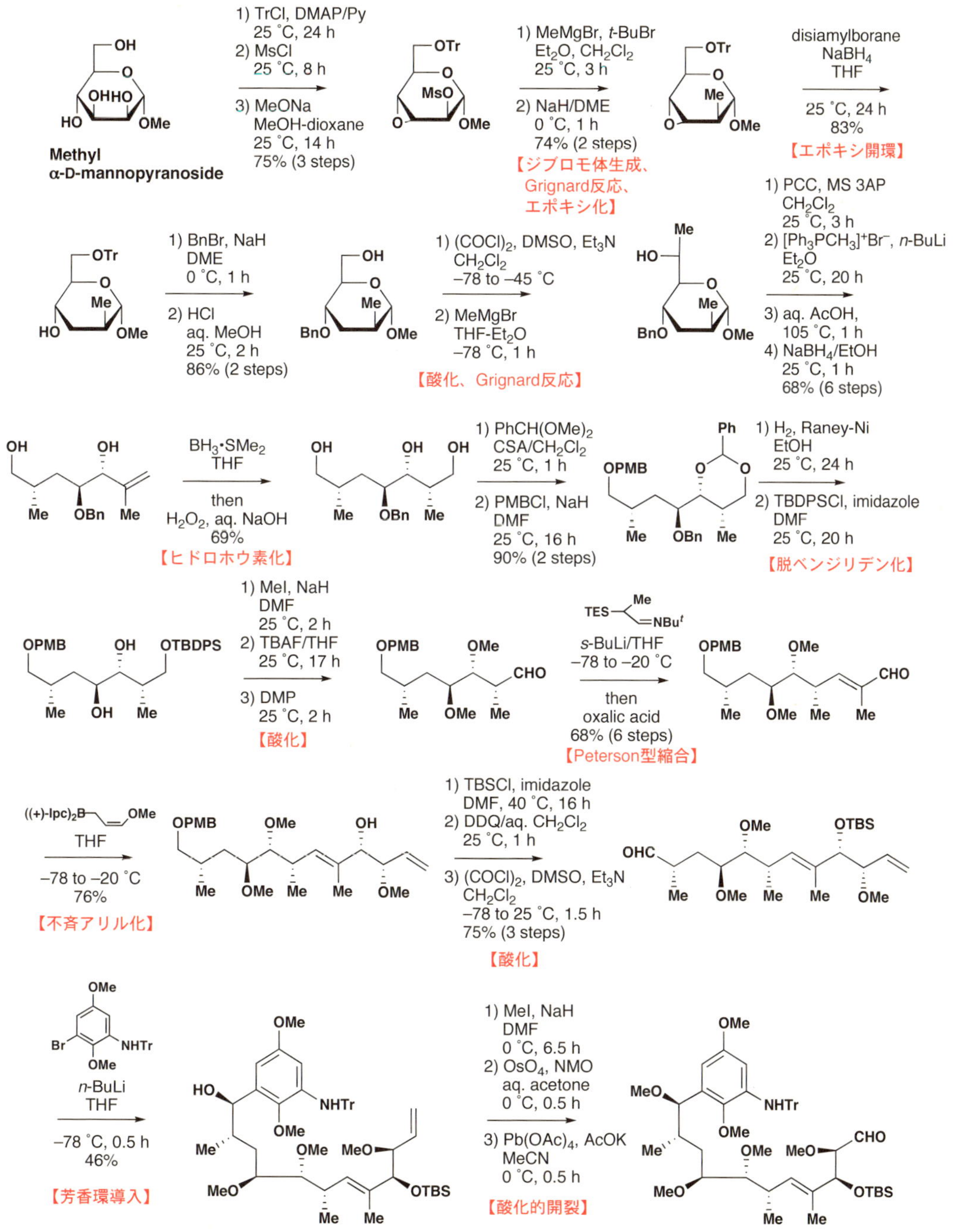

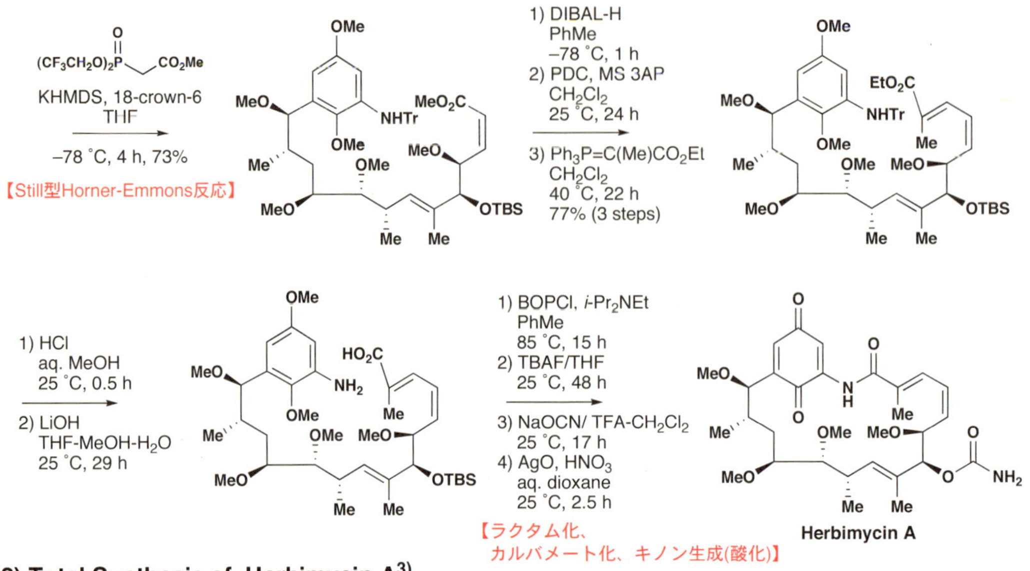

2) Total Synthesis of Herbimycin A[3)]

不斉クロチル化、オレフィンの酸化的開裂と不斉アリル化を経て合成

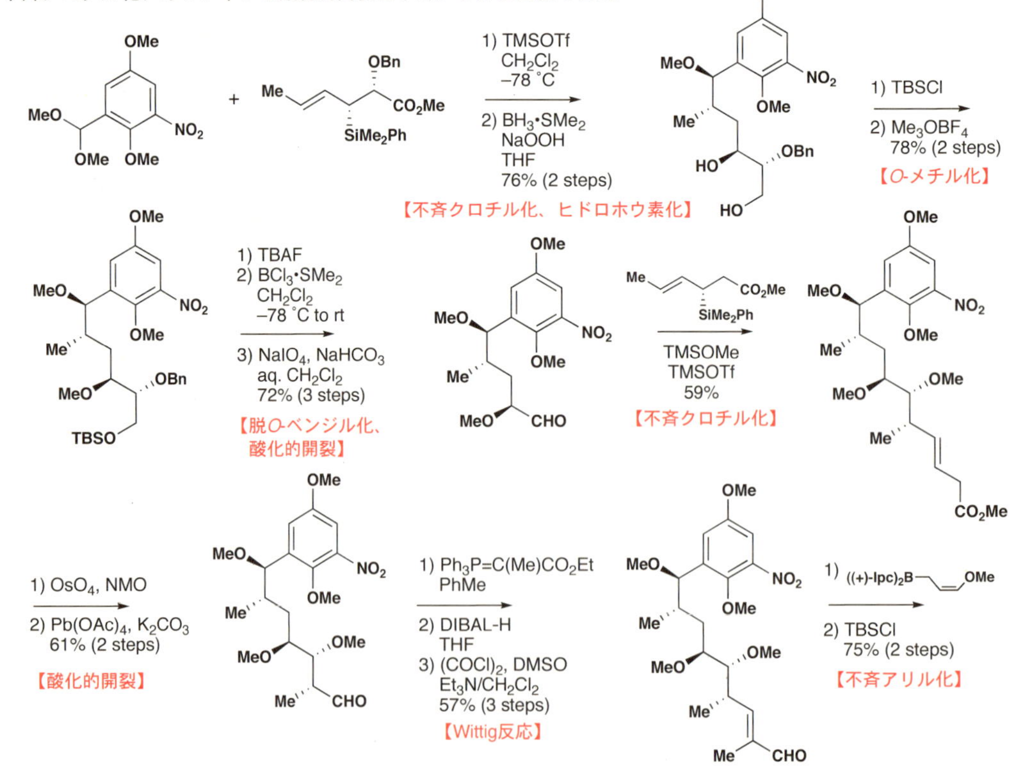

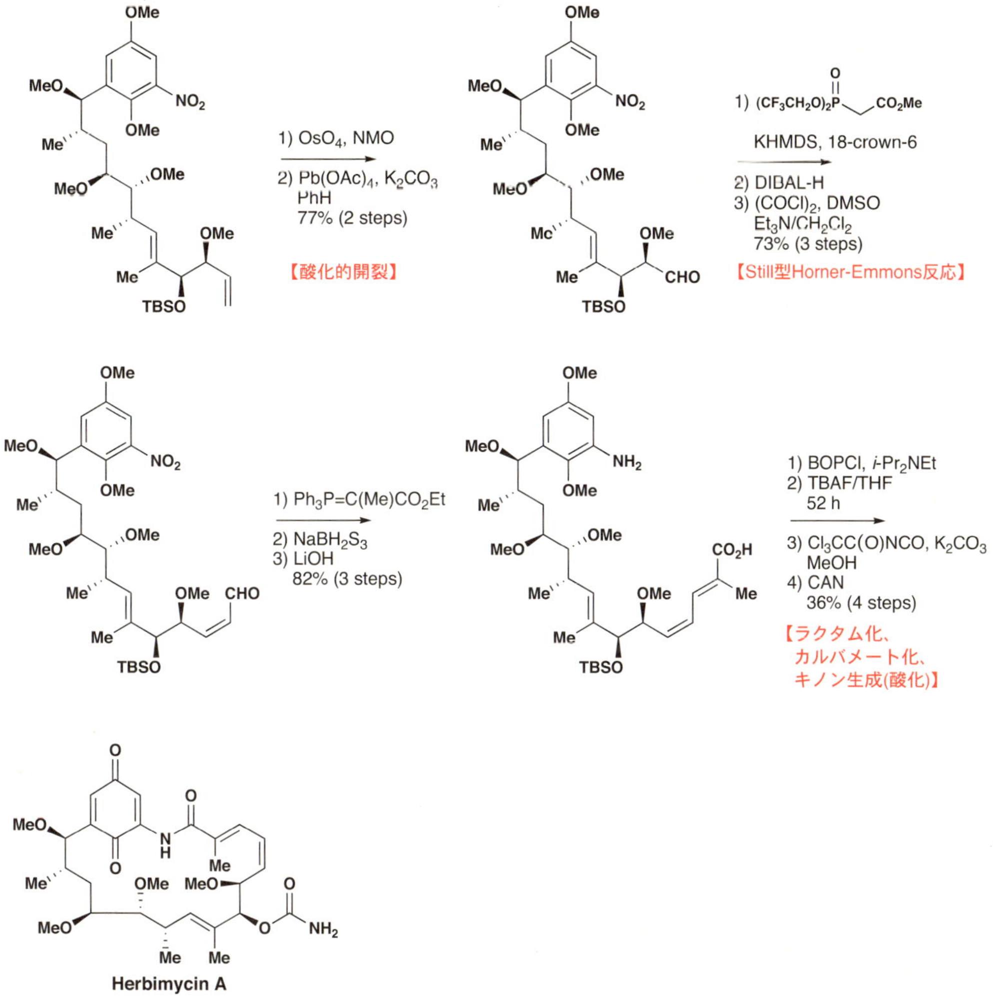

OMe
MeO
NO2
OMe
Me
OMe
MeO
Me
OMe
Me
TBSO
1) OsO4, NMO
2) Pb(OAc)4, K2CO3
PhH
77% (2 steps)
【酸化的開裂】
CHO
1) (CF3CH2O)2P(O)CH2CO2Me
KHMDS, 18-crown-6
2) DIBAL-H
3) (COCl)2, DMSO
Et3N/CH2Cl2
73% (3 steps)
【Still型Horner-Emmons反応】
CHO
1) Ph3P=C(Me)CO2Et
2) NaBH2S3
3) LiOH
82% (3 steps)
NH2
CO2H
1) BOPCl, i-Pr2NEt
2) TBAF/THF
52 h
3) Cl3CC(O)NCO, K2CO3
MeOH
4) CAN
36% (4 steps)
【ラクタム化、
カルバメート化、
キノン生成(酸化)】
O
N
H
NH2
Herbimycin A

3) Asymmetric Synthesis of Macbecin I[4]

不斉アルドール反応を鍵として天然物を全合成

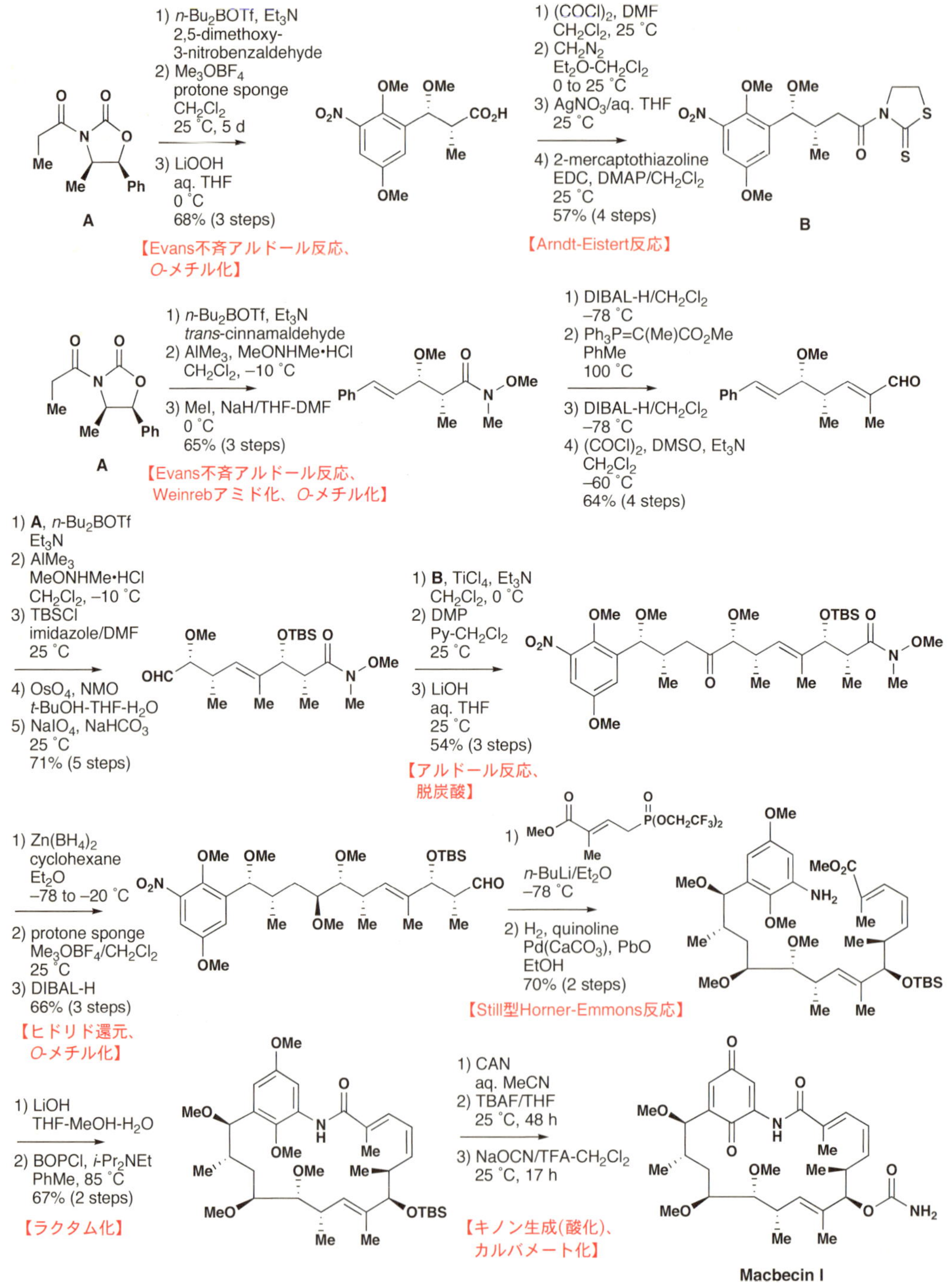
A
1) n-Bu_2BOTf, Et_3N
2,5-dimethoxy-3-nitrobenzaldehyde
2) Me_3OBF_4
protone sponge
CH_2Cl_2
25 °C, 5 d
3) LiOOH
aq. THF
0 °C
68% (3 steps)
【Evans不斉アルドール反応、
O-メチル化】
1) $(COCl)_2$, DMF
CH_2Cl_2, 25 °C
2) CH_2N_2
Et_2O-CH_2Cl_2
0 to 25 °C
3) $AgNO_3$/aq. THF
25 °C
4) 2-mercaptothiazoline
EDC, DMAP/CH_2Cl_2
25 °C
57% (4 steps)
【Arndt-Eistert反応】
B
A
1) n-Bu_2BOTf, Et_3N
trans-cinnamaldehyde
2) $AlMe_3$, MeONHMe•HCl
CH_2Cl_2, –10 °C
3) MeI, NaH/THF-DMF
0 °C
65% (3 steps)
【Evans不斉アルドール反応、
Weinrebアミド化、O-メチル化】
1) DIBAL-H/CH_2Cl_2
–78 °C
2) Ph_3P=C(Me)CO_2Me
PhMe
100 °C
3) DIBAL-H/CH_2Cl_2
–78 °C
4) $(COCl)_2$, DMSO, Et_3N
CH_2Cl_2
–60 °C
64% (4 steps)
1) A, n-Bu_2BOTf
Et_3N
2) $AlMe_3$
MeONHMe•HCl
CH_2Cl_2, –10 °C
3) TBSCl
imidazole/DMF
25 °C
4) OsO_4, NMO
t-BuOH-THF-H_2O
5) $NaIO_4$, $NaHCO_3$
25 °C
71% (5 steps)
1) B, $TiCl_4$, Et_3N
CH_2Cl_2, 0 °C
2) DMP
Py-CH_2Cl_2
25 °C
3) LiOH
aq. THF
25 °C
54% (3 steps)
【アルドール反応、
脱炭酸】
1) $Zn(BH_4)_2$
cyclohexane
Et_2O
–78 to –20 °C
2) protone sponge
Me_3OBF_4/CH_2Cl_2
25 °C
3) DIBAL-H
66% (3 steps)
【ヒドリド還元、
O-メチル化】
1) MeO(O)C–C(Me)=CH–CH2–P(O)$(OCH_2CF_3)_2$
n-BuLi/Et_2O
–78 °C
2) H_2, quinoline
Pd($CaCO_3$), PbO
EtOH
70% (2 steps)
【Still型Horner-Emmons反応】
1) LiOH
THF-MeOH-H_2O
2) BOPCl, i-Pr_2NEt
PhMe, 85 °C
67% (2 steps)
【ラクタム化】
1) CAN
aq. MeCN
2) TBAF/THF
25 °C, 48 h
3) NaOCN/TFA-CH_2Cl_2
25 °C, 17 h
【キノン生成(酸化)、
カルバメート化】
Macbecin I

4) Total Synthesis of (+)-Macbecin I[5)]

芳香環へのアミノ基の導入、ラクタム環の構築を経て合成

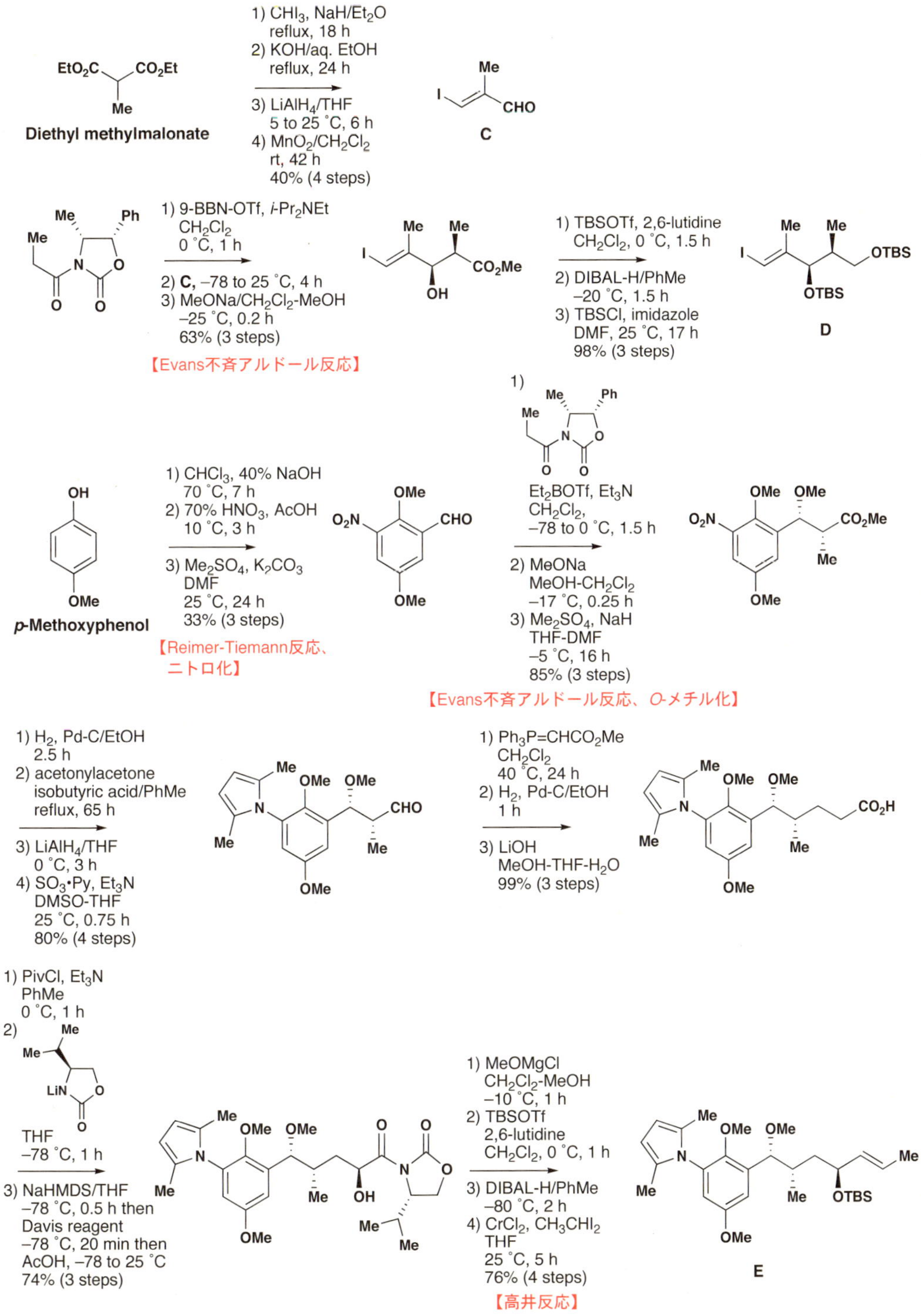
EtO2C CO2Et
Me
Diethyl methylmalonate
1) CHI3, NaH/Et2O reflux, 18 h
2) KOH/aq. EtOH reflux, 24 h
3) LiAlH4/THF 5 to 25 °C, 6 h
4) MnO2/CH2Cl2 rt, 42 h
40% (4 steps)
Me
I
CHO
C
Me
Ph
Me
N
O
O
O
1) 9-BBN-OTf, i-Pr2NEt CH2Cl2 0 °C, 1 h
2) C, –78 to 25 °C, 4 h
3) MeONa/CH2Cl2-MeOH –25 °C, 0.2 h
63% (3 steps)
【Evans不斉アルドール反応】
Me
Me
CO2Me
OH
1) TBSOTf, 2,6-lutidine CH2Cl2, 0 °C, 1.5 h
2) DIBAL-H/PhMe –20 °C, 1.5 h
3) TBSCl, imidazole DMF, 25 °C, 17 h
98% (3 steps)
OTBS
OTBS
D
OH
OMe
p-Methoxyphenol
1) CHCl3, 40% NaOH 70 °C, 7 h
2) 70% HNO3, AcOH 10 °C, 3 h
3) Me2SO4, K2CO3 DMF 25 °C, 24 h
33% (3 steps)
【Reimer-Tiemann反応、ニトロ化】
O2N
CHO
OMe
Et2BOTf, Et3N CH2Cl2, –78 to 0 °C, 1.5 h
2) MeONa MeOH-CH2Cl2 –17 °C, 0.25 h
3) Me2SO4, NaH THF-DMF –5 °C, 16 h
85% (3 steps)
【Evans不斉アルドール反応、O-メチル化】
1) H2, Pd-C/EtOH 2.5 h
2) acetonylacetone isobutyric acid/PhMe reflux, 65 h
3) LiAlH4/THF 0 °C, 3 h
4) SO3•Py, Et3N DMSO-THF 25 °C, 0.75 h
80% (4 steps)
1) Ph3P=CHCO2Me CH2Cl2 40 °C, 24 h
2) H2, Pd-C/EtOH 1 h
3) LiOH MeOH-THF-H2O
99% (3 steps)
CO2H
1) PivCl, Et3N PhMe 0 °C, 1 h
LiN
THF –78 °C, 1 h
3) NaHMDS/THF –78 °C, 0.5 h then Davis reagent –78 °C, 20 min then AcOH, –78 to 25 °C
74% (3 steps)
1) MeOMgCl CH2Cl2-MeOH –10 °C, 1 h
2) TBSOTf 2,6-lutidine CH2Cl2, 0 °C, 1 h
3) DIBAL-H/PhMe –80 °C, 2 h
4) CrCl2, CH3CHI2 THF 25 °C, 5 h
76% (4 steps)
【高井反応】
E

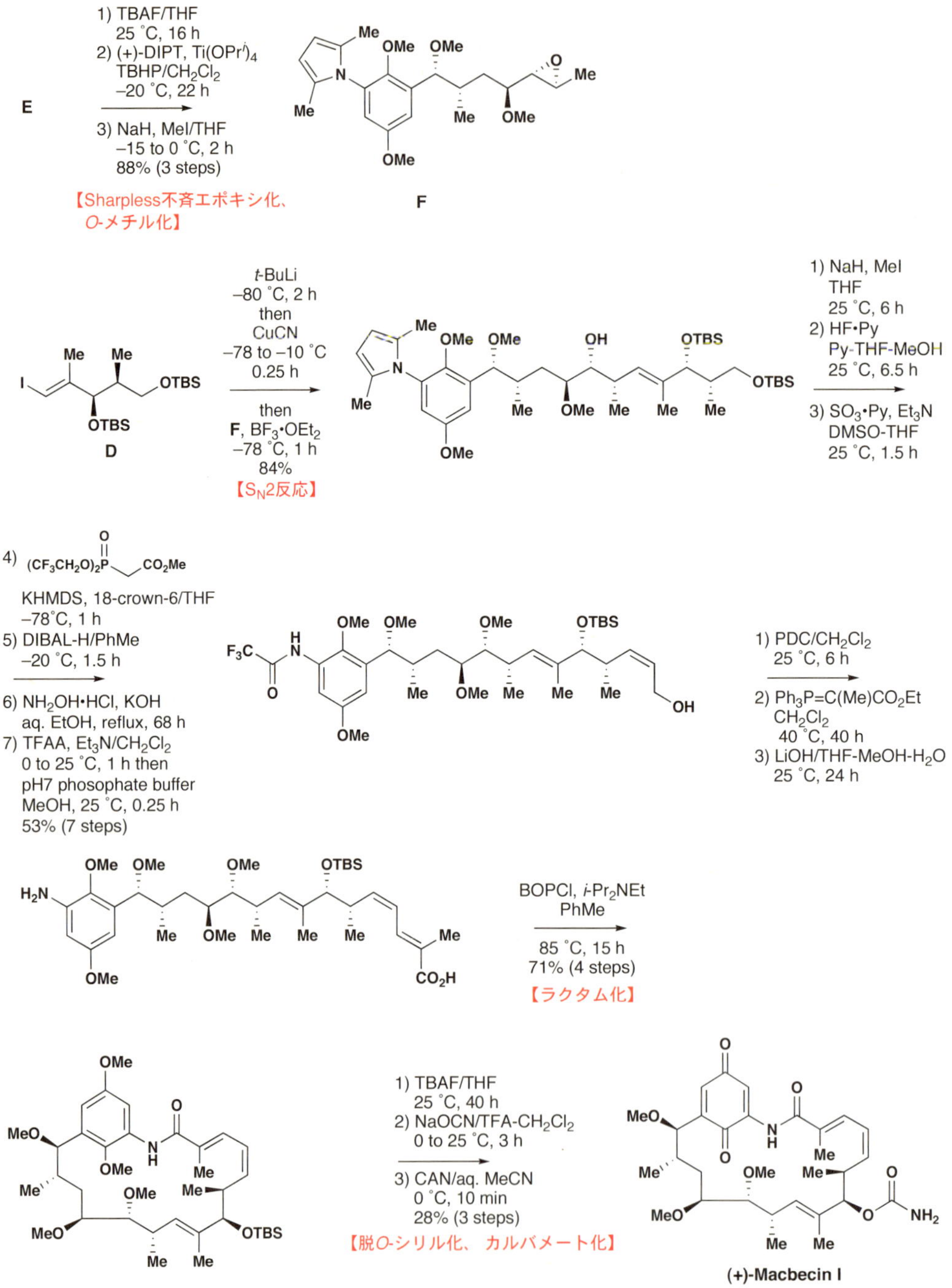
E
1) TBAF/THF
25 °C, 16 h
2) (+)-DIPT, Ti(OPr^i)$_4$
TBHP/CH$_2$Cl$_2$
–20 °C, 22 h
3) NaH, MeI/THF
–15 to 0 °C, 2 h
88% (3 steps)
【Sharpless不斉エポキシ化、
O-メチル化】
F
D
t-BuLi
–80 °C, 2 h
then
CuCN
–78 to –10 °C
0.25 h
then
F, BF$_3$•OEt$_2$
–78 °C, 1 h
84%
【S$_N$2反応】
1) NaH, MeI
THF
25 °C, 6 h
2) HF•Py
Py-THF-MeOH
25 °C, 6.5 h
3) SO$_3$•Py, Et$_3$N
DMSO-THF
25 °C, 1.5 h
4) (CF$_3$CH$_2$O)$_2$P(O)CH$_2$CO$_2$Me
KHMDS, 18-crown-6/THF
–78°C, 1 h
5) DIBAL-H/PhMe
–20 °C, 1.5 h
6) NH$_2$OH•HCl, KOH
aq. EtOH, reflux, 68 h
7) TFAA, Et$_3$N/CH$_2$Cl$_2$
0 to 25 °C, 1 h then
pH7 phosophate buffer
MeOH, 25 °C, 0.25 h
53% (7 steps)
1) PDC/CH$_2$Cl$_2$
25 °C, 6 h
2) Ph$_3$P=C(Me)CO$_2$Et
CH$_2$Cl$_2$
40 °C, 40 h
3) LiOH/THF-MeOH-H$_2$O
25 °C, 24 h
BOPCl, i-Pr$_2$NEt
PhMe
85 °C, 15 h
71% (4 steps)
【ラクタム化】
1) TBAF/THF
25 °C, 40 h
2) NaOCN/TFA-CH$_2$Cl$_2$
0 to 25 °C, 3 h
3) CAN/aq. MeCN
0 °C, 10 min
28% (3 steps)
【脱O-シリル化、 カルバメート化】
(+)-Macbecin I

5) Chiral Crotylsilane-Based Approach to Benzoquinoid Ansamycins: Total Synthesis of (+)-Macbecin I[6]

不斉クロチル化を鍵反応として合成

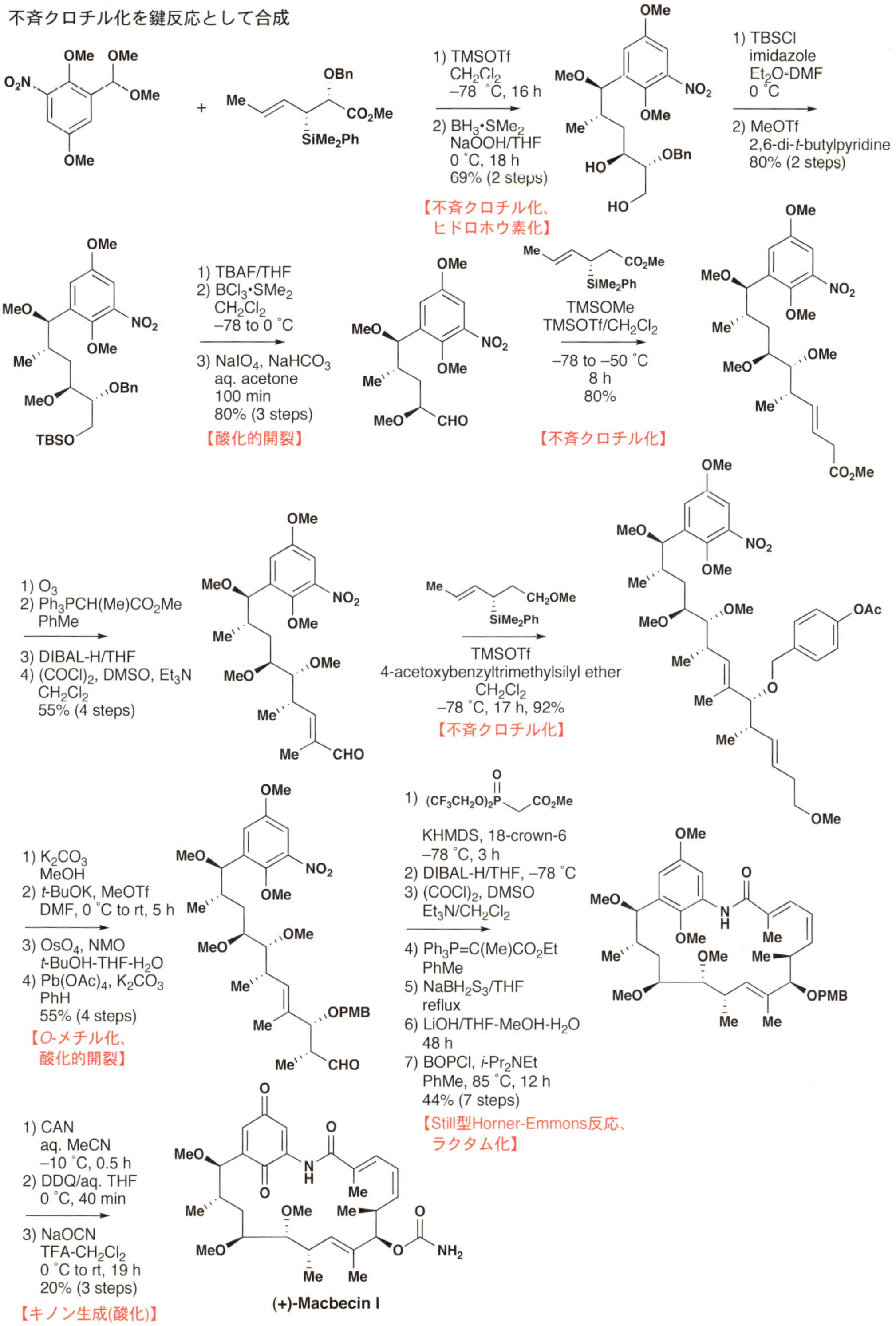

6) A Formal Total Synthesis of (+)-Macbecin I[7)]

不斉アルドール反応を鍵として合成

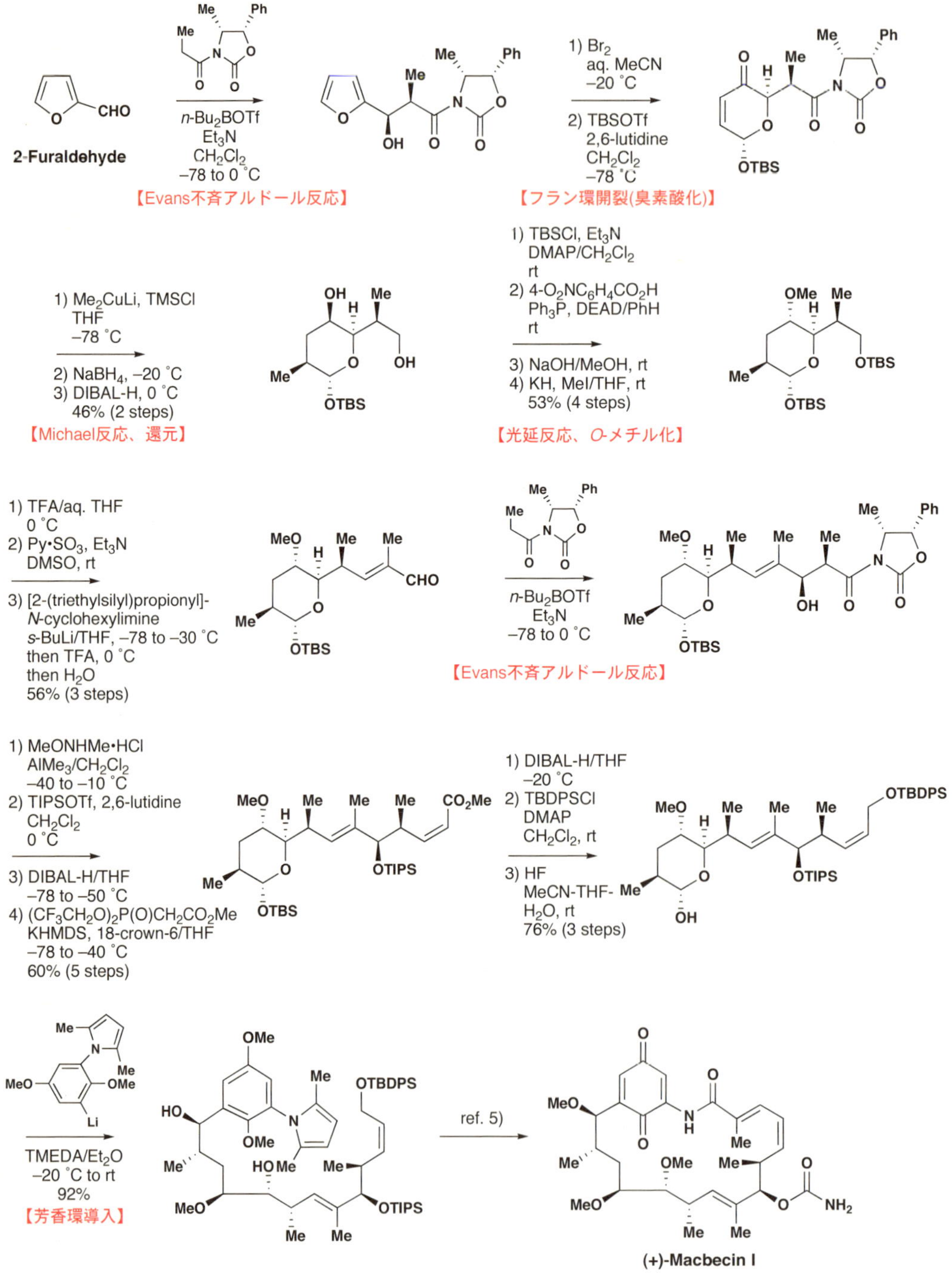

7) Synthesis of Antitumor Ansamycins. A Formal Synthesis of (±)-Macbecin I[8,9)]

[2,3]-Wittig転位を鍵反応として天然物を形式全合成

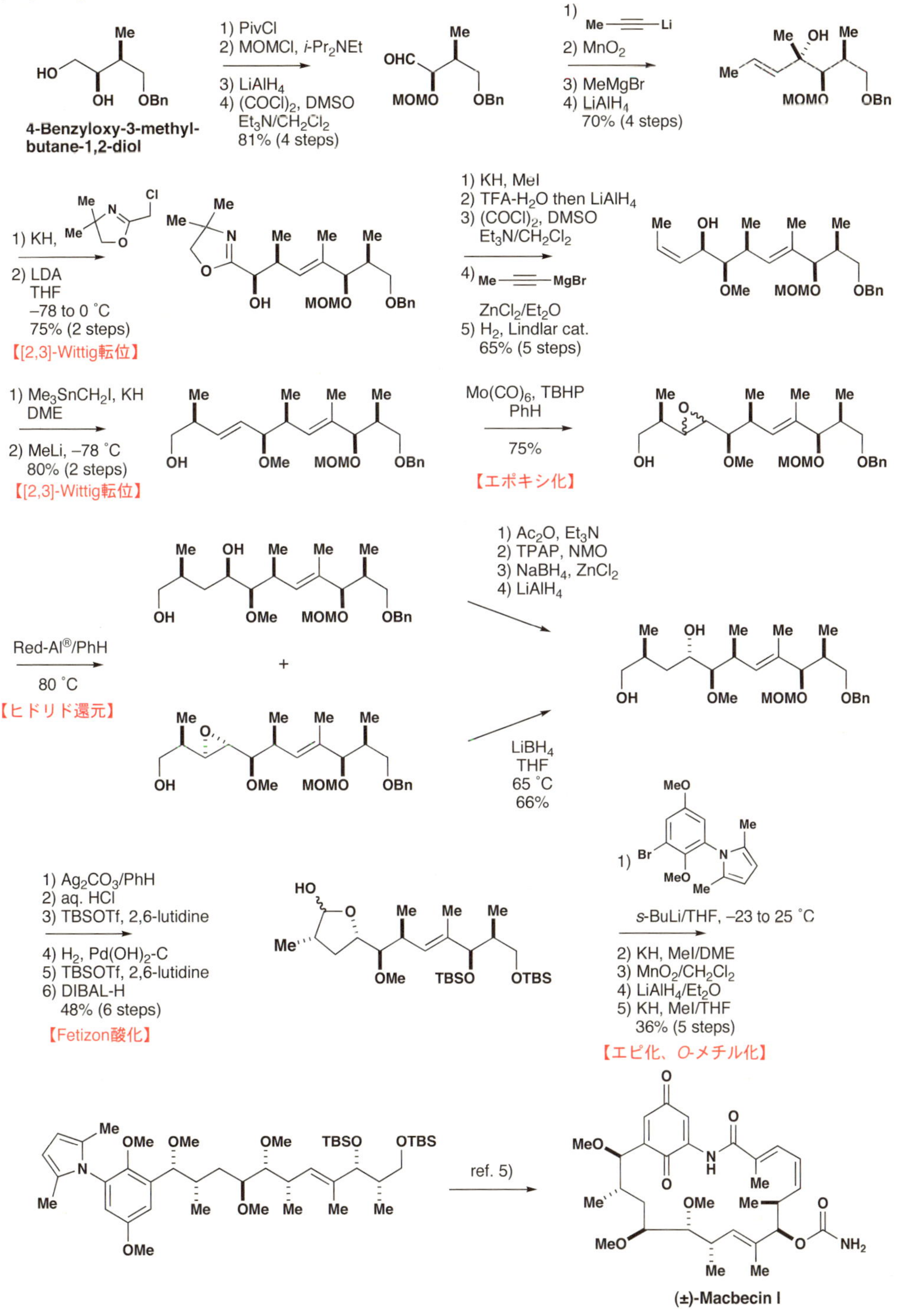

8) Total Synthesis of (+)-Geldanamycin and (−)-o-Quinogeldanamycin: Asymmetric Glycolate Aldol Reactions and Biological Evaluation[10]

不斉置換反応、Sharpless不斉ジヒドロキシ化、不斉アルドール反応を経て天然物を全合成

1) DMF, n-BuLi
2) HNO$_3$, AcOH
3) NaBH$_4$
4) PBr$_3$/Py
56% (4 steps)

【ホルミル化、ニトロ化、臭素化】

NaHMDS/THF
−78 °C
88%

【S$_N$2反応、Evans不斉アルキル化】

1) LiBH$_4$
2) DEAD, Ph$_3$P
78% (2 steps)

【光延反応】

DIBAL-H
−78 °C
then
pH7 buffer
92%

【ヒドリド還元】 G

(E)-4,4'-Dimethoxy-stilbene

1) AD-mix-α
aq. t-BuOH
2) n-Bu$_2$SnO, TBAI
65% (2 steps)

【Sharpless不斉ジヒドロキシ化】

1) G, Cy$_2$BOTf, Et$_3$N, CH$_2$Cl$_2$, −78 °C
2) Me$_3$OBF$_4$, proton sponge
3) MeONa/MeOH-THF
4) CAN
5) TBSCl, imidazole, DMF
6) DIBAL-H
7) AlMe$_3$
27% (7 steps)

【不斉アルドール反応】

1) DMP
2) Ph$_3$P=CH$_2$
3) HF/CH$_3$CN
4) BH$_3$·THF, H$_2$O$_2$, NaOH
67% (4 steps)

1) TBSOTf, 2,6-lutidine
2) CSA/MeOH
3) DMP
4) Ph$_3$P=C(Me)CO$_2$Et
5) DIBAL-H
6) (COCl)$_2$, Et$_3$N, DMSO
50% (6 steps)

1) [glycolate auxiliary], Cy$_2$BOTf, Et$_3$N, CH$_2$Cl$_2$, −78 °C
2) LiOH
3) TMSCHN$_2$
4) TESOTf, 2,6-lutidine
5) DIBAL-H
6) (CF$_3$CH$_2$O)$_2$P(O)CH$_2$CO$_2$Me, KHMDS, 18-crown-6
45% (6 steps)

【不斉アルドール反応、Still型Horner-Emmons反応】

1) DIBAL-H/Et$_2$O
2) DMP
3) (EtO)$_2$P(O)CH(Me)CO$_2$allyl, DBU, LiCl
4) NaBH$_4$S$_3$
5) Pd(PPh$_3$)$_4$, morpholine

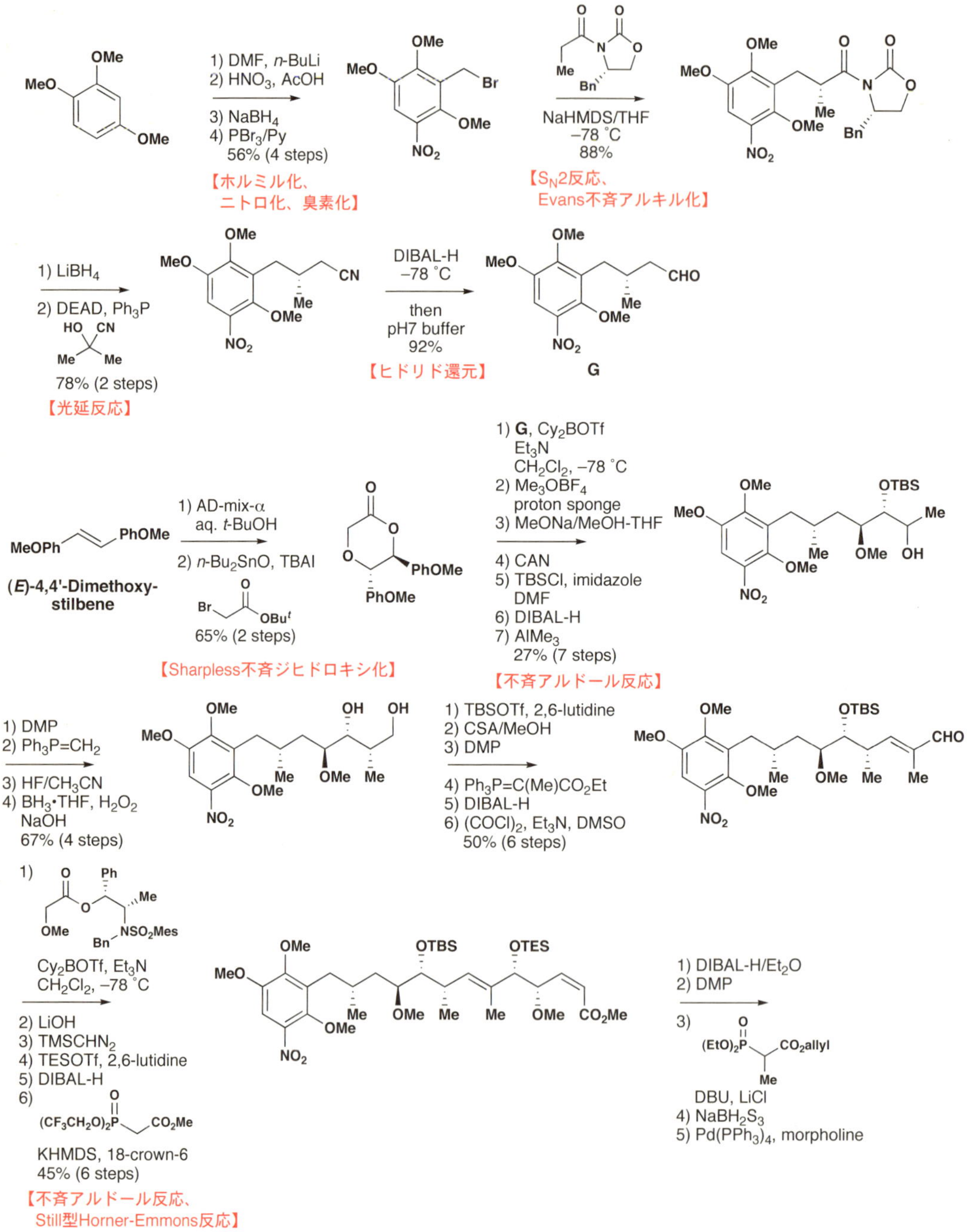

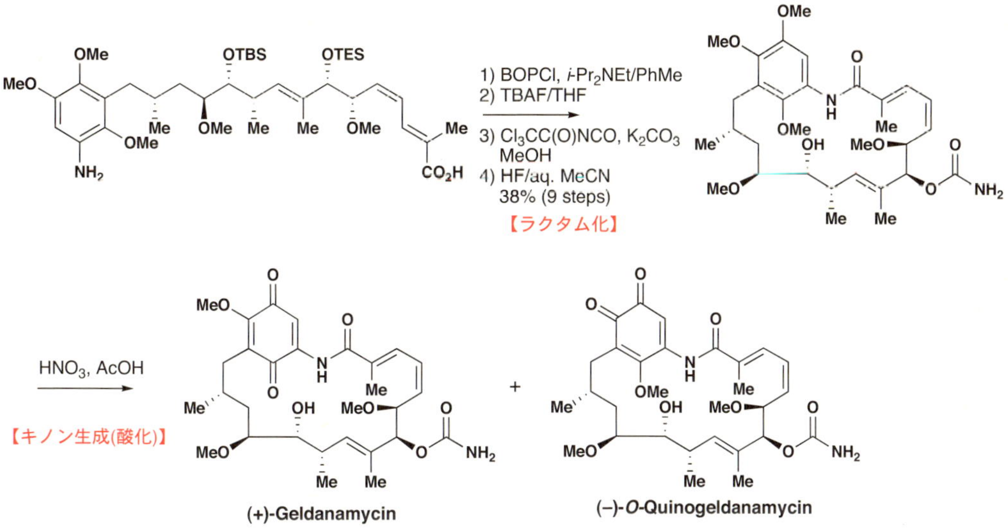

References

1) M. Nakata, T. Osumi, A. Ueno, T. Kimura T. Tamai and K. Tatsuta, *Tetrahedron Lett.*, **32**, 6015-6018 (1991)
2) M. Nakata, T. Osumi, A. Ueno, T. Kimura T. Tamai and K. Tatsuta, *Bull. Chem. Soc. Jpn.*, **65**, 2974-2991 (1992)
3) K. D. Carter and J. S. Panek, *Org. Lett.*, **6**, 55-57 (2004)
4) D. A. Evans, S. J. Miller, M. D. Ennis and P. L. Ornstein, *J. Org. Chem.*, **57**, 1067-1069 (1992)
5) R. Baker and J. L. Castro, *J. Chem. Soc., Perkin Trans. 1*, 47-65 (1990)
6) J. S. Panek, F. Xu and A. C.Rondon, *J. Am. Chem. Soc.*, **120**, 4113-4122 (1998)
7) S. F. Martin, J. A. Dodge, L. E. Burgess and M. Hartmann, *J. Org. Chem.*, **57**, 1070-1072 (1992)
8) S. J. Coutts, M. D. Wittman and J. Kallmerten, *Tetrahedron Lett.*, **31**, 4301-4304 (1990)
9) S. J. Coutts and J. Kallmerten, *Tetrahedron Lett.*, **31**, 4305-4308 (1990)
10) M. B. Andrus, E. L. Meredith, E. J. Hicken, B. L. Simmons, R. R. Glancey and W. Ma, *J. Org. Chem.*, **68**, 8162-8169 (2003)

Hirsutenes

1) A New, Stereocontrolled Synthesis of *cis,anti,cis*-Tricyclo[6.3.0.0^{2,6}]undecanes. Total Synthesis of (±)-Hirsutene[1)]

[2+2]付加環化、骨格転位、Bartonデオキシ化を経て天然物を全合成

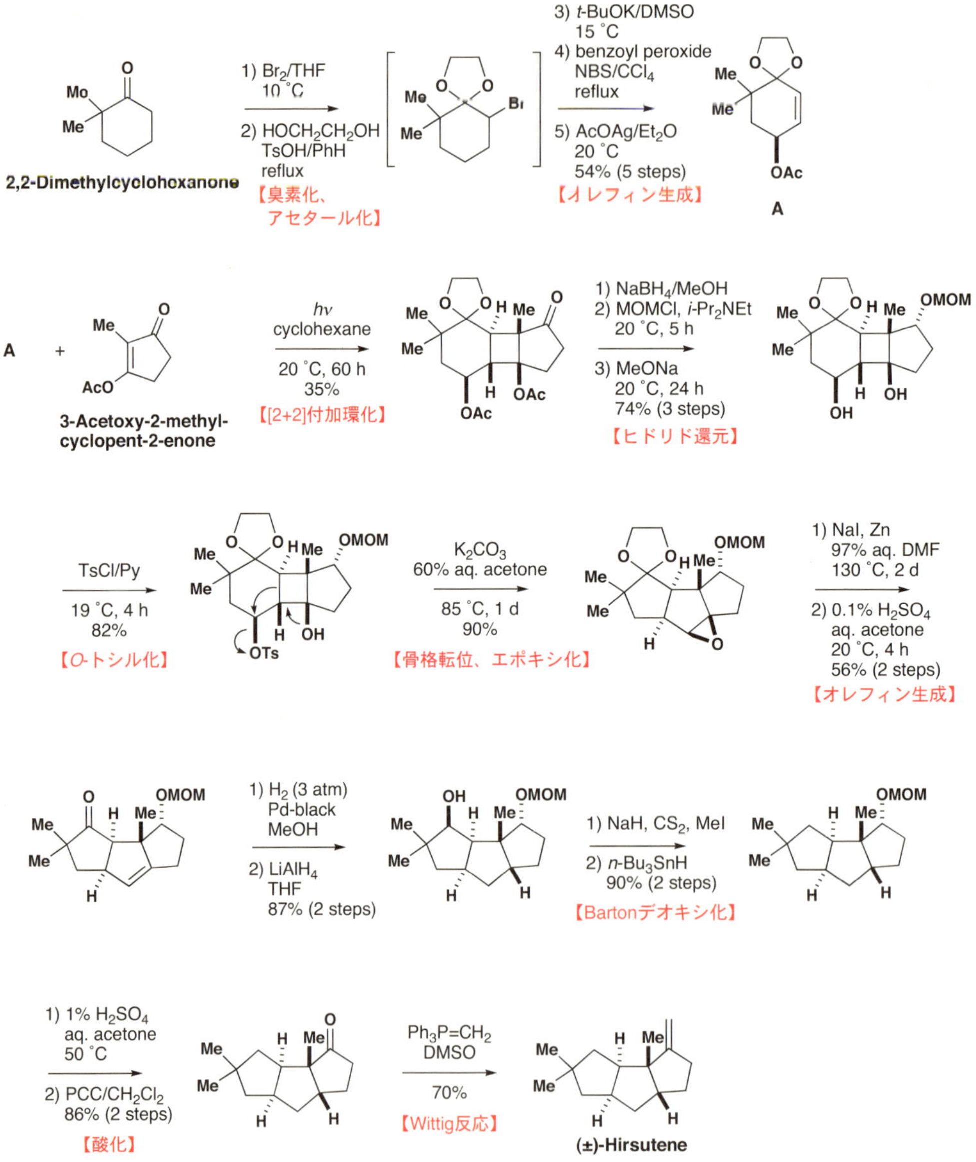

2) Intramolecular Diyl Trapping. Total Synthesis of *dl*-Hirsutene[2)]

[3+2]付加環化を経て合成

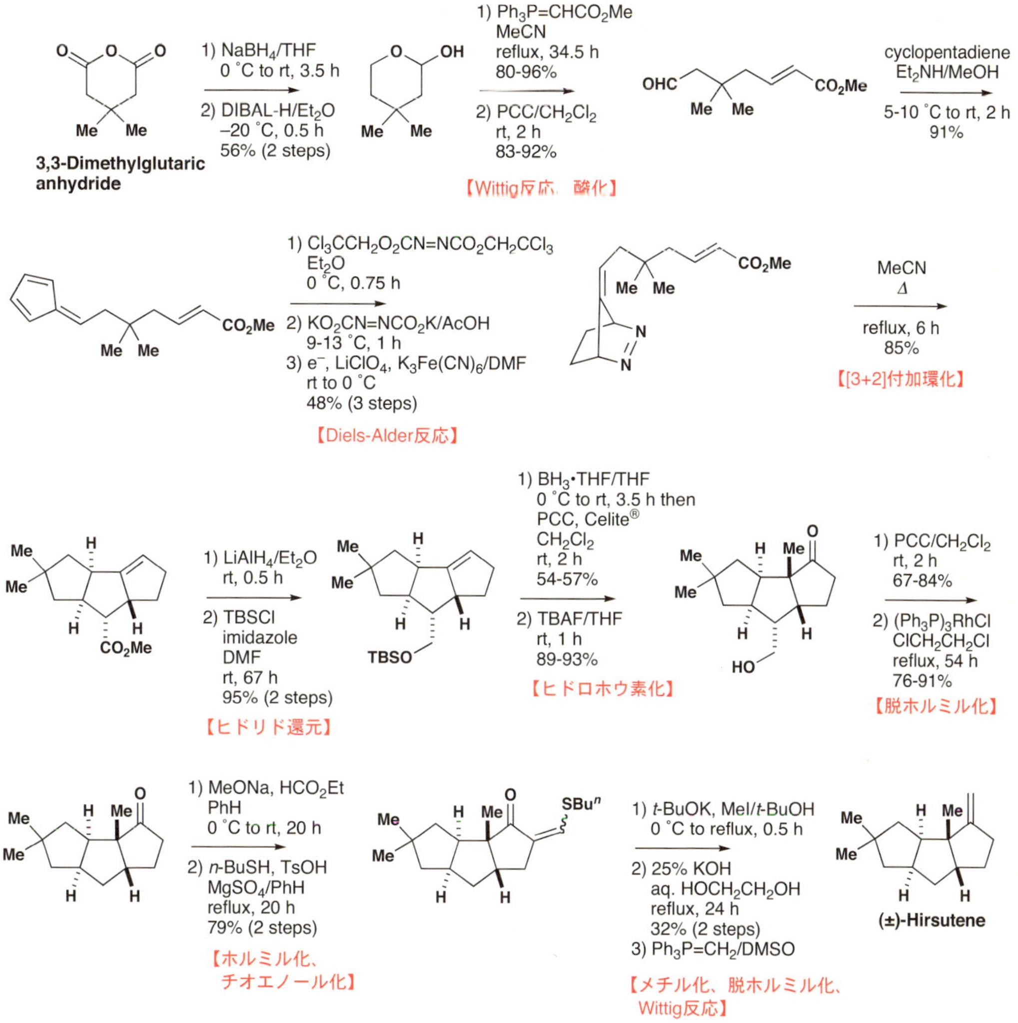

3) Olefin Metathesis in Polycyclic Frames. A Total Synthesis of Hirsutene[3)], The First Total Synthesis of the Novel Triquinane Natural Products Pleurotellol and Pleurotellic Acid[4)]

連続するDiels-Alder反応、[2+2]付加環化、4員環の開裂を経て合成

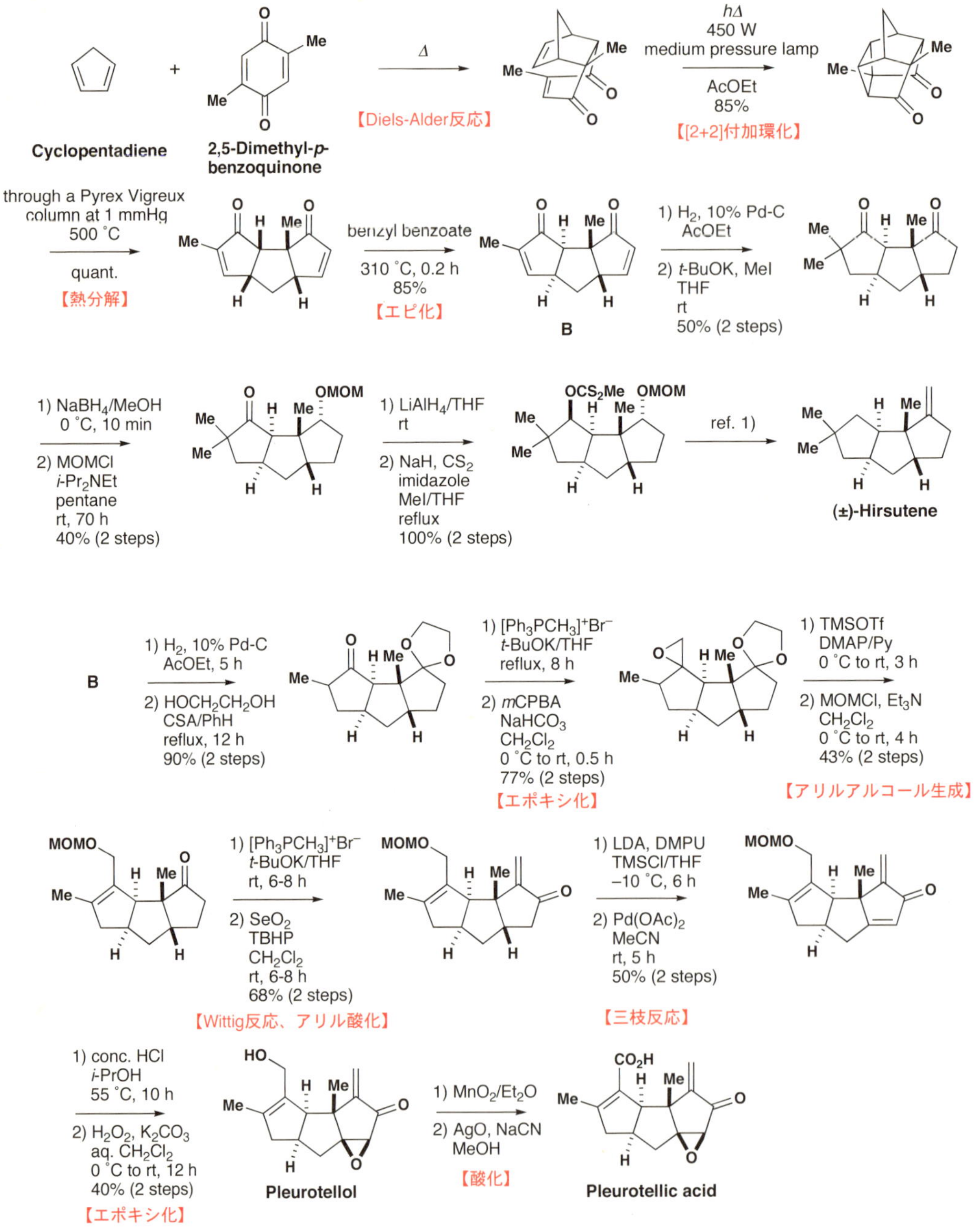

4) Synthesis of (±)-Hirsutene Using Organosilicon-mediated Transformations[5] Reagents for Thiphenyl-Functionalized Cyclopentenone Annulations and the Total Synthesis of (±)-Hirsutene[6]

シリコンによって促進された環化、Michael反応を経て合成

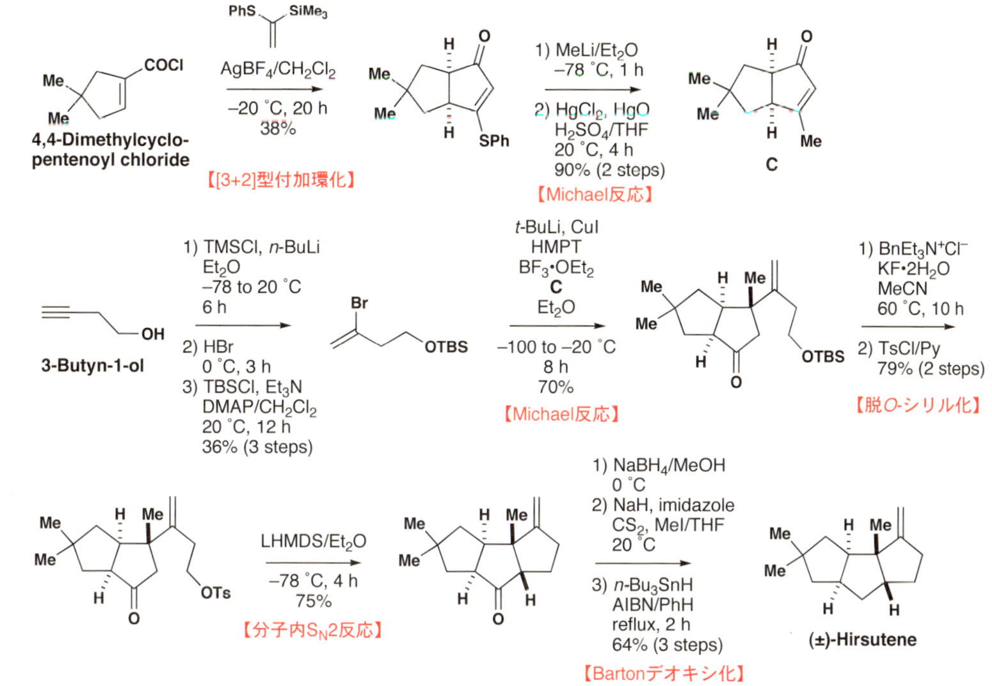

5) Synthetic Studies on Arene-Olefin Cycloadditions III. Total Synthesis of (±)-Hirsutene[7]

Grignard反応、光照射下のアレン-オレフィン付加環化を経て合成

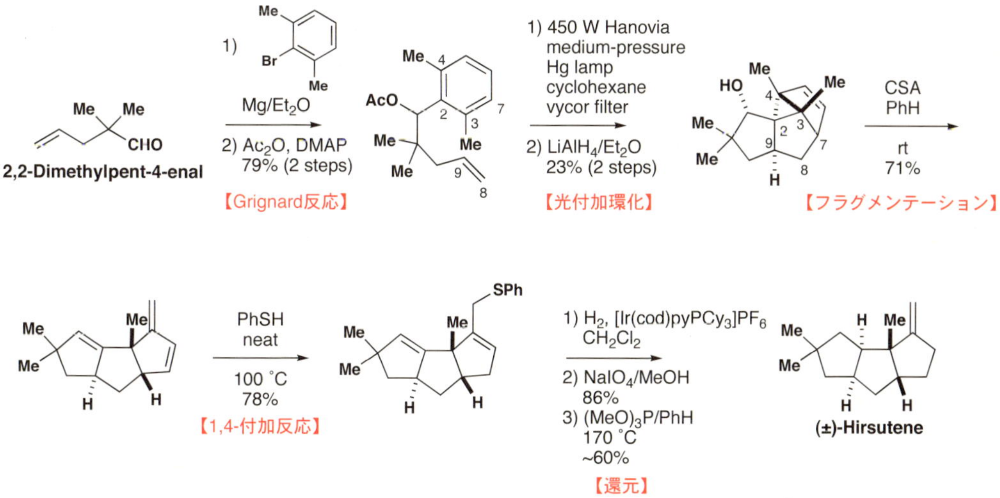

6) A synthesis of hirsutene: A Simple Route to Hirsutene[8,9)]

ホモエノール化を経て合成

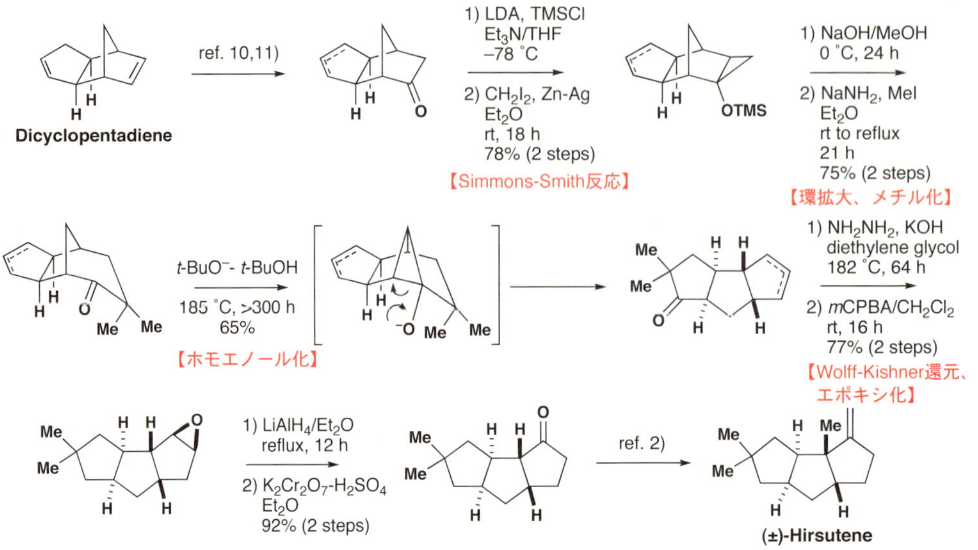
Dicyclopentadiene
ref. 10,11)
1) LDA, TMSCl Et3N/THF −78 °C
2) CH2I2, Zn-Ag Et2O rt, 18 h
78% (2 steps)
【Simmons-Smith反応】
OTMS
1) NaOH/MeOH 0 °C, 24 h
2) NaNH2, MeI Et2O rt to reflux 21 h
75% (2 steps)
【環拡大、メチル化】
t-BuO⁻- t-BuOH
185 °C, >300 h
65%
【ホモエノール化】
1) NH2NH2, KOH diethylene glycol 182 °C, 64 h
2) mCPBA/CH2Cl2 rt, 16 h
77% (2 steps)
【Wolff-Kishner還元、エポキシ化】
1) LiAlH4/Et2O reflux, 12 h
2) K2Cr2O7-H2SO4 Et2O
92% (2 steps)
ref. 2)
(±)-Hirsutene

7) Tandem Radical Approach to Linear Condensed Cyclopentanoids. Total Synthesis of (±)-Hirsutene[12)] Radical-initiated Polyolefinic Cyclization in Linear Triquinane Synthesis. Model Studies and Total Synthesis of (±)-Hirsutene[13)]

連続ラジカル環化を鍵反応として合成

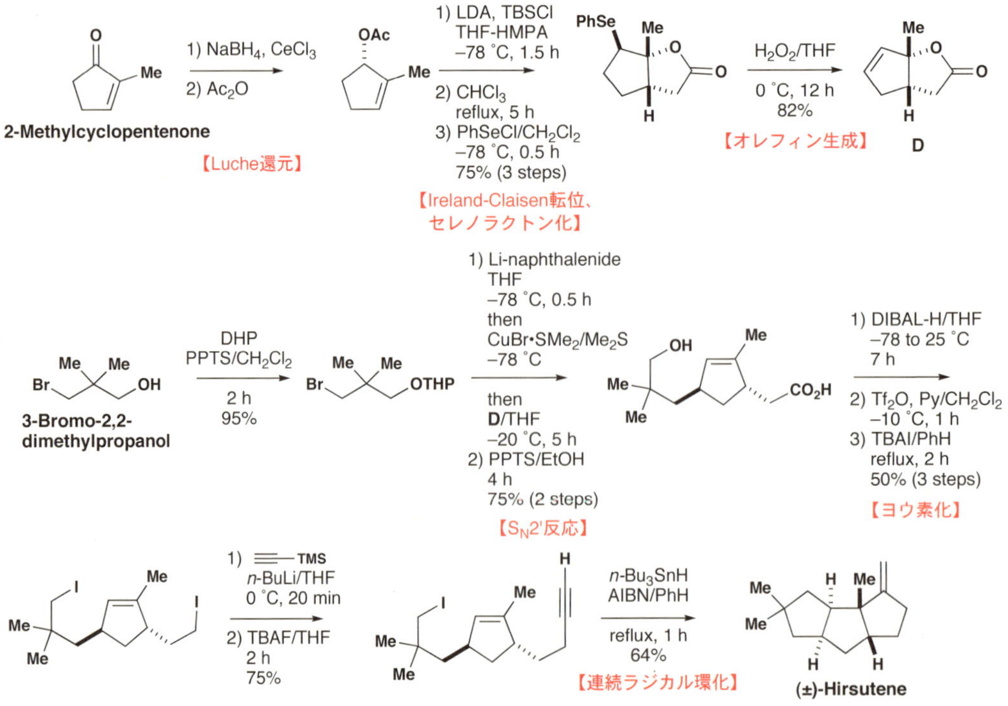
2-Methylcyclopentenone
1) NaBH4, CeCl3
2) Ac2O
【Luche還元】
1) LDA, TBSCl THF-HMPA −78 °C, 1.5 h
2) CHCl3 reflux, 5 h
3) PhSeCl/CH2Cl2 −78 °C, 0.5 h
75% (3 steps)
【Ireland-Claisen転位、セレノラクトン化】
H2O2/THF
0 °C, 12 h
82%
【オレフィン生成】
D
3-Bromo-2,2-dimethylpropanol
DHP PPTS/CH2Cl2
2 h
95%
1) Li-naphthalenide THF −78 °C, 0.5 h then CuBr•SMe2/Me2S −78 °C then D/THF −20 °C, 5 h
2) PPTS/EtOH 4 h
75% (2 steps)
【SN2'反応】
1) DIBAL-H/THF −78 to 25 °C 7 h
2) Tf2O, Py/CH2Cl2 −10 °C, 1 h
3) TBAI/PhH reflux, 2 h
50% (3 steps)
【ヨウ素化】
1) ≡—TMS n-BuLi/THF 0 °C, 20 min
2) TBAF/THF 2 h
75%
n-Bu3SnH AIBN/PhH
reflux, 1 h
64%
【連続ラジカル環化】
(±)-Hirsutene

8) Asymmetric Synthesis of (+)-Hirsutene[14,15)]

光学活性なスルホキシドを用いて不斉合成

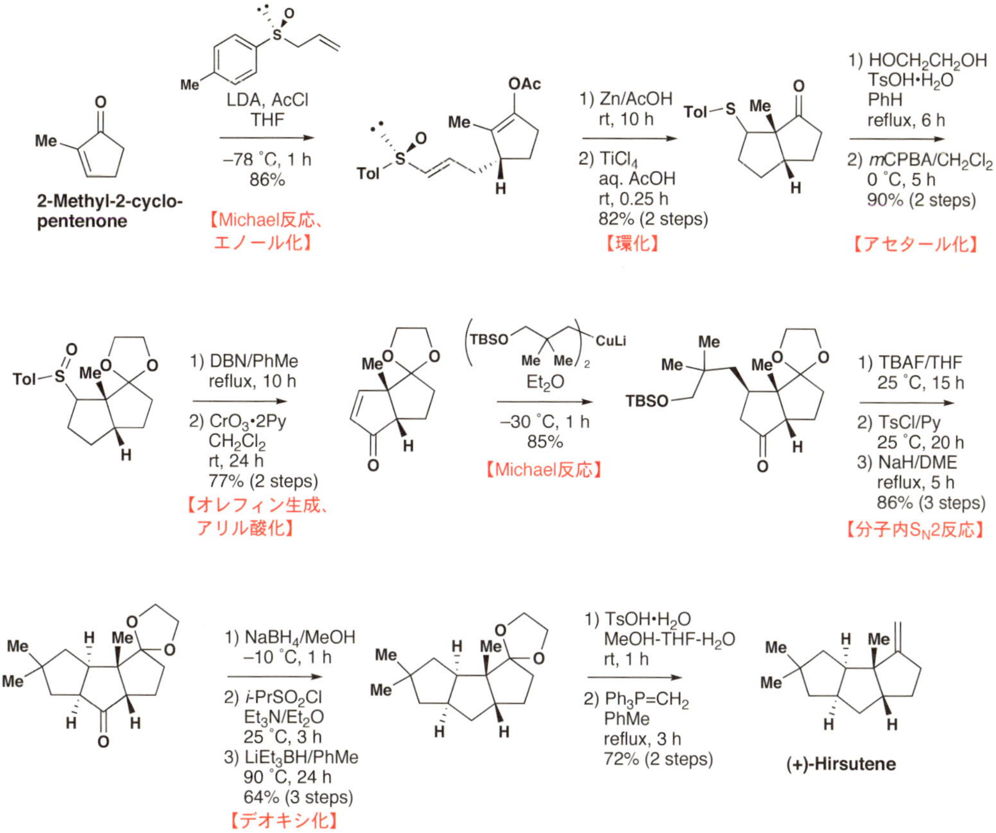

9) Total Synthesis of the Sesquiterpene (±)-Hirsutene Using an Organoselenium-mediated Cyclization Reaction[16)]

セレニウムによって促進された環化、脱離を経て合成

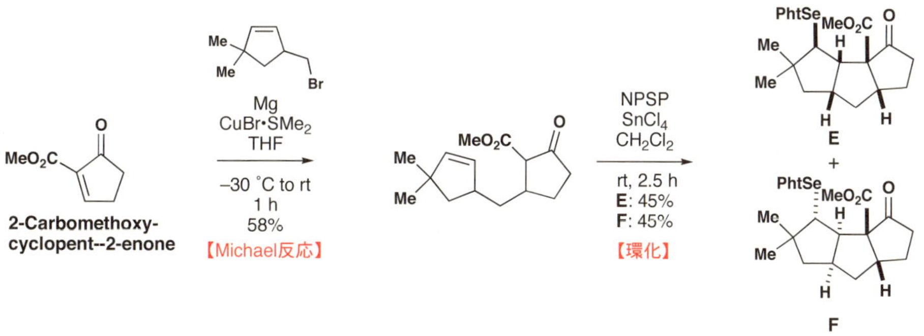

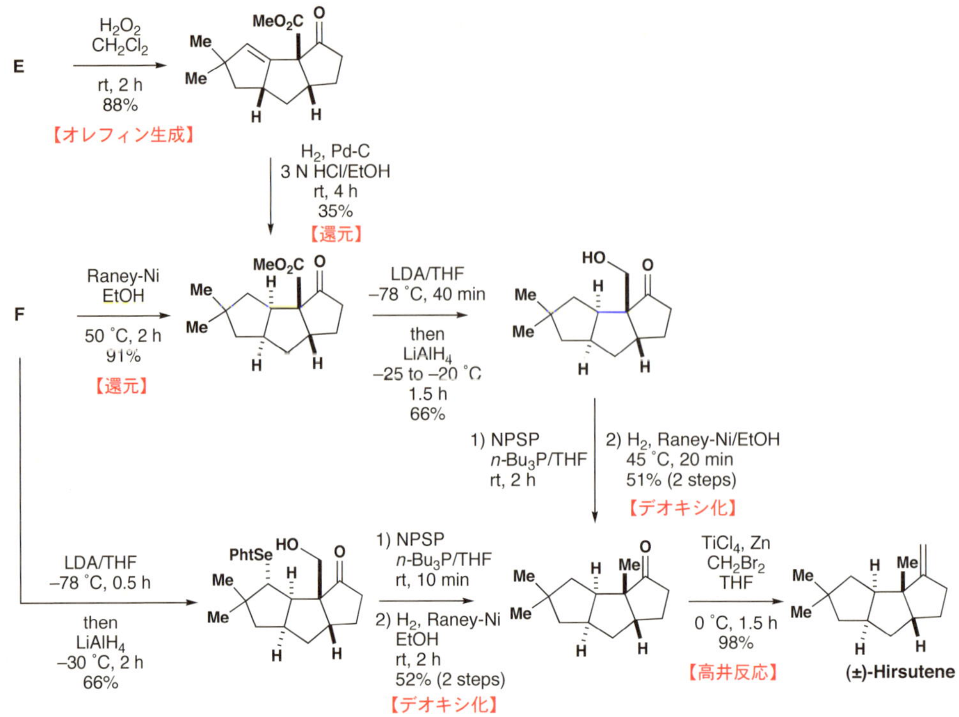

10) Photoreductive Cyclization: Application to the Total Synthesis of (±)-Hirsutene[17)]

光照射下の還元的環化を鍵反応として合成

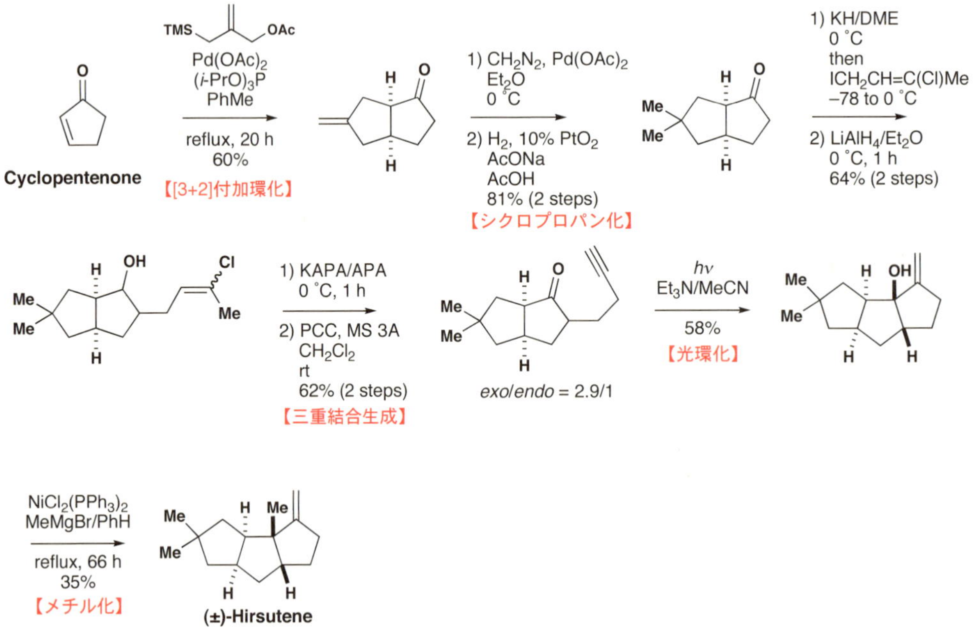

11) Total Cyclopropene Synthesis of a Natural Linear Triquinane, (±)-Hirsutene[18]

[2+2]付加環化、骨格転位を経て合成

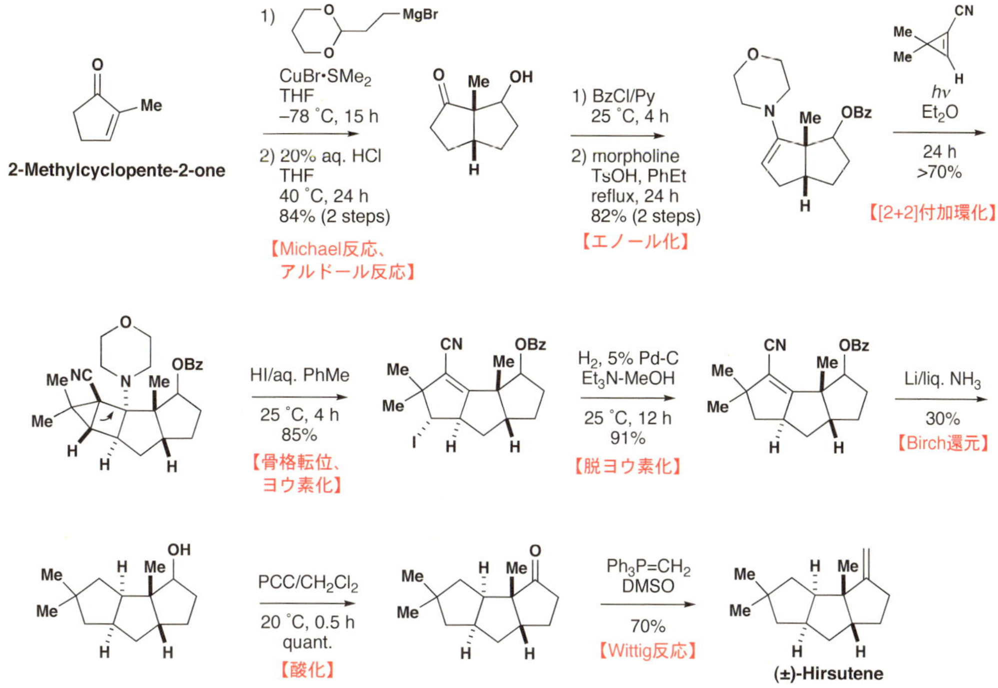

12) Total Synthesis of (±)-Hirsutene: The Intramolecular Diels-Alder Approach[19]

分子内Diels-Alder反応、アルドール反応を経て合成

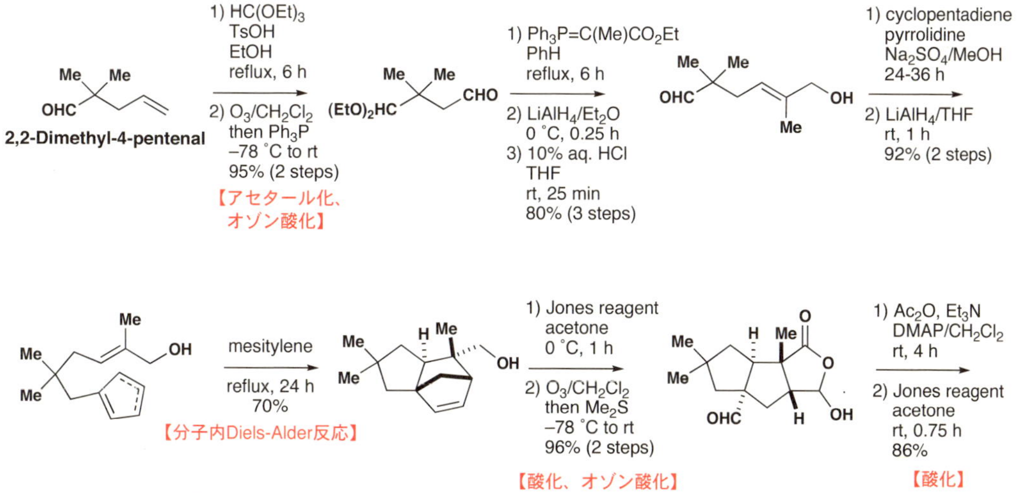

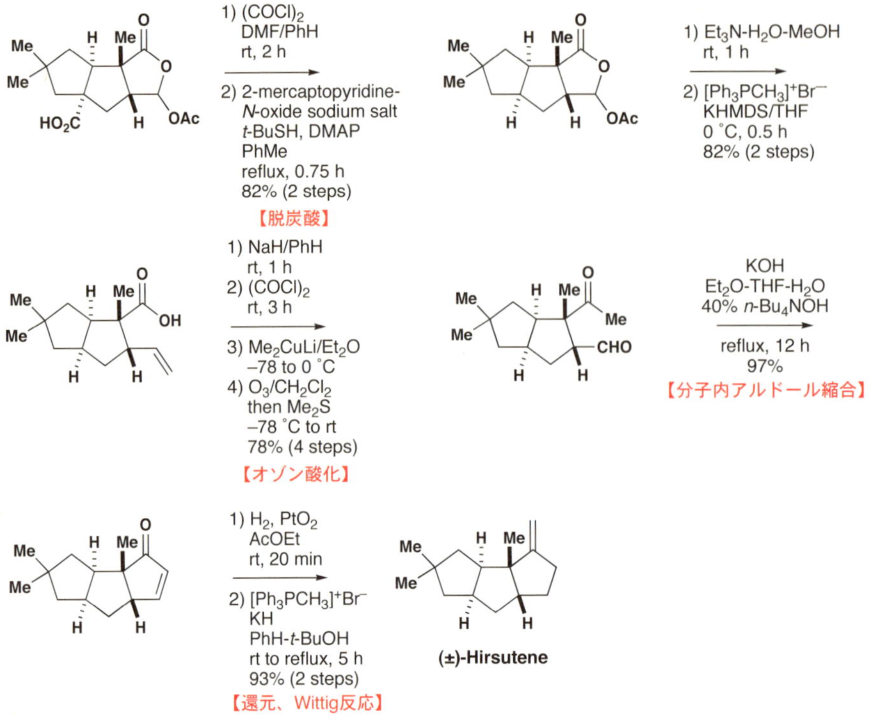

13) Rapid Three-Component Assembly of (±)-Hirsutene[20,21]

Diels-Alder反応、[2+2]付加環化、骨格転位を経て合成

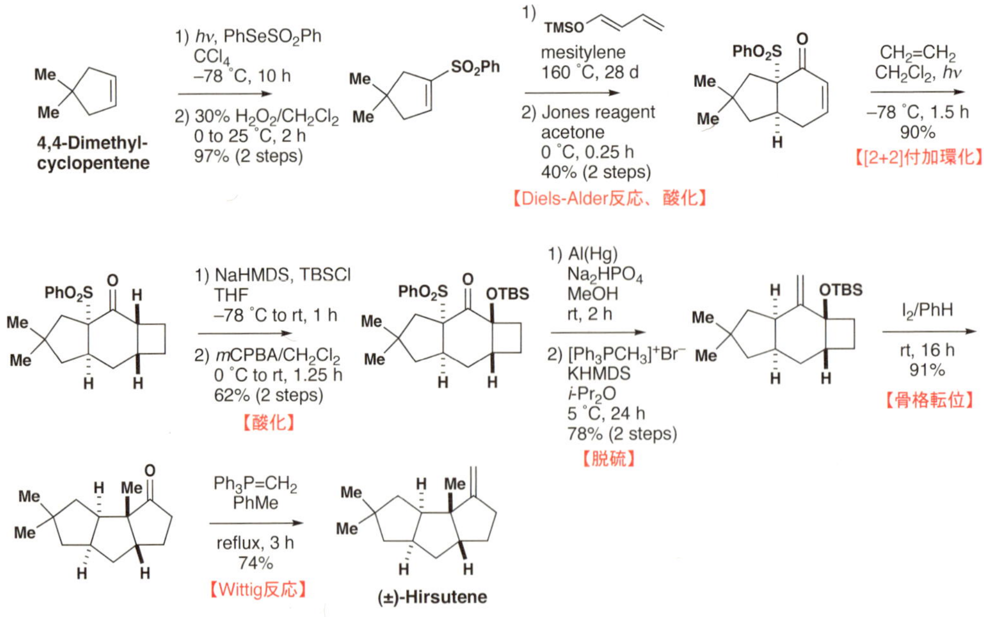

14) Asymmetric Approach to Pauson-Khand Bicyclization. Enantioselective Formal Synthesis of Hirsutene[22)]

$Co_2(CO)_8$を用いるPauson-Khand反応を鍵として合成

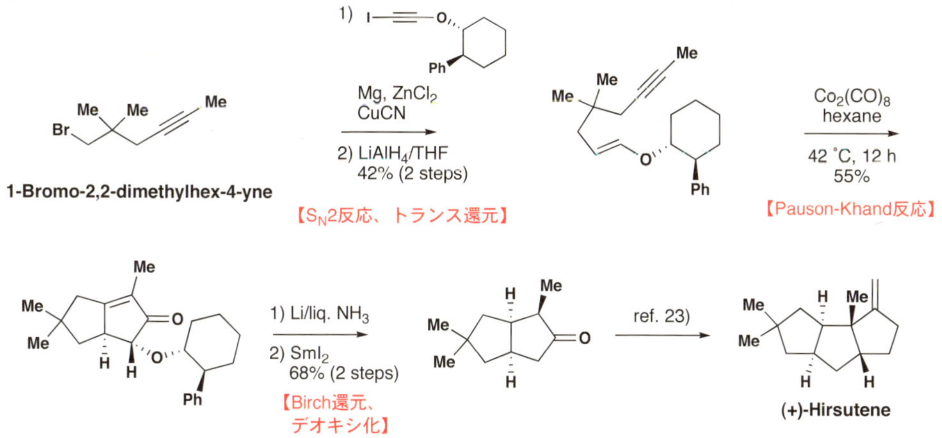

15) Cyclopentanoid Allylsilanes in Synthesis of Di- and Triquinanes. A Stereoselective Synthesis of (±)-Hirsutene[24)]

エポキシ環の開裂を伴うエン反応、分子内アルドール縮合を経て合成

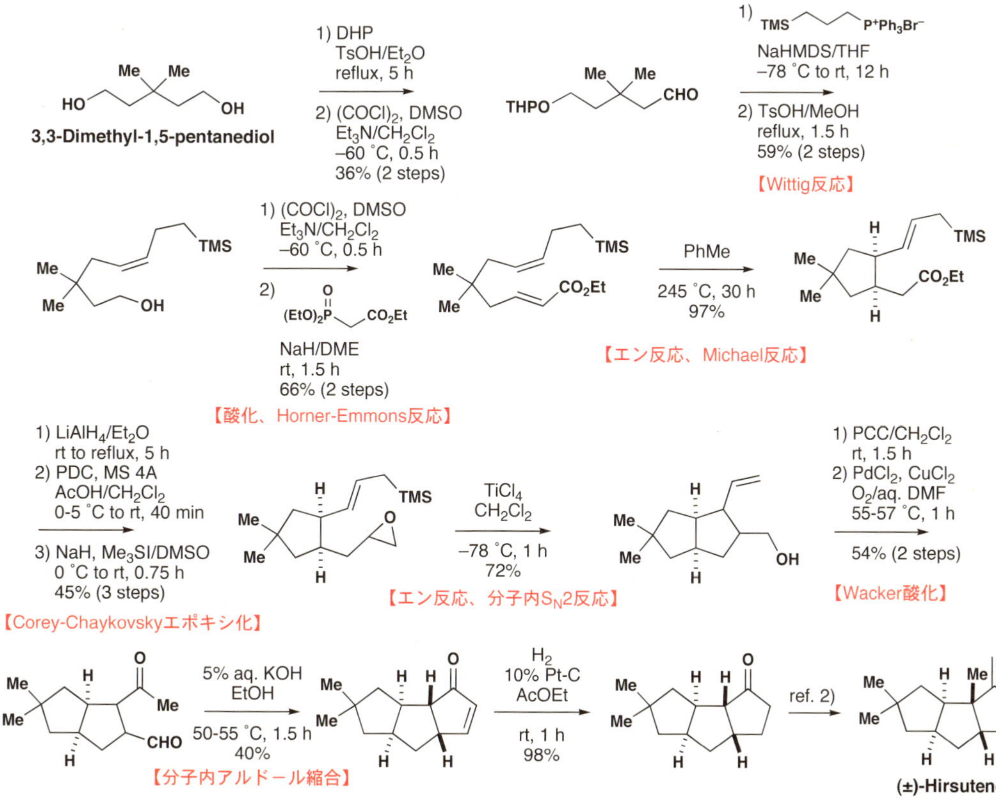

16) Use of a Dilithiomethane Equivalent in a Novel One-Flask[2+1+2] Cyclopentaannulation Reaction: A Highly Efficient Total Synthesis of (±)-Hirsutene Involving a Dilithiomethane Equivalent[25,26]

Michael反応、$FeCl_3$によって促進される環化を経て合成

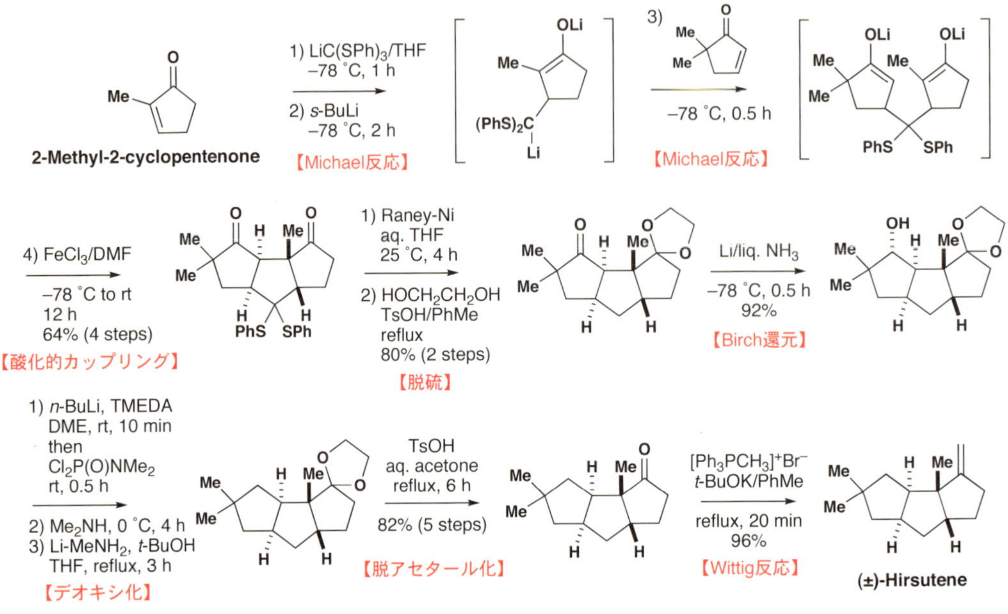

17) Pd^{2+}-promoted Cyclization in Linear Triquinane Synthesis. Total Synthesis of (±)-Hirsutene[27,28]

Pd錯体を用いる環化を鍵反応として合成

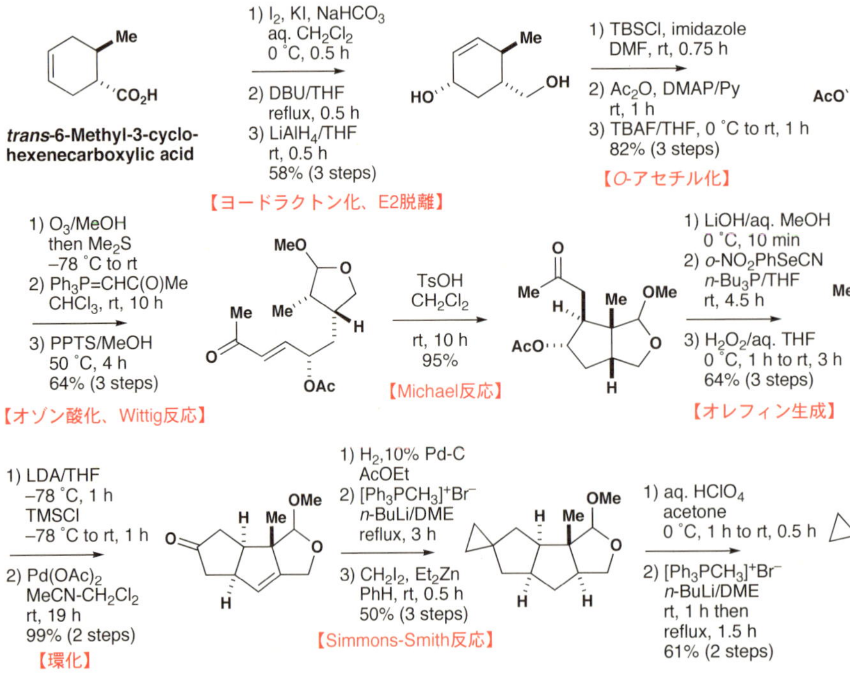

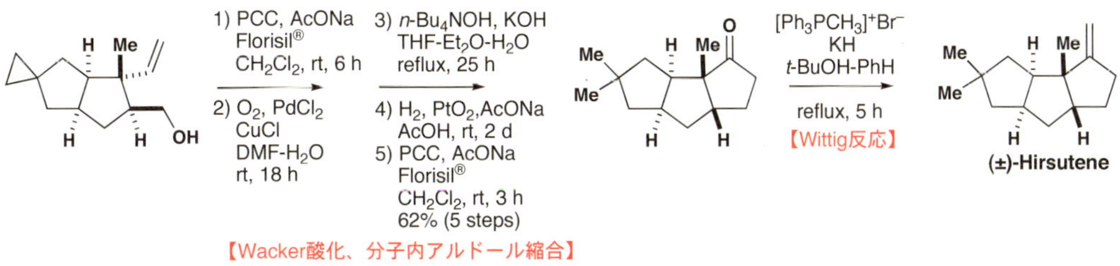

18) Synthesis of (±)-Hirsutene by a Catalytic Allylpalladium-alkyne Cyclization/ Carbonylation Cascade[29]

Pd錯体を用いるアルケン-アルキン環化、カルボニル基導入反応を経て合成

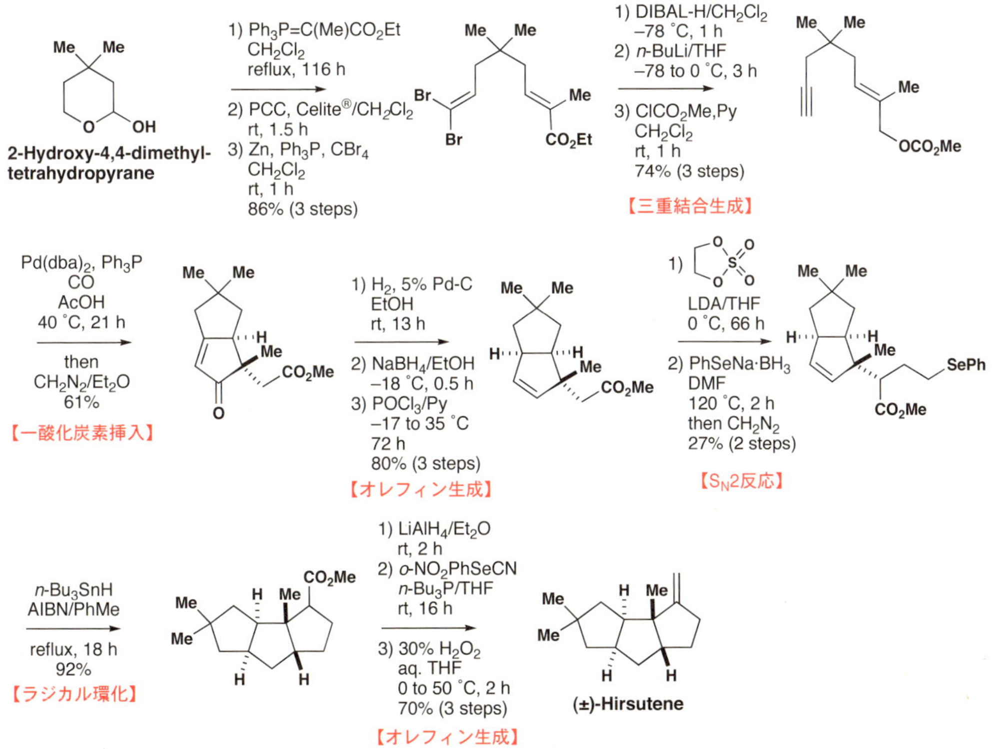

19) Triquinanes from Linear Alkylidene Carbenes via Trimethylenemethane Diyls[30)]

カルベンによって促進される環化を経て合成

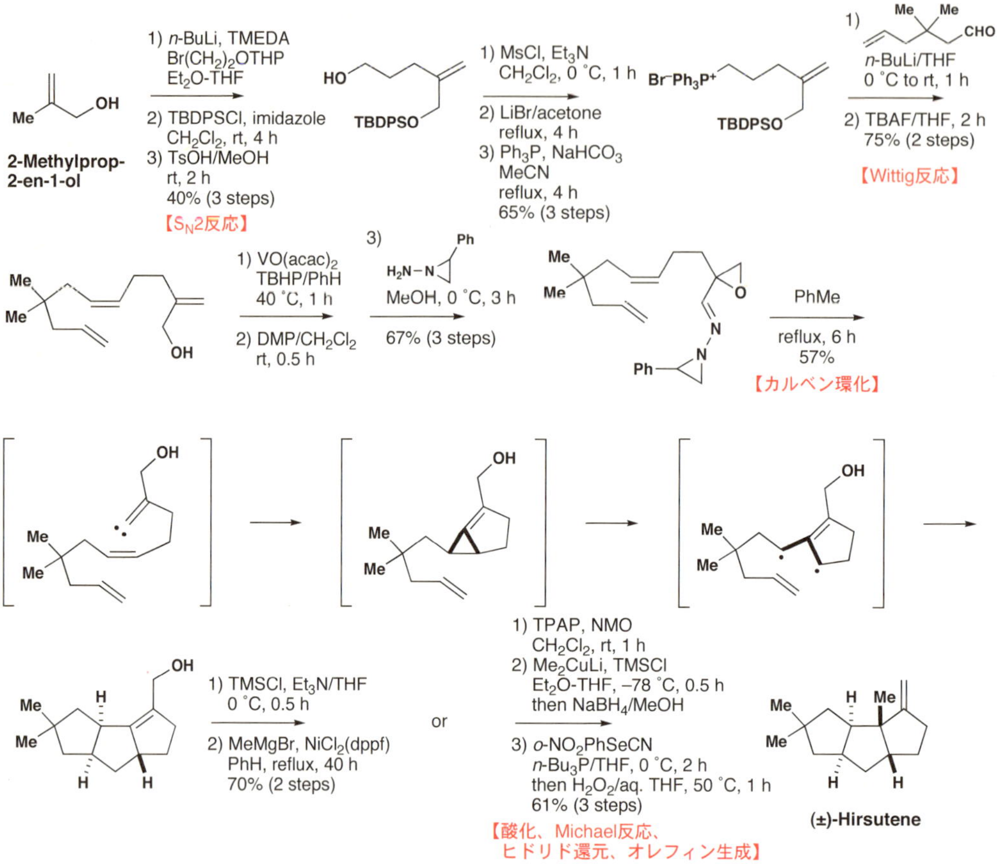

20) Intramolecular Organocatalytic [3+2] Dipolar Cycloaddition: Stereospecific Cycloaddition and the Total Synthesis of (±)-Hirsutene[31)]

分子内[3+2]付加環化を鍵反応として合成

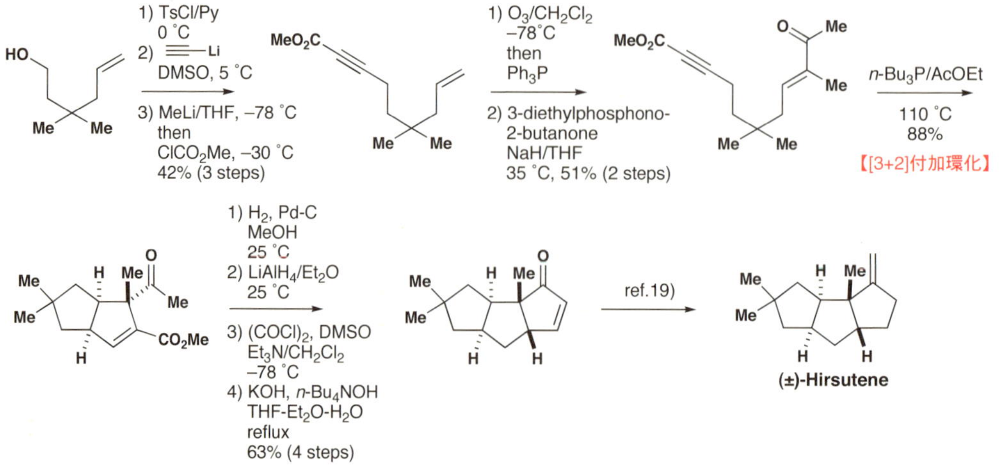

21) A Chemoenzymatic synthesis of the Linear Triquinane (−)-Hirsutene and Identification of Possible Precursors to the Naturally Occurring (+)-Enantiomer[32]

光学活性なシス-ジヒドロカテコールを原料として合成

【Diels-Alder反応】

19 kbar
70%

1) Me$_2$C(OMe)$_2$
   TsOH·H$_2$O
   CH$_2$Cl$_2$
   0 to 18 °C
2) MeI, LHMDS
   THF
   0 to 18 °C
   90% (2 steps)

1) LiAlH$_4$/THF
   0 to 50 °C
2) NaH, CS$_2$, MeI
   THF
3) n-Bu$_3$SnH, AIBN
   PhMe
4) HCl
   aq. THF
   50% (4 steps)

【Bartonデオキシ化】

1) 4-NAc-TEMPO
   TsOH·H$_2$O
   CH$_2$Cl$_2$
   0 to 18 °C
2) MEMCl, i-Pr$_2$NEt
   CH$_2$Cl$_2$
   0 to 18 °C
   80% (2 steps)

hv
acetone
80%

n-Bu$_3$SnH
AIBN/PhH
18 °C to reflux
87%

1) NaBH$_4$/MeOH, 18 °C
2) NaH, CS$_2$, MeI
   THF
3) n-Bu$_3$SnH, AIBN
   PhMe
   rt, 16 h
   83% (3 steps)

【Bartonデオキシ化】

1) PPTS/t-BuOH
   reflux, 4 h
2) PCC/CH$_2$Cl$_2$
3) [Ph$_3$PCH$_3$]$^+$Br$^−$
   KHMDS
   54% (3 steps)

(−)-Hirsutene

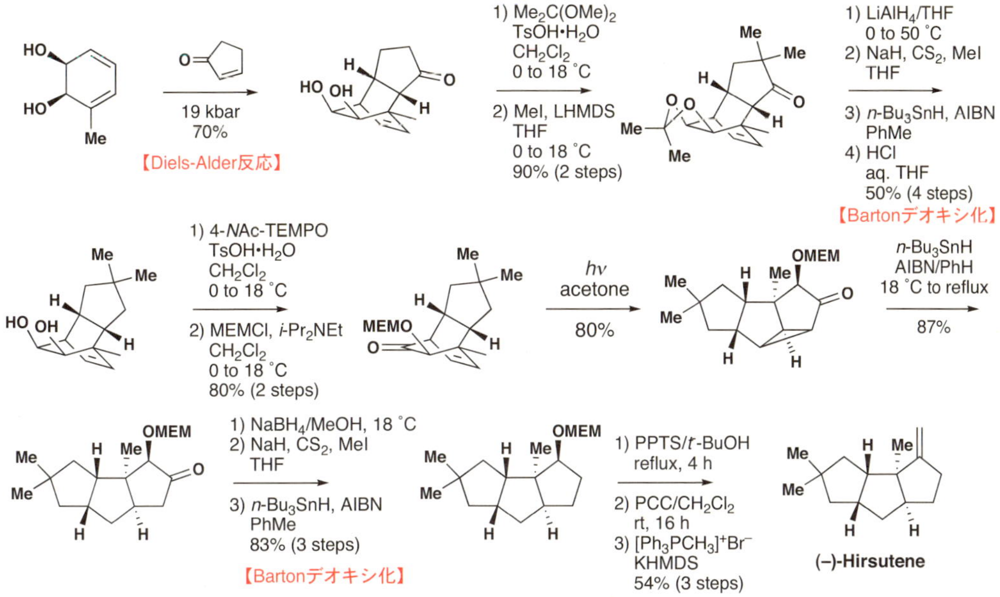

22) Reactive Species from Aromatics and Oxa-di-π-methane Rearrangement : A Stereoselective Synthesis of (±)-Hirsutene from Salicyl Alchol[33]

[4+2]付加環化、骨格転位を経て全合成

1) NaIO$_4$, cyclopentadiene
   aq. MeCN
2) Zn, NH$_4$Cl
   aq. MeOH
3) Jones reagent/acetone
4) Δ/aq. THF
   39% (4 steps)

【[4+2]付加環化、
酸化、脱炭酸】

1) SeO$_2$, KH$_2$PO$_4$
   aq. dioxane
2) PDC
   CH$_2$Cl$_2$
   40% (2 steps)

【アリル酸化、酸化】

1) HOCH$_2$CH$_2$OH
   TsOH/PhH
2) LDA, MeI
   53% (2 steps)

【アセタール化、
S$_N$2反応】

1) NaBH$_4$
   MeOH
   25 °C
2) HCl
   aq. acetone
   71% (2 steps)

1) hv/acetone
   1 h
2) n-Bu$_3$SnH, AIBN
   PhH
3) Ph$_3$P=CH$_2$
   PhMe
4) CH$_2$I$_2$, Et$_2$Zn
   PhH
   47% (4 steps)

【骨格転位、
Wittig反応、Simmons-Smith反応】

1) H$_2$, PtO$_2$
   AcOH
2) PCC, MS 4A
   CH$_2$Cl$_2$
3) Ph$_3$P=CH$_2$
   PhMe
   18% (3 steps)

【還元的開裂】

(±)-Hirsutene

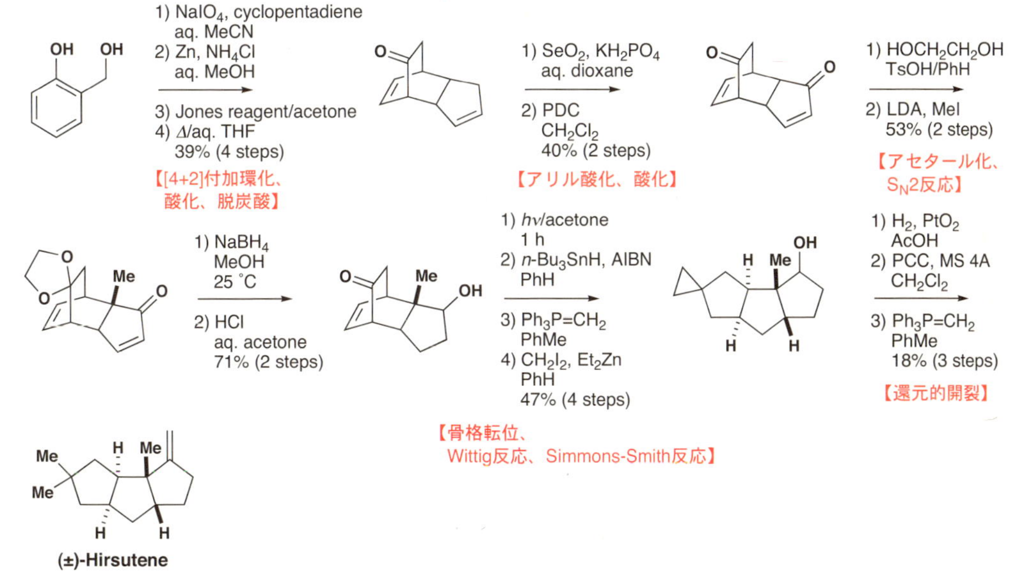

References

1) K. Tatsuta, K. Akimoto and M. Kinoshita, *J. Am. Chem. Soc.*, **101**, 6116-6118 (1979)
2) R. D. Little and G. W. Muller, *J. Am. Chem. Soc.*, **103**, 2744-2749 (1981)
3) G. Mehta and A. V. Reddy, *J. Chem. Soc., Chem. Comm.*, 756-757 (1981)
4) G. Mehta and A. S. K. Murthy, *Tetrahedron Lett.*, **44**, 5243-5246 (2003)
5) P. Magnus and D. A. Quagliato, *Organometallics*, **1**, 1243-1244 (1982)
6) P. Magnus and D. A. Quagliato, *J. Org. Chem.*, **50**, 1621-1626 (1985)
7) P. A. Wender and J. J. Howbert, *Tetrahedron Lett.*, **23**, 3983-3986 (1982)
8) B. A. Dawson, A. K. Ghosh, J. L. Jurlina and J. B. Stothers, *J. Chem. Soc., Chem. Comm.*, 204-205 (1983)
9) B. A. Dawson, A. K. Ghosh, J. L. Jurlina, A. J. Ragauskas and J. B. Stothers, *Can. J. Chem.*, **62**, 2521-2525 (1984)
10) S. J. Cristol, W. K. Seifert and S. B. Soloway, *J. Am. Chem. Soc.*, **82**, 2351-2356 (1960)
11) H. C. Brown, C. P. Garg and K. T. Liu, *J. Org. Chem.*, **36**, 387-390 (1971)
12) D. P. Curran and D. M. Rakiewicz, *J. Am. Chem. Soc.*, **107**, 1448-1449 (1985)
13) D. P. Curran and D. M. Rakiewicz, *Tetrahedron*, **41**, 3943-3958 (1985)
14) D. H. Hua, G. Sinai-Zingde and S. Venkataraman, *J. Am. Chem. Soc.*, **107**, 4088-4090 (1985)
15) D. H. Hua, G. Sinai-Zingde and S. Venkataraman, *J. Org. Chem.*, **53**, 507-515 (1988)
16) S. V. Ley, P. J. Murray and B. D. Palmer, *Tetrahedron*, **41**, 4765-4769 (1985)
17) J. Cossy, D. Belotti and J. P. Pete, *Tetrahedron Lett.*, **28**, 4547-4550 (1987)
18) M. F.-Neumann, M. Miesch and E. Lacroix, *Tetrahedron Lett.*, **30**, 3529-3532 (1989)
19) D. D. Sternbach and C. L. Ensinger, *J. Org. Chem.*, **55**, 2725-2736 (1990)
20) K. J. Moriarty, C. C. Shen and L. A. Paquette, *Synlett.*, 263-264 (1990)
21) K. J. Moriarty, C. C. Shen and L. A. Paquette, *Israel J. Chem.*, **31**, 195-198 (1991)
22) J. Castro, H. Sorensen, A. Riera, C. Morin, A. Moyano, M. A. Pericas and A. E. Green, *J. Am. Chem. Soc.*, **112**, 9388-9389 (1990)
23) S. Nozoe, J. Furukawa, U. Sankawa and S. Shibata, *Tetrahedron Lett.*, **17**, 195-198 (1976)
24) T. K. Sarkar, S. K. Ghosh, P. S. V. SubbaRao, T. K. Satapathi and V. R. Mamdapur, *Tetrahedron*, **48**, 6897-6908 (1992)
25) K. Ramig, M. A. Kuzemko, K. McNamara and T. Cohen, *J. Org. Chem.*, **57**, 1968-1969 (1992)
26) T. Cohen, K. McNamara, M. A. Kuzemko, J. J. Landi, Jr. and Y. Dong, *Tetrahedron*, **49**, 7931-7942 (1993)
27) M. Toyota, Y. Nishikawa, K. Motoki, N. Yoshida and K. Fukumoto, *Tetrahedron Lett.*, **34**, 6099-6102 (1993)
28) M. Toyota, Y. Nishikawa, K. Motoki, N. Yoshida and K. Fukumoto, *Tetrahedron*, **49**, 11189-11204 (1993)
29) W. Oppolzer and C. Robyr, *Tetrahedron*, **50**, 415-424 (1994)
30) H.-Y. Lee and Y. Kim, *J. Am. Chem. Soc.*, **125**, 10156-10157 (2003)
31) J.-C. Wang and M. J. Krische, *Angew. Chem. Int. Ed. Engl.*, **42**, 5855-5857 (2003)
32) M. G. Banwell, A. J. Edwards, G. J. Harfoot and K. A. Jolliffe, *Tetrahedron*, **60**, 535-547 (2004)
33) V. Singh, P. Vedantham and P. K. Sahu, *Tetrahedron*, **60**, 8161-8169 (2004)

Indisocin and *N*-Methylindisocin

1) Total Synthesis of Indisocin and *N*-Methylindisocin[1)]

Grignard反応、Horner-Emmons反応を経て天然物を全合成

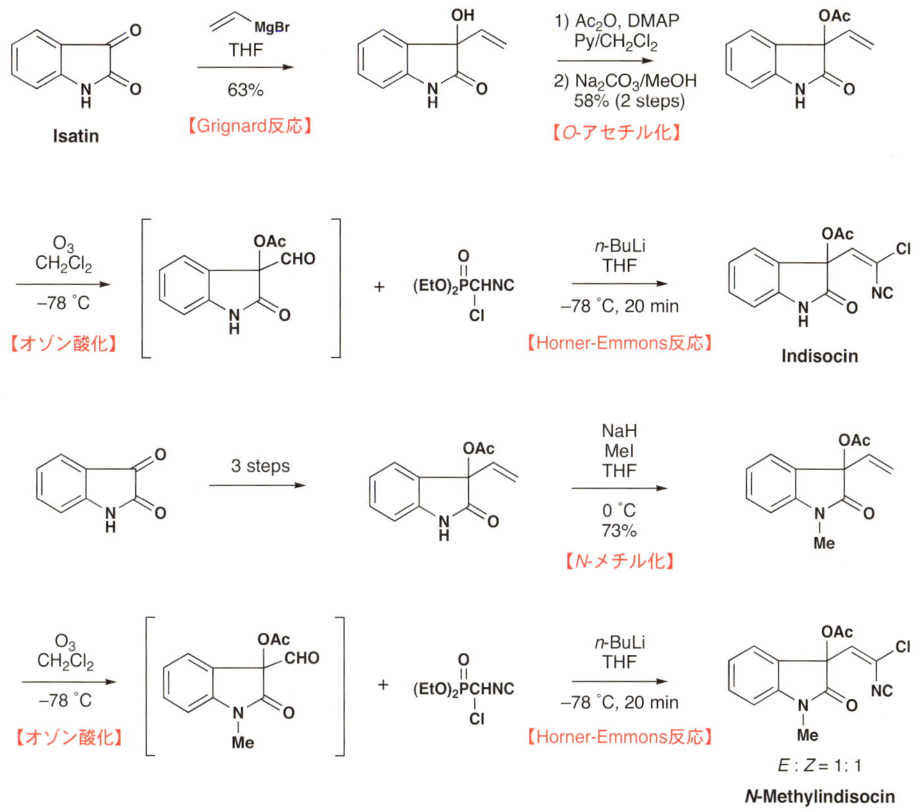

Reference

1) K. Issiki, Y. Takahashi, T. Sawa, T. Takeuchi, H. Umezawa and K. Tatsuta, *J. Antibiot.*, **40**, 1202-1203 (1987)

Isoretronecanol

1) Stereoselective Total Synthesis of Pyrrolizidine Alkaloid Bases : (–)-Isoretronecanol[1)]

糖質を不斉炭素源とし、骨格転位、Wittig反応、分子内S_N2反応による閉環を鍵として天然物を全合成

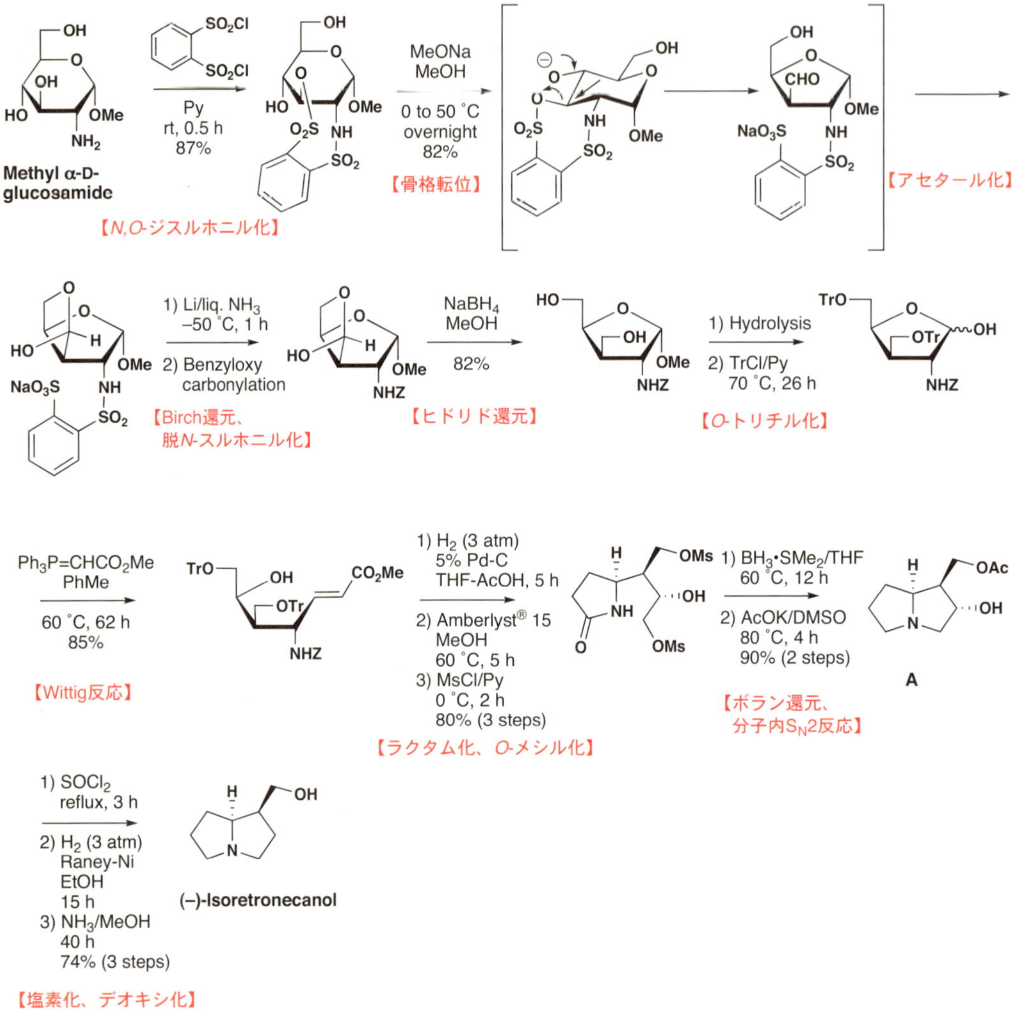

2) Synthesis of Optically Active Pyrrolizidine Bases[2)]

[3+2]付加環化、脱炭酸を経て合成

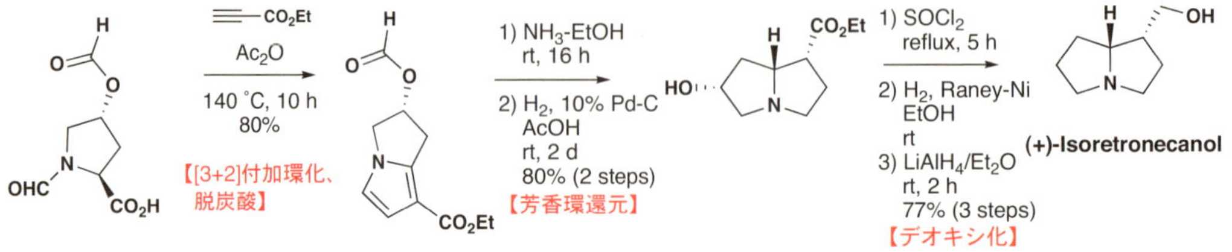

3) A Diastereoselective Route to (±)-Isoretronecanol[3)]

Wittig反応、環拡大を経て合成

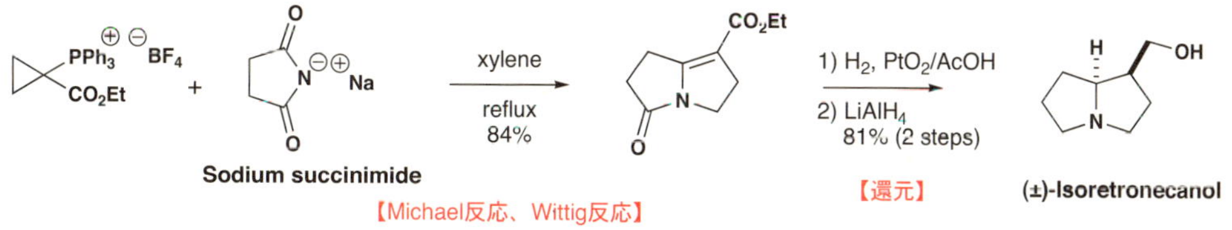

4) The Synthesis of (−)-Isoretronecanol, (−)-Trachelanthamidine, and (−)-Supinidine from (*S*)-Proline[4)]

Dieckmann反応を経て合成

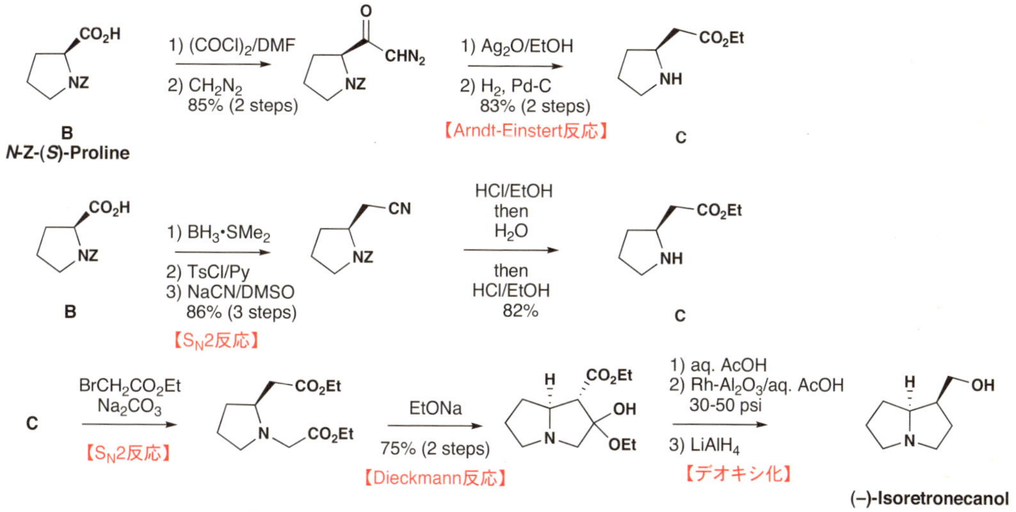

5) Synthesis of Isoretronecanol and Lupinine[5)]

ニトロンによる[3+2]付加環化を鍵として合成

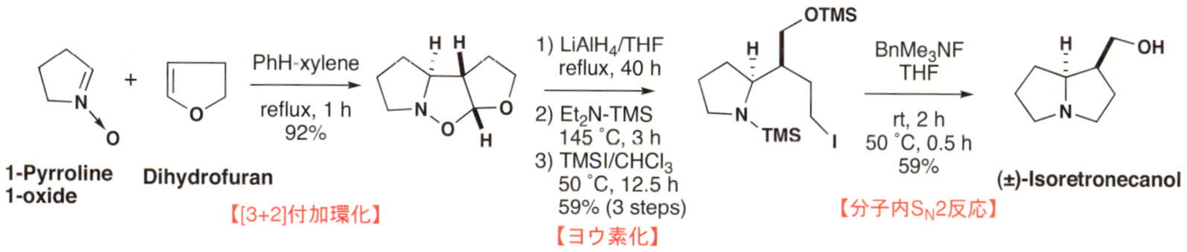

6) α-Acylamino Radical Cyclizations : Synthesis of Isoretronecanol[6]

ラジカル環化を経て合成

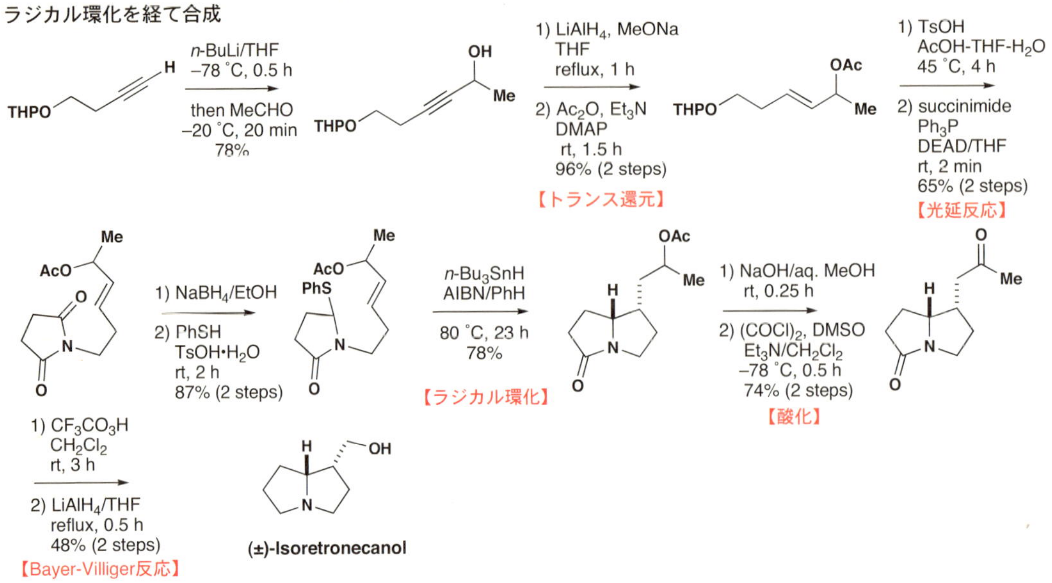

7) Silicon Directed *N*-Acyliminium Ion Cyclizations. Highly Selective Synthesis of (±)-Isoretronecanol and (±)-Epilupinine[7]

N–アシルイミニウムへの分子内エン反応を鍵とする合成

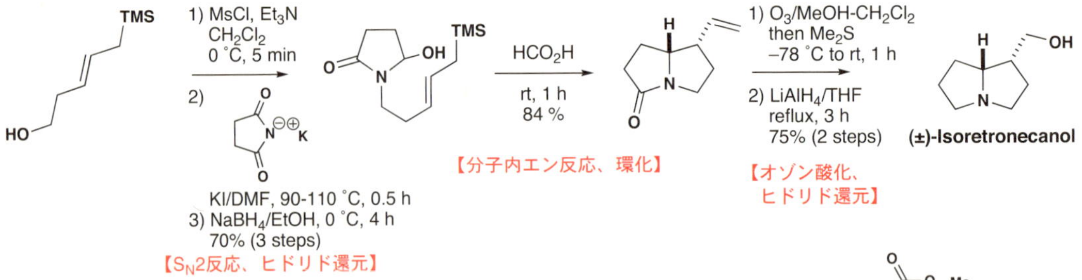

8) The Total Synthesis of (±)-Isoretronecanol from Pyrrole[8]

ピロールを原料として合成

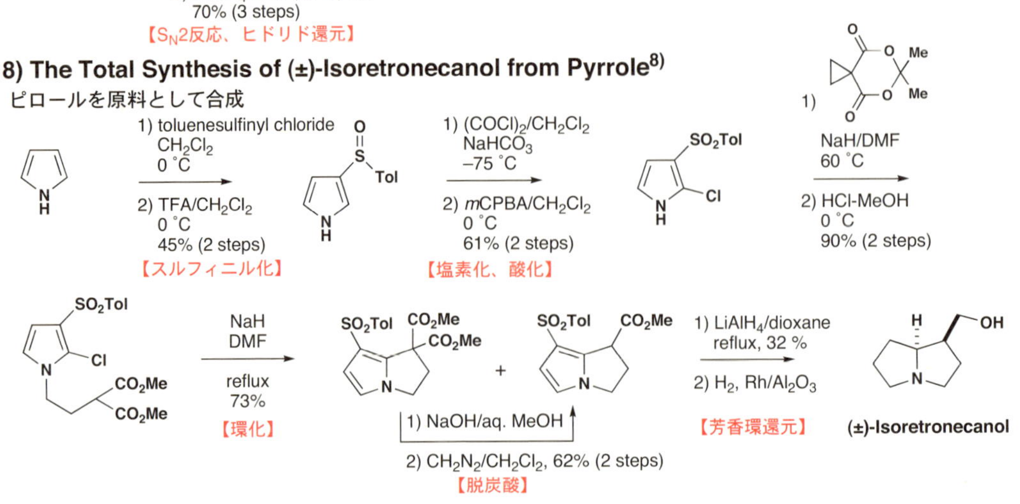

9) Intramolecular Photoreduction of α-Keto Esters. Total Synthesis of (±)-Isoretronecanol[9)]

α-ケトエステルの分子内光還元による環化を経て合成

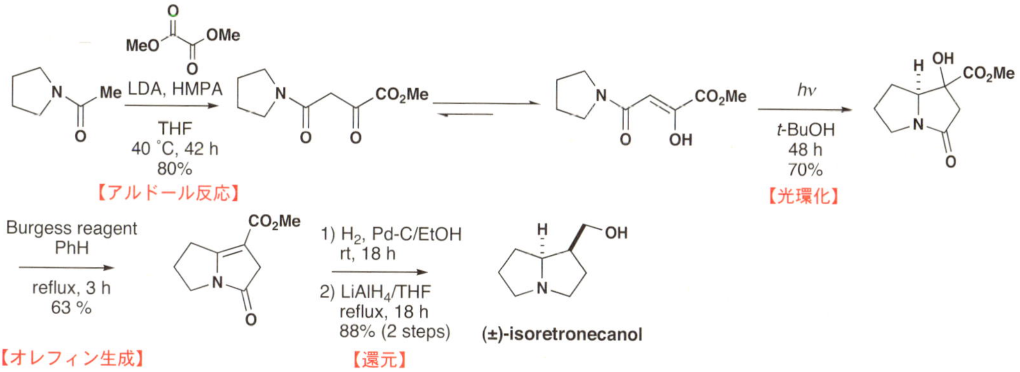

10) Synthesis of Pyrrolizidine Alkaloids, (±)-Trachelanthamidine, (±)-Isoretronecanol and (±)-Supinidine, by Means of an Intramolecular Carbenoid Displacement Reaction[10)]

Rh錯体による分子内カルベノイド置換反応を経て合成

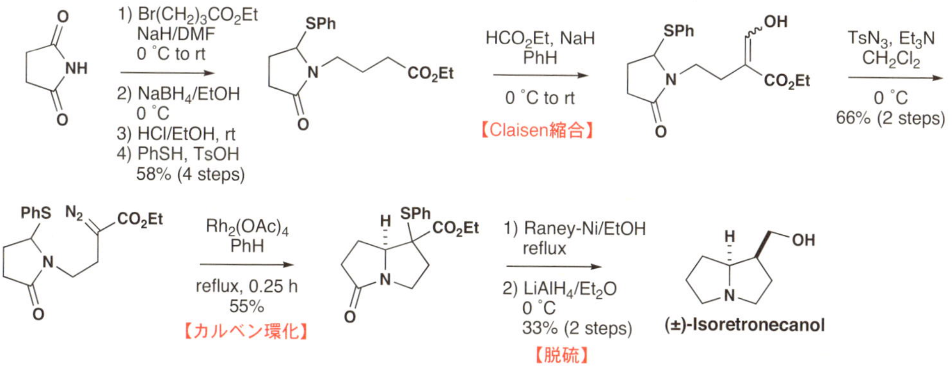

11) Heterocyclization of Primary Amines with Highly Activated Cyclopropanes: A New Route to Isoretronecanol[11)]

イミンとシクロプロパン間の骨格転位を鍵反応として合成

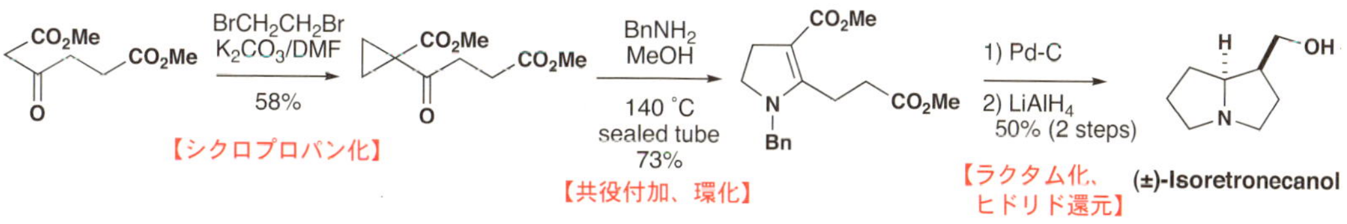

12) A New Synthesis of (–)-Isoretronecanol and (–)-Trachelanthamidine Through Orthoester Claisen Rearrangement for Allylic Alcohol Functionality Tagged at C(2) of Pyrrolidine as a Key Step[12)]

Claisen転位を鍵反応として合成

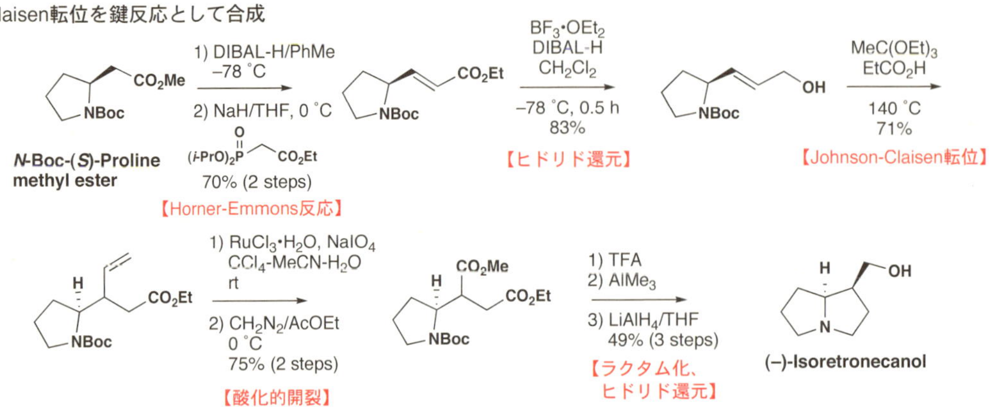

13) A Short and Efficient Synthesis of (±)-Isoretronecanol and (±)-Trachelanthamidine[13)]

光照射下における活性エステルとフマル酸エステルとの反応を経て合成

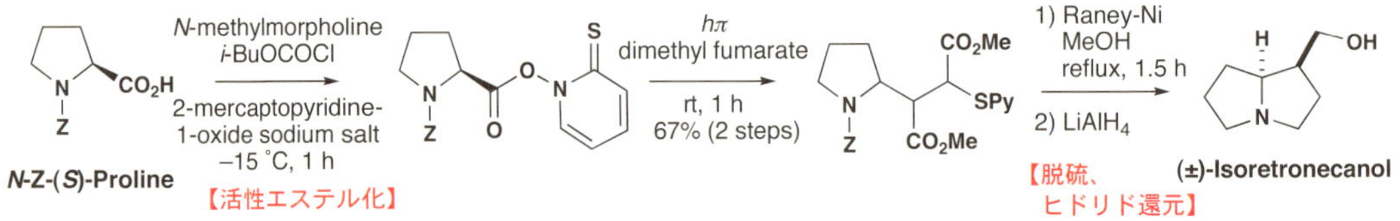

14) Synthesis of the Alkaloids (–)-Heliotridane and (–)-Isoretronecanol via π-Allyltricarbonyliron Lactam Complexes[14)]

π-アリルトリカルボニル鉄ラクタム錯体の形成を経て合成

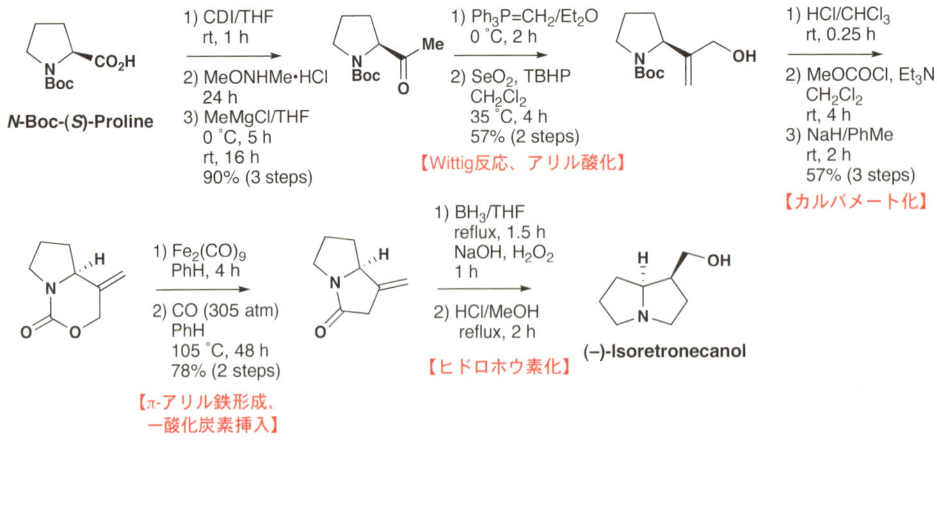

15) Synthesis of Pyrrolizidine Alkaloids via Rhodium-Catalyzed Silylformylation and Amidocarbonylation[15)]

触媒によるシリルホルミル化、アミドカルボニル化を経て合成

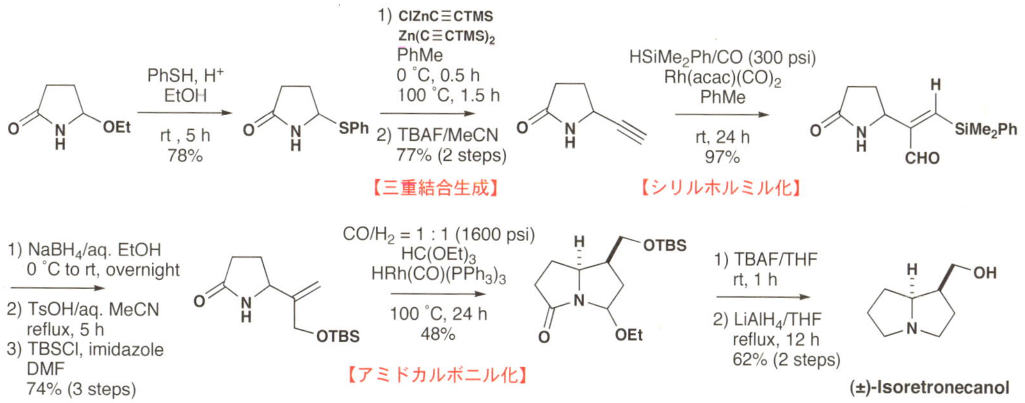

16) Synthesis of (–)-Heliotridane and (–)-Isoretronecanol via Diastereoselective Conjugate Addition of Organocuprates to an Enoate Deriving from Proline[16)]

(*S*)-プロリンを不斉炭素源にして、Michael反応を経て合成

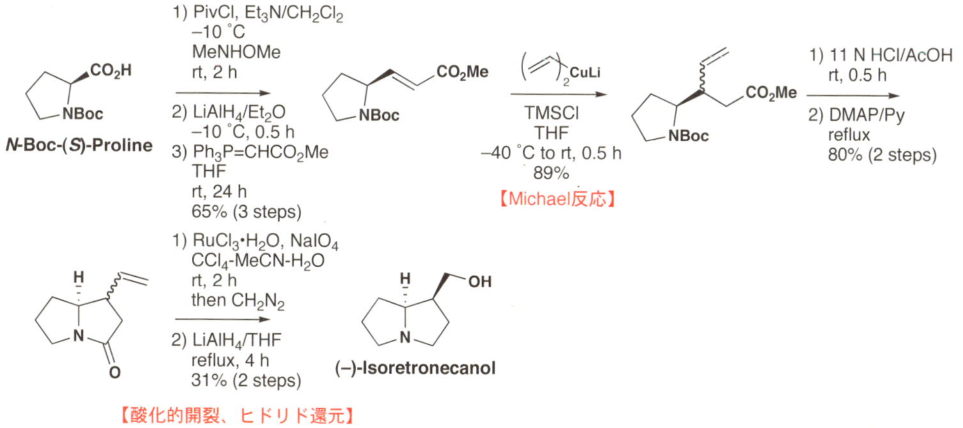

17) Streoselectlvity in the Photoinduced Electron Transfer (PET) Promoted Intramolecular Cyclizations of 1-Alkenyl-2-silyl-piperidines and -pyrrolidines: Rapid Construction of 1-Azabicyclo[*m.n.*0]alkanes and Stereoselective Synthesis of (±)-Isoretronecanol and (±)-Epilupinine[17)]

光照射下による分子内環化を経て合成

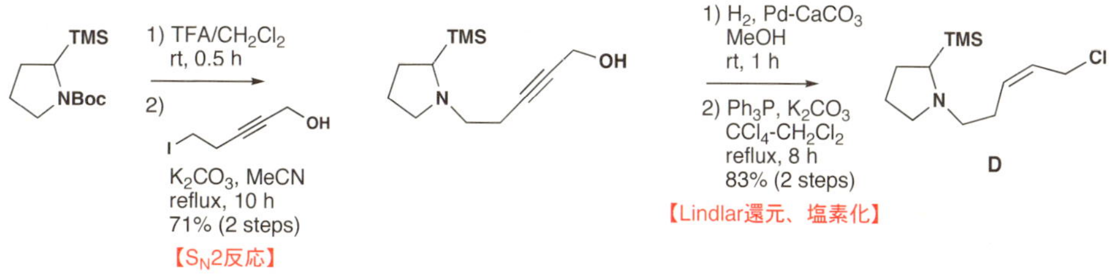

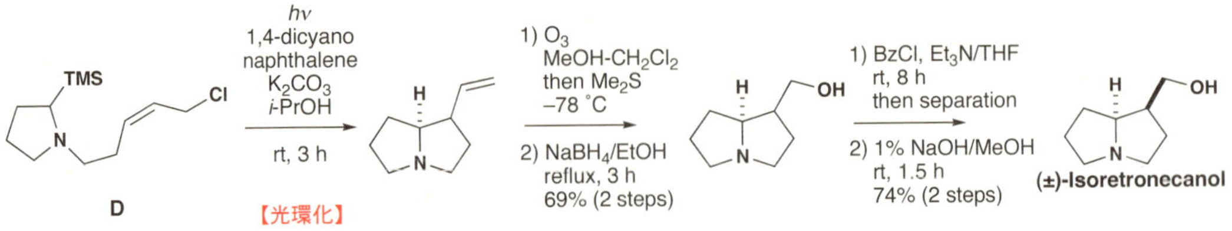

18) Homoproline Homologation by Enolate Claisen Rearrangement or Direct Allylation: Syntheses of (−)-Trachelanthamidine, (−)-Isoretronecanol and (±)-Turneforcidine[18)]

エノラートの直接アリル化を経て合成

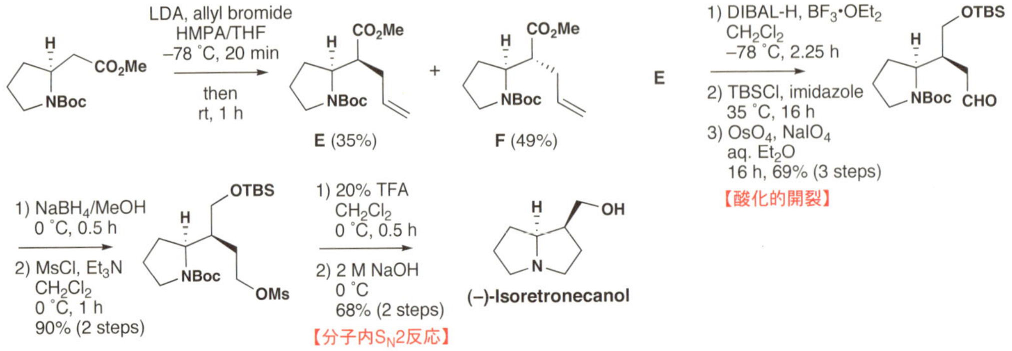

19) An Enantio- and Diastereoselective Synthesis of (−)-Isoretronecanol and (+)-Trachelanthamidine from a *Meso* Precursor[19)]

不斉エノール化を鍵反応として合成

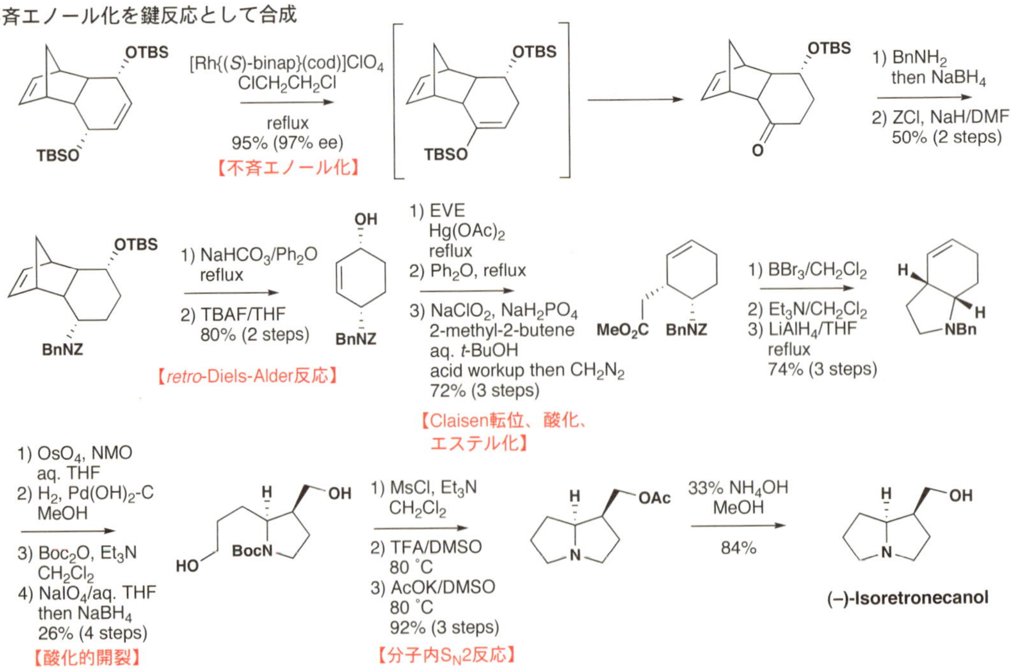

20) Stereoselective Radical Addition of Tertiary Amines to (5*R*)-5-Menthyloxy-2[5*H*]-furanone: Application to the Enantioselective Synthesis of (–)-Isoretronecanol and (+)-Laburnine[20]

三級アミンのフランへのラジカル反応を鍵として合成

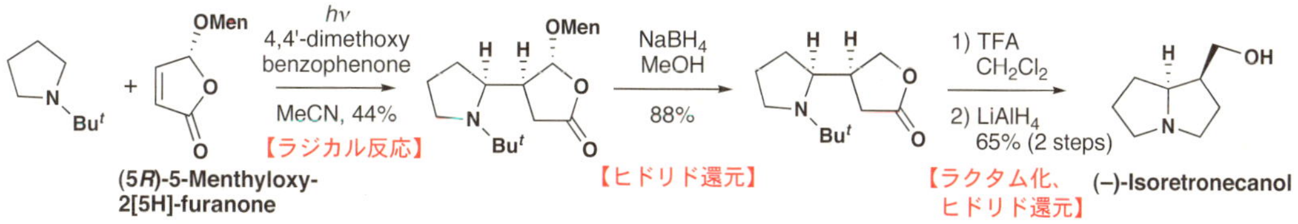

21) Titanium-Mediated Cyclization of ν-Vinyl Imides in Alkaloid Synthesis: Isoretronecanol, Trachelanthamidine, 5-Epitashiromine, and Tashiromine[21]

Ti錯体によるν-ビニルイミドの環化を鍵反応として合成

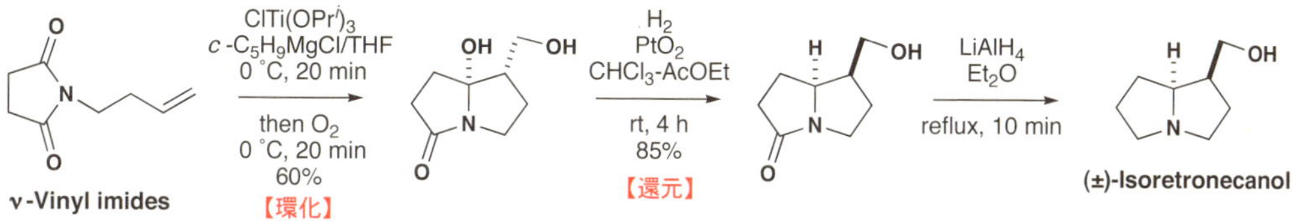

22) Synthesis of (±)-Isoretronecanol, (±)-Curassanecine, (±)-Heliotridane, (±)-Tashiromine and (±)-5-Epitashiromine via ν-(*N*-Carbamoyl)alkylcuprate Chemistry[22]

N-カルバモイルアルキル銅錯体の形成を経て合成

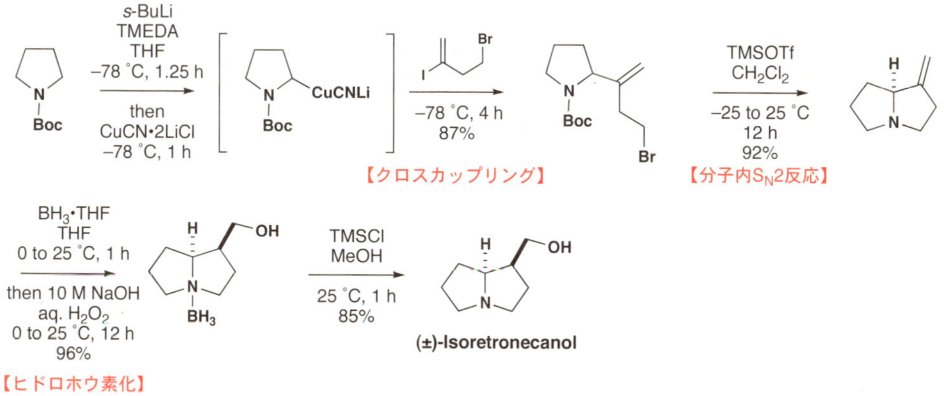

23) Asymmetric Radical Cyclization with Pyroglutamate: Synthesis of 7-Substituted Pyrrolizinones[23)]

ラジカル環化を鍵反応として合成

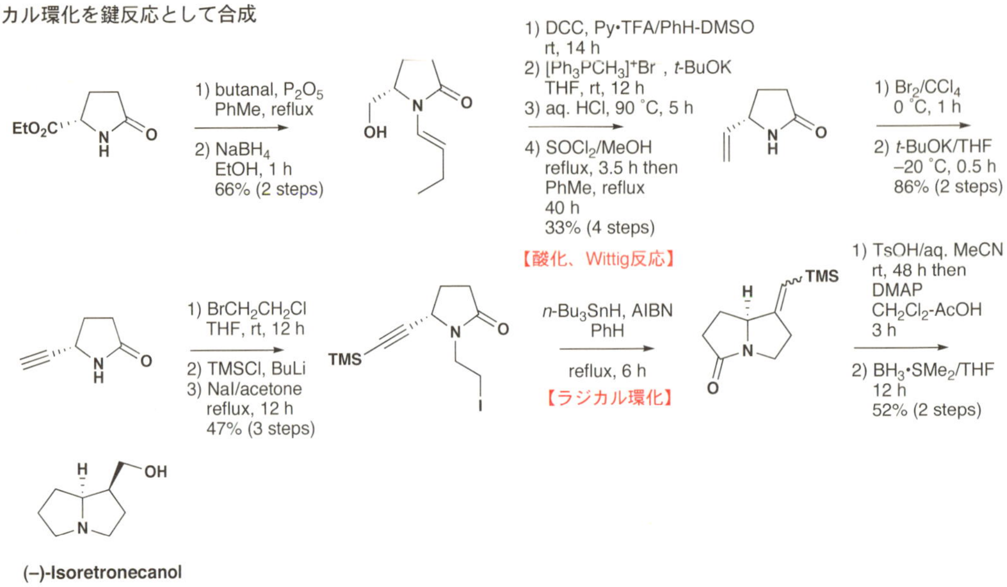

24) Enamino Ester Reduction: A Short Enantioselective Route to Pyrrolizidine and Indolizidine Alkaloids. Synthesis of (+)-Laburnine, (+)-Tashiromine, and (–)-Isoretronecanol[24)]

光学活性なエナミノエステルの還元を鍵反応として合成

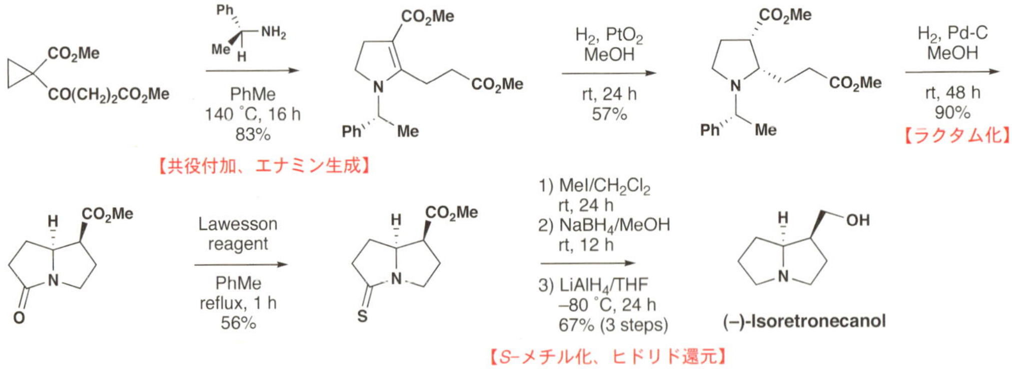

25) Pyrrolizidine Alkaloids by Intramolecular Palladium-catalysed Allylic Alkylation: Synthesis of (±)-Isoretronecanol[25)]

辻-Trost反応、分子内S_N2反応を経て合成

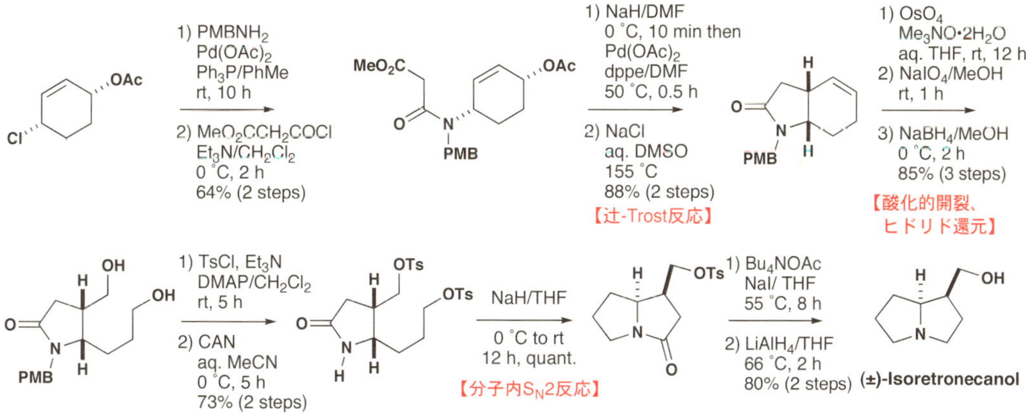

26) The Stereoselective Addition of Titanium(IV) Enolates of 1,3-Oxazolin-2-one and 1,3-Thiazolidine-2-thione to Cyclic *N*-Acyliminium Ion. The Total Synthesis of (+)-Isoretronecanol[26)]

Ti(IV)エノラートのアルドール型反応、分子内S_N2反応を経て合成

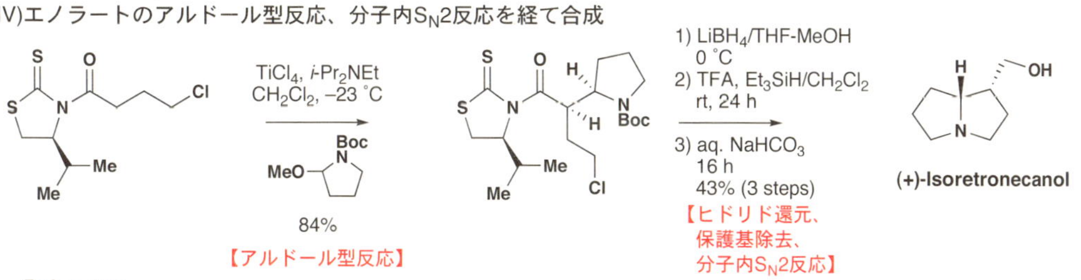

References

1) K. Tatsuta, H. Takahashi, Y. Amemiya and M. Kinoshita, *J. Am. Chem. Soc.*, **105**, 4096-4097 (1983)
2) D. J. Robins and S. Sakdarat, *J. Chem. Soc., Perkin Trans. 1.*, 909-913 (1981)
3) W. Flitsch and P. Wernsmann, *Tetrahedron Lett.*, **22**, 719-722 (1981)
4) H. Rueger and M. Benn, *Heterocycles*, **19**, 1677-1680 (1982)
5) T. Iwashita, T. Kusumi and H. Kakisawa, *J. Org. Chem.*, **47**, 230-233 (1982)
6) D. J. Hart and Y. Tsai, *J. Am. Chem. Soc.*, **106**, 8209-8217 (1984)
7) H. Hiemstra, M. H. A. M. Sno, R. J. Vijn and W. N. Speckamp, *J. Org. Chem.*, **50**, 4014-4020 (1985)
8) C. Ortiz, R. Greenhouse, *Tetrahedron Lett.*, **26**, 2831-2832 (1985)
9) J. Gramain, R. Remuson and D. Vallee, *J. Org. Chem.*, **50**, 710-712 (1985)
10) T. Kametani, H. Yukawa and T. Honda, *J. Chem. Soc., Chem. Commun.*, 651-652(1986)
11) J. P. Celerier, M. Haddad, D. Jacoby and G. Lhommet, *Tetrahedron Lett.*, **28**, 6597-6600 (1987)
12) T. Moriwake, S. Hamano and S. Saito, *Heterocycles*, **27**, 1135-1139 (1988)
13) N. Cabezas, J. Thierry and P. Potier, *Heterocycles*, **28**, 607-610 (1989)
14) J. G. Knight and S. V. Ley, *Tetrohedron Lett.*, **32**, 7119-7122 (1991)
15) M. Eguchi, Q. Zeng, A. Korda and I. Ojima, *Tetrohedron Lett.*, **34**, 915-918 (1993)
16) S. Le Coz, A. Mann, F. Thareau and M. Taddei, *Heterocycles*, **36**, 2073-2080 (1993)
17) G. Pandey, G. D. Reddy and D. Chakrabarti, *J. Chem. Soc., Perkin Trans. 1*, 219-224 (1996)
18) D. W. Knight, A. C. Share and P. T. Gallagher, *J. Chem. Soc., Perkin Trans. 1*, 2089-2097 (1997)
19) H. Konno, M. Kishi, K. Hiroya and K. Ogasawara, *Heterocycles*, **49**, 33-37 (1998)
20) S. Bertrand, N. Hoffmann and J. Pete, *Tetrahedron Lett.*, **40**, 3173-3174 (1999)
21) S.-H. Kim, S.-I. Kim, S. Lai and J. K. Cha, *J. Org. Chem.*, **64**, 6771-6775 (1999)
22) R. K. Dieter and R. Watson, *Tetrahedron Lett.*, **43**, 7725-7728 (2002)
23) P. F. Keussenkothen and M. B. Smith, *J. Chem. Soc., Perkin Trans. 1*, 2485-2492 (1994)
24) O. David, J. Blot, C. Bellec, M.-C. Fargeau-Bellassoued, G. Haviari, J.-P. Celerier, G. Lhommet, J.-C. Gramain and D. Gardette, *J. Org. Chem.*, **64**, 3122-3131 (1999)
25) S. Leimaire, G. Giambastiani, G. Prestat and G. Poli, *Eur. J. Org. Chem.*, 2840-2847 (2004)
26) E. Pereira, C. Fatima-Alves, M. A. Bockelmann and R. A. Pilli, *Tetrahedron Lett.*, **46**, 2691-2693 (2005)

Kanamycin A, B and C

1) Studies of Aminosugars. XXII. The Total Synthesis of Kanamycin A[1,2,3)]

トランスジオールのイソプロピリデン化、modified Köenigs-Knorrグリコシル化を鍵反応として天然物を全合成

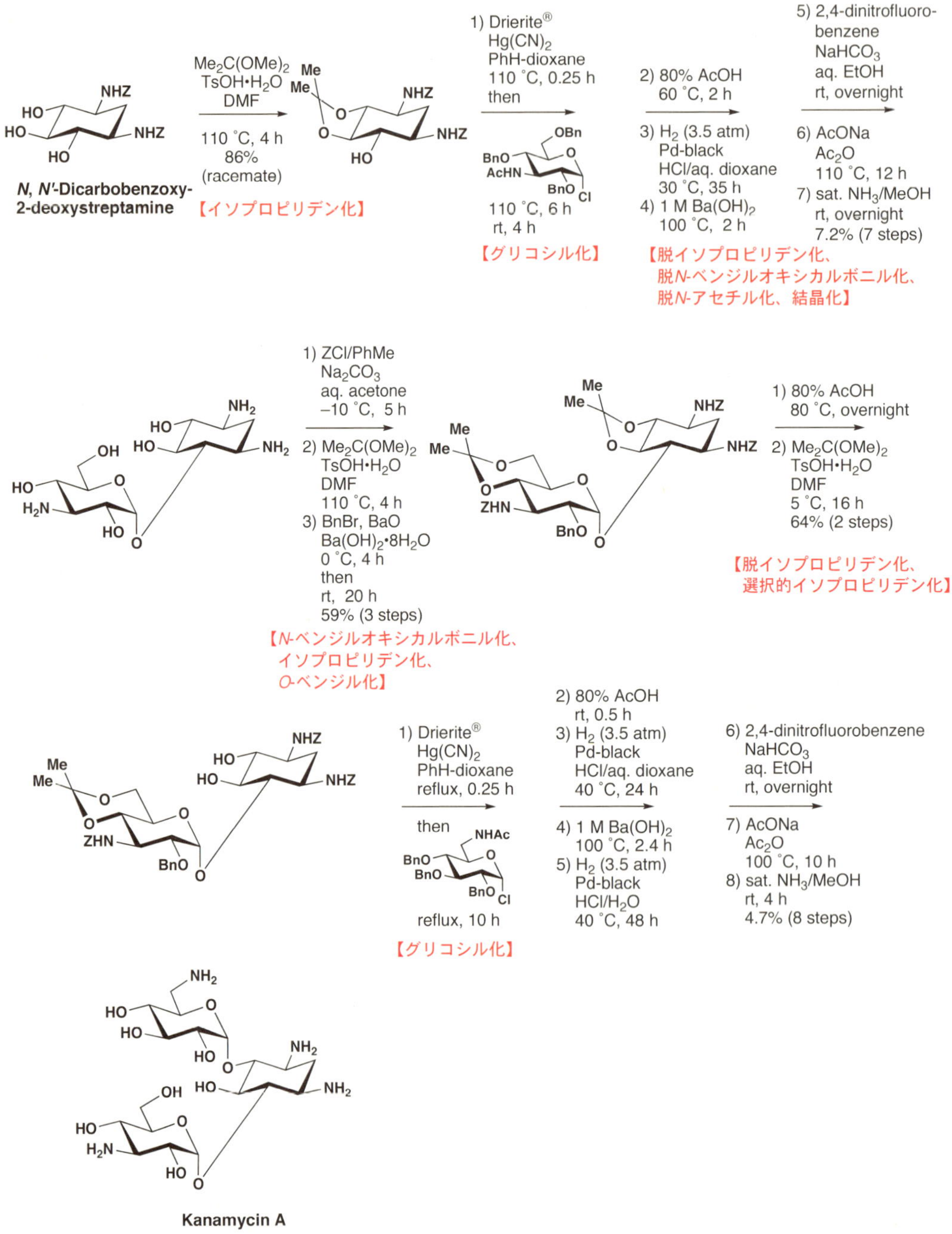

2) Studies of Aminosugars. XXIII. The Total Synthesis of Kanamycin B[4,5)]

ネアミンのトランスジオールのイソプロピリデン化とグリコシル化を経て天然物を全合成

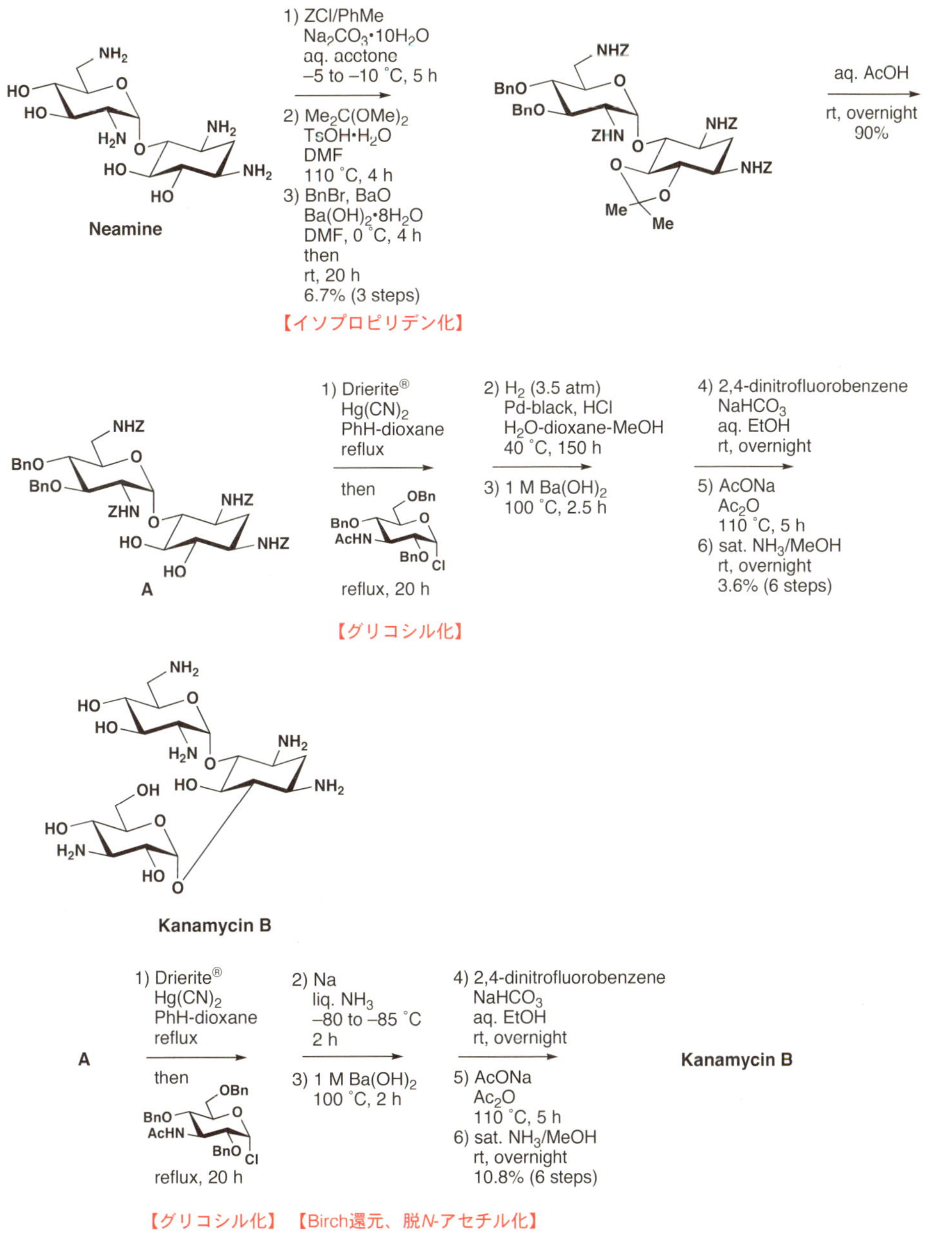
Neamine
1) ZCl/PhMe
Na2CO3•10H2O
aq. acetone
–5 to –10 °C, 5 h
2) Me2C(OMe)2
TsOH•H2O
DMF
110 °C, 4 h
3) BnBr, BaO
Ba(OH)2•8H2O
DMF, 0 °C, 4 h
then
rt, 20 h
6.7% (3 steps)
【イソプロピリデン化】
aq. AcOH
rt, overnight
90%
A
1) Drierite®
Hg(CN)2
PhH-dioxane
reflux
then
reflux, 20 h
【グリコシル化】
2) H2 (3.5 atm)
Pd-black, HCl
H2O-dioxane-MeOH
40 °C, 150 h
3) 1 M Ba(OH)2
100 °C, 2.5 h
4) 2,4-dinitrofluorobenzene
NaHCO3
aq. EtOH
rt, overnight
5) AcONa
Ac2O
110 °C, 5 h
6) sat. NH3/MeOH
rt, overnight
3.6% (6 steps)
Kanamycin B
A
1) Drierite®
Hg(CN)2
PhH-dioxane
reflux
then
reflux, 20 h
2) Na
liq. NH3
–80 to –85 °C
2 h
3) 1 M Ba(OH)2
100 °C, 2 h
4) 2,4-dinitrofluorobenzene
NaHCO3
aq. EtOH
rt, overnight
5) AcONa
Ac2O
110 °C, 5 h
6) sat. NH3/MeOH
rt, overnight
10.8% (6 steps)
Kanamycin B
【グリコシル化】
【Birch還元、脱N-アセチル化】

3) Studies of Aminosugars. XXI. The Total Synthesis of Kanamycin C[6,7,8)]

パロマミンのトランスジオールのイソプロピリデン化とグリコシル化を経て天然物を全合成

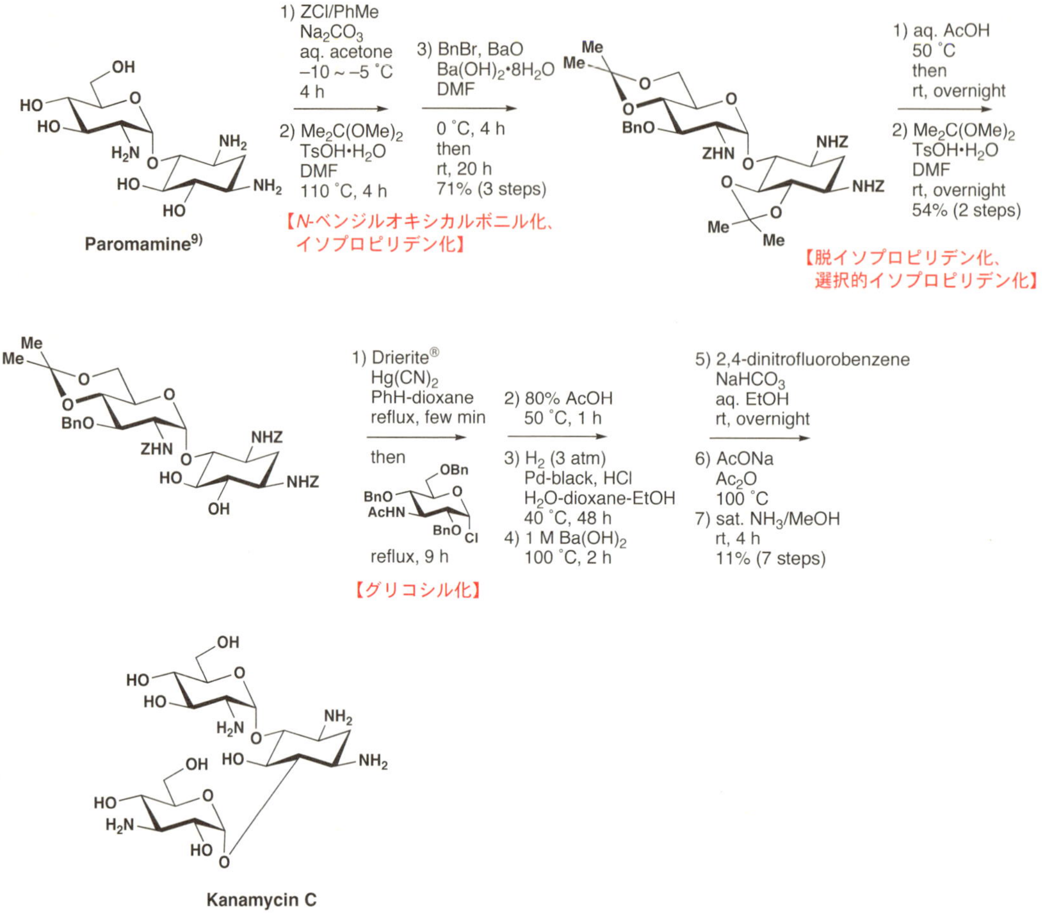
Paromamine9)
1) ZCl/PhMe
Na2CO3
aq. acetone
−10 ~ −5 °C
4 h
2) Me2C(OMe)2
TsOH•H2O
DMF
110 °C, 4 h
3) BnBr, BaO
Ba(OH)2•8H2O
DMF
0 °C, 4 h
then
rt, 20 h
71% (3 steps)
【N-ベンジルオキシカルボニル化、
イソプロピリデン化】
1) aq. AcOH
50 °C
then
rt, overnight
2) Me2C(OMe)2
TsOH•H2O
DMF
rt, overnight
54% (2 steps)
【脱イソプロピリデン化、
選択的イソプロピリデン化】
1) Drierite®
Hg(CN)2
PhH-dioxane
reflux, few min
then
reflux, 9 h
【グリコシル化】
2) 80% AcOH
50 °C, 1 h
3) H2 (3 atm)
Pd-black, HCl
H2O-dioxane-EtOH
40 °C, 48 h
4) 1 M Ba(OH)2
100 °C, 2 h
5) 2,4-dinitrofluorobenzene
NaHCO3
aq. EtOH
rt, overnight
6) AcONa
Ac2O
100 °C
7) sat. NH3/MeOH
rt, 4 h
11% (7 steps)
Kanamycin C

4) Total Synthesis of Kanamycin-A[10]

Modified Köenigs-Knorrグリコシル化を鍵反応として天然物を全合成

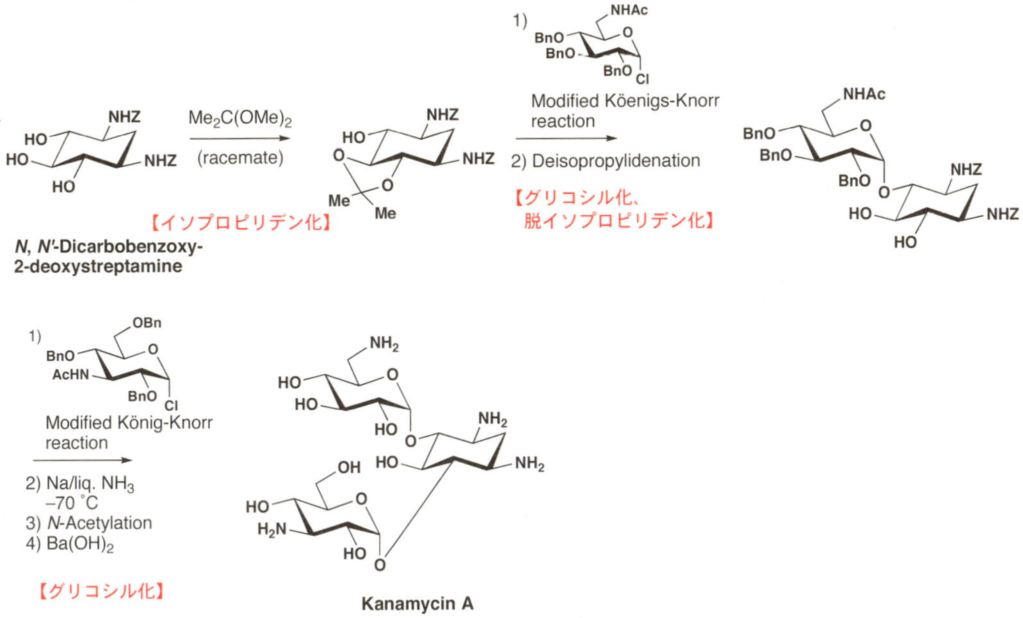

References

1) S. Koto, K. Tatsuta, E. Kitazawa and S. Umezawa, *Bull. Chem. Soc. Jpn.*, **41**, 2769-2771 (1968)
2) S. Umezawa, K. Tatsuta and S. Koto, *J. Antibiot.*, **21**, 367-368 (1968)
3) S. Umezawa, K. Tatsuta and S. Koto, *Bull. Chem. Soc. Jpn.*, **42**, 533-537 (1969)
4) S. Umezawa, S. Koto, K. Tatsuta, H. Hineno, Y. Nishimura and T. Tsumura, *J. Antibiot.*, **21**, 424-425 (1968)
5) S. Umezawa, S. Koto, K. Tatsuta, H. Hineno, Y. Nishimura and T. Tsumura, *Bull. Chem. Soc. Jpn.*, **42**, 537-541 (1969)
6) S. Umezawa, S. Koto, K. Tatsuta and T. Tsumura, *J. Antibiot.*, **21**, 162-163 (1968)
7) S. Umezawa, S. Koto, K. Tatsuta and T. Tsumura, *Bull. Chem. Soc. Jpn.*, **41**, 533-537 (1968)
8) S. Umezawa, S. Koto, K. Tatsuta and T. Tsumura, *Bull. Chem. Soc. Jpn.*, **42**, 529-533 (1969)
9) S. Umezawa and S. Koto, *Bull. Chem. Soc. Jpn.*, **39**, 2014-2017 (1966)
10) M. Nakajima, A. Hasegawa, N. Kurihara, H. Shibata, T. Ueno and D. Nishimura, *Tetrahedron Lett.*, **9**, 623-627 (1968)

Glyoxalase I Inhibitor and (–)-KD16-U1

1) Total Synthesis of a Glyoxalase I Inhibitor and Its Precursor, (–)-KD16-U1[1)]

糖質を不斉炭素源にしてシリルエノールエーテルの生成によるフラノース環の開環、分子内アルドール縮合、Michael-アルドール反応を鍵として天然物を全合成

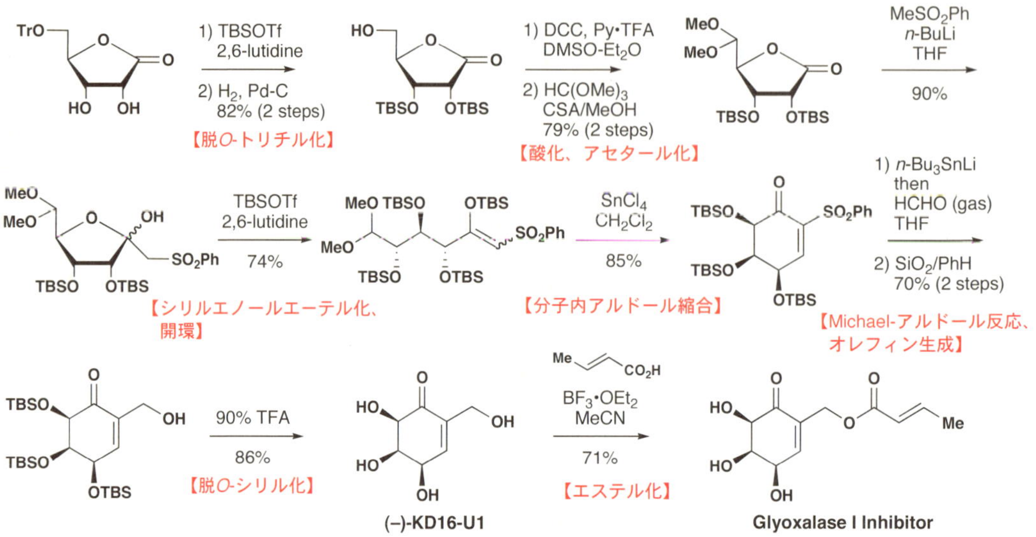

2) Synthesis of a Glyoxalase I Inhibitor from *Streptomyces griseosporeus* NIIDA *et* OGASAWARA[2)]

分子内Horner-Emmons反応、Michael-アルドール反応を鍵として合成

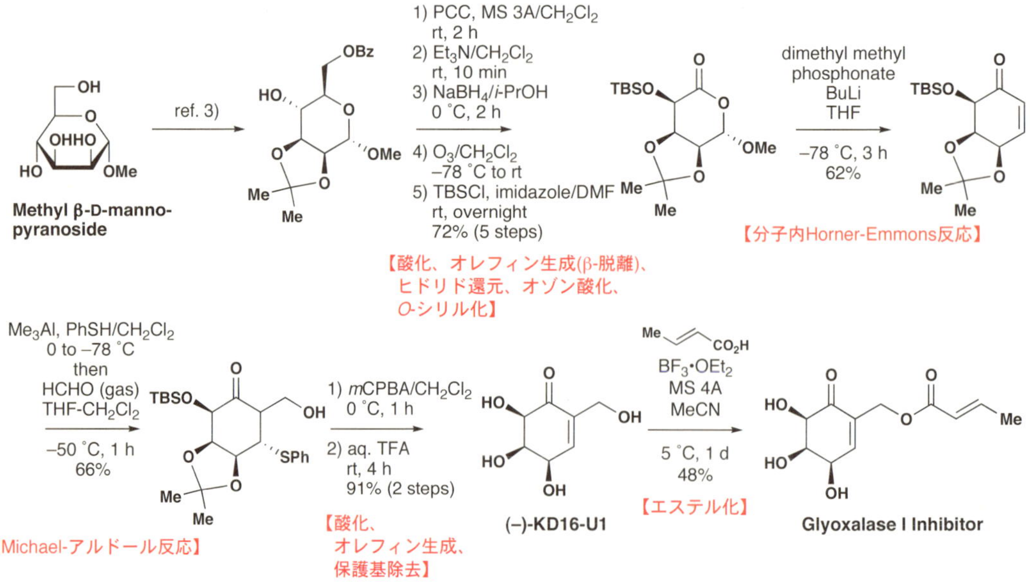

3) Enantioselective Total Synthesis of Glyoxalase I Inhibitor Using Asymmetric Diels-Alder Reaction of a New Chiral Dienophile, (*S*)-3-(3-Trifluoromethylpyrid-2-ylsulfinyl) Acrylate[4]

Michael反応、不斉Diels-Alder反応を鍵として合成

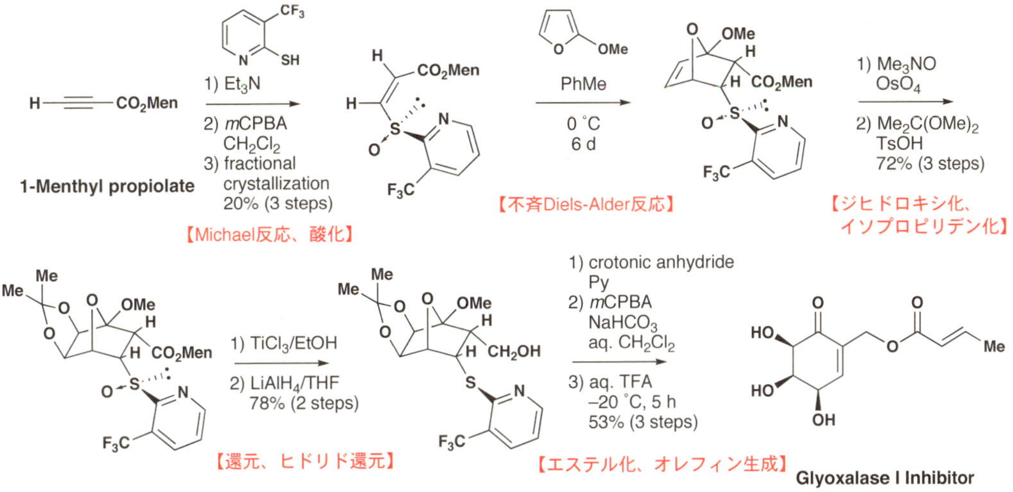

4) High Pressure Mediated Asymmetric Diels-Alder Reaction of Chiral Sulfinylacrylate Derivatives with Furan and 2-Methoxyfuran[5]

不斉Diels-Alder反応を鍵として合成

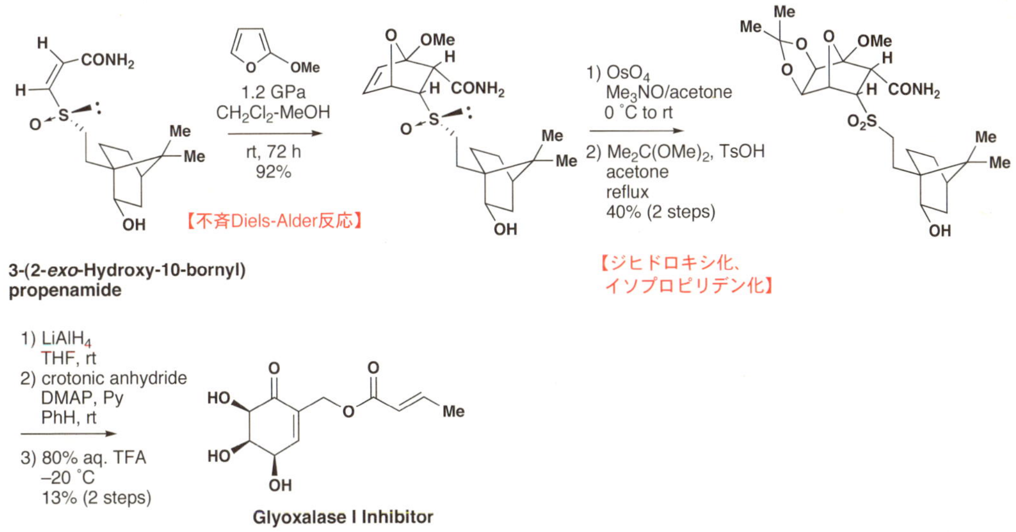

5) Enantiospecific Synthesis of 2-Crotonyloxy-(4*R*,5*R*,6*R*)-4,5,6-trihydroxycyclohex-2-enone(COTC) from Quinic Acid in 13 Steps[6,7]

OsO_4による立体選択的ジヒドロキシ化を経て合成

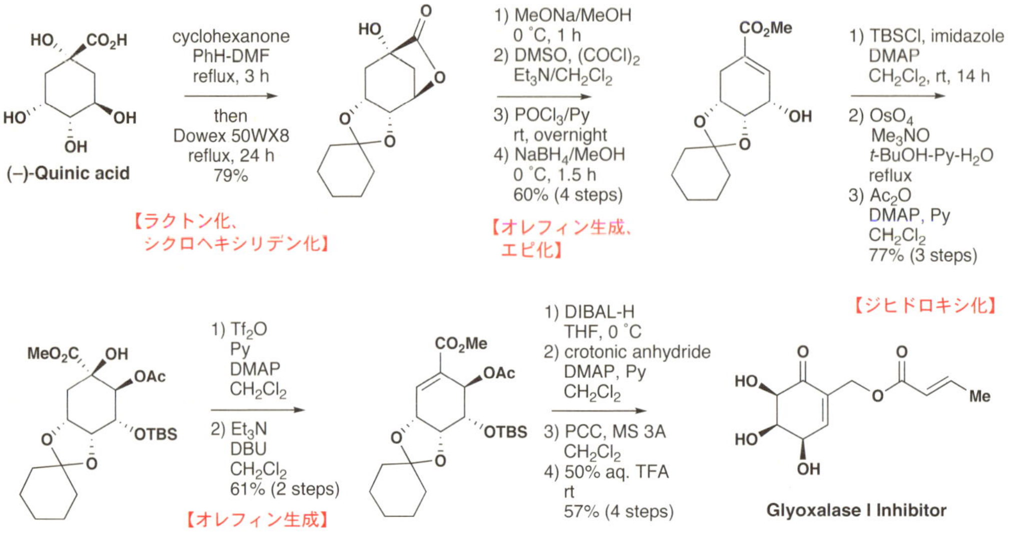

6) A New Synthesis of the Glyoxalase I Inhibitor COTC[8]

立体選択的ブロモヒドロキシ化を鍵反応として合成

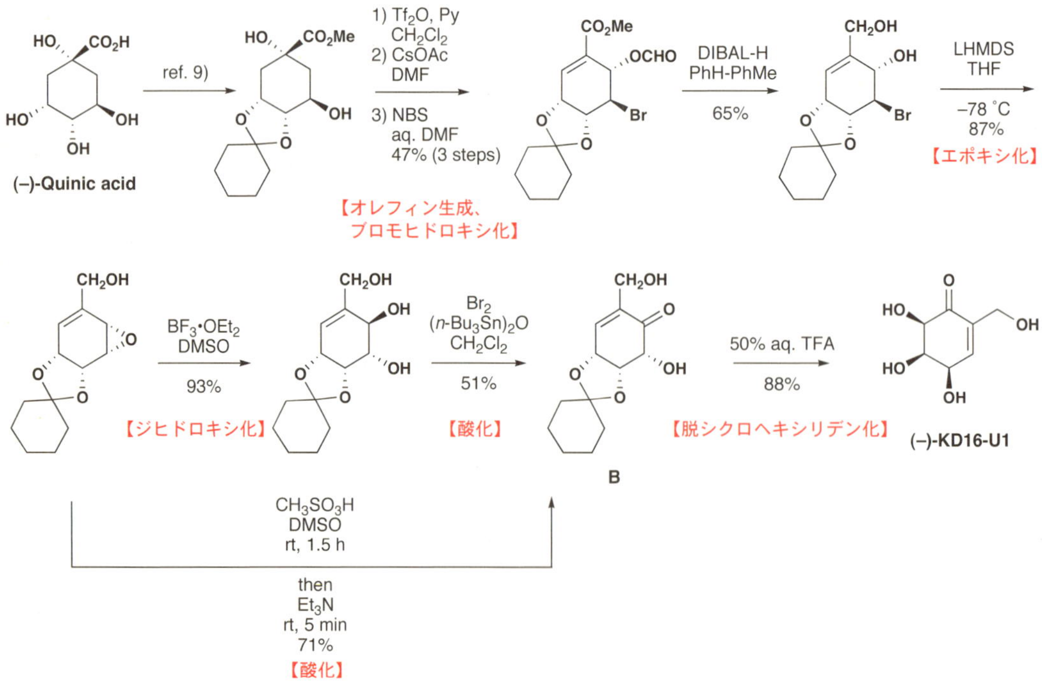

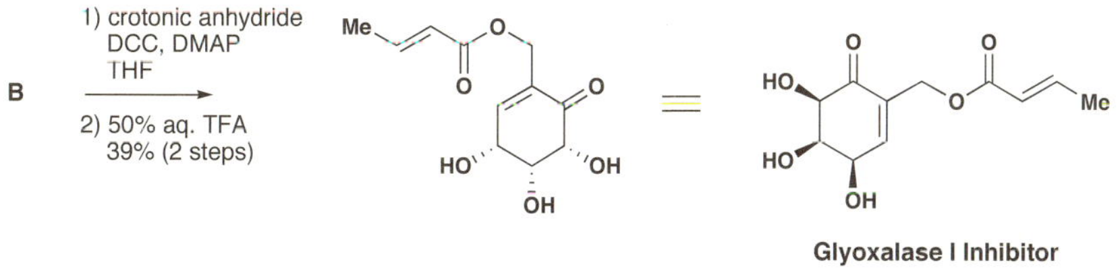

7) Total Synthesis of (+)-KD16-U1 and (+)-Gabosine E from D-Ribose[10)]

ニトリルオキシドによる[3+2]付加環化を鍵反応として合成

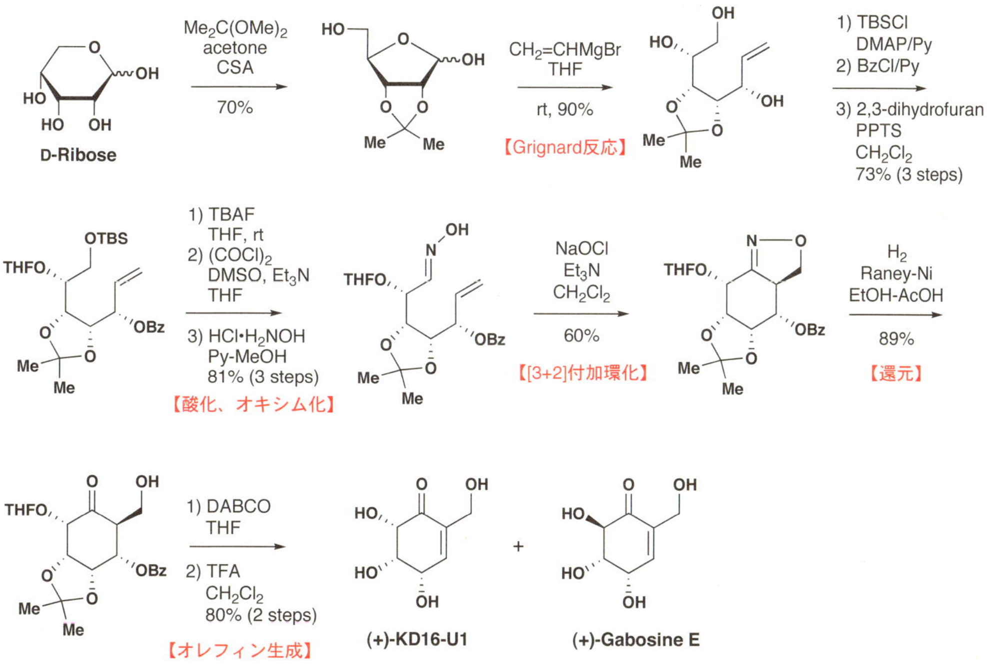

References

1) K. Tatsuta, S. Yasuda, N. Araki, M. Takahashi and Y. Kamiya, *Tetrahedron Lett.*, **39**, 401-402 (1998)
2) S. Mirza, L. P. Molleyres and A. Vasella, *Helv. Chim. Acta.*, **68**, 988-996 (1985)
3) M. E. Evans and F. W. Parrish, *Carbohydr. Res.*, **54**, 105-114 (1977)
4) H. Takayama, K. Hayashi and T. Koizumi, *Tetrahedron Lett.*, **27**, 5509-5512 (1986)
5) Y. Nakajima Yamakoshi, W. Y. Ge, J. Sugita, K. Okayama, T. Takanashi and T Koizumi, *Heterocycles*, **42**, 129-133 (1996)
6) T. K. M. Shing and Y. Tang, *J .Chem. Soc., Chem. Commun.*, 312 (1990)
7) T. K. M. Shing and Y. Tang, *Tetrahedron*, **46**, 6575-6584 (1990)
8) C. F. M. Huntley, H. B. Wood and B. Ganem, *Tetrahedron Lett.*, **41**, 2031-2034 (2000)
9) G. Ulibarri, W. Nadler, T. Skrydstrup, H. Audrain, A. Chiaroni, C. Riche and D. S. Grierson, *J. Org. Chem.*, **60**, 2753-2761 (1995)
10) B. Lygo, M. Swiatyj, H. Trabsa and M. Voyle, *Tetrahedron Lett.*, **35**, 4197-4200 (1994)

LL-Z-1640-2

1) The First Total Synthesis of a Macrocyclic Anti-protozoan, LL-Z1640-2[1)]

糖質を不斉炭素源として、薗頭カップリング、光学活性なプロピレンオキシドの開環、
向山ラクトン化を鍵反応として天然物を全合成

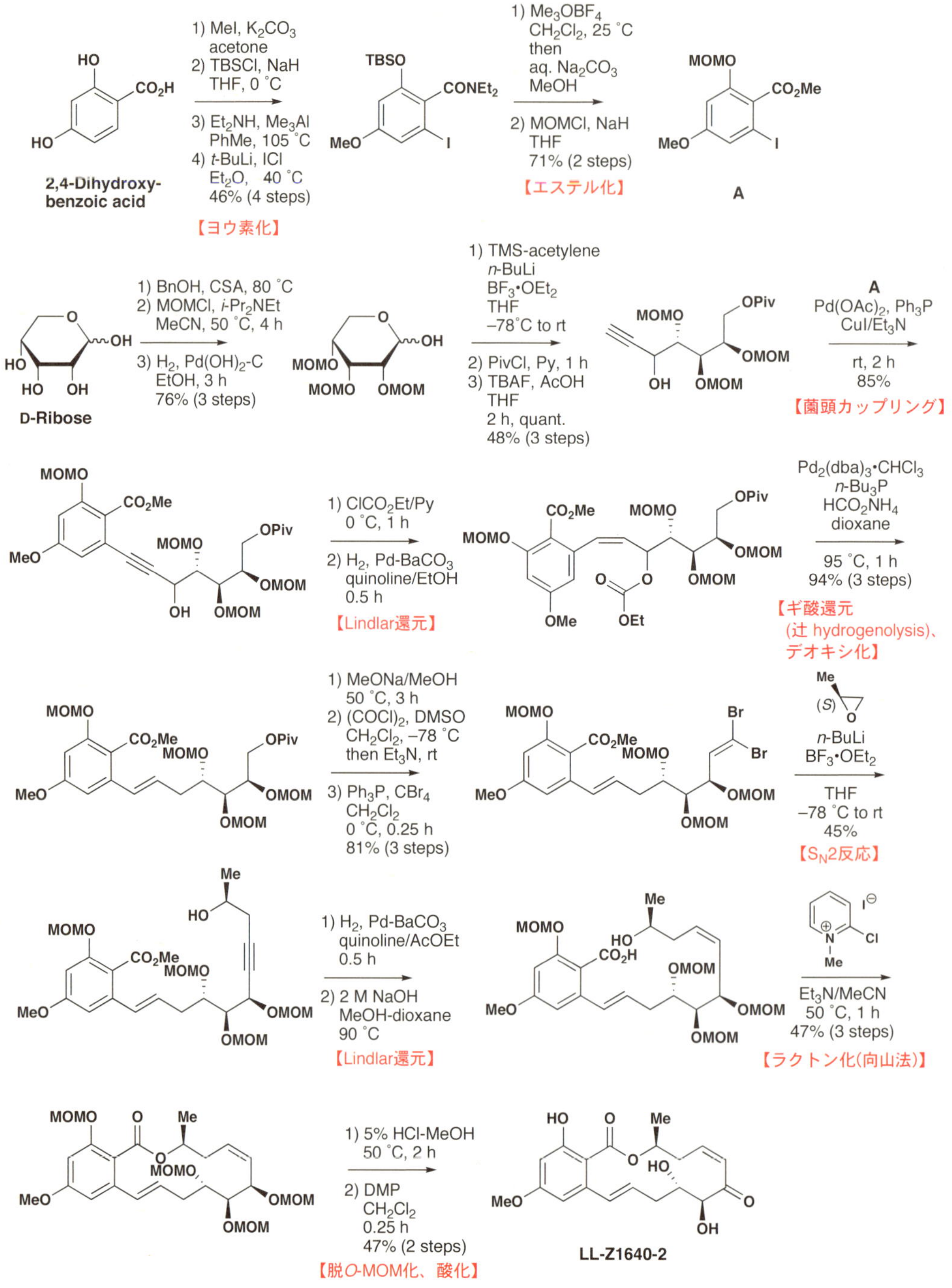

2) Convergent Stereospecific Synthesis of C292 (or LL-Z1640-2), and Hypothemycin[2,3]

Sharpless不斉エポキシ化、光学活性なプロピレンオキシドの開環、分子内光延反応を鍵として合成

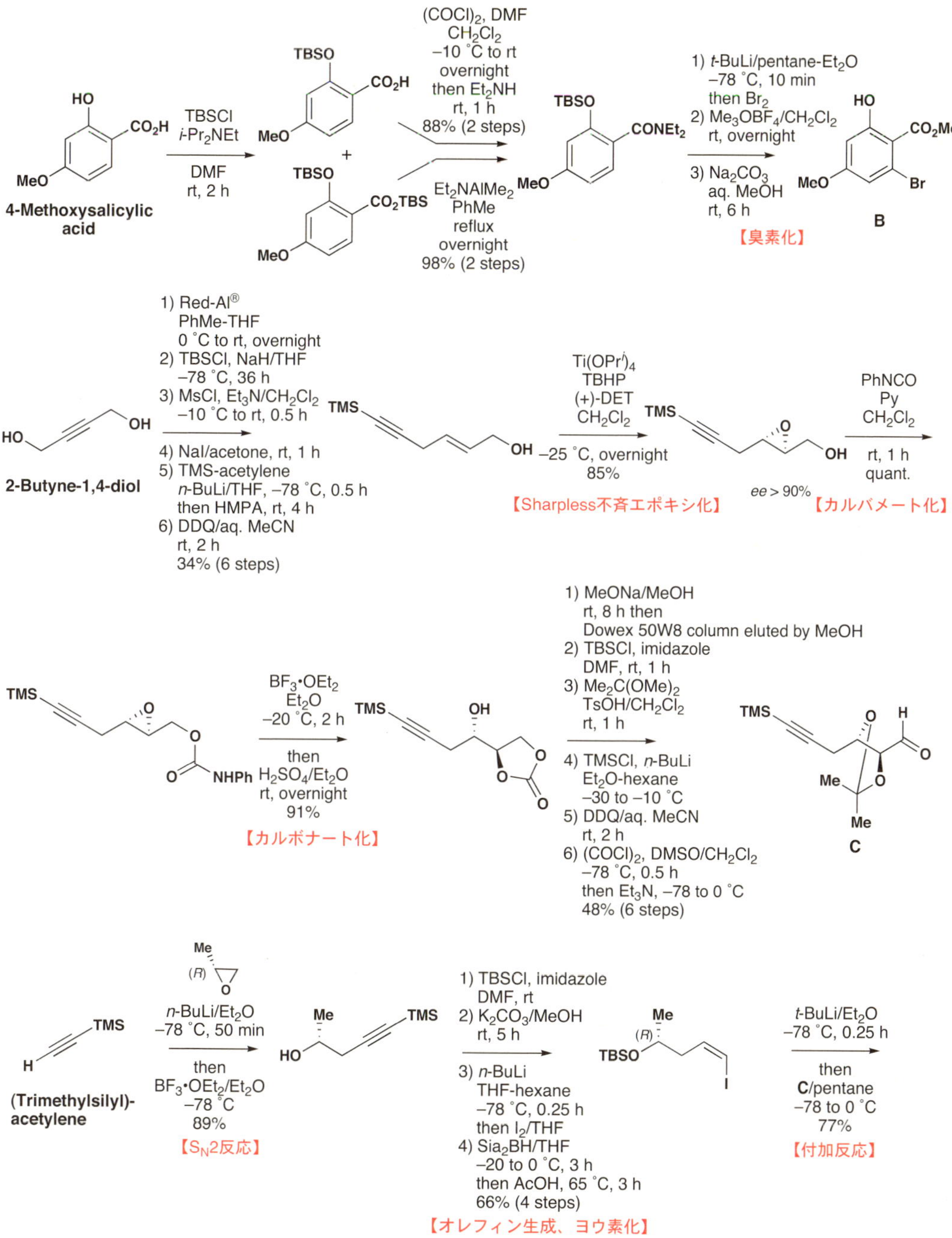

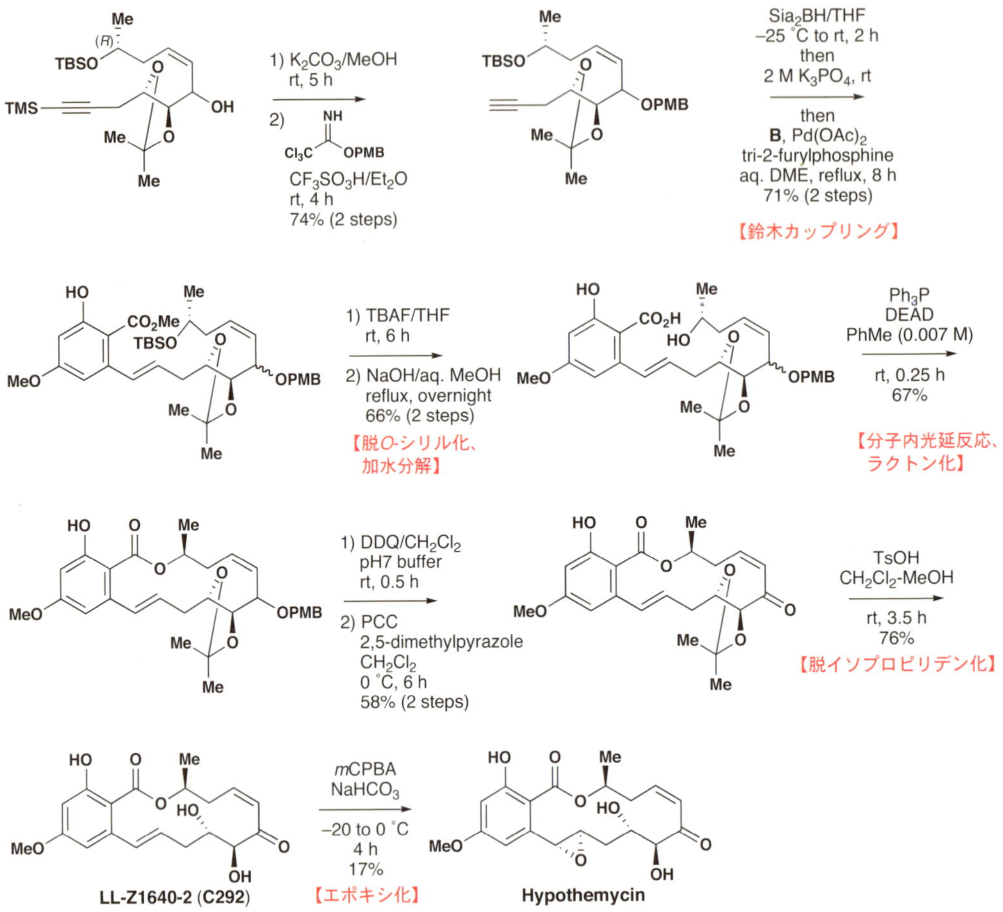

References

1) K. Tatsuta, S. Takano, T. Sato and S. Nakano, *Chem. Lett.*, 172-173 (2001)
2) P. Sellés and R. Lett, *Tetrahedron Lett.*, **43**, 4621-4625 (2002)
3) P. Sellés and R. Lett, *Tetrahedron Lett.*, **43**, 4627-4631 (2002)

Luminacins (UCS15A, SI4228)

1) The First Total Synthesis and Establishment of Absolute Structure of Luminacins C_1 and C_2[1)]

アルコールのエステル化による速度論的光学分割、糖質を不斉炭素源にして得られた
分子内スルホン酸エステルのS_N2反応、アリルアニオンとアルデヒドの反応を鍵として天然物を全合成

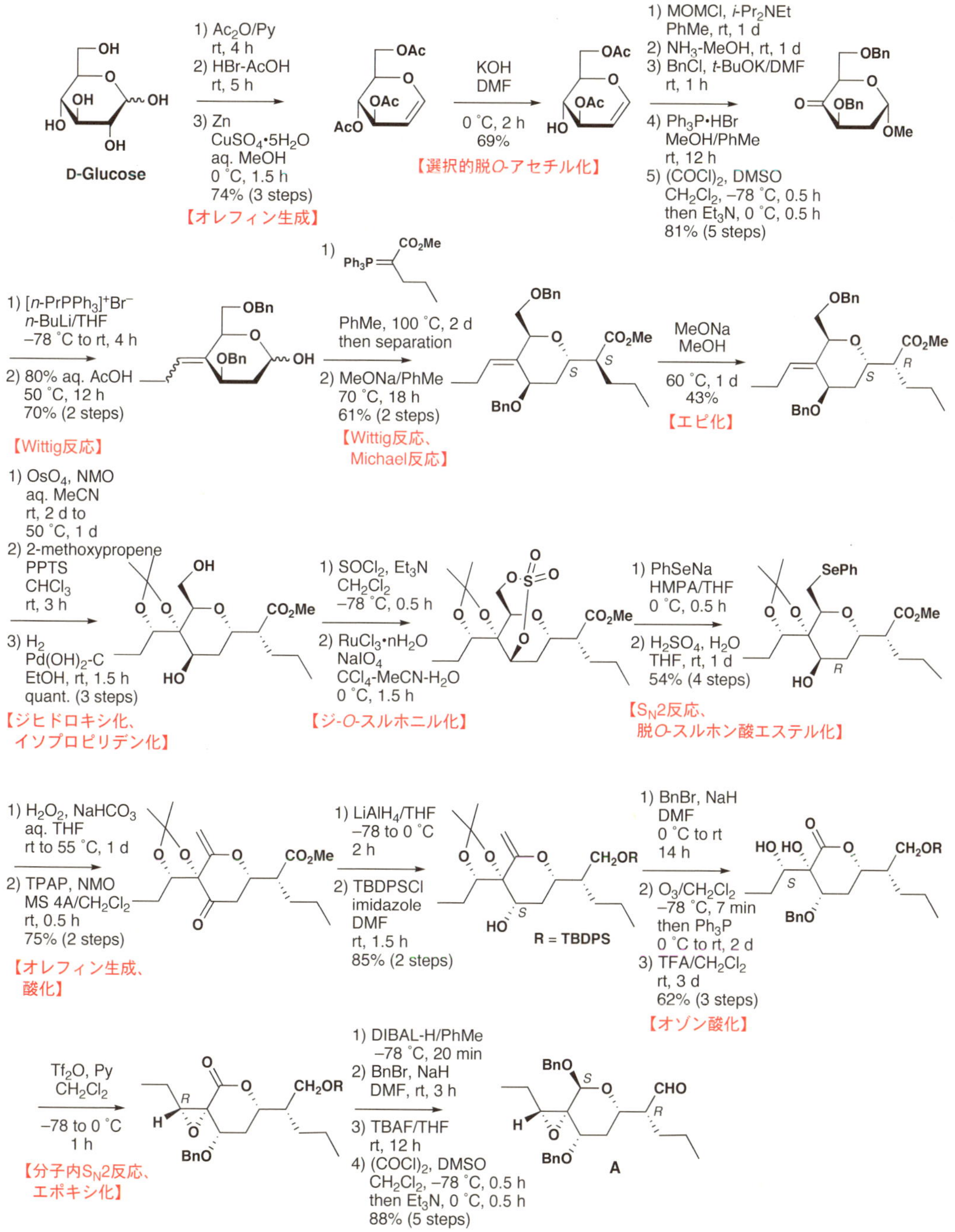

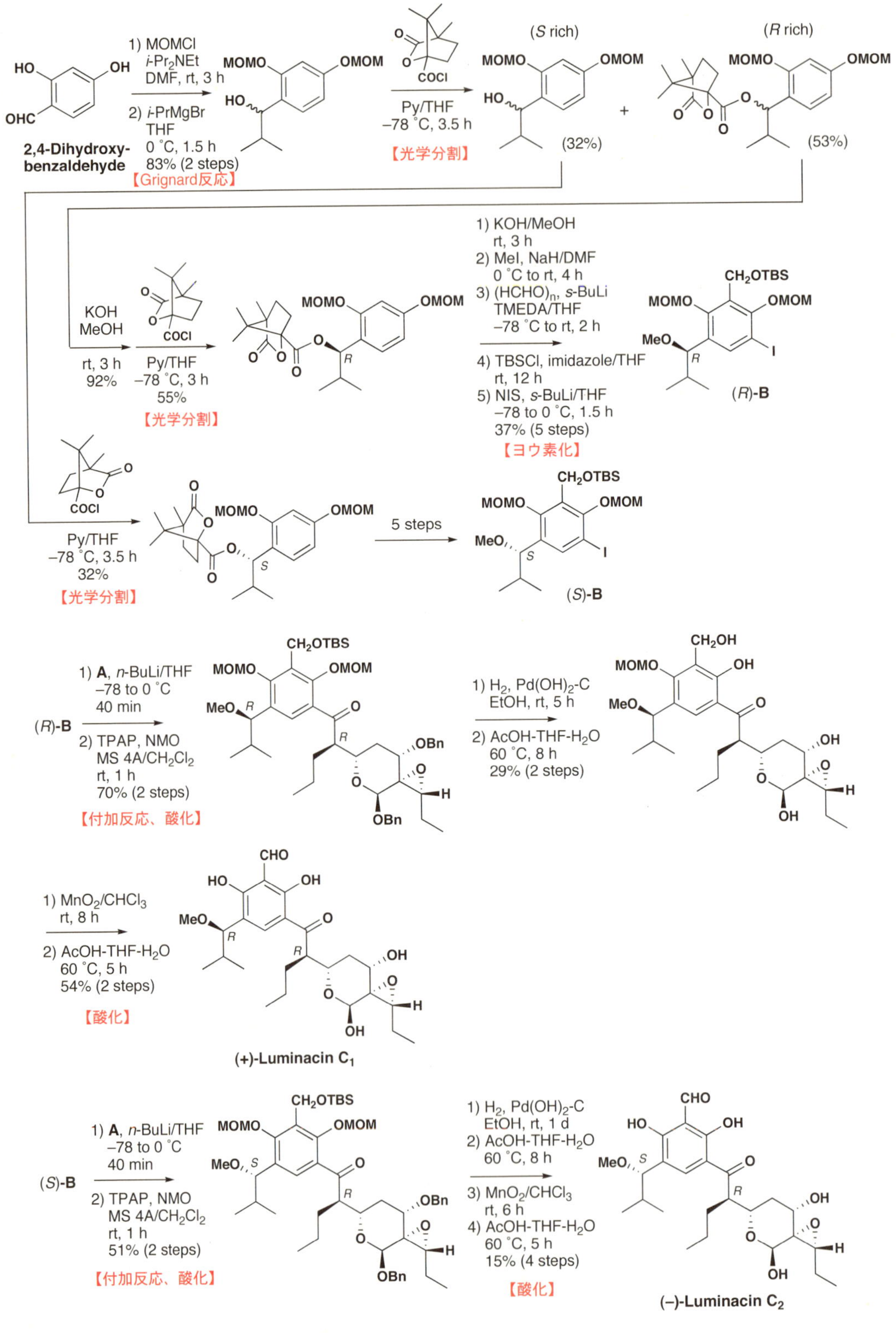
2,4-Dihydroxy-benzaldehyde
1) MOMCl
i-Pr2NEt
DMF, rt, 3 h
2) i-PrMgBr
THF
0 °C, 1.5 h
83% (2 steps)
【Grignard反応】
Py/THF
–78 °C, 3.5 h
【光学分割】
(S rich)
(32%)
(R rich)
(53%)
KOH
MeOH
rt, 3 h
92%
Py/THF
–78 °C, 3 h
55%
【光学分割】
1) KOH/MeOH
rt, 3 h
2) MeI, NaH/DMF
0 °C to rt, 4 h
3) (HCHO)n, s-BuLi
TMEDA/THF
–78 °C to rt, 2 h
4) TBSCl, imidazole/THF
rt, 12 h
5) NIS, s-BuLi/THF
–78 to 0 °C, 1.5 h
37% (5 steps)
【ヨウ素化】
(R)-B
Py/THF
–78 °C, 3.5 h
32%
【光学分割】
5 steps
(S)-B
(R)-B
1) A, n-BuLi/THF
–78 to 0 °C
40 min
2) TPAP, NMO
MS 4A/CH2Cl2
rt, 1 h
70% (2 steps)
【付加反応、酸化】
1) H2, Pd(OH)2-C
EtOH, rt, 5 h
2) AcOH-THF-H2O
60 °C, 8 h
29% (2 steps)
1) MnO2/CHCl3
rt, 8 h
2) AcOH-THF-H2O
60 °C, 5 h
54% (2 steps)
【酸化】
(+)-Luminacin C1
(S)-B
1) A, n-BuLi/THF
–78 to 0 °C
40 min
2) TPAP, NMO
MS 4A/CH2Cl2
rt, 1 h
51% (2 steps)
【付加反応、酸化】
1) H2, Pd(OH)2-C
EtOH, rt, 1 d
2) AcOH-THF-H2O
60 °C, 8 h
3) MnO2/CHCl3
rt, 6 h
4) AcOH-THF-H2O
60 °C, 5 h
15% (4 steps)
【酸化】
(–)-Luminacin C2

2) Total Synthesis of Luminacin D[2)]

連続アルドール-Evans-Tishchenko反応、アリルアニオンとベンズアルデヒドとの反応を鍵として合成

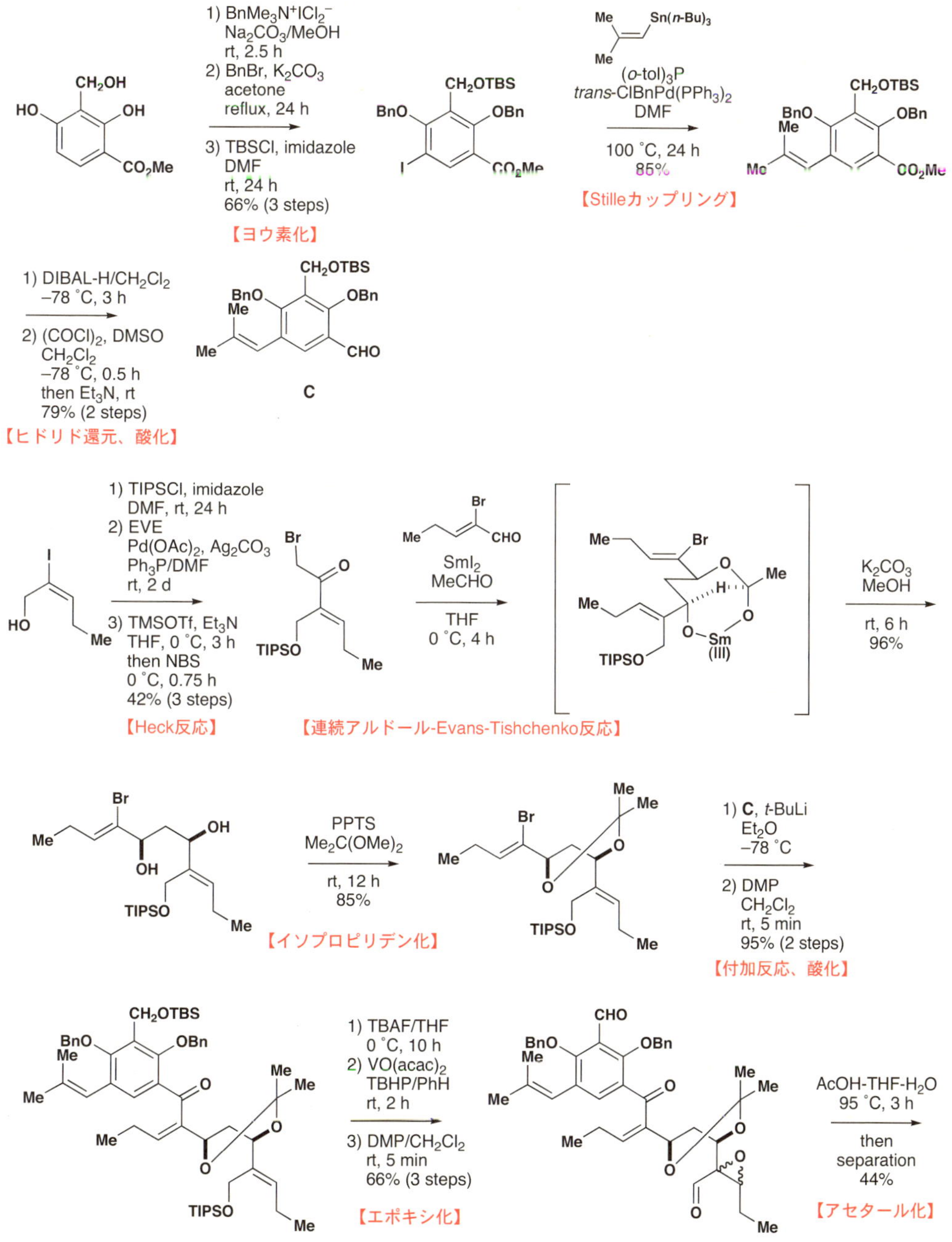

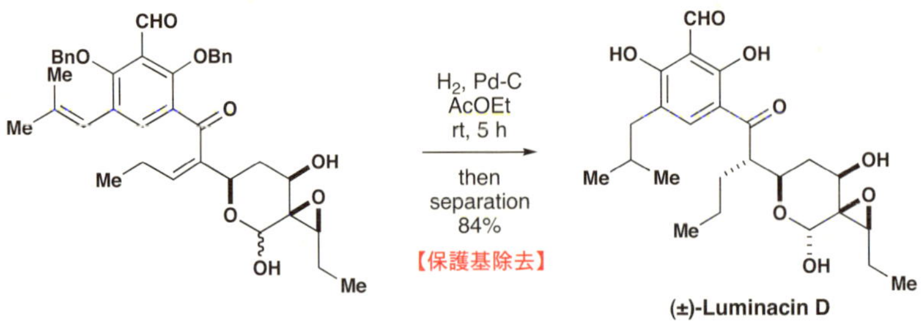

References

1) K. Tatsuta, S. Nakano, F. Narazaki and Y. Nakamura, *Tetrahedron Lett.*, **42**, 7625-7628 (2001)
2) J. B. Shotwell, E. S. Krygowski, J. Hines, B. Koh, E. W. D. Huntsman, H. W. Choi, J. S. Schneekloth Jr., J. L. Wood and C. M. Crews, *Org. Lett.*, **4**, 3087-3089 (2002)

Lymphostin

1) The First Total Synthesis of Lymphostin[1)]

6種類の位置および官能基選択的な酸化的反応を鍵として天然物を全合成

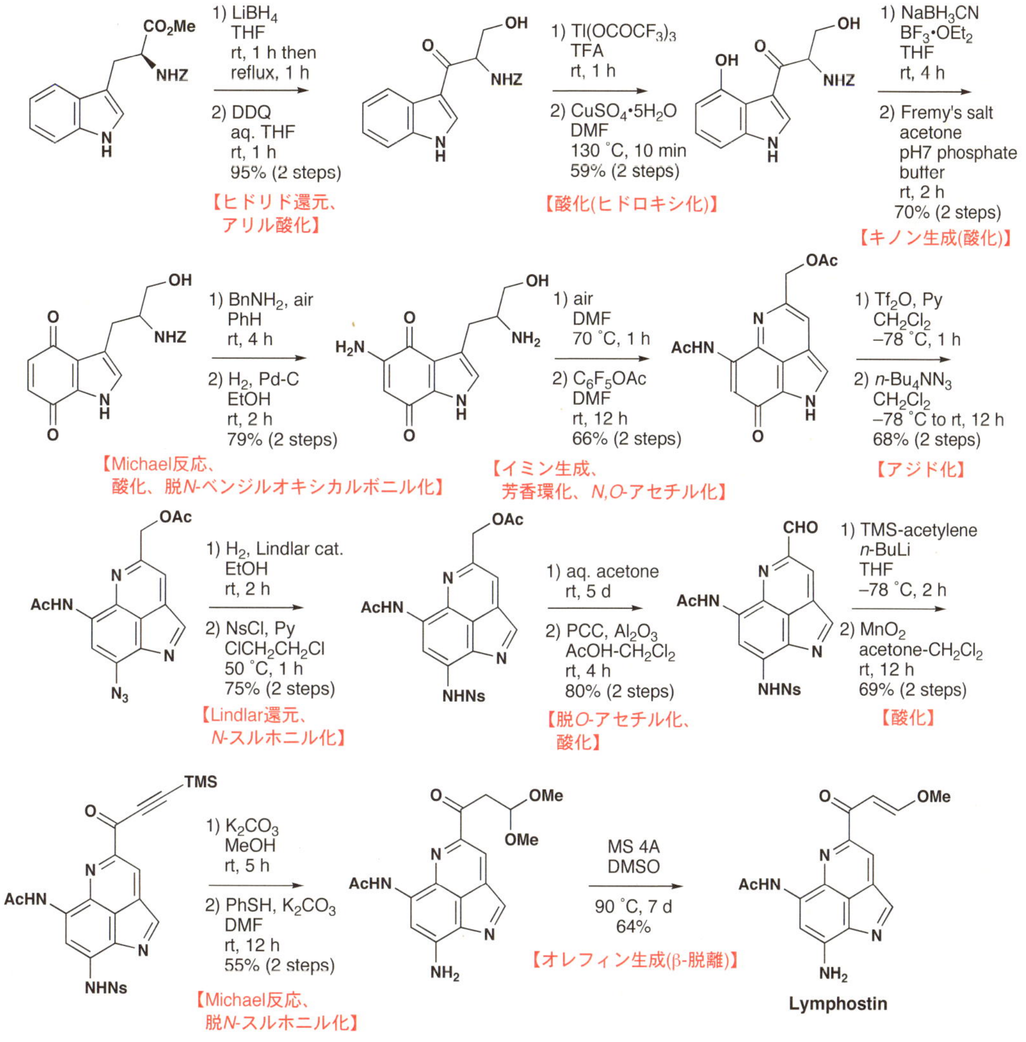

Reference

1) K. Tatsuta, K. Imamura, S. Itoh and S. Kasai, *Tetrahedron Lett,*. **45**, 2847-2850 (2004)

Maniwamycin A and B

1) Regioselective Oxidation of β-Hydroxyazo Compounds to β-Hydroxyazoxy Compounds and Its Application to Syntheses of Maniwamycins A and B[1)]

アゾ部分への反応、環状スルホン酸エステルへのS_N2置換反応、アゾおよびアゾキシ部分の構築を経て天然物を全合成

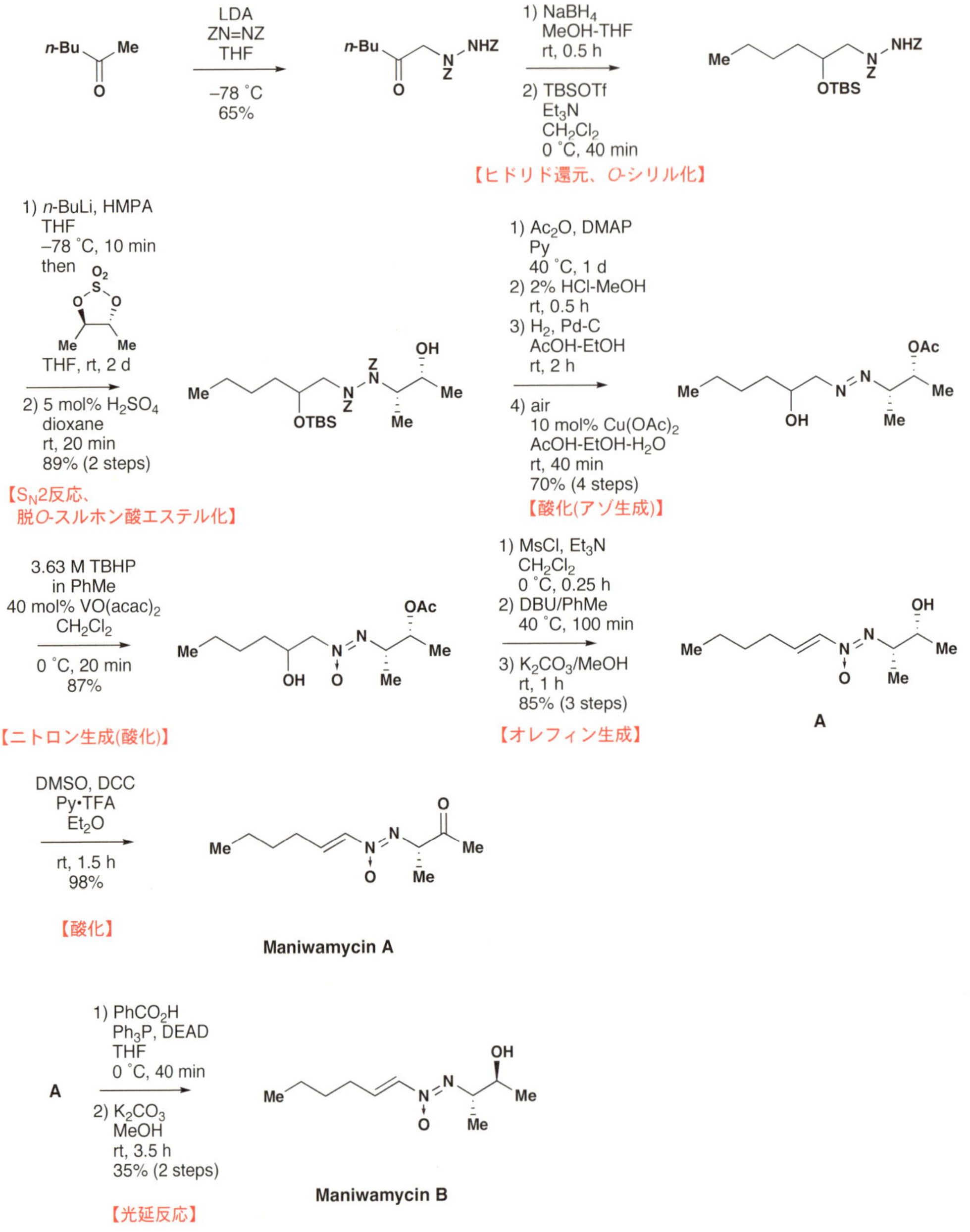

2) Syntheses of Novel Antibiotic Maniwamycin A[2,3)]

光学活性なα-アミノケトンの構築、アゾキシ化、アルドール反応を経て天然物を全合成

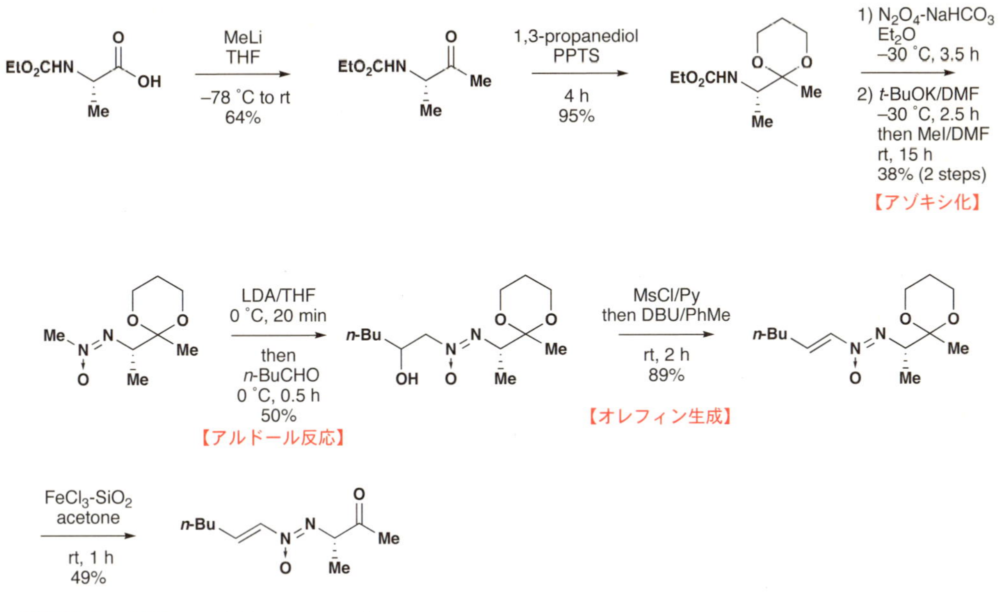

(–)-Maniwamycin A

References

1) M. Nakata, S. Kawazoe, T. Tamai and K. Tatsuta, *Tetrahedron Lett.*, **34**, 6095-6098 (1993)
2) Y. Takahashi, H. Ishiwata, T. Deushi, M. Nakayama and M. Shiratsuchi, *Tetrahedron Lett.*, **32**, 1067-1068 (1991)
3) C. G. Knudsen and H. Rapoport, *J. Org. Chem.*, **48**, 2260-2266 (1983)

Medermycin and Analogue of Medermycin

1) Enantioselective Total Synthesis of Medermycin[1)]

2-ブロモグリコシルヘミアセタールの還元による2-デオキシ-β-グリコシドの生成、連続Michael-Dieckmann型反応、連続Wittig-Michael反応を鍵として天然物を全合成

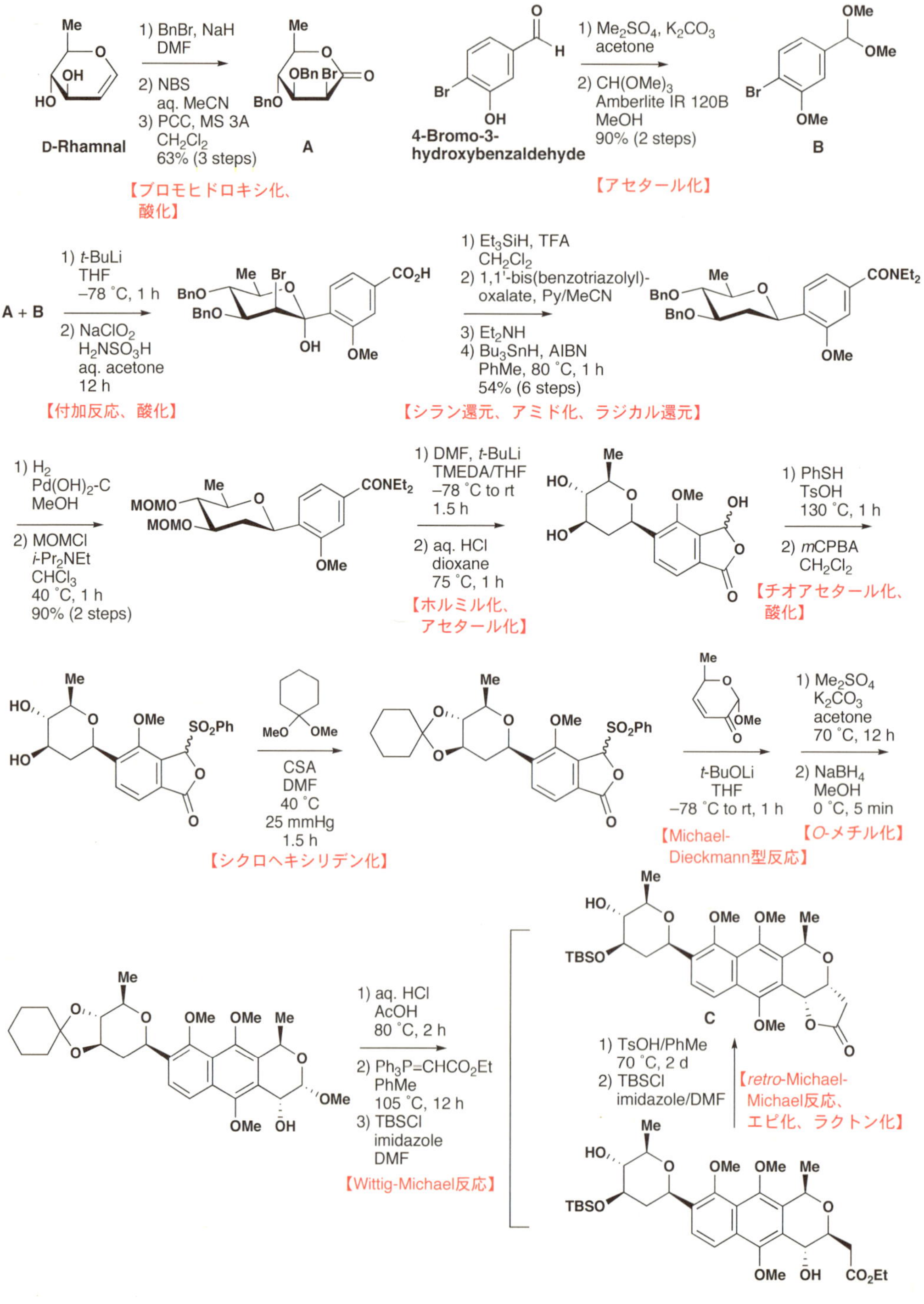

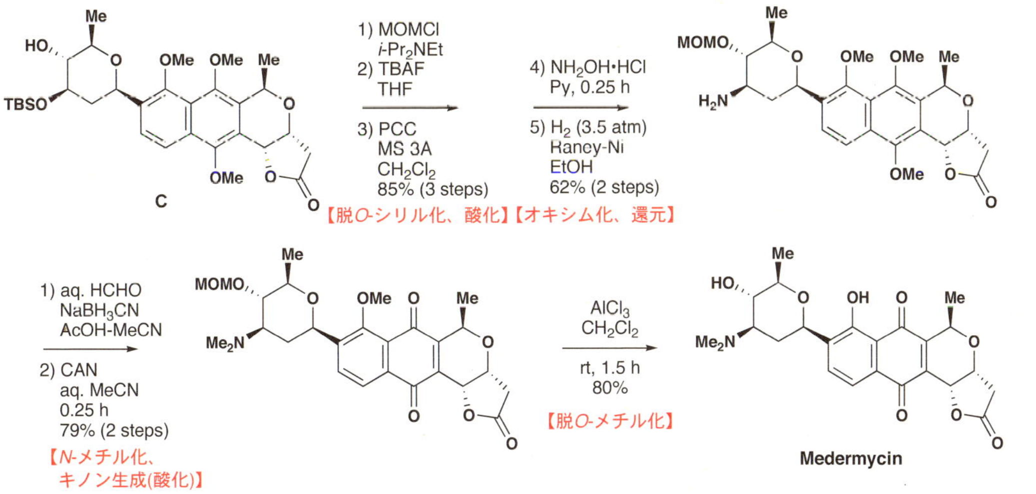

2) Synthesis of a *C*-Glycosylpyranonaphthoquinone Related to Medermycin[2)]

フェノール類の直接*C*-グリコシル化、フラノン等価体のMichael反応を経て合成

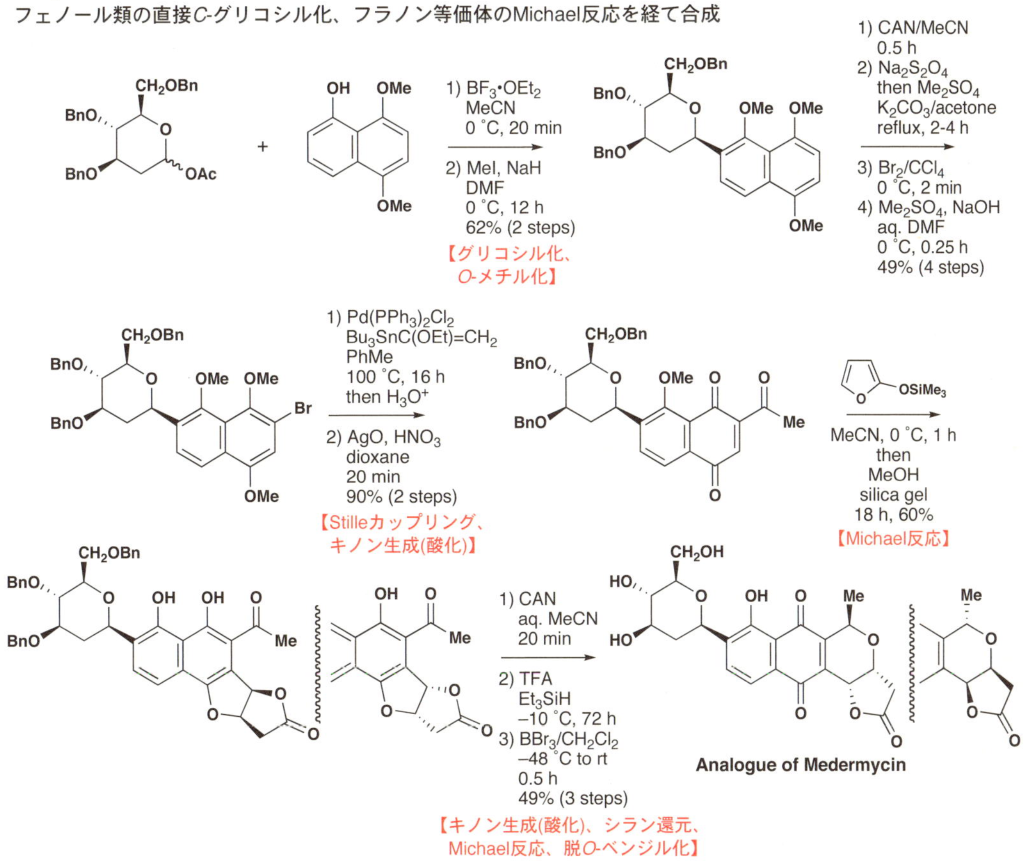

References

1) K. Tatsuta, H. Ozeki, M. Yamaguchi, M. Tanaka and T. Okui, *Tetrahedron Lett.*, **31**, 5495-5498 (1990)
2) M. A. Brimble and T. J. Brenstrum, *Tetrahedron Lett.*, **41**, 2991-2994 (2000)

MS-444

1) Total Synthesis of MS-444, a Myosin Light Chain Kinase Inhibitor[1)]

Birch還元、連続Diels-Alder-*retro*-Diels-Alder反応、連続するMichael-Dieckmann反応、
シクロヘキセンの還元を用いる脱水素化(酸化)を経て、フラン環を構築して天然物を全合成

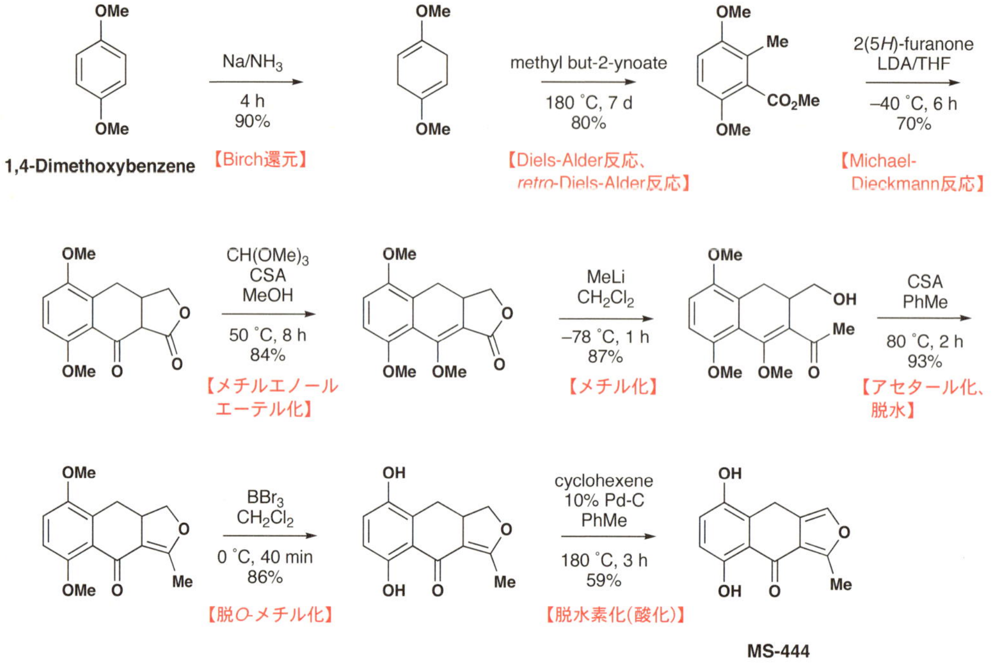

Reference

1) K. Tatsuta, T. Yoshimoto and H. Gunji, *J. Antibiot.*, **50**, 289-290 (1997)

Nagstatin

1) The Total Synthesis of a Glycosidase Inhibitor, Nagstatin[1,2,3,4,5]

フラノースへのイミダゾール環の導入、光延反応によるアミノ基の立体選択的導入を経て天然物を全合成
構造ー活性相関研究のため類縁体E, F, Gも合成

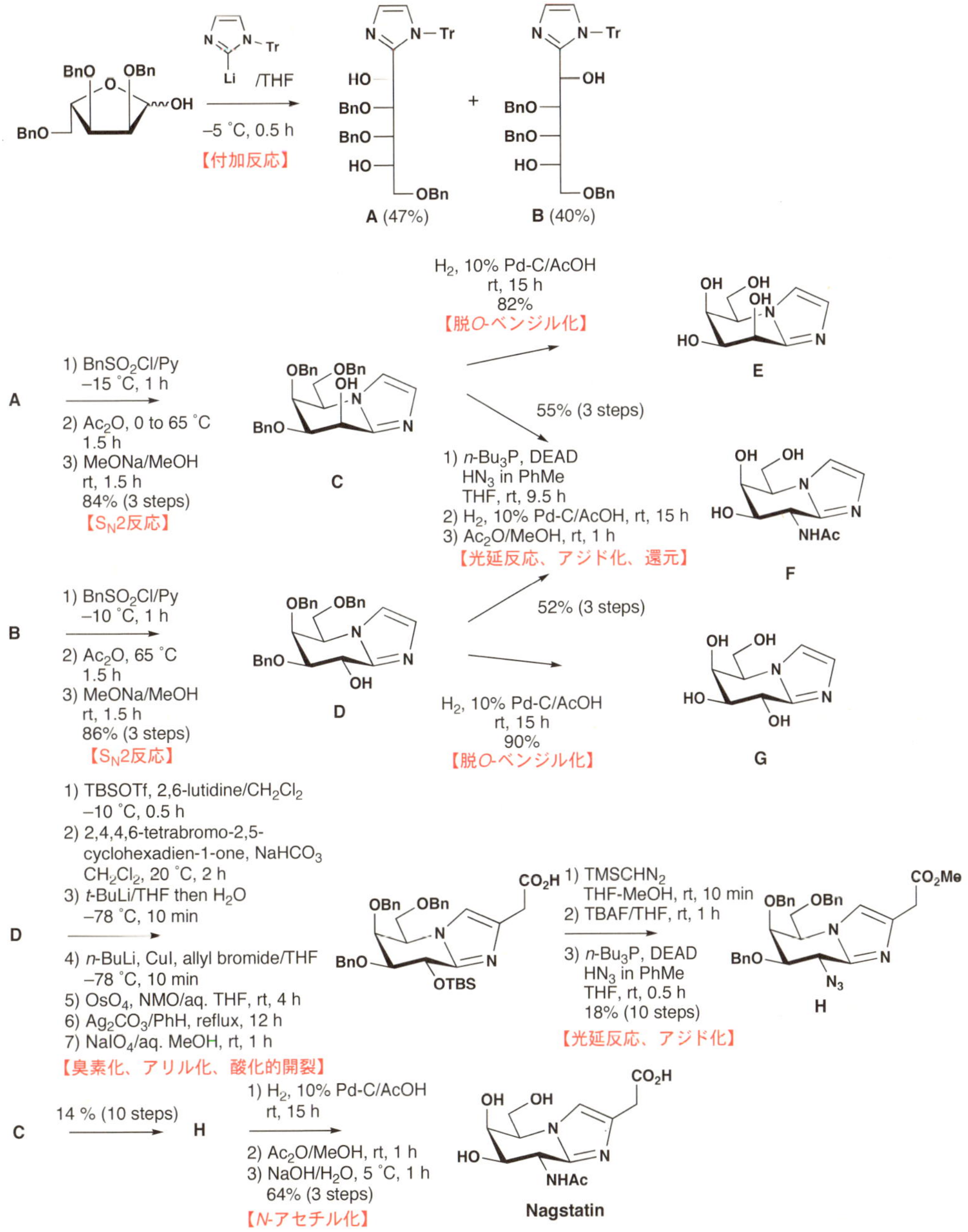
/THF
–5 °C, 0.5 h
【付加反応】
A (47%)
B (40%)
1) $BnSO_2Cl$/Py
–15 °C, 1 h
2) Ac_2O, 0 to 65 °C
1.5 h
3) MeONa/MeOH
rt, 1.5 h
84% (3 steps)
【S_N2反応】
C
H_2, 10% Pd-C/AcOH
rt, 15 h
82%
【脱O-ベンジル化】
E
55% (3 steps)
1) n-Bu_3P, DEAD
HN_3 in PhMe
THF, rt, 9.5 h
2) H_2, 10% Pd-C/AcOH, rt, 15 h
3) Ac_2O/MeOH, rt, 1 h
【光延反応、アジド化、還元】
F
52% (3 steps)
1) $BnSO_2Cl$/Py
–10 °C, 1 h
2) Ac_2O, 65 °C
1.5 h
3) MeONa/MeOH
rt, 1.5 h
86% (3 steps)
【S_N2反応】
D
H_2, 10% Pd-C/AcOH
rt, 15 h
90%
【脱O-ベンジル化】
G
1) TBSOTf, 2,6-lutidine/CH_2Cl_2
–10 °C, 0.5 h
2) 2,4,4,6-tetrabromo-2,5-cyclohexadien-1-one, $NaHCO_3$
CH_2Cl_2, 20 °C, 2 h
3) t-BuLi/THF then H_2O
–78 °C, 10 min
4) n-BuLi, CuI, allyl bromide/THF
–78 °C, 10 min
5) OsO_4, NMO/aq. THF, rt, 4 h
6) Ag_2CO_3/PhH, reflux, 12 h
7) $NaIO_4$/aq. MeOH, rt, 1 h
【臭素化、アリル化、酸化的開裂】
1) $TMSCHN_2$
THF-MeOH, rt, 10 min
2) TBAF/THF, rt, 1 h
3) n-Bu_3P, DEAD
HN_3 in PhMe
THF, rt, 0.5 h
18% (10 steps)
【光延反応、アジド化】
H
14 % (10 steps)
1) H_2, 10% Pd-C/AcOH
rt, 15 h
2) Ac_2O/MeOH, rt, 1 h
3) NaOH/H_2O, 5 °C, 1 h
64% (3 steps)
【N-アセチル化】
Nagstatin

References

1) K. Tatsuta, S. Miura and H. Gunji, *J. Antibiot.*, **48**, 286-288 (1995)
2) K. Tatsuta, S. Miura, S. Ohta and H. Gunji, *Tetrahedron Lett.*, **36**, 1085-1088 (1995)
3) K. Tatsuta and S. Miura, *Tetrahedron Lett.*, **36**, 6721-6724 (1995)
4) K. Tatsuta, Y. Ikeda and S. Miura, *J. Antibiot.*, **49**, 836-838 (1996)
5) K. Tatsuta, S. Miura and H. Gunji, *Bull. Chem. Soc. Jpn.*, **70**, 427-436 (1997)

Nanaomycins and Kalafungins

1) Enantiodivergent Total Syntheses of Nanaomycins and Their Enantiomers Kalafungins[1,2)]

1種の糖質を不斉炭素源として連続Michael-Dieckmann型反応、連続Wittig-Michael反応、立体特異的エピ化を鍵反応として互いに 対掌体の関係にある二対の天然物を全合成

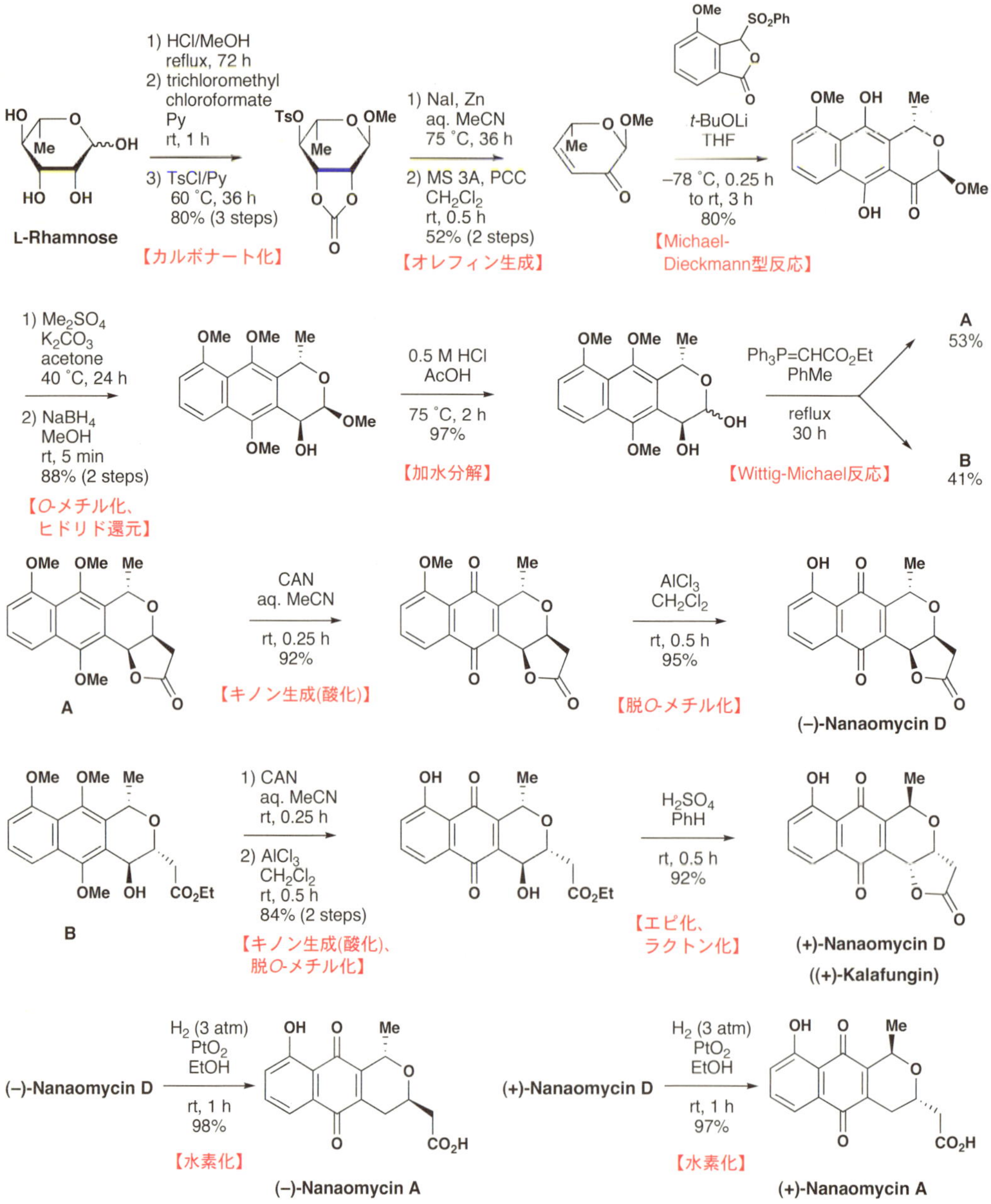

2) Total Synthesis of Racemic Nanaomycin A[3)]

向山アルドール反応を鍵として合成

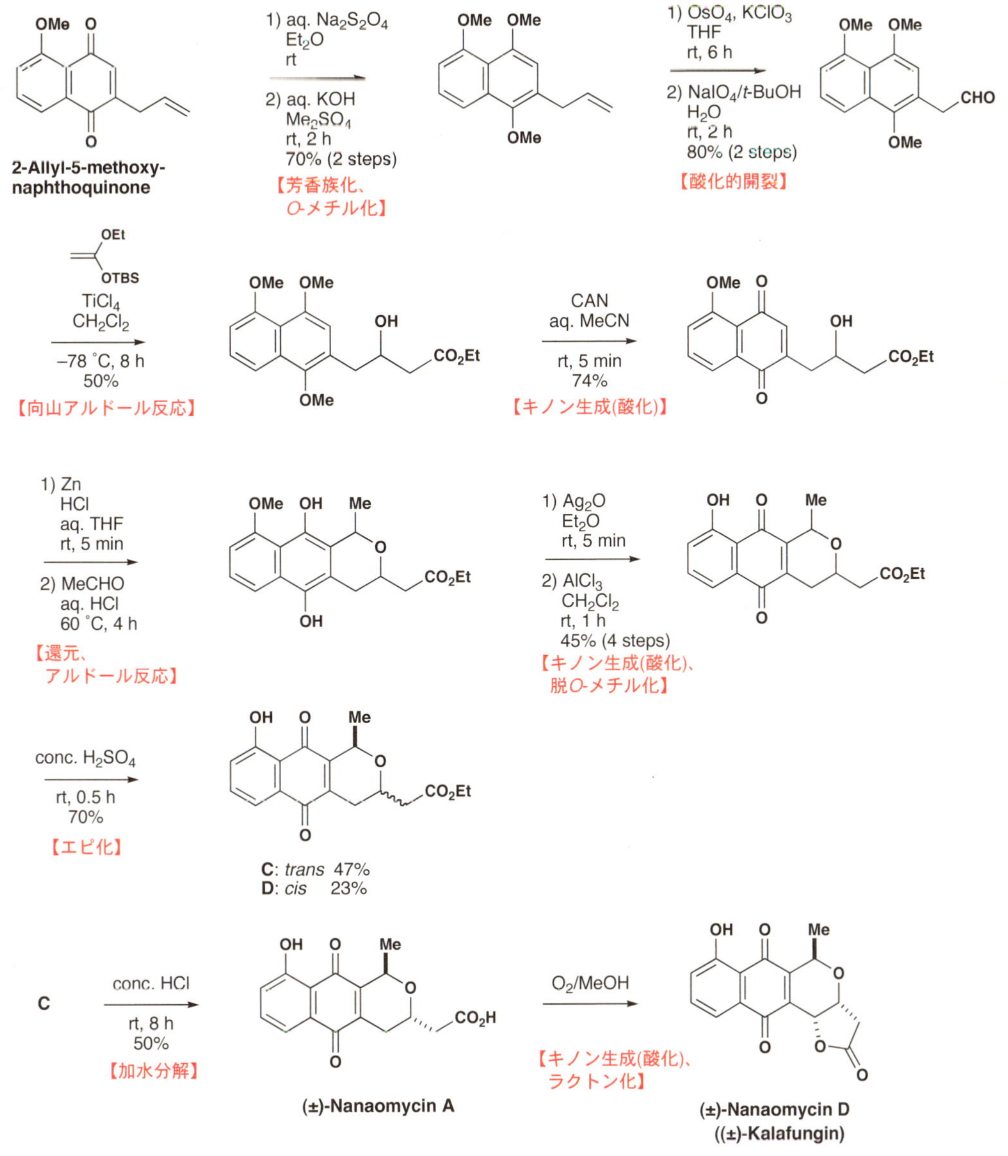

OMe
O
2-Allyl-5-methoxy-naphthoquinone
1) aq. $Na_2S_2O_4$
Et_2O
rt
2) aq. KOH
Me_2SO_4
rt, 2 h
70% (2 steps)
【芳香族化、O-メチル化】
1) OsO_4, $KClO_3$
THF
rt, 6 h
2) $NaIO_4$/t-BuOH
H_2O
rt, 2 h
80% (2 steps)
【酸化的開裂】
CHO
OEt
OTBS
$TiCl_4$
CH_2Cl_2
–78 ˚C, 8 h
50%
【向山アルドール反応】
OH
CO_2Et
CAN
aq. MeCN
rt, 5 min
74%
【キノン生成(酸化)】
1) Zn
HCl
aq. THF
rt, 5 min
2) MeCHO
aq. HCl
60 ˚C, 4 h
【還元、アルドール反応】
Me
1) Ag_2O
Et_2O
rt, 5 min
2) $AlCl_3$
CH_2Cl_2
rt, 1 h
45% (4 steps)
【キノン生成(酸化)、脱O-メチル化】
conc. H_2SO_4
rt, 0.5 h
70%
【エピ化】
C: trans 47%
D: cis 23%
C
conc. HCl
rt, 8 h
50%
【加水分解】
CO_2H
(±)-Nanaomycin A
O_2/MeOH
【キノン生成(酸化)、ラクトン化】
(±)-Nanaomycin D
((±)-Kalafungin)

3) Phthalide Annulation: The Synthesis of Kalafungin[4)]

Michael反応を鍵として合成

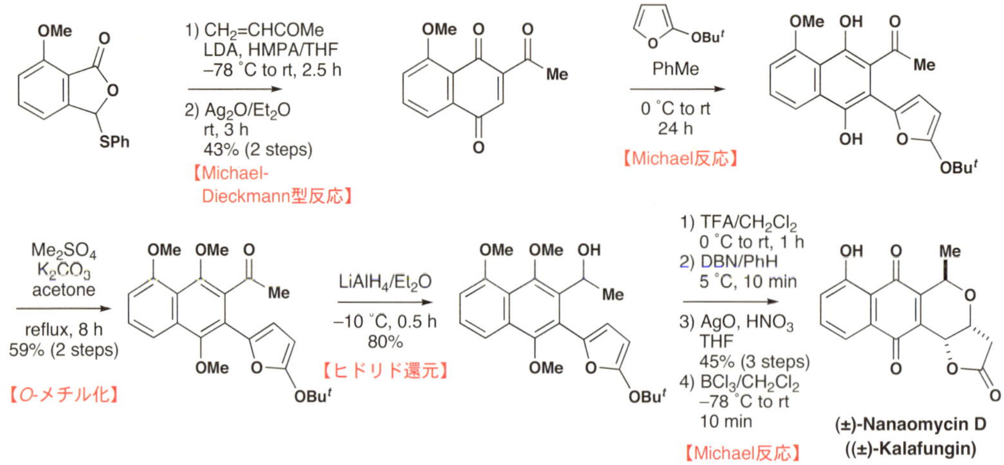

4) Synthesis of Nanaomycin A[5)]

Diels-Alder反応、*retro*-Claisen型反応を鍵として合成

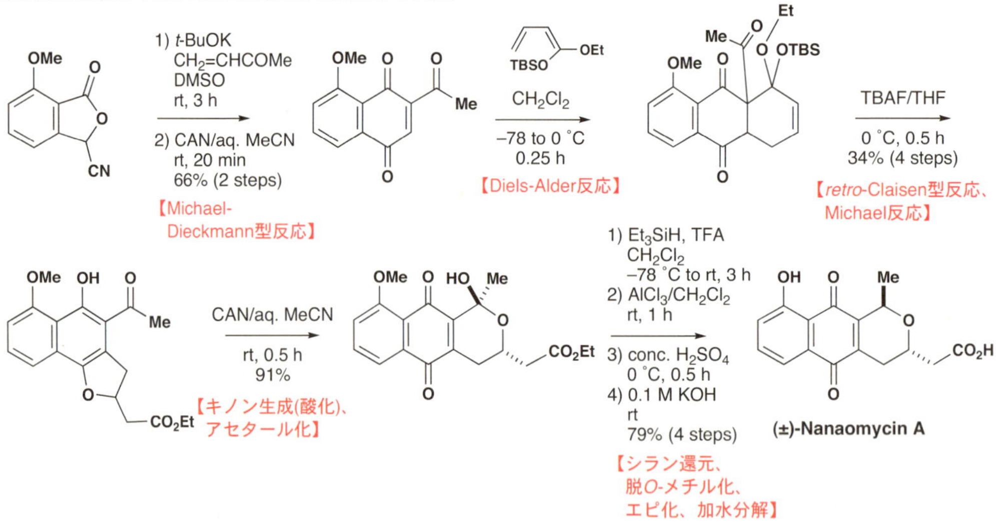

5) A Versatile Intermediate for the Synthesis of Nanaomycin A[6)]

2回のDiels-Alder反応を鍵として合成

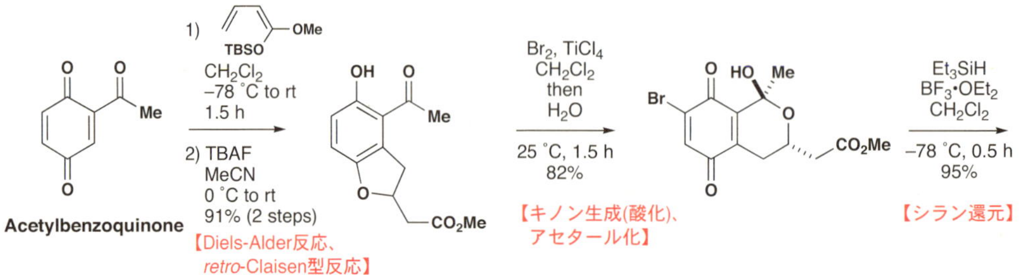

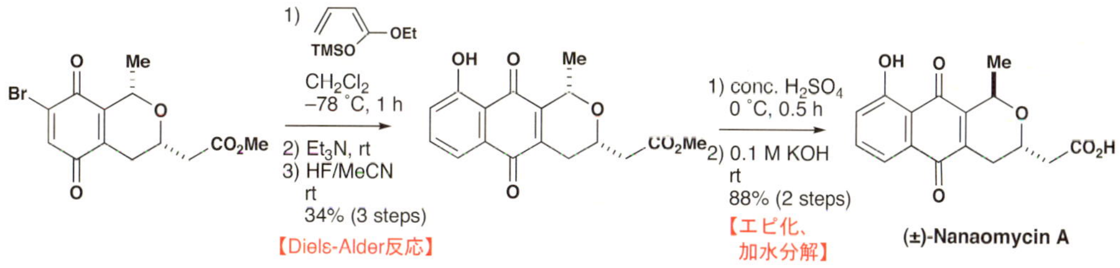

6) Direct Total Synthesis of Kalafungin via Highly Regioselective Diels-Alder Reaction[7)]

Pd触媒による一酸化炭素挿入、Diels-Alder反応を鍵として合成

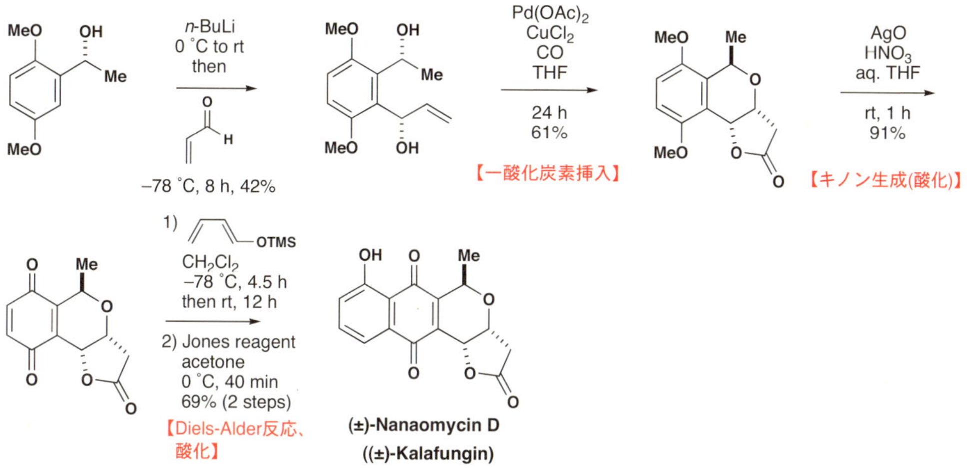

7) Synthesis of Nanaomycin A by Alkene Cycloaddition to Chromium-Carbene Complex[8)]

Cr(CO)$_6$によるカルベン錯体へのアルケンの環化、Pd触媒による一酸化炭素挿入を鍵反応として合成

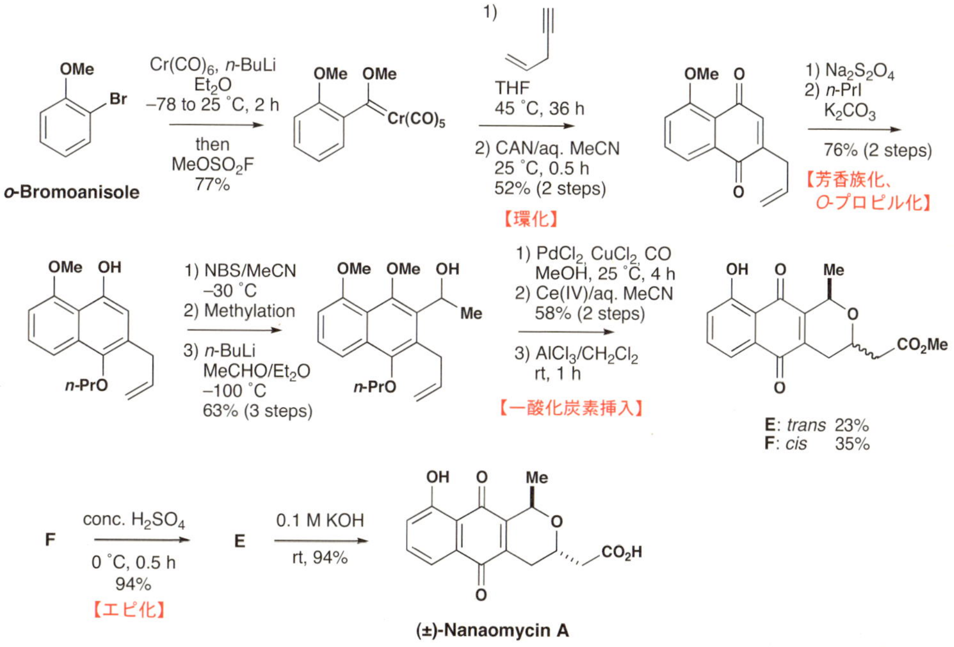

8) Total Synthesis of (±)-Nanaomycin A[9)]

Diels-Alder反応、OsO_4酸化、Horner-Emmons反応を経て合成

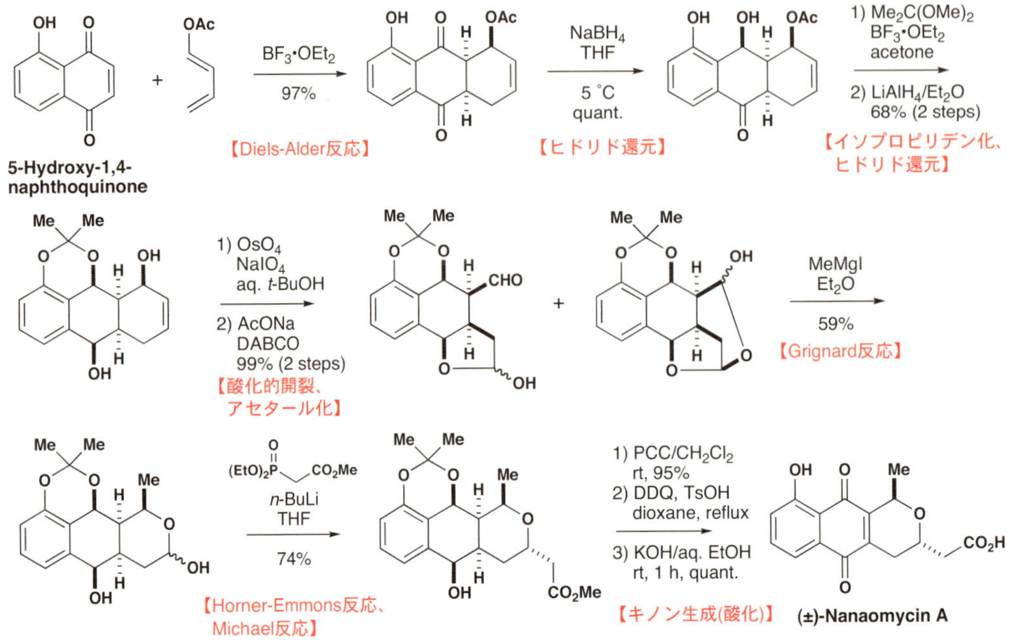

9) New Synthetic Approach to Pyranonaphthoquinone Antibiotics, (±)-Nanaomycin A[10,11)]

エン反応-Michael反応、分子内Michael反応を経て合成

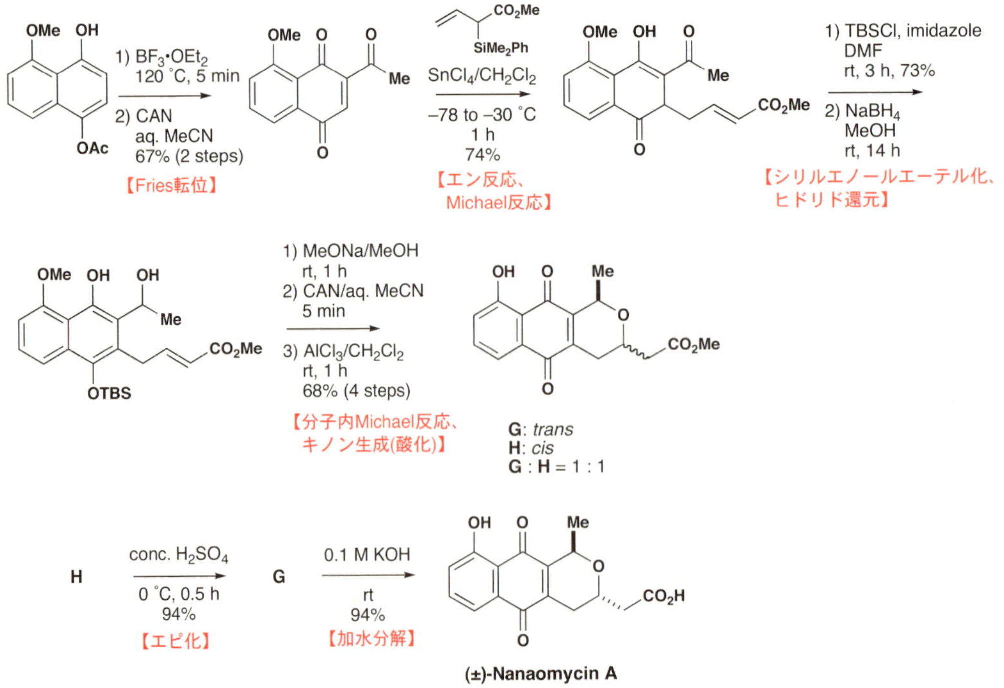

10) Pyranonaphthoquinone Antibiotics. Total Synthesis of (±)-Nanaomycin A[12,13,14]

Michael反応、Grignard反応、分子内Michael反応を鍵として合成

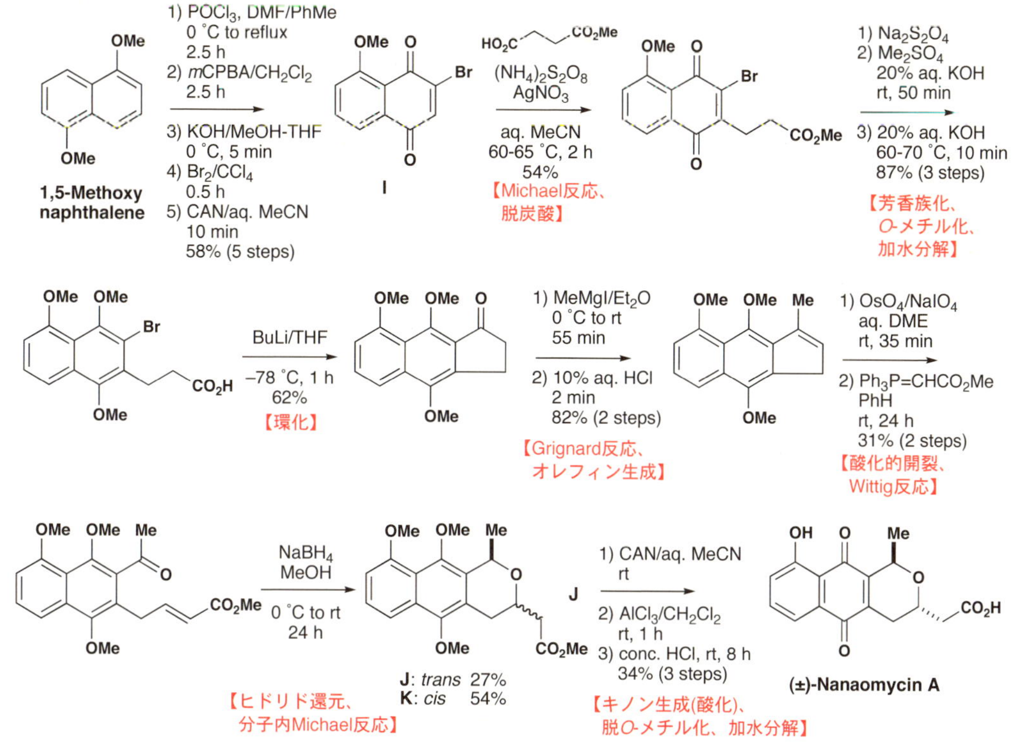

Alternative route

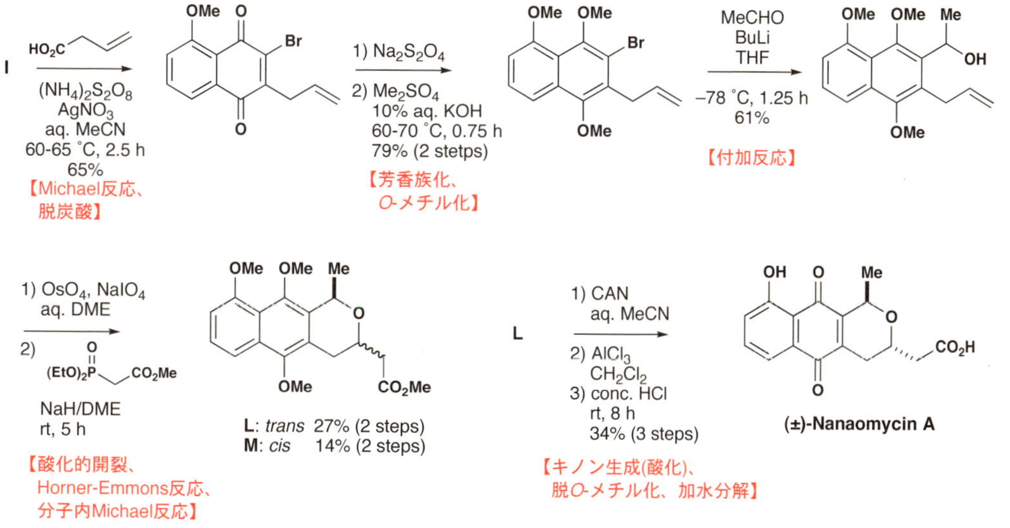

11) Conjugate Addition of Acylate-Nickel Complexes to Quinone Monoketals: Formal Synthesis of the Napthoquinone Antibiotics Nanaomycin A and Deoxyfrenolicin[15,16]

連続するMichael反応、S_N2反応、クロスカップリングを経て全合成

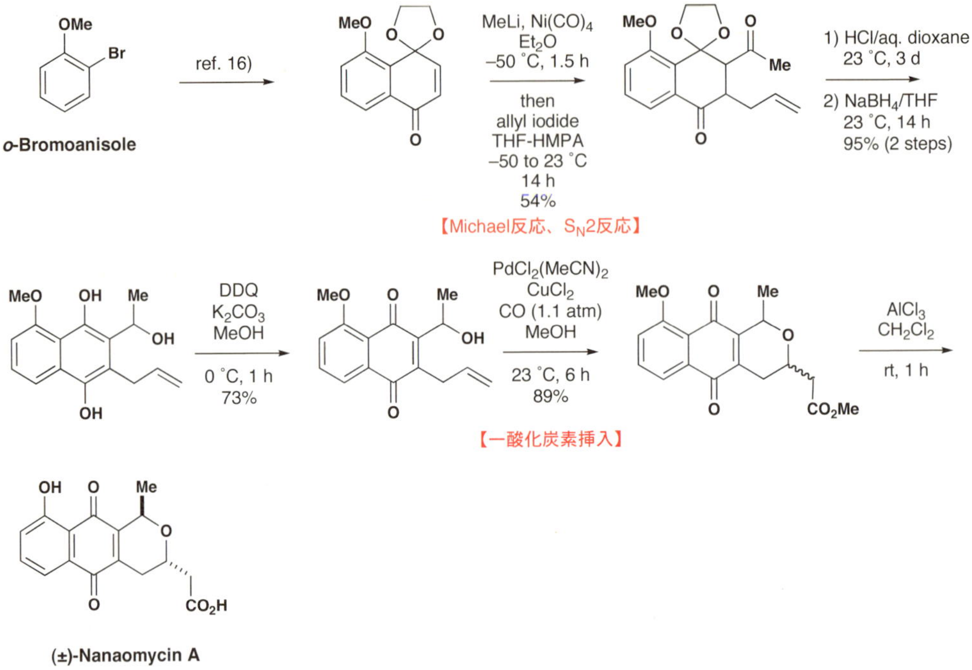

References

1) K. Tatsuta, K. Akimoto, M. Annaka, Y. Ohno and M. Kinoshita, *J. Antibiot.*, **38**, 680-682 (1985)
2) K. Tatsuta, K. Akimoto, M. Annaka, Y. Ohno and M. Kinoshita, *Bull. Chem. Soc. Jpn.*, **58**, 1699-1706 (1985)
3) T. Li and R. H. Ellison, *J. Am. Chem. Soc.*, **100**, 6263-6265 (1978)
4) G. A. Kraus, H. Cho, S. Crowley, B. Roth, H. Sugimoto and S. Prugh, *J. Org. Chem.*, **48**, 3439-3444 (1983)
5) G. A. Kraus, M. T. Molina and J. A. Walling, *J. Org. Chem.*, **52**, 1273-1276 (1987)
6) G. A. Kraus and J. Shi, *J. Org. Chem.*, **55**, 1105-1106 (1990)
7) G. A. Kraus, J. Li, M. S. Gordon and J. H. Jensen, *J. Org. Chem.*, **60**, 1154-1159 (1995)
8) M. F. Semmelhack, J. J. Bozell, T. Sato, W. Wulff, E. Spiess and A. Zask, *J. Am. Chem. Soc.*, **104**, 5850-5852 (1982)
9) A. Ichihara, M. Ubukata, H. Oikawa, K. Murakami and S. Sakamura, *Tetrahedron Lett.*, **21**, 4469-4472 (1980)
10) Y. Naruta, H. Uno and K. Maruyama, *Chem. Lett.*, 609-612 (1982)
11) Y. Naruta, H. Uno and K. Maruyama, *J. Chem. Soc., Chem. Comm.*, 1277-1278 (1981)
12) T. Kometani, Y. Takeuchi and E. Yoshii, *J. Chem. Soc., Perkin Trans. 1*, 1197-1202 (1981)
13) T. Kometani and E. Yoshii, *J. Chem. Soc., Perkin Trans. 1*, 1191-1196 (1981)
14) R. L. Hannan, R. B. Barber and H. Rapoport, *J. Org. Chem.*, **44**, 2153-2158 (1979)
15) M. F. Semmelhack, L. Keller, T. Sato, E. J. Spiess and W. Wulff, *J. Org. Chem.*, **50**, 5566-5574 (1985)
16) D. J. Crouse, M. M. Wheeler, M. Goemann, P. S. Tobin, S. K. Basu and D. M. S. Wheeler, *J. Org. Chem.*, **46**, 1814-1817 (1981)

Napyradiomycin A1

1) The First Total Synthesis of (±)-Napyradiomycin A1[1]

連続Michael-Dieckmann型反応による三環式構造の構築、側鎖部分のMichael反応による導入、立体選択的塩素化を経て、天然物を全合成

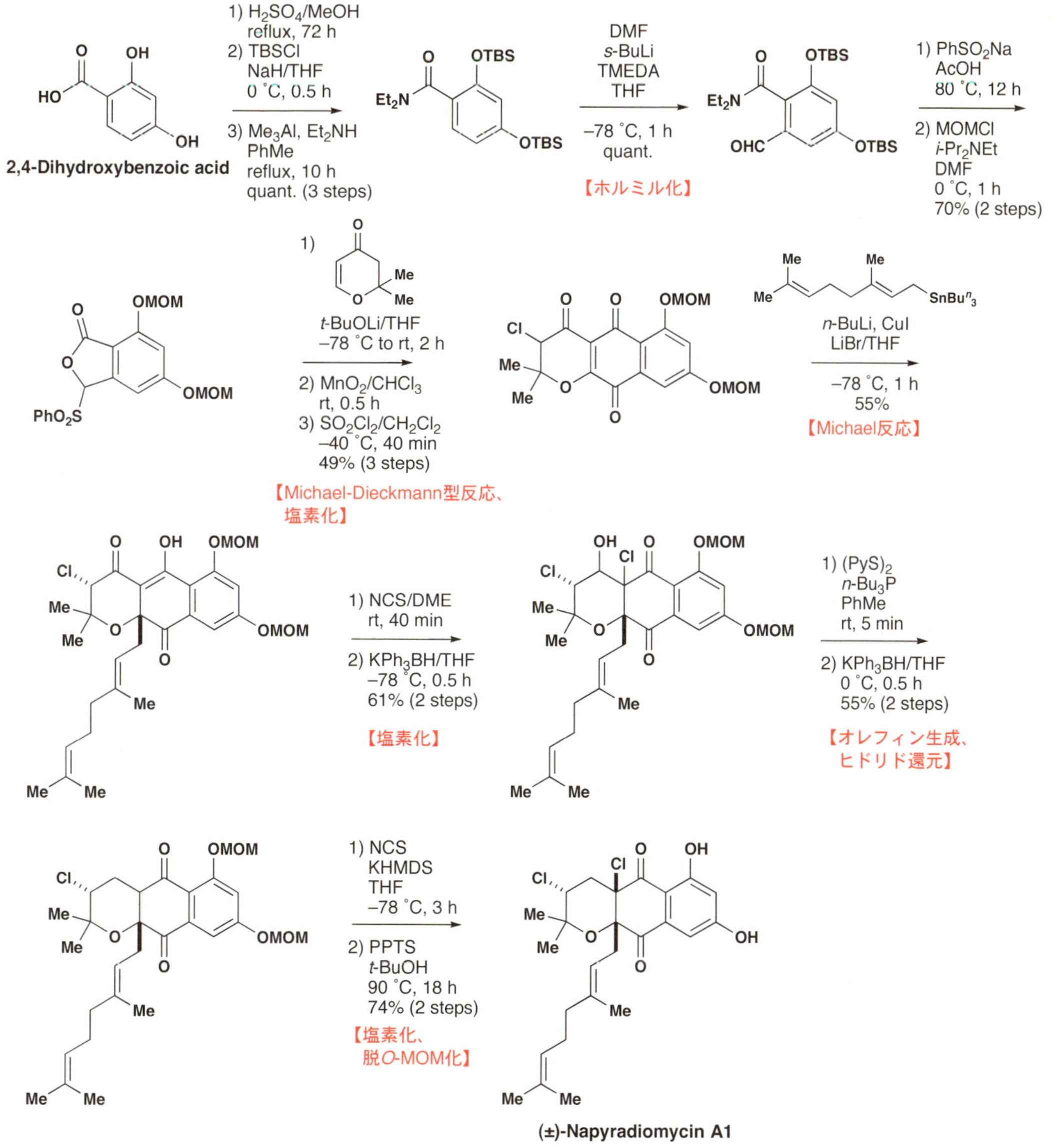

Reference

1) K. Tatsuta, Y. Tanaka, M. Kojima and H. Ikegami, *Chem. Lett.*, 14-15 (2002)

Neamine

1) Studies of Antibiotics and Related Substances. XXXII. Syntheses of Neamine and Its Analogue[1,2]

S_N2反応によるアミノ基の導入を経て全合成

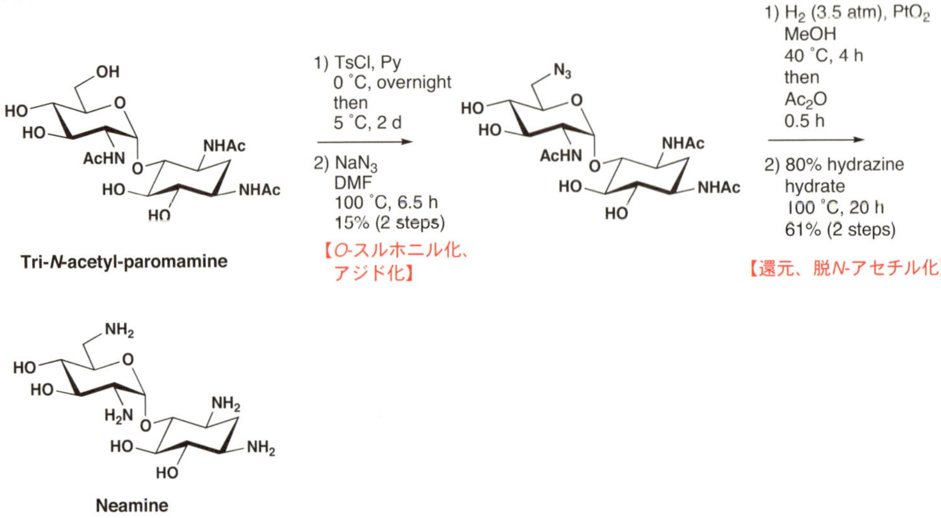

2) Syntheses of (+),(–)-Neamine and Their Positional Isomers as Potential Antibiotics[3]

S_N2反応によるアジドの導入、グリコシル化を経て全合成

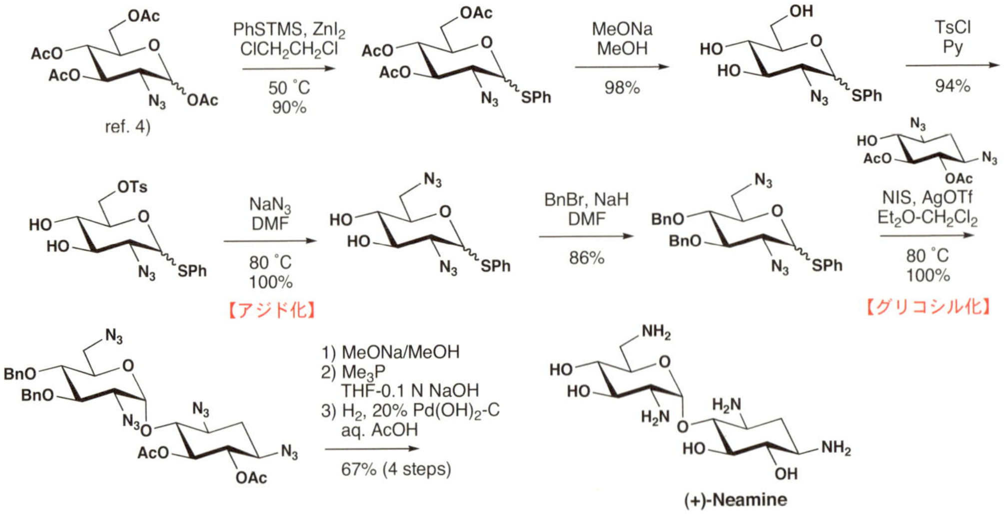

References

1) S. Umezawa, K. Tatsuta, T. Tsuchiya and E. Kitazawa, *J. Antibiot.*, **20**, 53-54 (1967)
2) K. Tatsuta, E. Kitazawa and S. Umezawa, *Bull. Chem. Soc. Jpn.*, **40**, 2371-2375 (1976)
3) D. H. Ryu, C.-H. Tan and R. R. Rando, *Bioorg. Med. Chem. Lett.*, **13**, 901-903 (2003)
4) P. B. Alper, S.-C. Hung and C.-H. Wong, *Tetrahedron Lett.*, **37**, 6029-6032 (1996)

(+)- and (–)-Neopyrrolomycins

1) Total Synthesis of (+)- and (–)-Neopyrrolomycins, Chlorinated Phenylpyrrole Antibiotics[1,2,3]

ピロール環の構築、位置選択的塩素化、光学分割を経て天然物とアトロープ異性体を全合成

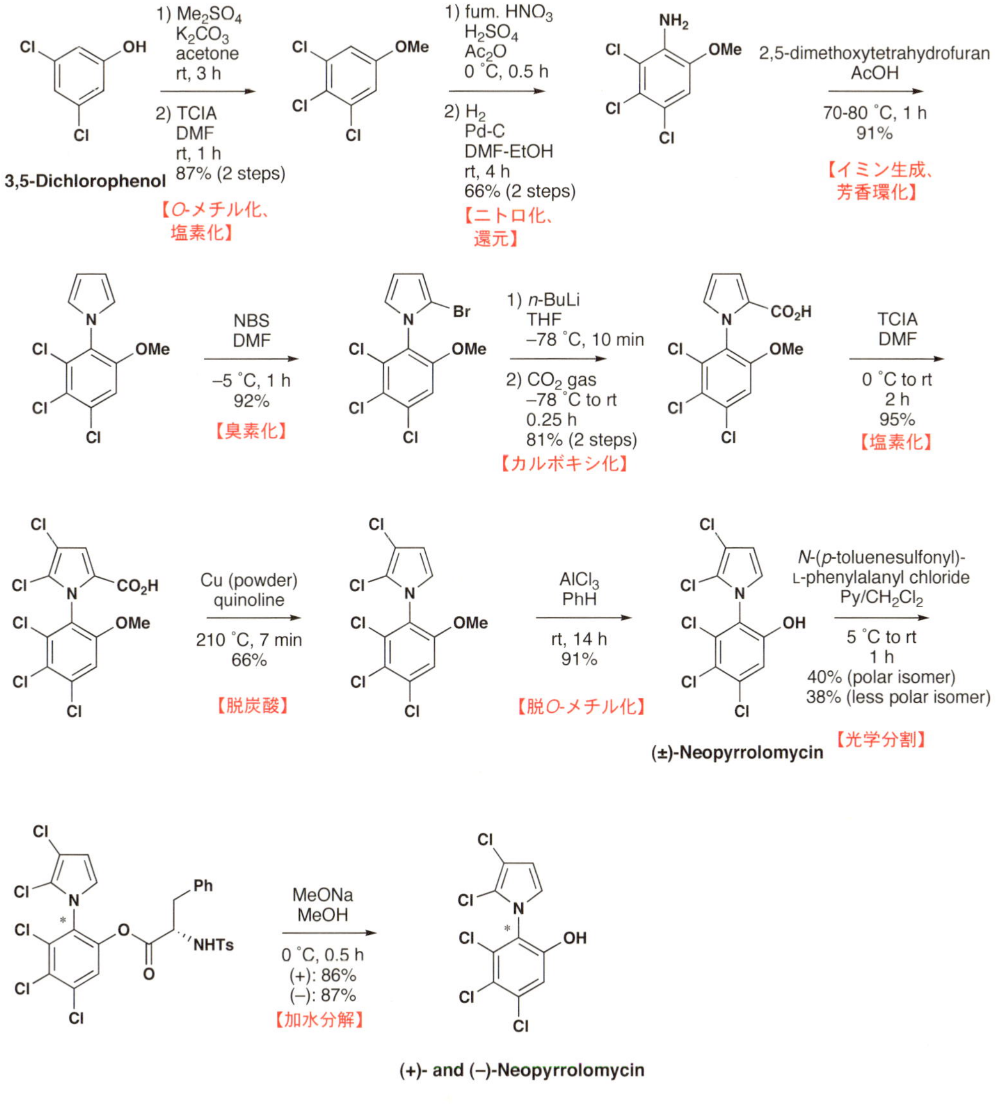

References

1) K. Tatsuta and M. Itoh, *Tetrahedron Lett.*, **34**, 8443-8444 (1993)
2) K. Tatsuta and M. Itoh, *J. Antibiot.*, **47**, 262-265 & 602-605 (1994)
3) K. Tatsuta and M. Itoh, *Bull. Chem. Soc. Jpn.*, **67**, 1449-1455 (1994)

Oleandomycin and Oleandolide

1) The Total Synthesis of Oleandomycin[1,2)]

糖質を不斉炭素源にして、不斉クロチル化、分子内Horner-Emmons反応によるラクトン生成、位置および立体選択的グリコシル化を鍵反応として天然物を全合成

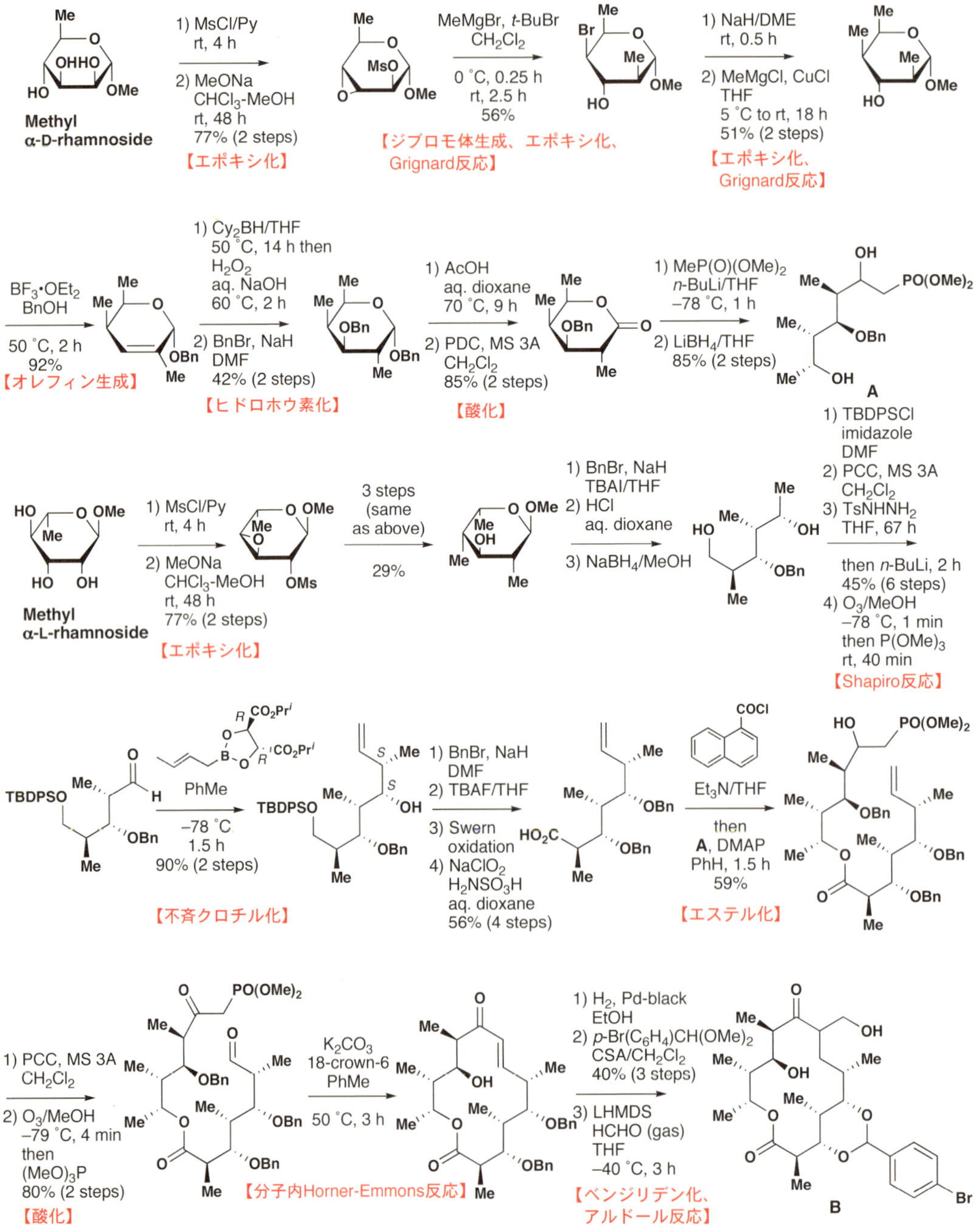

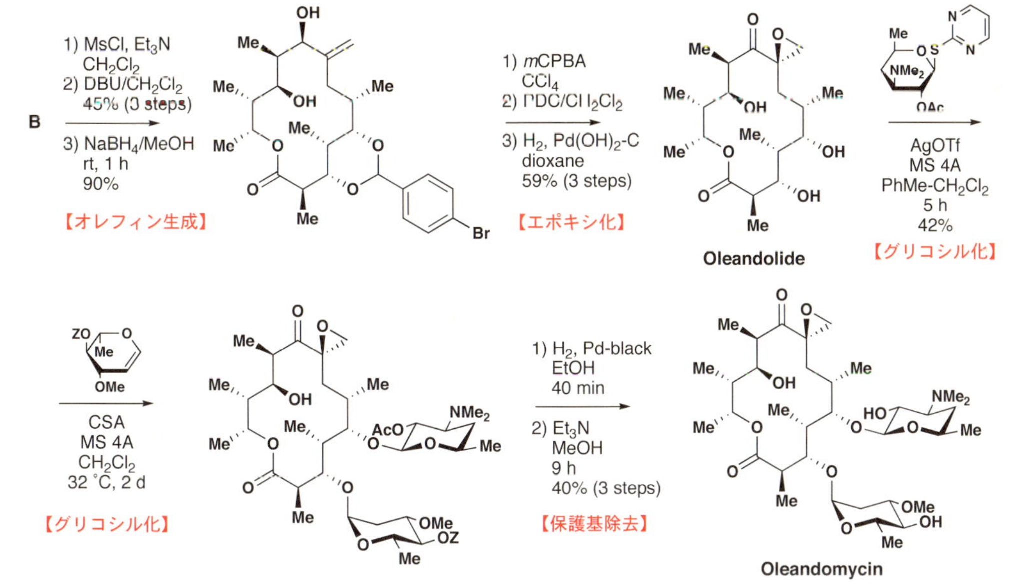

2) Studies in Macrolide Synthesis: A Stereocontrolled Synthesis of Oleandolide Employing Reagent- and Substrate-Controlled Aldol Reactions of (*S*)-1-(Benzyloxy)-2-methylpentan-3-one[3,4)]

不斉アルドール反応、山口法によるラクトン化を経て、アグリコン部分を合成

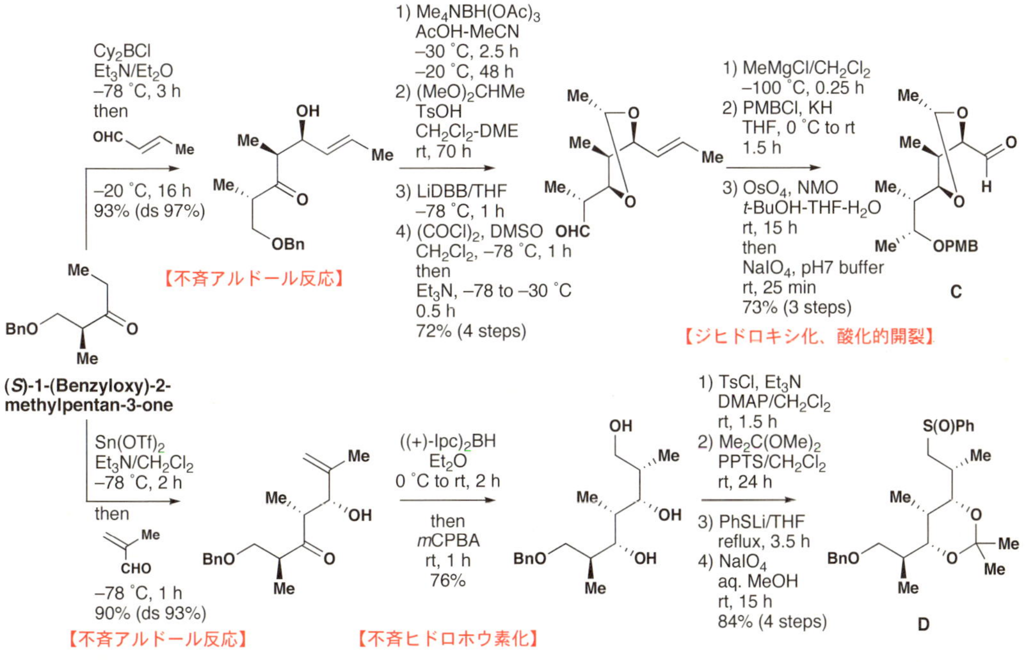

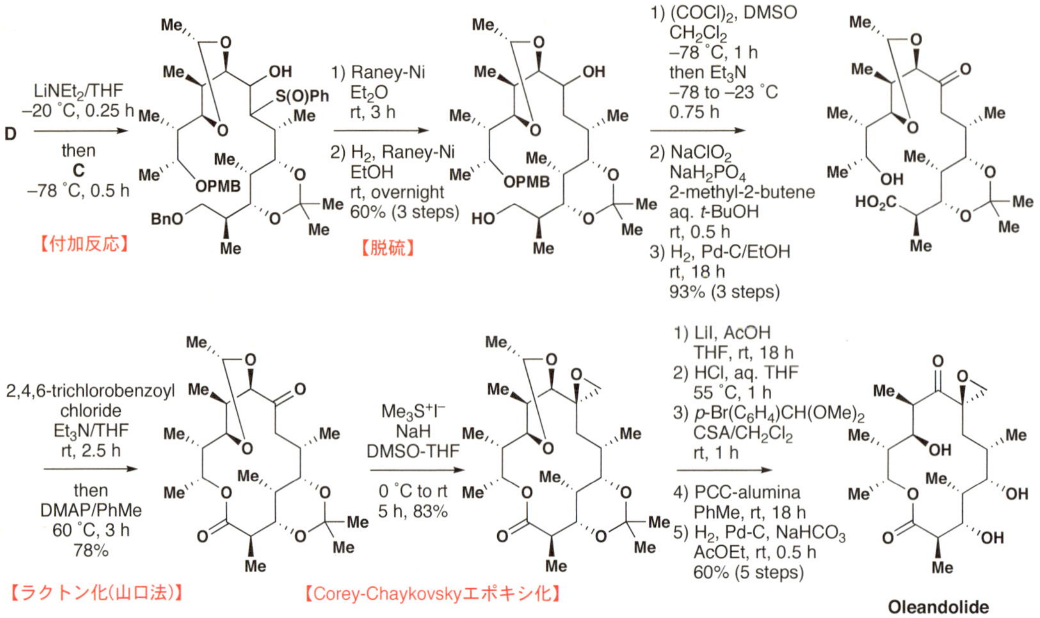

3) Enantioselective Synthesis of the Macrolide Antibiotic Oleandomycin Aglycon[5,6)]

不斉アルドール反応、Pd触媒によるアリル-アルデヒドクロスカップリング、山口法によるラクトン化を経て、アグリコン部分を合成

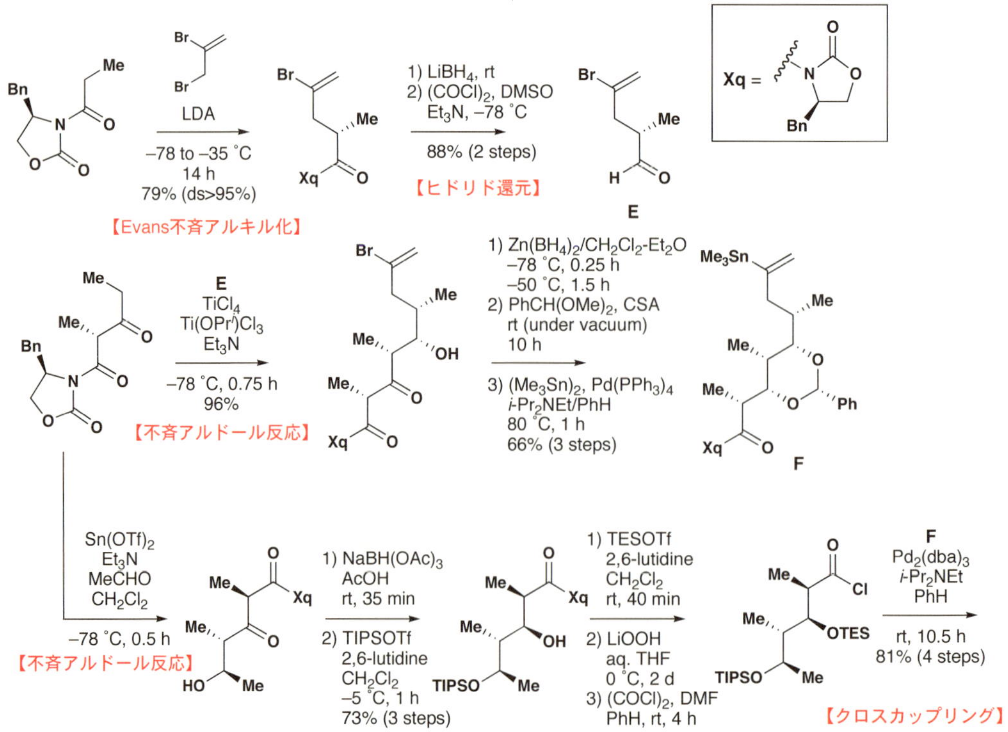

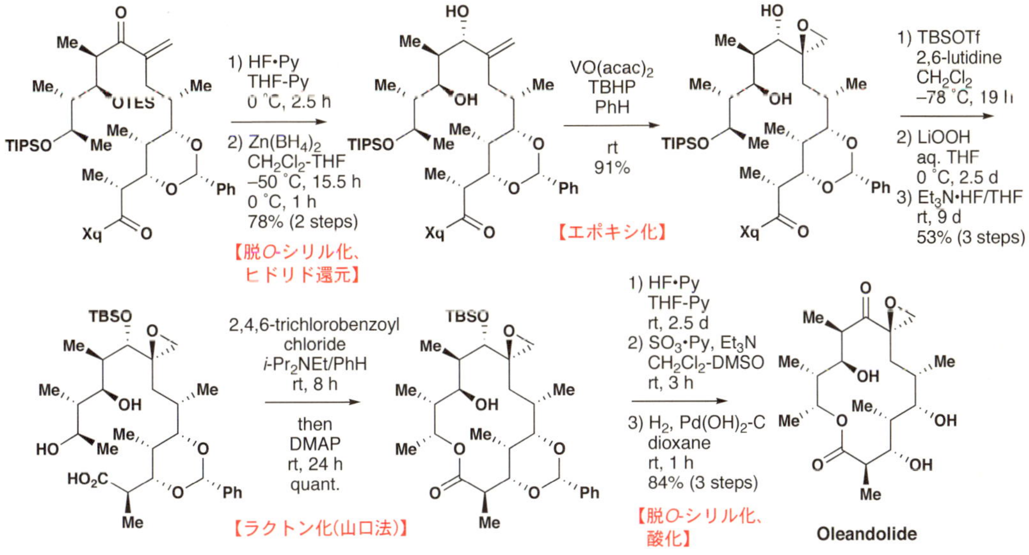

4) Asymmetric Crotylation Reactions in Synthesis of Polypropionate-Derived Macrolides: Application to Total Synthesis of Oleandolide[7]

4回の不斉クロチル化、Pd触媒によるクロスカップリング、山口ラクトン化を経て合成

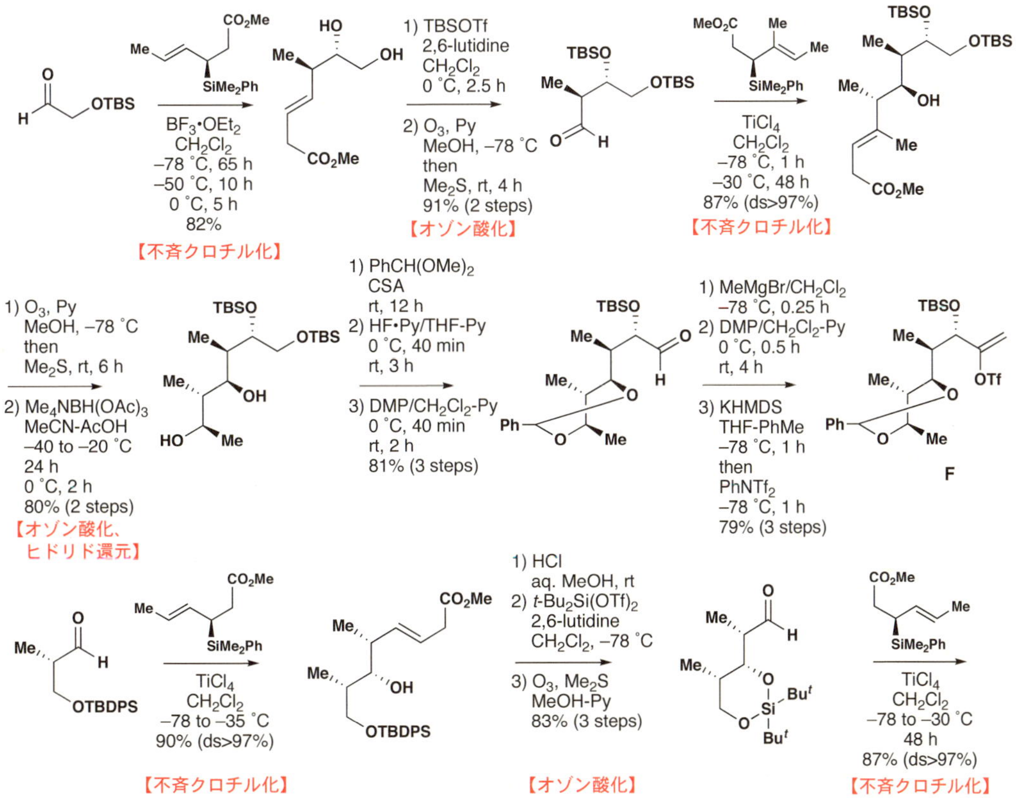

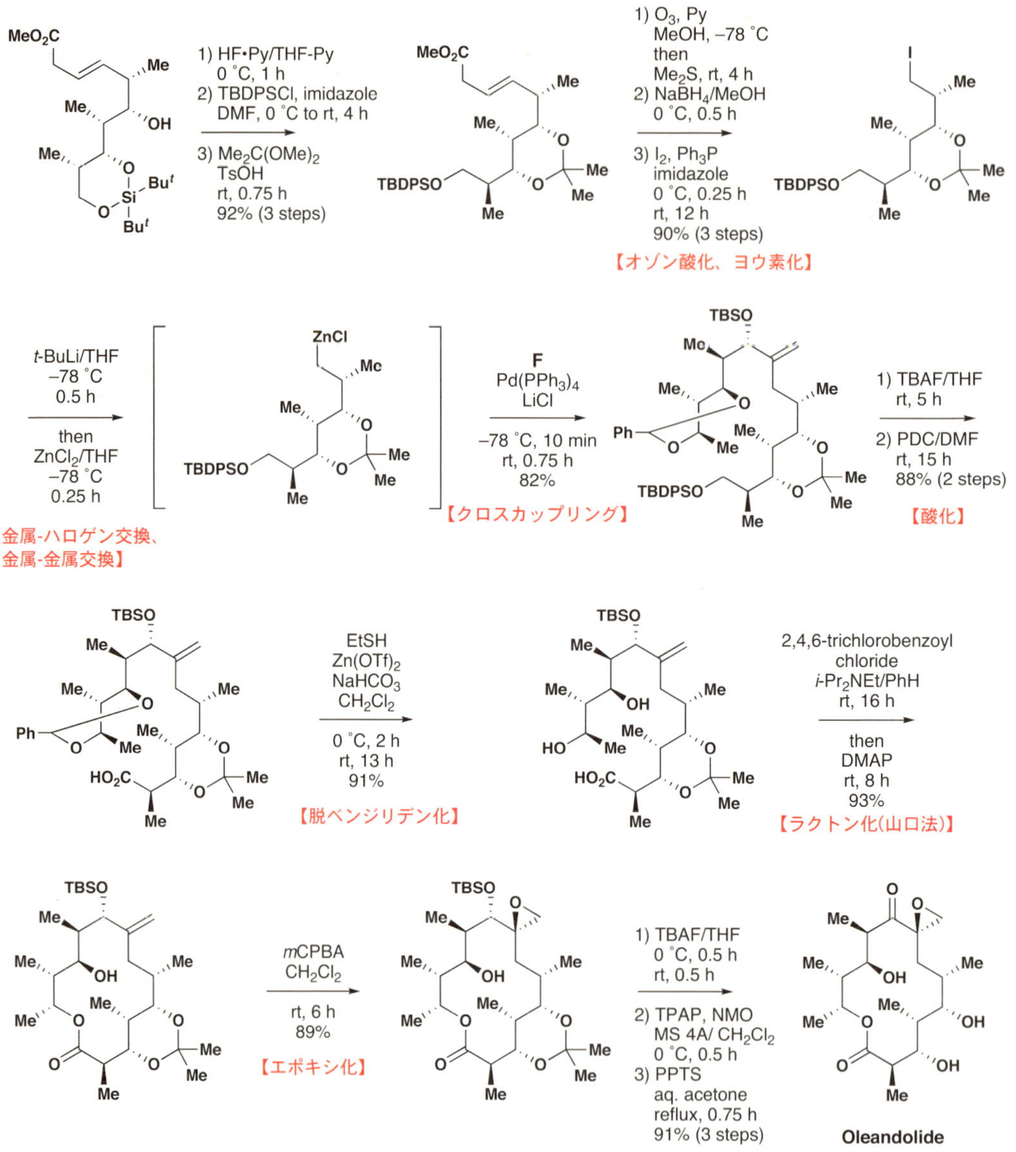

References

1) K. Tatsuta, Y. Kobayashi, H. Gunji and H. Masuda, *Tetrahedron Lett.*, **29**, 3975-3978 (1988)
2) K. Tatsuta, T. Ishiyama, S. Tajima, Y. Koguchi and H. Gunji, *Tetrahedron Lett.*, **31**, 709-712 (1990)
3) I. Paterson, R. A. Ward, P. Romea and R. D. Norcross, *J. Am. Chem. Soc.*, **116**, 3623-3624 (1994)
4) I. Paterson, R. D. Norcross, R. A. Ward, P. Romea and M. A. Lister, *J. Am. Chem. Soc.*, **116**, 11287-11314 (1994)
5) D. A. Evans and A. S. Kim, *J. Am. Chem. Soc.*, **118**, 11323-11324 (1996)
6) D. A. Evans, A. S. Kim, R. Metternich and V. J. Novack, *J. Am. Chem. Soc.*, **120**, 5921-5942 (1998)
7) T. Hu, N. Takenaka and J. S. Panek, *J. Am. Chem. Soc.*, **124**, 12806-12815 (2002)

PC-3 (SF2420B) and YM-30059

1) Novel Synthesis and Structural Elucidation of Quinolone Antibiotics PC-3(SF2420B) and YM-30059[1)]

ニトロンを用いる塩素化、ビニルPd錯体との反応を鍵として天然物を全合成

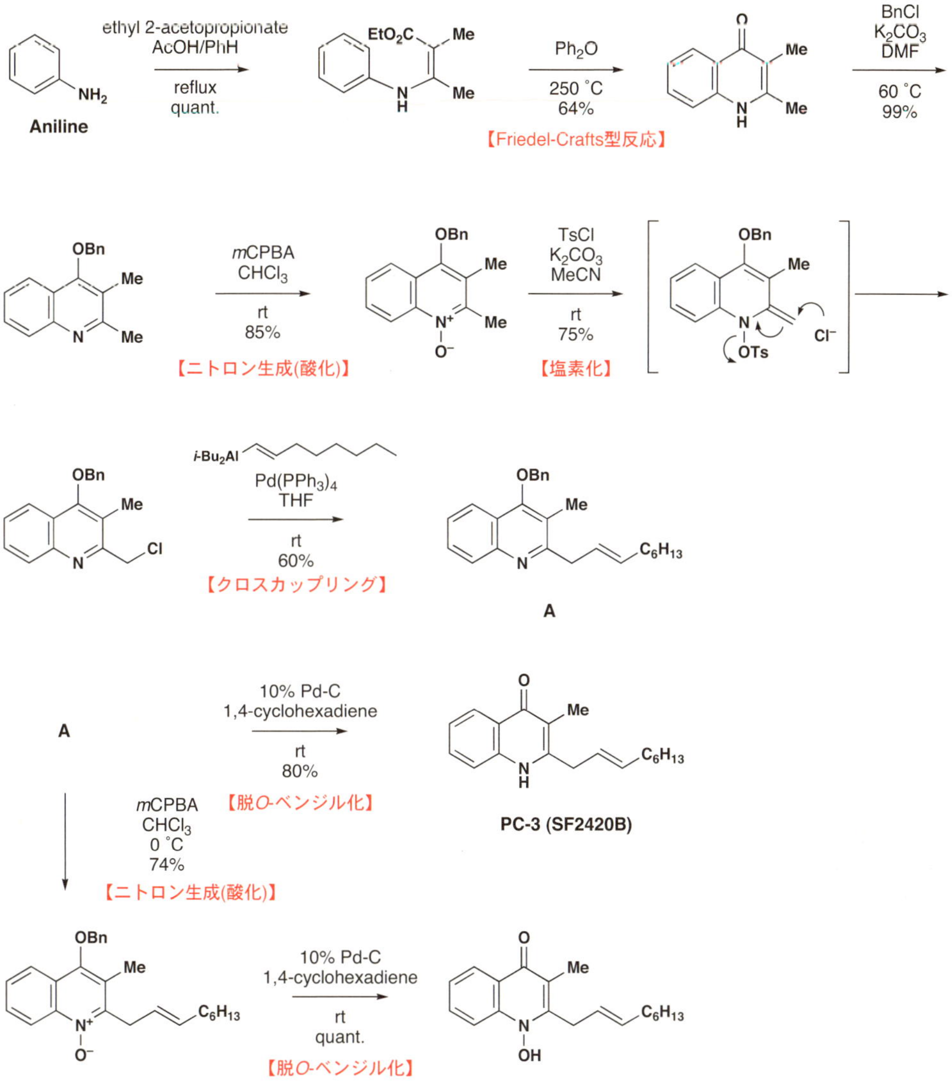

YM-30059

2) New Insecticidal 4-Acetoxy-2-alkenylquinolines[2)]

セレン酸化、Wittig反応を経て合成

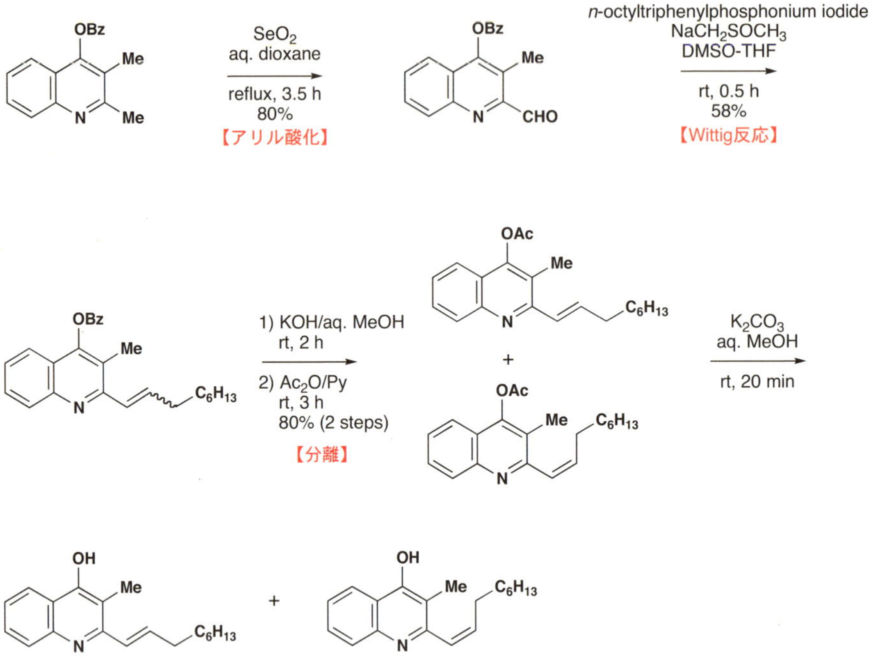

SF2420B Analogs

References

1) K. Tatsuta and T. Tamura, *J. Antibiot.*, **53**, 418-421 (2000)
2) N. Minowa, K. Imamura, T. Machinami and S. Shibahara, *Biosci. Biotech. Biochem.*, **60** (9), 1510-1512 (1996)

(−)-PF1092A, B, C and Analogs

1) Total Synthesis of Progesterone Receptor Ligands, (−)-PF1092A, B and C[1,2)]

シリルエノールエーテルの生成によるフラノース環の開環、分子内アルドール縮合、Robinson環化(Michael-アルドール縮合)、セレン酸化を鍵反応として天然物を全合成

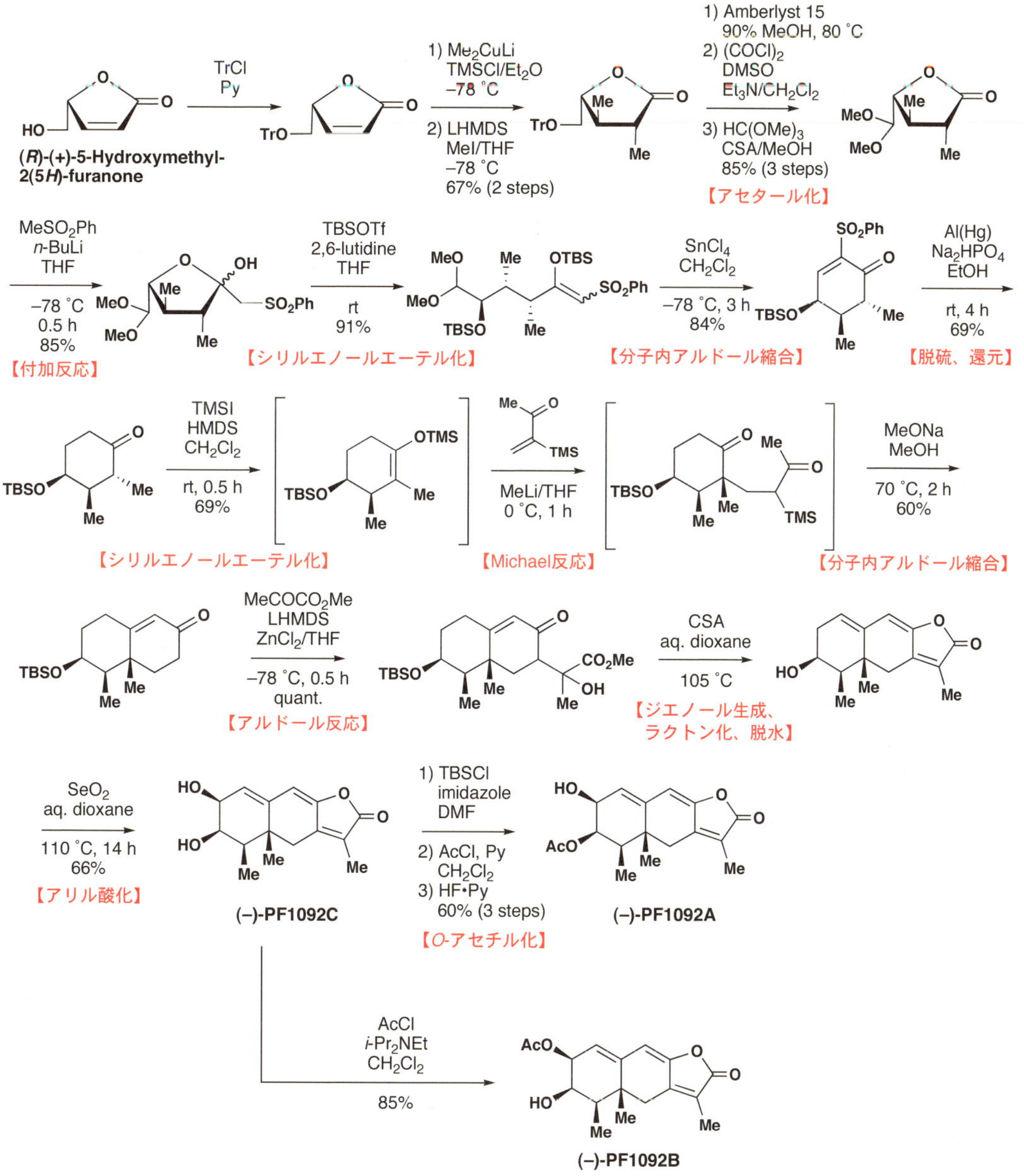

2) Studies on the Terpenoids and Related Alicyclic Compounds. XXIII. Total Synthesis of (±)-Phomenone, (±)-3-Epiphomenone, (±)-Ligularenolide, and (±)-Furanoligularanone[3,4)]

オレフィン生成、ブテノリド環形成を鍵反応として合成

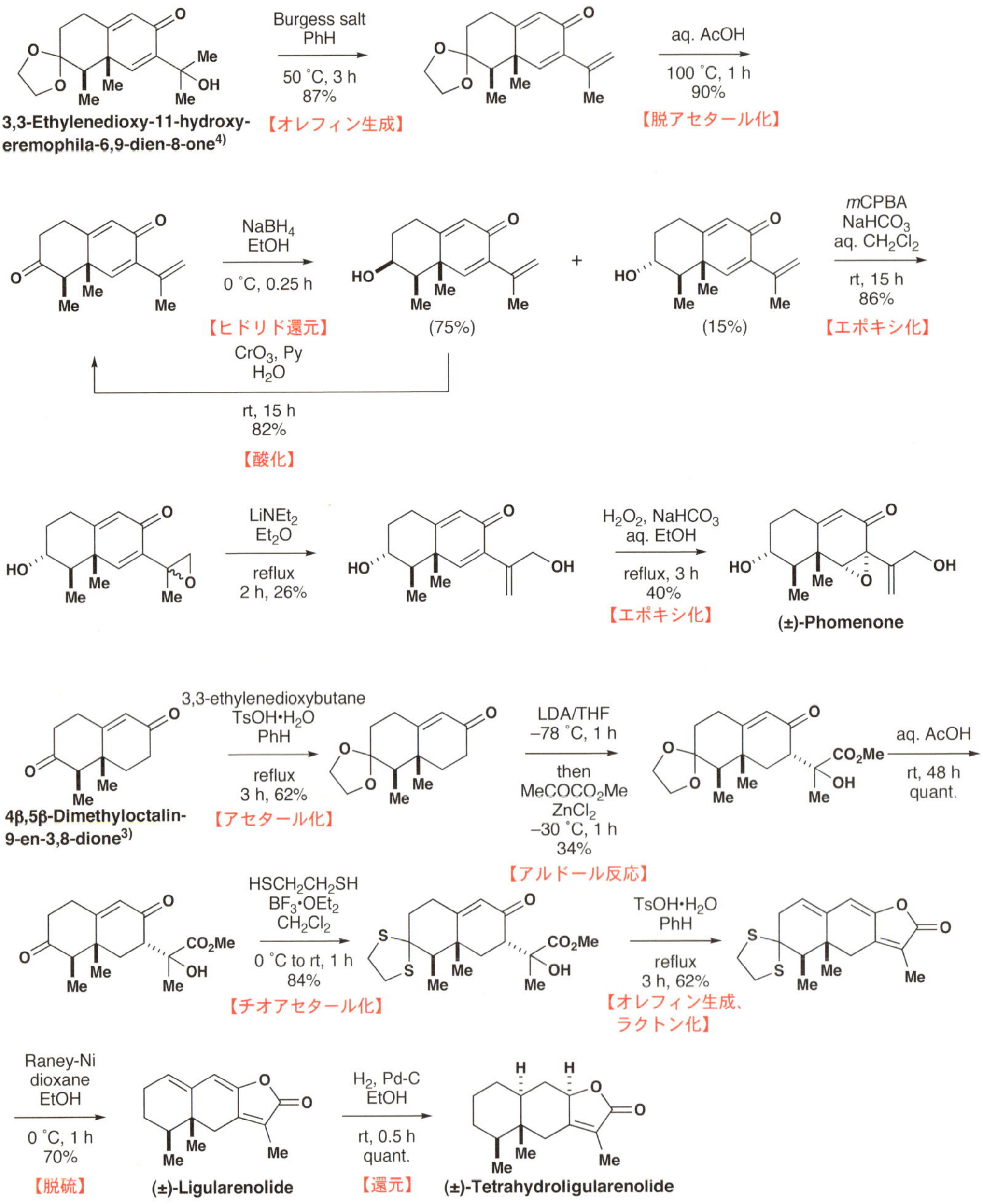

3) Efficient Synthesis of the Natural Enantiomer of Sporogen-AO 1 (13-Desoxyphomenone), a Sporogenic Sesquiterpene from *Aspergillus oryzae*[5)]

シクロプロパン環の還元的開裂，Michael-アルドール縮合を経て合成

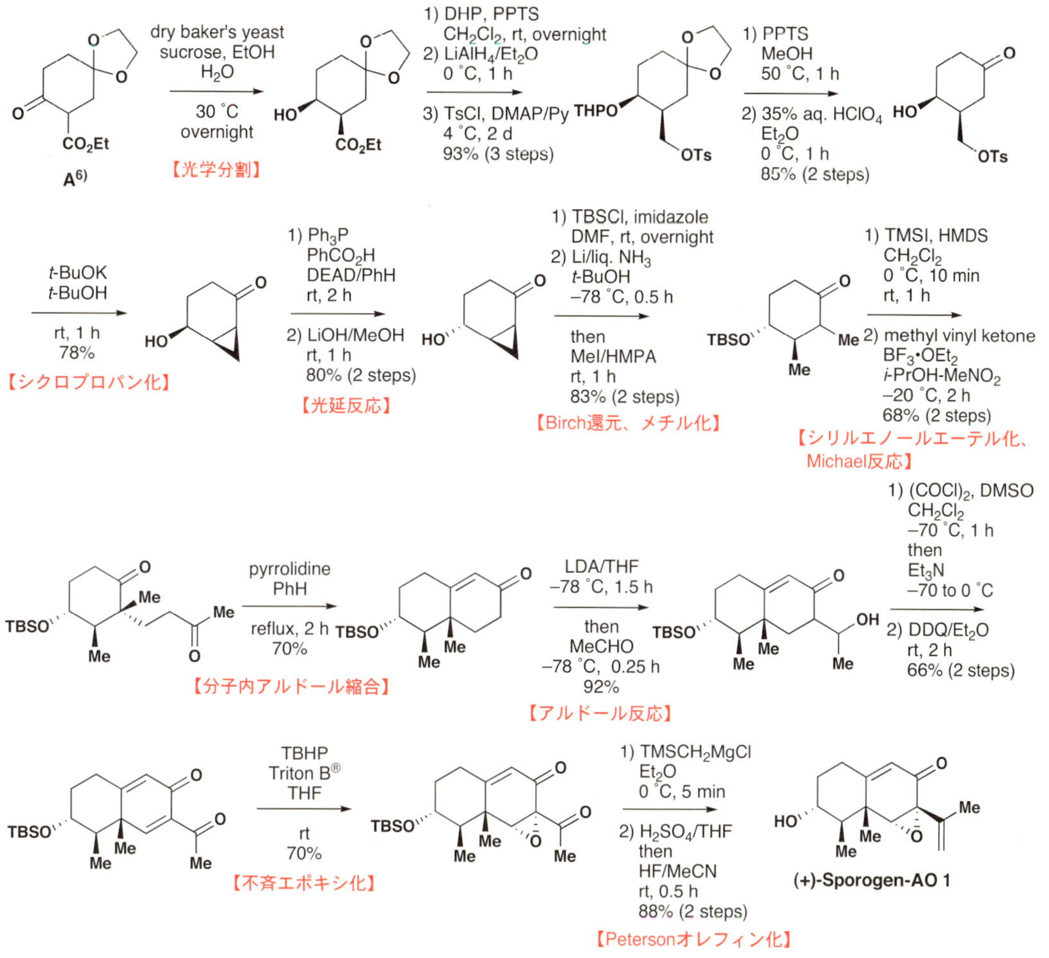

References

1) K. Tatsuta, S. Yasuda, K. Kurihara, K. Tanabe, R. Shinei and T. Okonogi, *Tetrahedron Lett.*, **38**, 1439-1442 (1997)
2) K. Kurihara, K. Tanabe, R. Shinei, T. Okonogi, Y. Ohtsuka, S. Omoto, S. Yasuda and K. Tatsuta, *J. Antibiot.*, **50**, 360-362 (1997)
3) K. Yamakawa, M. Kobayashi, S. Hinata and T. Satoh, *Chem. Pharm. Bull.*, **28**, 3265-3274 (1980)
4) K. Yamakawa, I. Izuta, H. Oka, R.Sakaguchi, M. Kobayashi and T. Satoh, *Chem. Pharm. Bull.*, **27**, 331-340 (1979)
5) T. Kitahara, H. Kurata and K. Mori, *Tetrahedron*, **44**, 4339-4349 (1988)
6) R. M. Lukes, G. I. Poos and L. H. Sarett, *J. Am. Chem. Soc.*, **74**, 1401-1405 (1952)

(−)-PF1163A and B

1) The Total Synthesis and Absolute Structure of Antifungal Antibiotics (−)-PF1163A and B[1)]

光学活性Ti錯体によるアルデヒドの不斉アリル化、ナフトイルクロリドを用いるアミノ酸のエステル化、ラクタム化(アミド化)を経て天然物を全合成

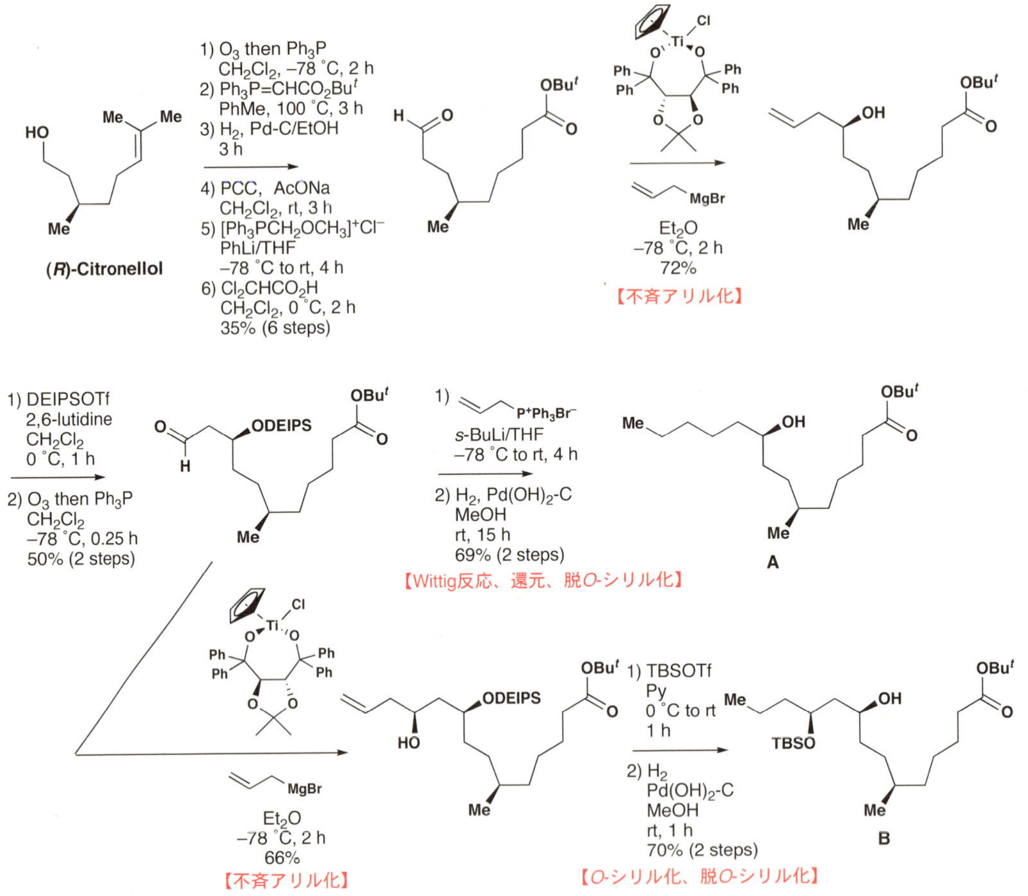

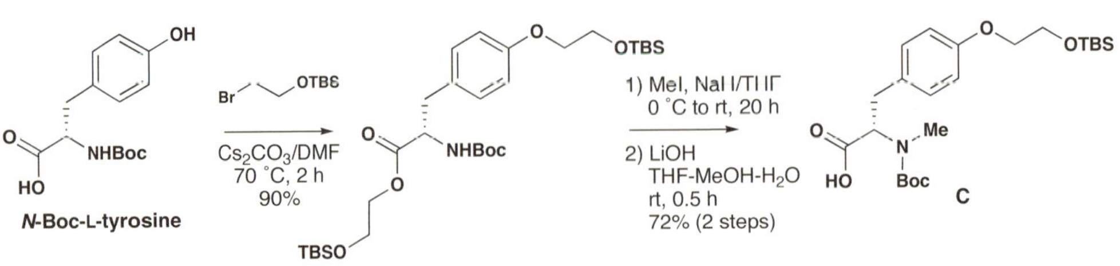

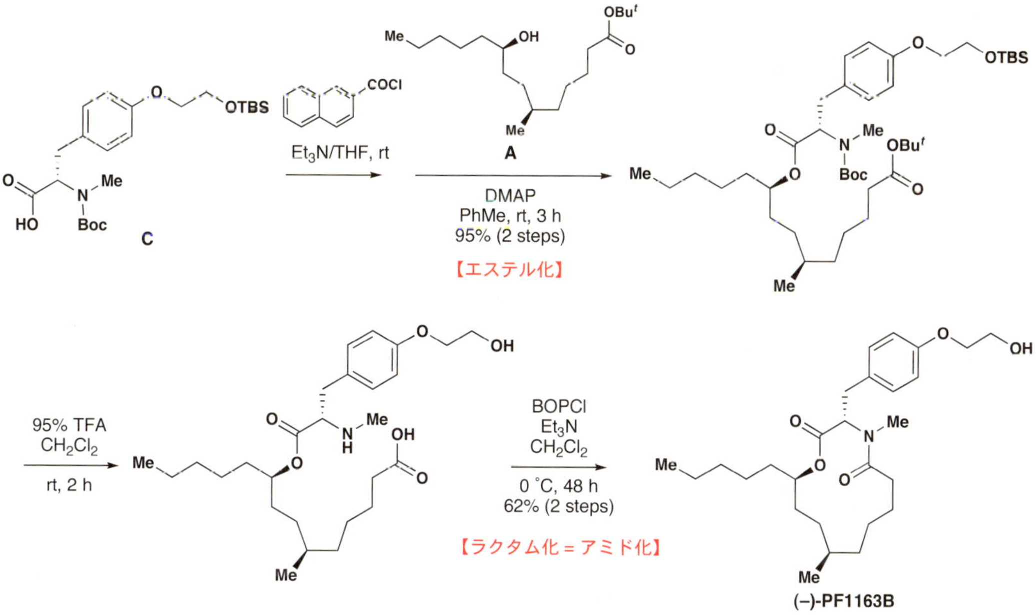
OTBS
C
COCl
Et3N/THF, rt
Me
OH
OBut
O
Me
A
DMAP
PhMe, rt, 3 h
95% (2 steps)
【エステル化】
Boc
95% TFA
CH2Cl2
rt, 2 h
BOPCl
Et3N
CH2Cl2
0 °C, 48 h
62% (2 steps)
【ラクタム化 = アミド化】
(−)-PF1163B

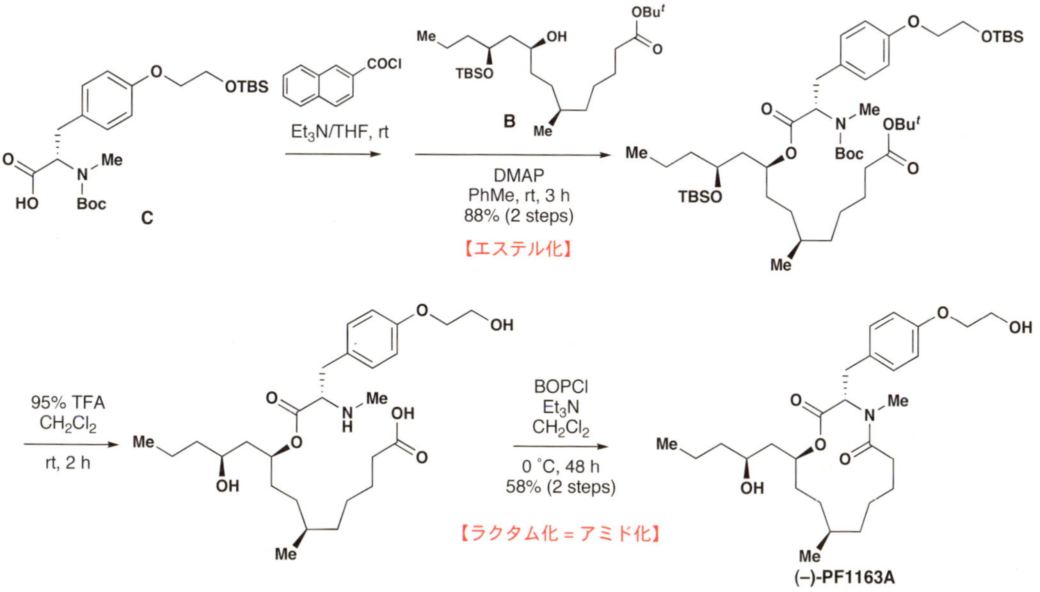
OTBS
C
COCl
Et3N/THF, rt
TBSO
B
DMAP
PhMe, rt, 3 h
88% (2 steps)
【エステル化】
95% TFA
CH2Cl2
rt, 2 h
BOPCl
Et3N
CH2Cl2
0 °C, 48 h
58% (2 steps)
【ラクタム化 = アミド化】
(−)-PF1163A

2) Total Synthesis and Conformational Analysis of the Antifungal Agent (−)-PF1163B[2)]

不斉アルキル化、閉環メタセシスを鍵反応として全合成

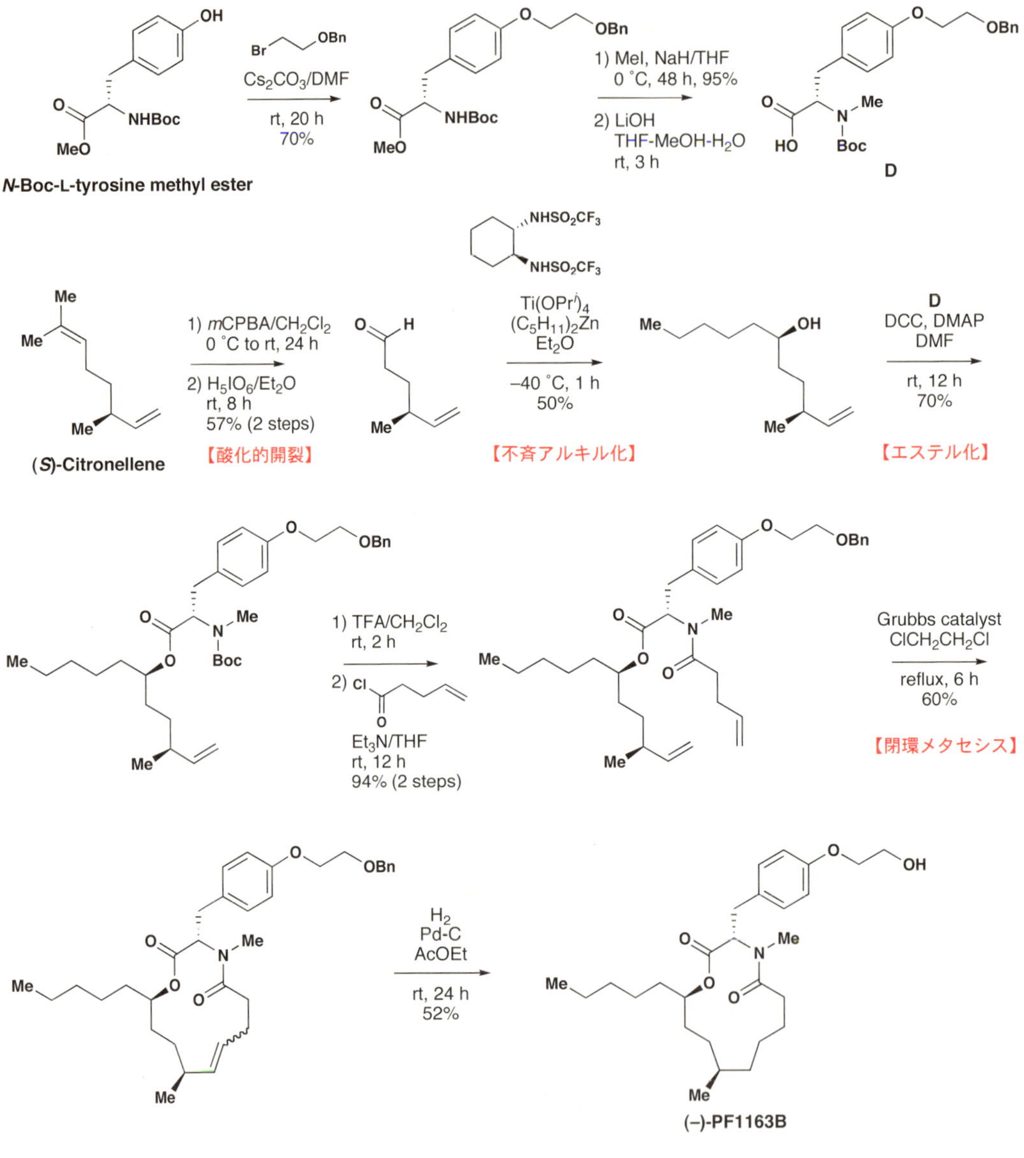

References

1) K. Tatsuta, S. Takano, Y. Ikeda, S. Nakano and S. Miyazaki, *J. Antibiot.*, **52**, 1146-1151 (1999)
2) F. Bouazza, B. Renoux, C. Bachmann and J.-P. Gesson, *Org. Lett.*, **5**, 4049-4052 (2003)

Pyralomicin 1c and 2c

1) The First Total Synthesis of Pyralomicin 1c and 2c[1,2)]

糖質を不斉炭素源として、シリルエノールエーテルの生成によるフラノース環の開環、分子内アルドール縮合、Michael-アルドール反応を鍵として多置換シクロヘキサノール環(カルバ糖質部分)を構築

光延反応と光延反応変法を用いてカルバ糖質部分あるいはグルコース部分を反応させて天然物を全合成

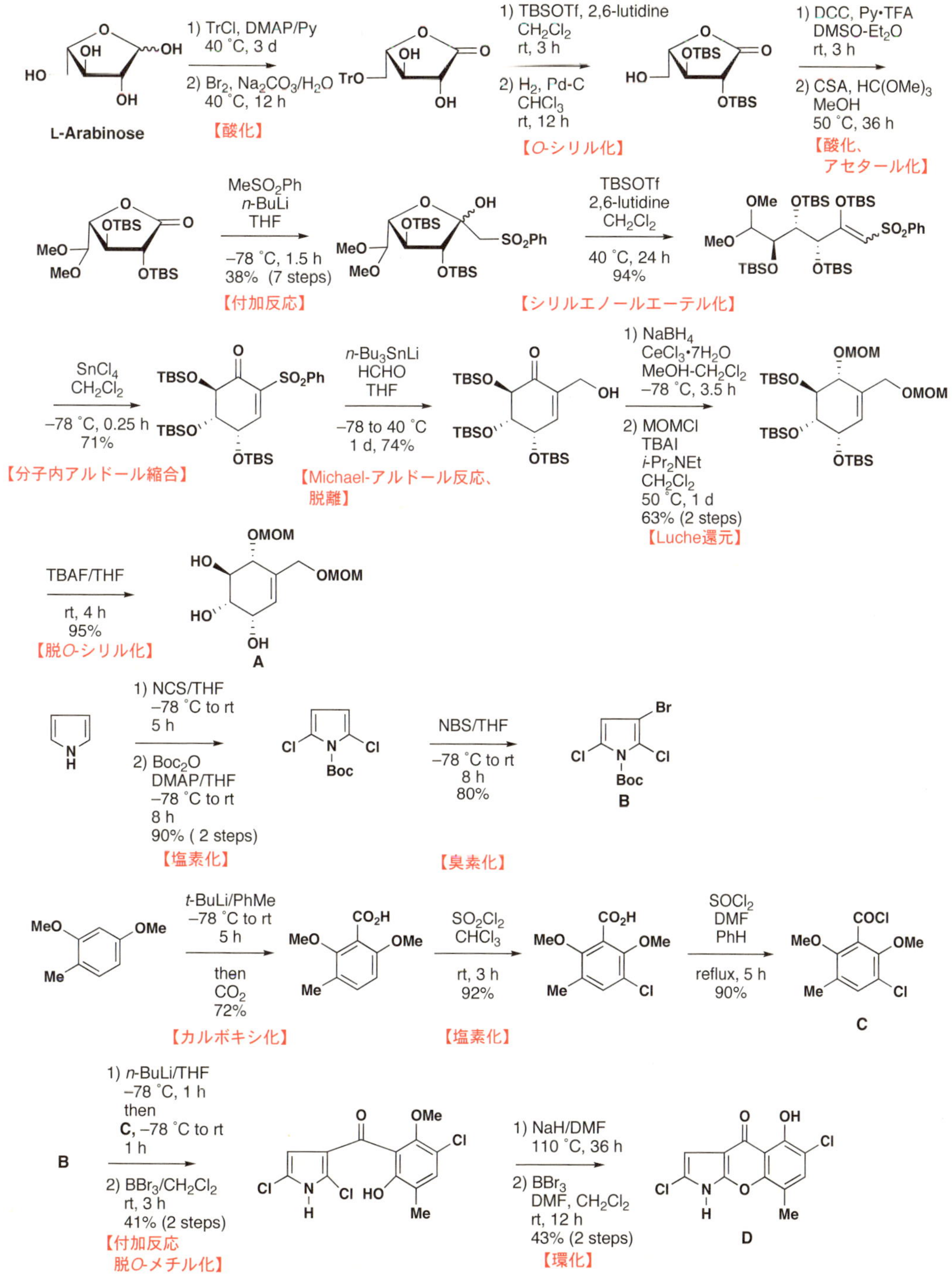

Pyralomicin 1c and 2c

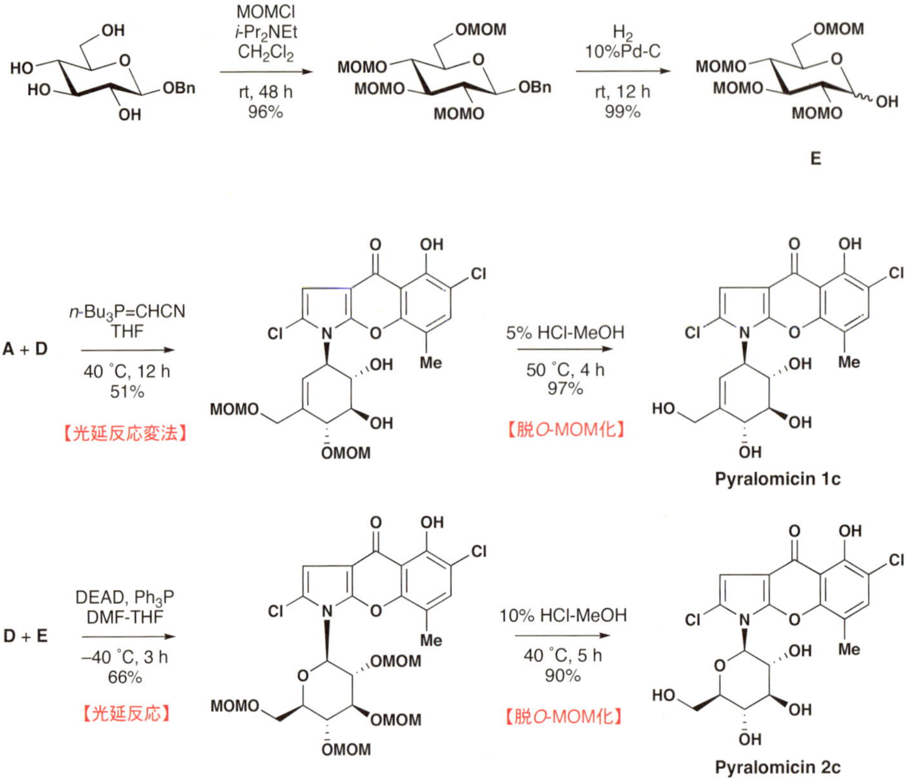

2) Total Synthesis of the Pyralomicinones[3)]

付加反応を経てアグリコン部分のみの異性体の混合物を合成

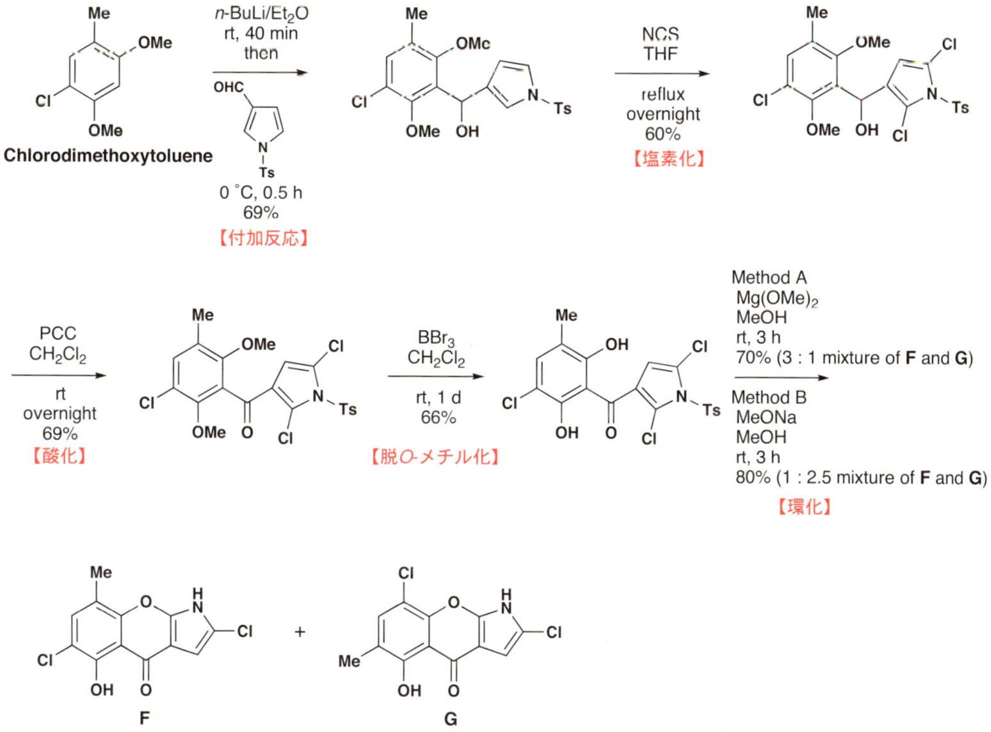

References

1) K. Tatsuta, M. Takahashi and N. Tanaka, *Tetrahedron Lett.*, **40**, 1929-1932 (1999)
2) K. Tatsuta, M. Takahashi and N. Tanaka, *J. Antibiot.*, **53**, 88-91 (2000)
3) T. R. Kelly and R. L. Moiseyeva, *J. Org. Chem.*, **63**, 3147-3150 (1998)

Pyridomycin

1) Total Synthesis of Pyridomycin[1)]

2回のエステル化、大環状ラクタム化、立体選択的シス-オレフィン生成を経て天然物を全合成

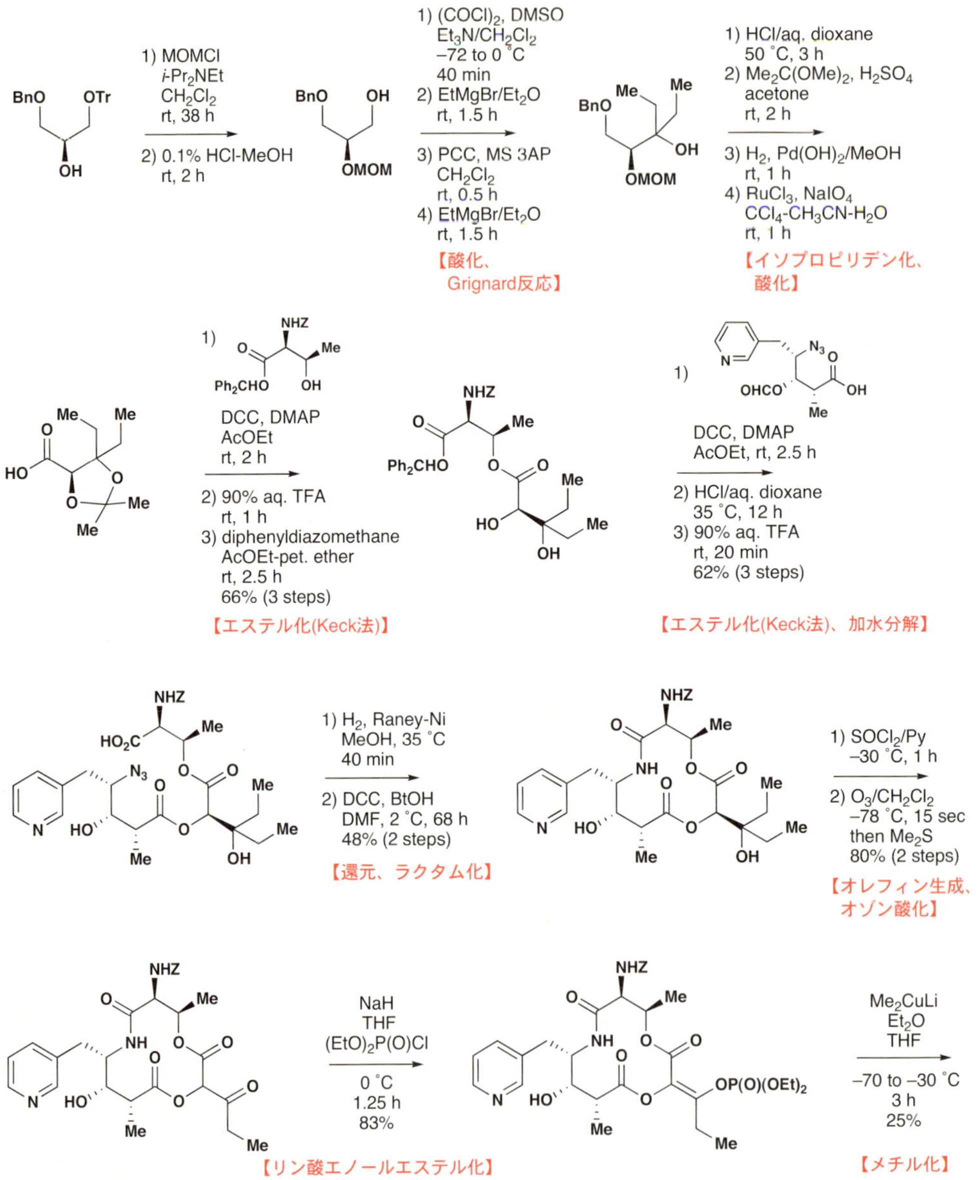

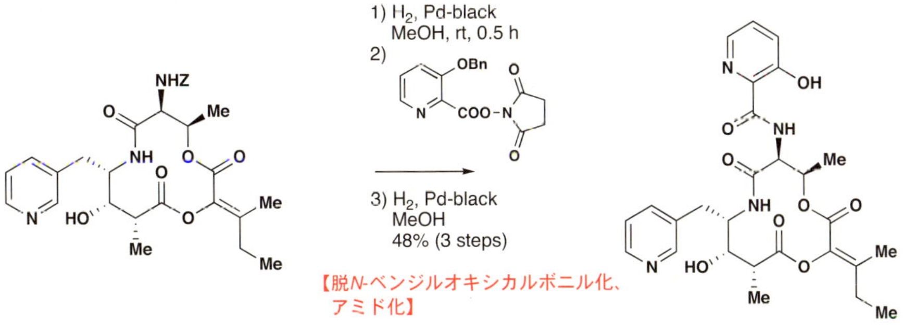

Pyridomycin

Reference

1) M. Kinoshita, M. Nakata, K. Takarada and K. Tatsuta, *Tetrahedron Lett.*, **30**, 7419-7422 (1989)

Pyrizinostatin

1) One-Step Synthesis of a Pyroglutamyl Peptidase Inhibitor, Pyryzinostatin, from an Antibiotic, 2-Methylfervenulone[1,2)]

2-メチルフェルベヌロンによるアセトンの水素の引き抜き、生じたアニオンのMannich型反応を経て、一段階で副生成物の生産なしに天然物を全合成

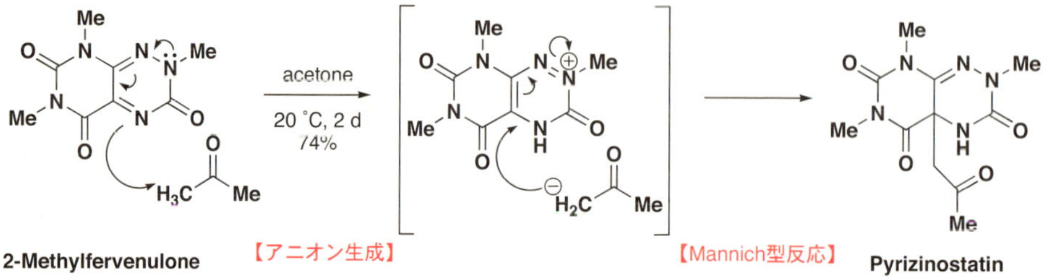

2-Methylfervenulone　　Pyrizinostatin

References

1) K. Tatsuta and M. Kitagawa, *J. Antibiot.*, **47**, 389-390 (1994)
2) K. Tatsuta and M. Kitagawa, *Heterocycles*, **38**, 1233-1235 (1994)

Quinolactacin B

1) Biomimetic Total Synthesis of Quinolactacin B, TNF Production Inhibitor, and its Analogs[1)]

アントラニル酸への酢酸アニオンの反応、バリンとの反応、Dieckmann反応とイミニウム生成を経て、天然物を全合成(生合成類似全合成)

構造　活性相関研究のため構成アミノ酸の異なる類縁体を合成

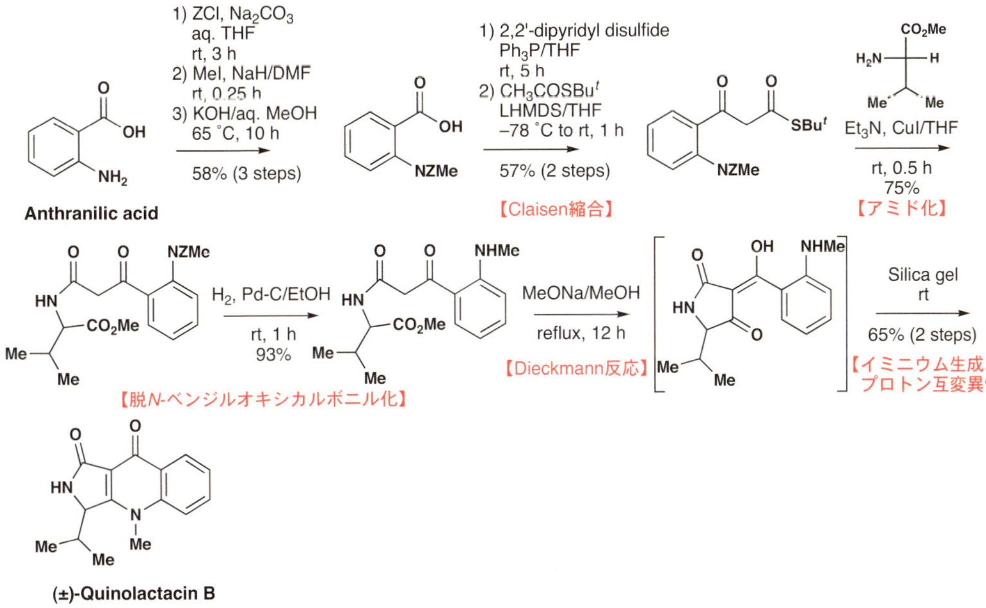

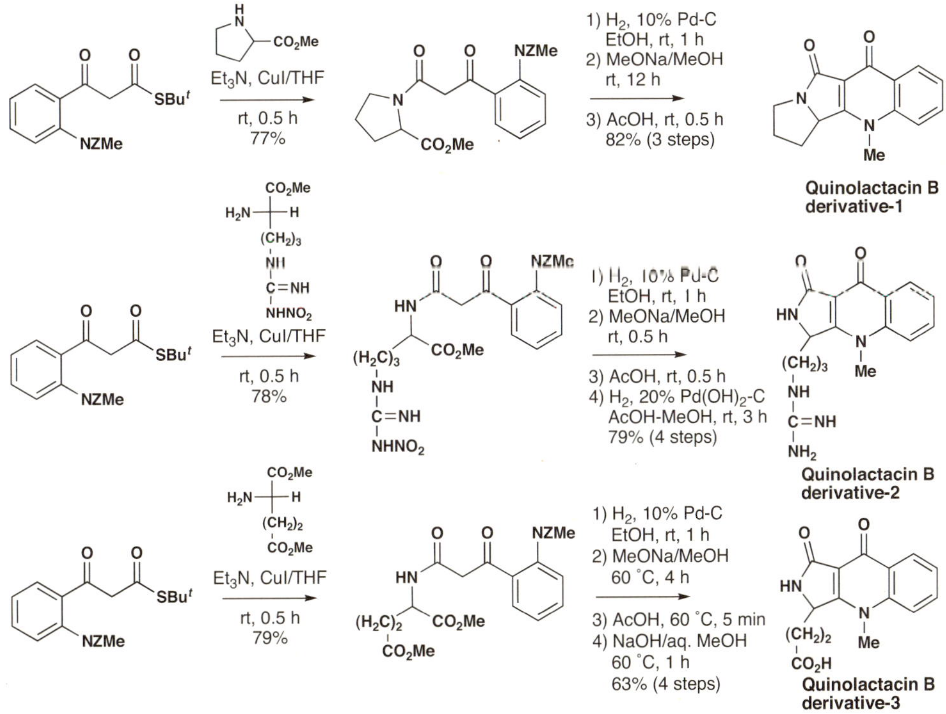

2) Concise Enantioselective Syntheses of Quinolactacins A and B through Alternative Winterfeldt Oxidation[2)]

Ti錯体によるイミンとの閉環、インドール環Winterfeldt酸化的環拡大を経て合成

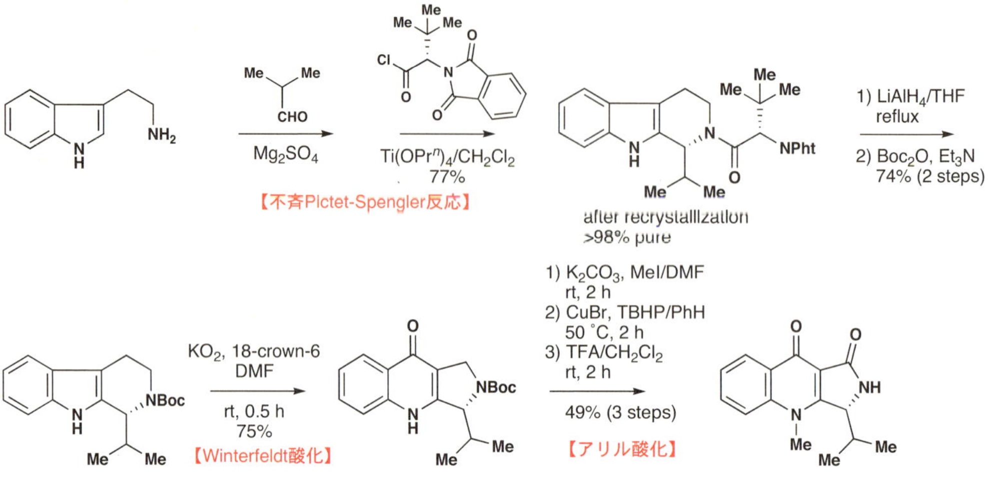

(+)-Quinolactacin B

3) An Expedient Synthesis of (+)-Quinolactacin A2[3)]

Claisen縮合、ラクタム化を経て全合成

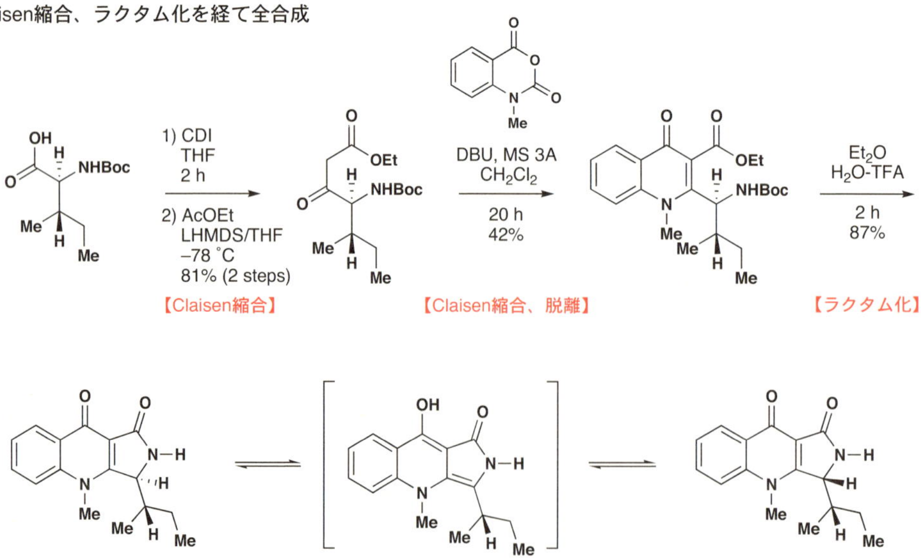

Quinolactacin A2 **Quinolactacin A1**

Quinolactacin A2 : **Quinolactacin A1** = ~8 : 1

References

1) K. Tatsuta, H. Misawa and K. Chikauchi, *J. Antibiot.*, **54**, 109-112 (2001)
2) X. Zhang, W. Jiang and Z. Sui, *J. Org. Chem.*, **68**, 4523-4526 (2003)
3) S.-J. Park, K.-N. Cho, W.-G. Kim and K.-I. Lee, *Tetrahedron Lett.*, **45**, 8793-8795 (2004)

Rifamycins

1) The Total Synthesis of Rifamycin W[1)]

糖質を不斉炭素源にしてビニルリチウムとアルデヒドとの立体選択的付加反応とWilkinson触媒を用いる立体選択的還元を繰り返してアンサ鎖を合成。Diels-Alder反応を鍵として芳香環部を合成アルドール反応、大環状ラクタム化を経て天然物を全合成

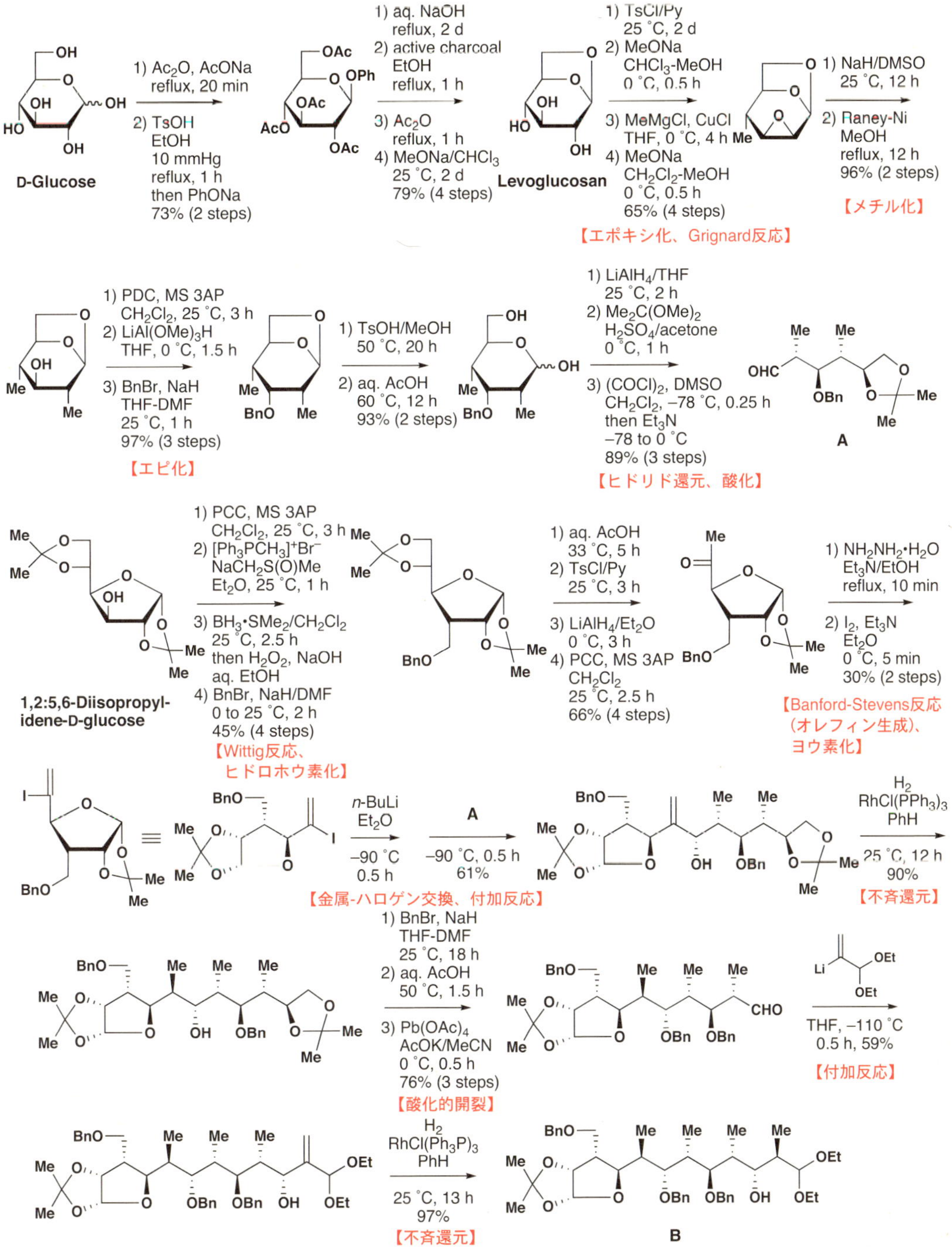

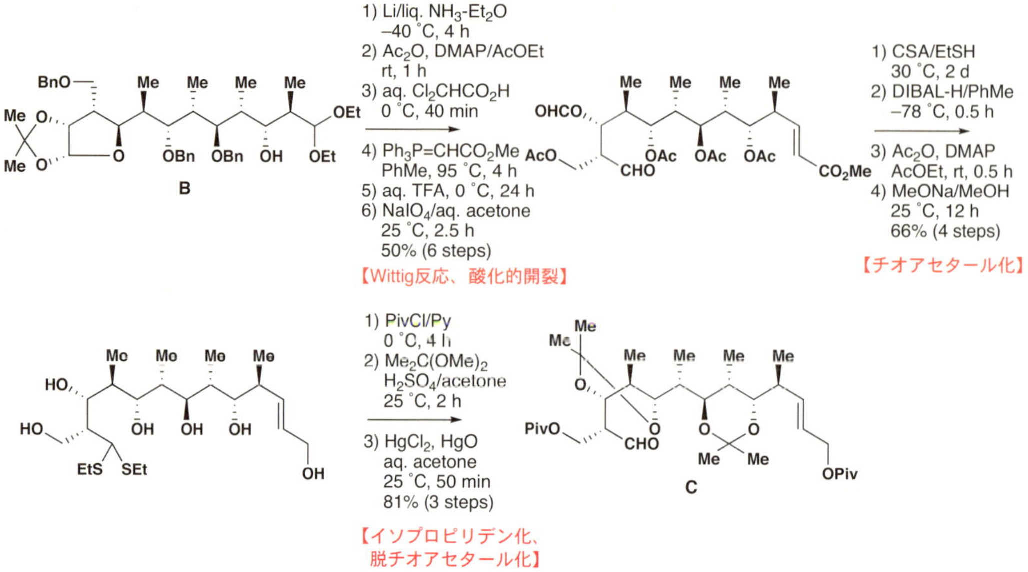
B
1) Li/liq. NH_3-Et_2O −40 ˚C, 4 h
2) Ac_2O, DMAP/AcOEt rt, 1 h
3) aq. Cl_2CHCO_2H 0 ˚C, 40 min
4) Ph_3P=$CHCO_2Me$ PhMe, 95 ˚C, 4 h
5) aq. TFA, 0 ˚C, 24 h
6) $NaIO_4$/aq. acetone 25 ˚C, 2.5 h
50% (6 steps)
【Wittig反応、酸化的開裂】
1) CSA/EtSH 30 ˚C, 2 d
2) DIBAL-H/PhMe −78 ˚C, 0.5 h
3) Ac_2O, DMAP AcOEt, rt, 0.5 h
4) MeONa/MeOH 25 ˚C, 12 h
66% (4 steps)
【チオアセタール化】
1) PivCl/Py 0 ˚C, 4 h
2) $Me_2C(OMe)_2$ H_2SO_4/acetone 25 ˚C, 2 h
3) $HgCl_2$, HgO aq. acetone 25 ˚C, 50 min
81% (3 steps)
【イソプロピリデン化、脱チオアセタール化】
C

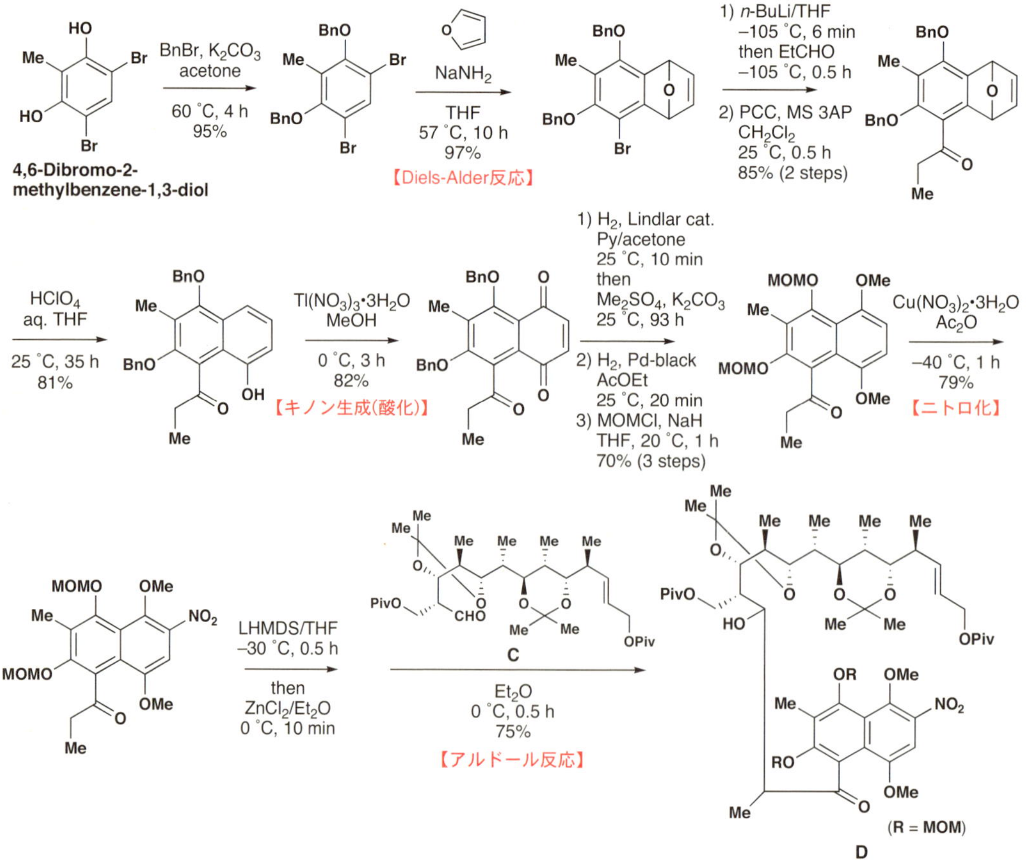
4,6-Dibromo-2-methylbenzene-1,3-diol
BnBr, K_2CO_3 acetone 60 ˚C, 4 h 95%
$NaNH_2$ THF 57 ˚C, 10 h 97%
【Diels-Alder反応】
1) n-BuLi/THF −105 ˚C, 6 min then EtCHO −105 ˚C, 0.5 h
2) PCC, MS 3AP CH_2Cl_2 25 ˚C, 0.5 h
85% (2 steps)
$HClO_4$ aq. THF 25 ˚C, 35 h 81%
$Tl(NO_3)_3$•$3H_2O$ MeOH 0 ˚C, 3 h 82%
【キノン生成(酸化)】
1) H_2, Lindlar cat. Py/acetone 25 ˚C, 10 min then Me_2SO_4, K_2CO_3 25 ˚C, 93 h
2) H_2, Pd-black AcOEt 25 ˚C, 20 min
3) MOMCl, NaH THF, 20 ˚C, 1 h
70% (3 steps)
$Cu(NO_3)_2$•$3H_2O$ Ac_2O −40 ˚C, 1 h 79%
【ニトロ化】
LHMDS/THF −30 ˚C, 0.5 h then $ZnCl_2$/Et_2O 0 ˚C, 10 min
C
Et_2O 0 ˚C, 0.5 h 75%
【アルドール反応】
(R = MOM)
D

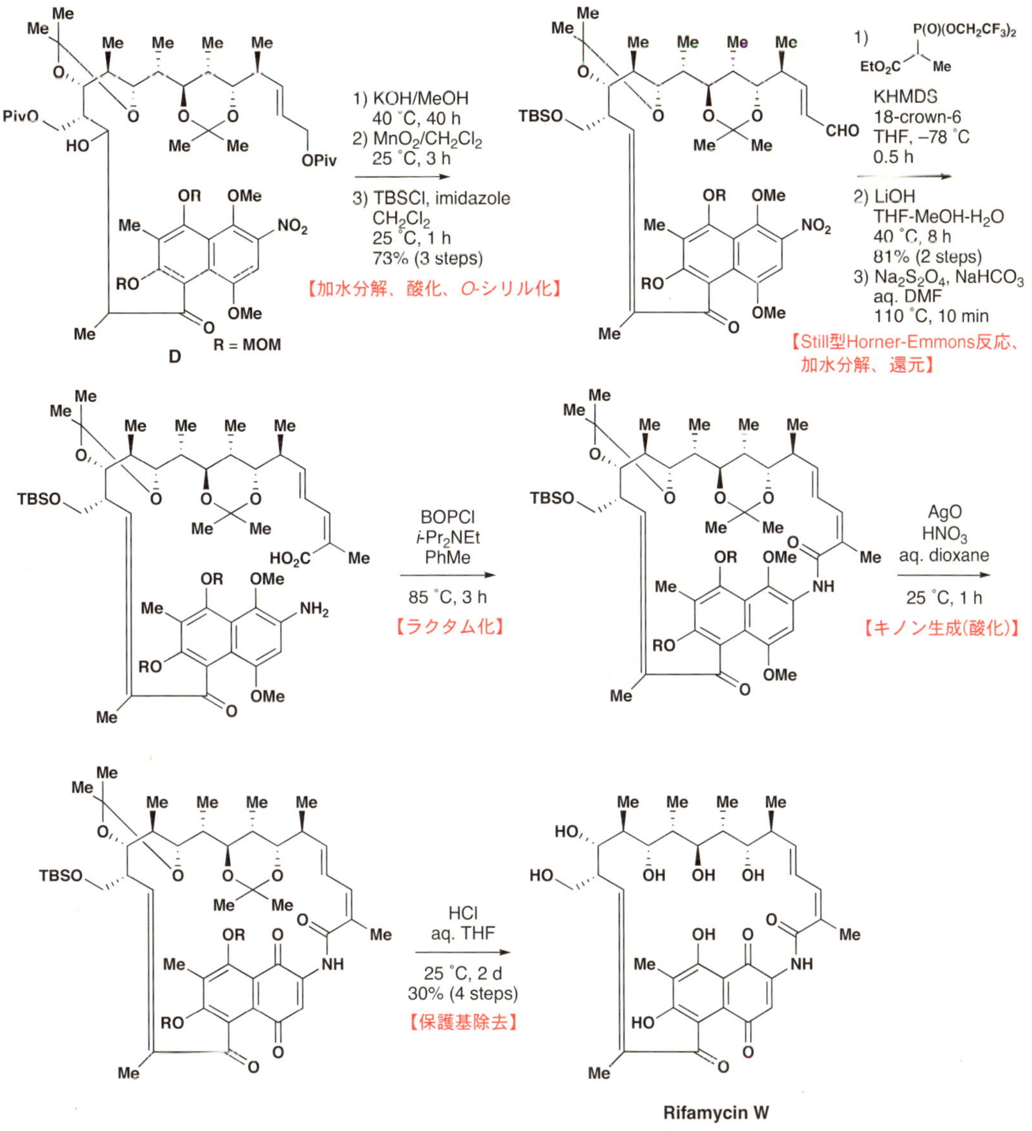

D
R = MOM
1) KOH/MeOH
40 °C, 40 h
2) MnO2/CH2Cl2
25 °C, 3 h
3) TBSCl, imidazole
CH2Cl2
25 °C, 1 h
73% (3 steps)
【加水分解、酸化、O-シリル化】
1) P(O)(OCH2CF3)2 EtO2C Me
KHMDS
18-crown-6
THF, −78 °C
0.5 h
2) LiOH
THF-MeOH-H2O
40 °C, 8 h
81% (2 steps)
3) Na2S2O4, NaHCO3
aq. DMF
110 °C, 10 min
【Still型Horner-Emmons反応、加水分解、還元】
BOPCl
i-Pr2NEt
PhMe
85 °C, 3 h
【ラクタム化】
AgO
HNO3
aq. dioxane
25 °C, 1 h
【キノン生成(酸化)】
HCl
aq. THF
25 °C, 2 d
30% (4 steps)
【保護基除去】
Rifamycin W

2) Total Synthesis of Rifamycin S[2)]

立体選択的エポキシ化、ヒドロホウ素化、Horner-Emmons反応、クロロチオアセタールとアルコールとの反応、活性エステルによる大環状ラクタム化を経て天然物(ラセミ体)を全合成

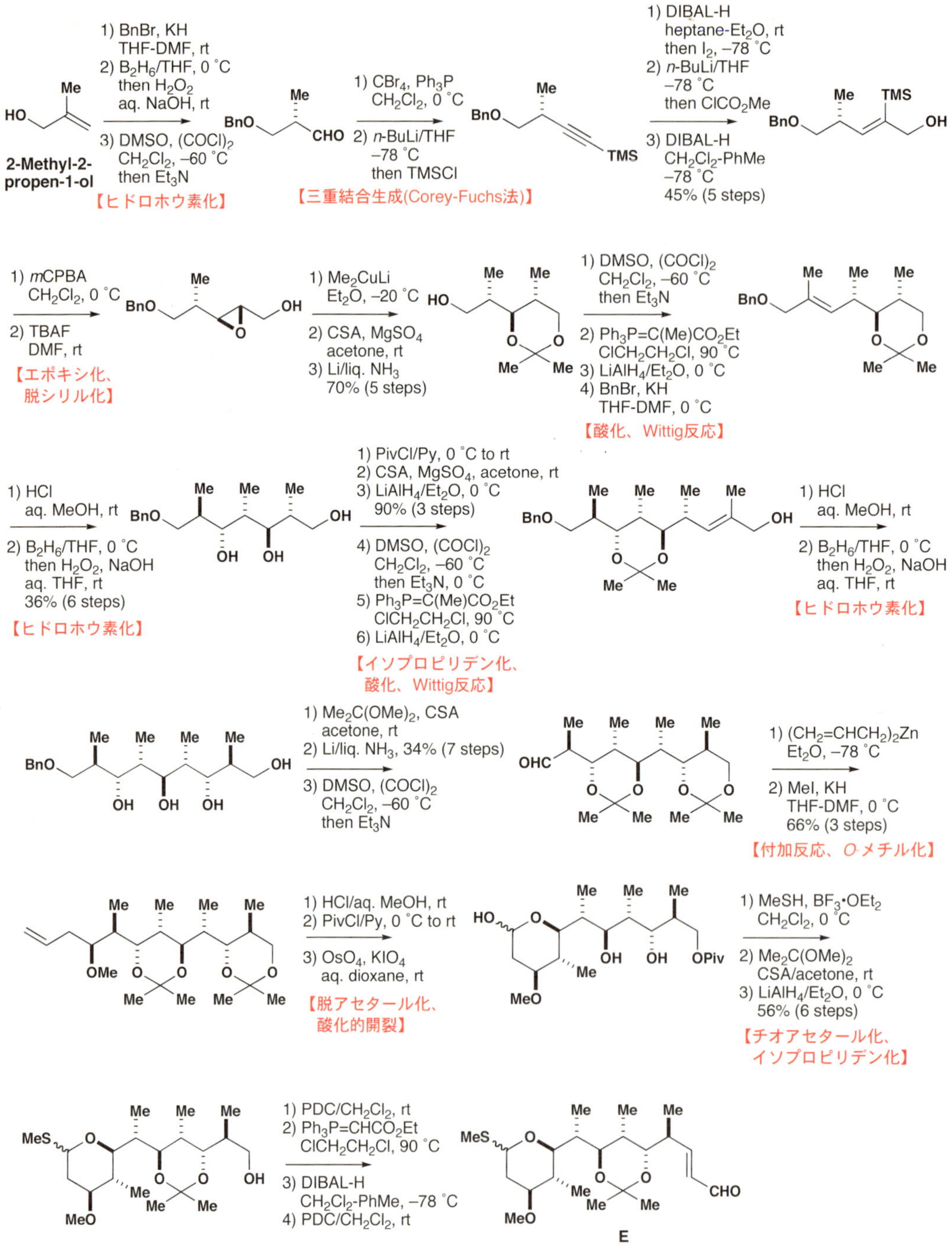

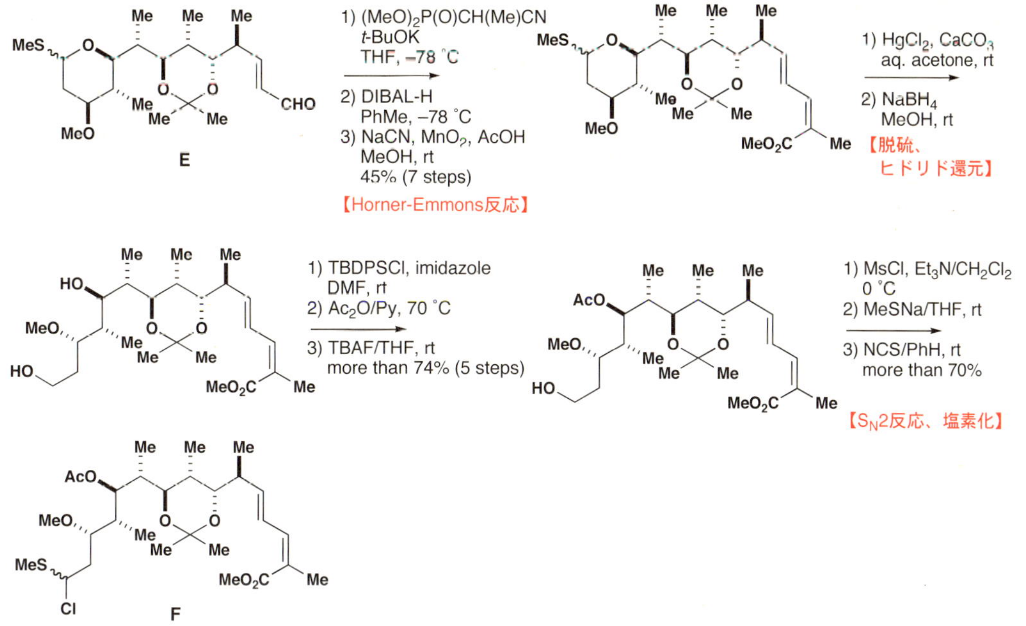
E
1) (MeO)2P(O)CH(Me)CN
t-BuOK
THF, –78 °C
2) DIBAL-H
PhMe, –78 °C
3) NaCN, MnO2, AcOH
MeOH, rt
45% (7 steps)
【Horner-Emmons反応】
1) HgCl2, CaCO3
aq. acetone, rt
2) NaBH4
MeOH, rt
【脱硫、
ヒドリド還元】
1) TBDPSCl, imidazole
DMF, rt
2) Ac2O/Py, 70 °C
3) TBAF/THF, rt
more than 74% (5 steps)
1) MsCl, Et3N/CH2Cl2
0 °C
2) MeSNa/THF, rt
3) NCS/PhH, rt
more than 70%
【SN2反応、塩素化】
F

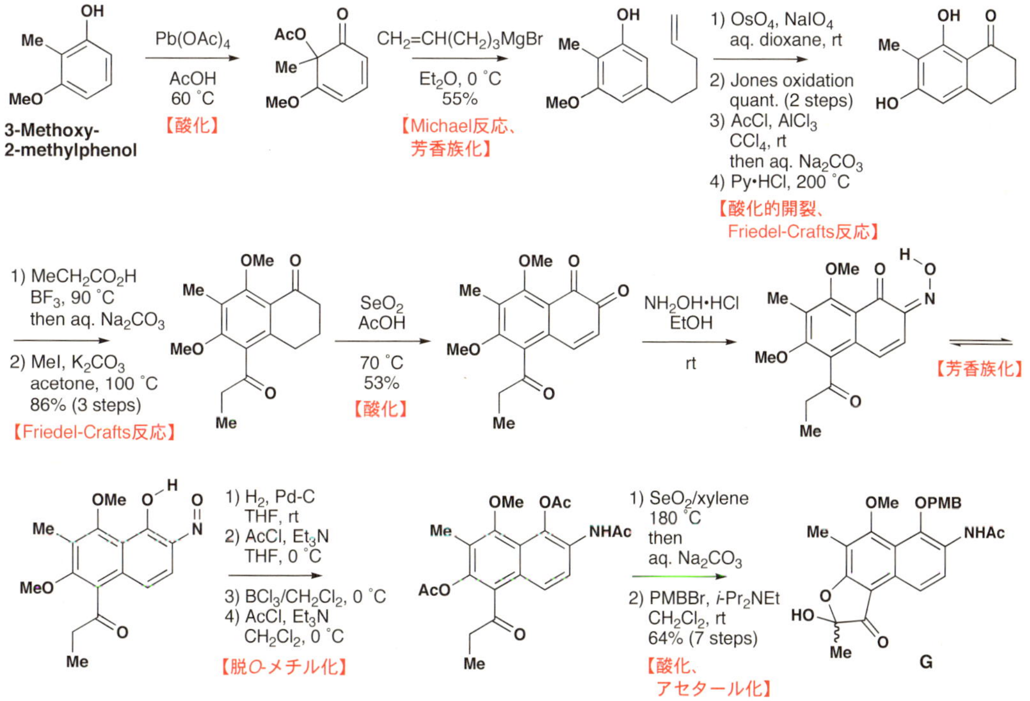
3-Methoxy-
2-methylphenol
Pb(OAc)4
AcOH
60 °C
【酸化】
CH2=CH(CH2)3MgBr
Et2O, 0 °C
55%
【Michael反応、
芳香族化】
1) OsO4, NaIO4
aq. dioxane, rt
2) Jones oxidation
quant. (2 steps)
3) AcCl, AlCl3
CCl4, rt
then aq. Na2CO3
4) Py•HCl, 200 °C
【酸化的開裂、
Friedel-Crafts反応】
1) MeCH2CO2H
BF3, 90 °C
then aq. Na2CO3
2) MeI, K2CO3
acetone, 100 °C
86% (3 steps)
【Friedel-Crafts反応】
SeO2
AcOH
70 °C
53%
【酸化】
NH2OH•HCl
EtOH
rt
【芳香族化】
1) H2, Pd-C
THF, rt
2) AcCl, Et3N
THF, 0 °C
3) BCl3/CH2Cl2, 0 °C
4) AcCl, Et3N
CH2Cl2, 0 °C
【脱O-メチル化】
1) SeO2/xylene
180 °C
then
aq. Na2CO3
2) PMBBr, i-Pr2NEt
CH2Cl2, rt
64% (7 steps)
【酸化、
アセタール化】
G

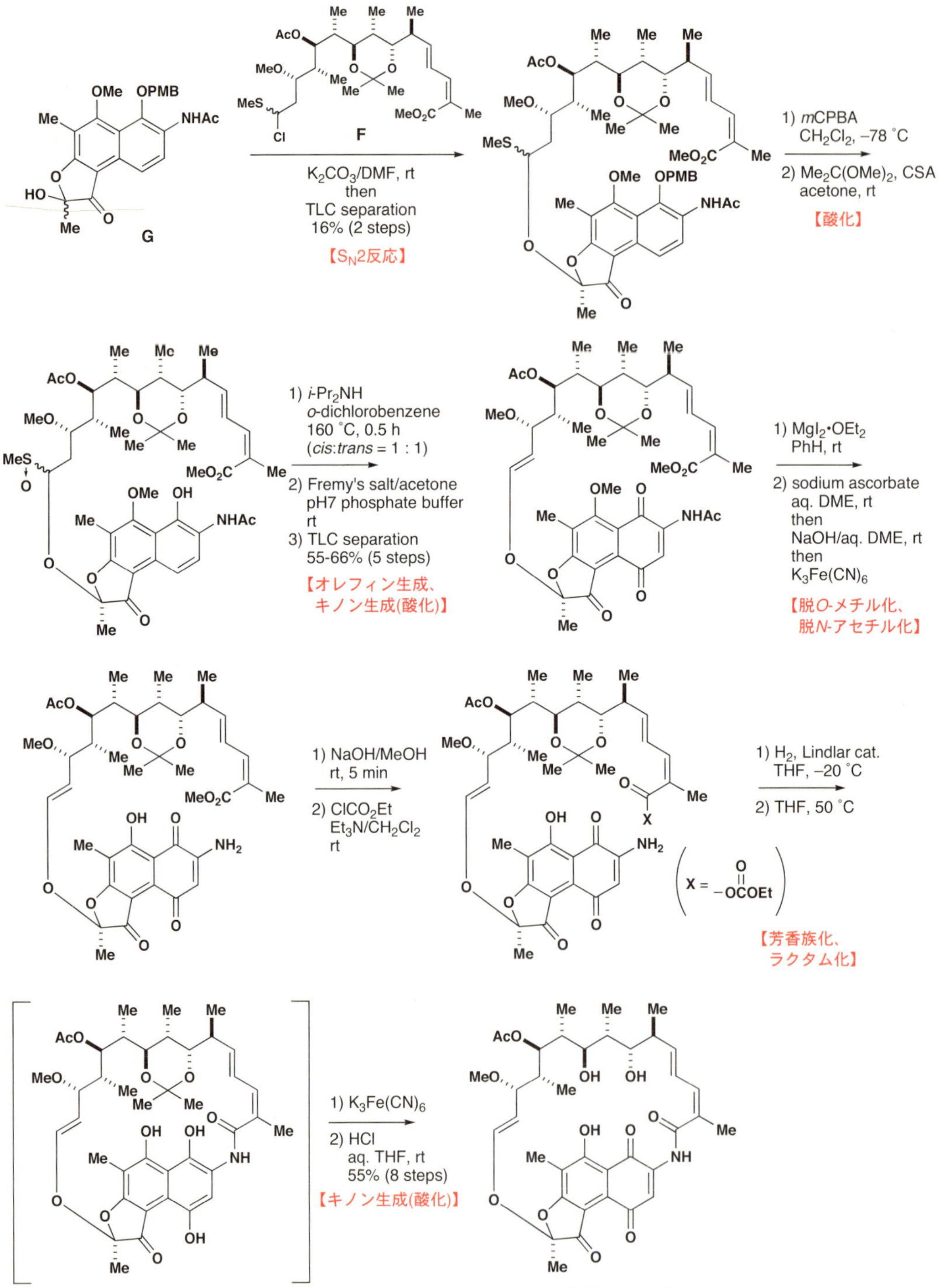

(±)-Rifamysin S

References

1) M. Nakata, N. Akiyama, J. Kamata, K. Kojima, H. Masuda, M. Kinoshita and K. Tatsuta, *Tetrahedron*, **46**, 4629-4652 (1990)
2) Y. Kishi, *Pure & Appl. Chem.*, **53**, 1163-1180 (1981)

(−)-Rosmarinecine

1) Stereoselective Total Synthesis of Pyrrolizidine Alkaloid Bases : (−)-Rosmarinecine and (−)-Isoretronecanol[1,2)]

糖質を不斉炭素源として、骨格転位、立体選択的Grignard反応、分子内S_N2反応による閉環を鍵として天然物を全合成

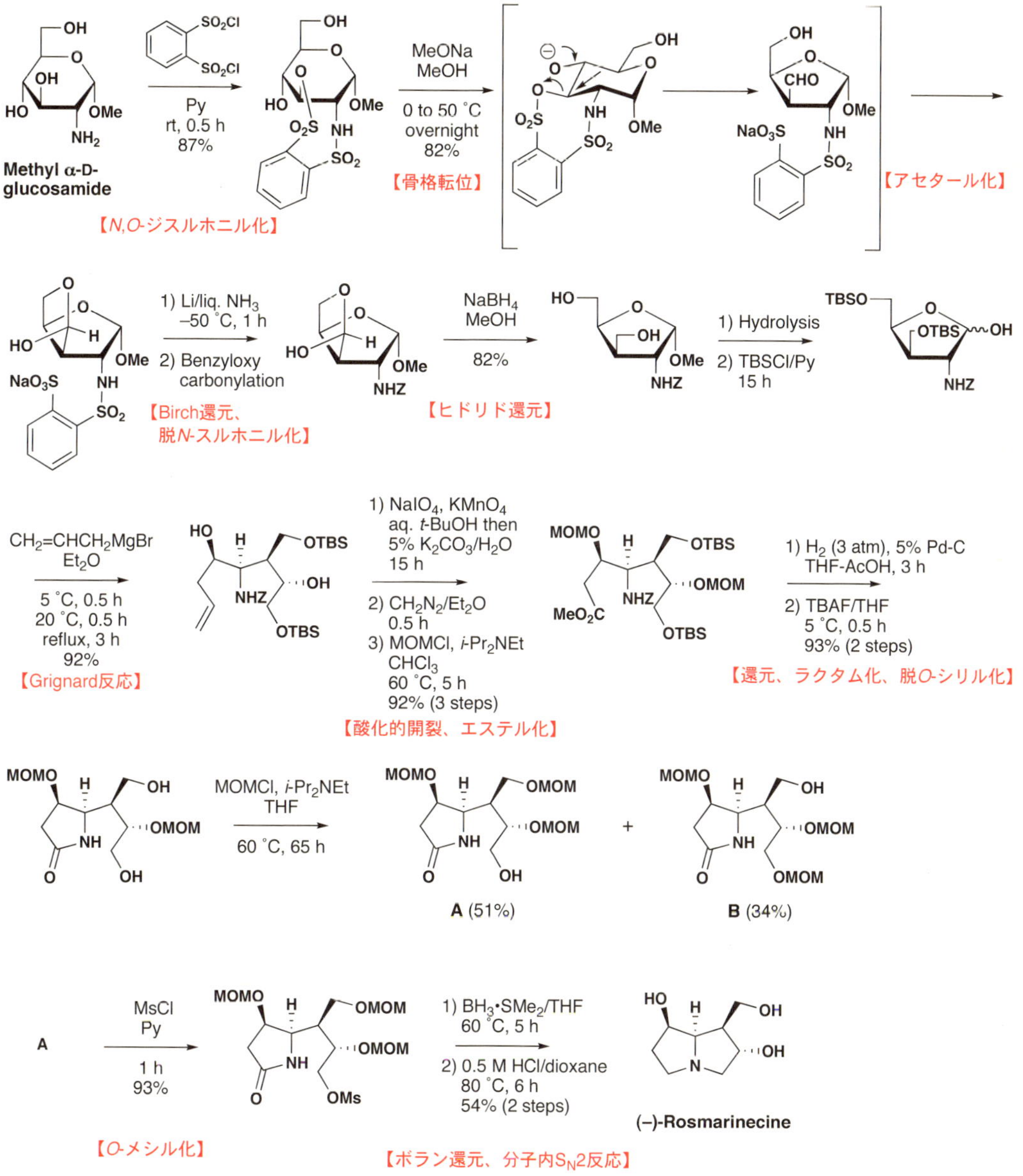

2) Tandem [4+2]/[3+2] Cycladditions of Nitroalkenes . Synthesis of (–)-Rosmarinecine[3]

ニトロアルケンの連続[4+2]/[3+2]付加環化を鍵反応として合成

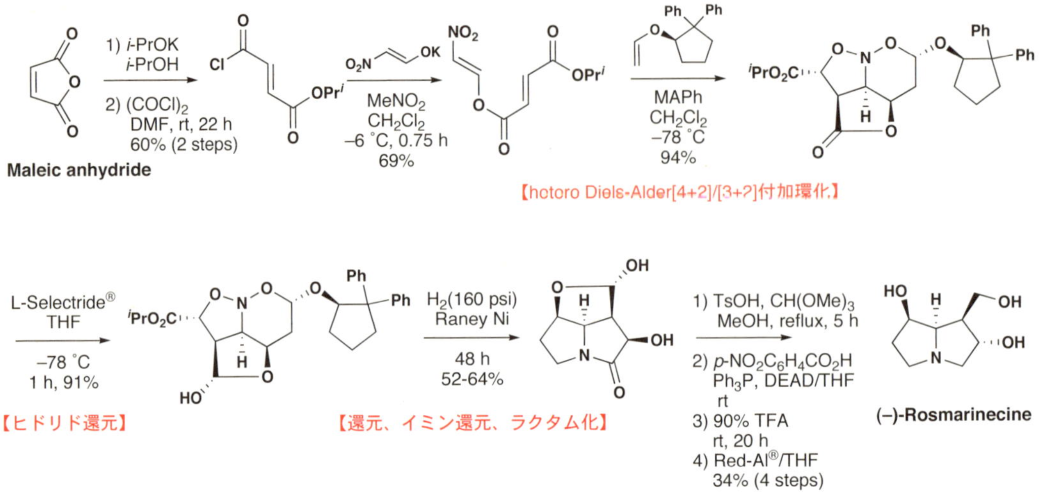

3) Total Synthesis of (–)-Rosmarinecine by Intramolecular Cycloaddition of (*S*)-Malic Acid Derived Pyrroline *N*-Oxide[4]

ニトロンによる[3+2]付加環化を鍵反応として効率よく合成

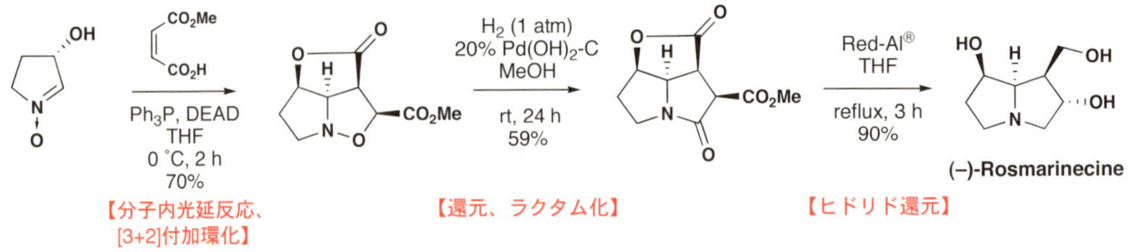

References

1) K. Tatsuta, H. Takahashi, Y. Amemiya and M. Kinoshita, *J. Am. Chem. Soc.*, **105**, 4096-4097 (1983)
2) K. Tatsuta, S. Miyashita, K. Akimoto and M. Kinoshita, *Bull. Chem. Soc. Jpn.*, **55**, 3254-3256 (1982)
3) S. E. Denmark, A. Thorarensen and D. S. Middleton, *J. Am. Chem. Soc.*, **118**, 8266-8277 (1996)
4) A. Goti, M. Cacciarini, F. Cardona, F. M. Cordero and A. Brandi, *Org. Lett.*, **3**, 1367-1369 (2001)

Sideroxylonal

1) The First Total Synthesis of Sideroxylonal B[1)]

一つの原料からone-potでジエンとジエノフィルを生成させて、hetero-Diels-Alder反応後、
連続分子内*retro*-Michael-Michael反応、臭素化を鍵反応として天然物を全合成(生合成類似全合成)

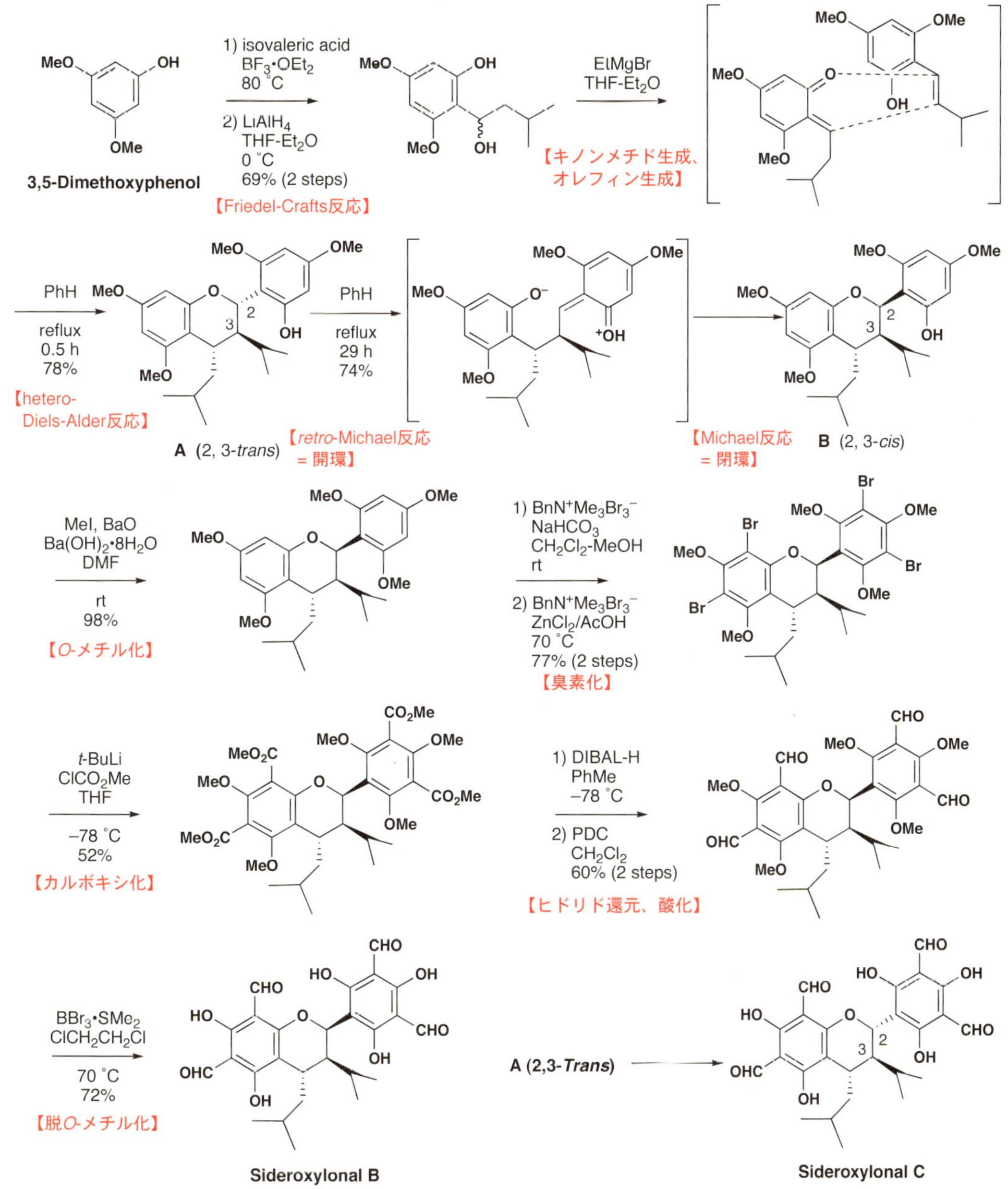

2) The First Total Synthesis of Grandinal, a New Phloroglucinol Derivative Isolated from *Eucalyptus grandis*[2)]

hetero-Diels-Alder反応を鍵として合成

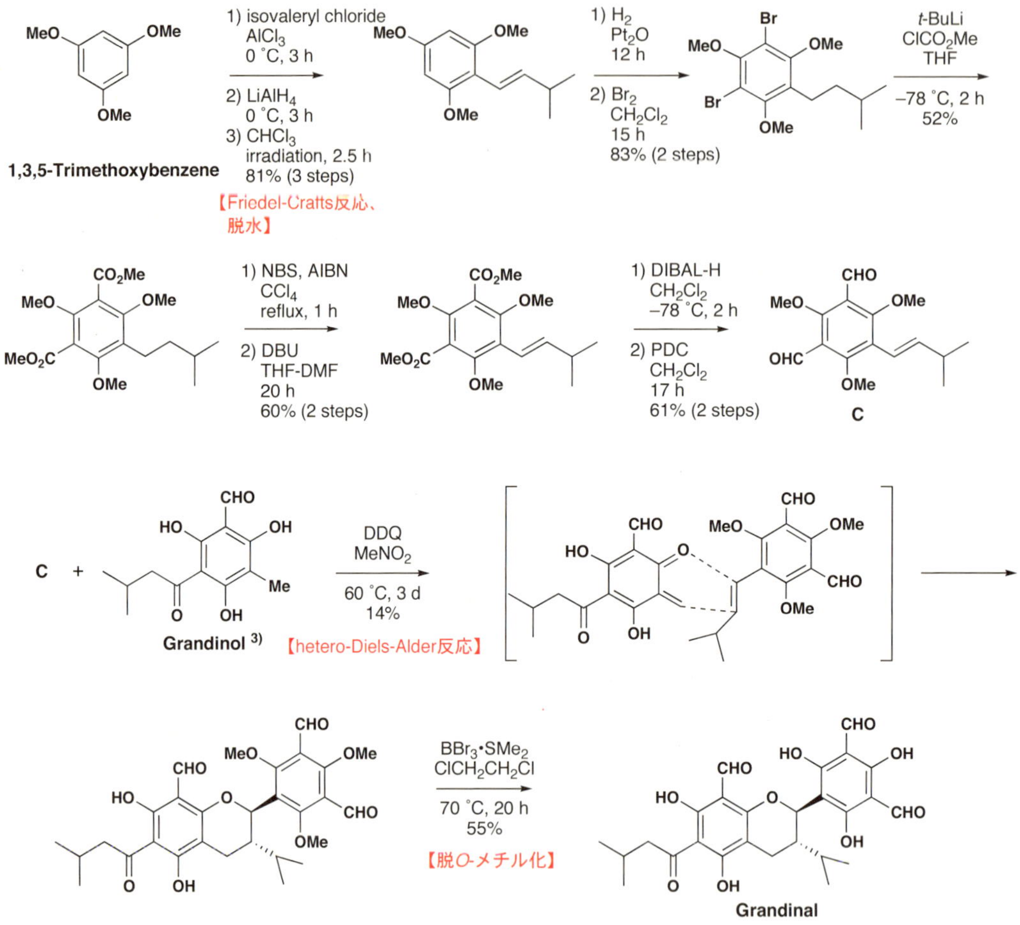

References

1) K. Tatsuta, T. Tamura and T. Mase, *Tetrahedron Lett.*, **40**, 1925-1928 (1999)
2) T. Matsumoto, I. P. Singh, H. Etoh and H. Tanaka, *Chem. Lett.*, 210-211 (2001)
3) K. Umehara, I. P. Singh, H. Etoh, M. Takasaki and T. Konoshima, *Phytochemistry*, **49**, 1699-1704 (1998)

Terpestacin

1) The First Total Synthesis of Natural (+)-Terpestacin, Syncytium Formation Inhibitor[1,2)]

糖質を不斉炭素源としてMichael反応、ラクトン環の縮小、分子内アルドール縮合、β-ケトラクトンのアルキル化、分子内Horner-Emmons反応による15員環の構築、野依不斉水素化を鍵反応として全合成

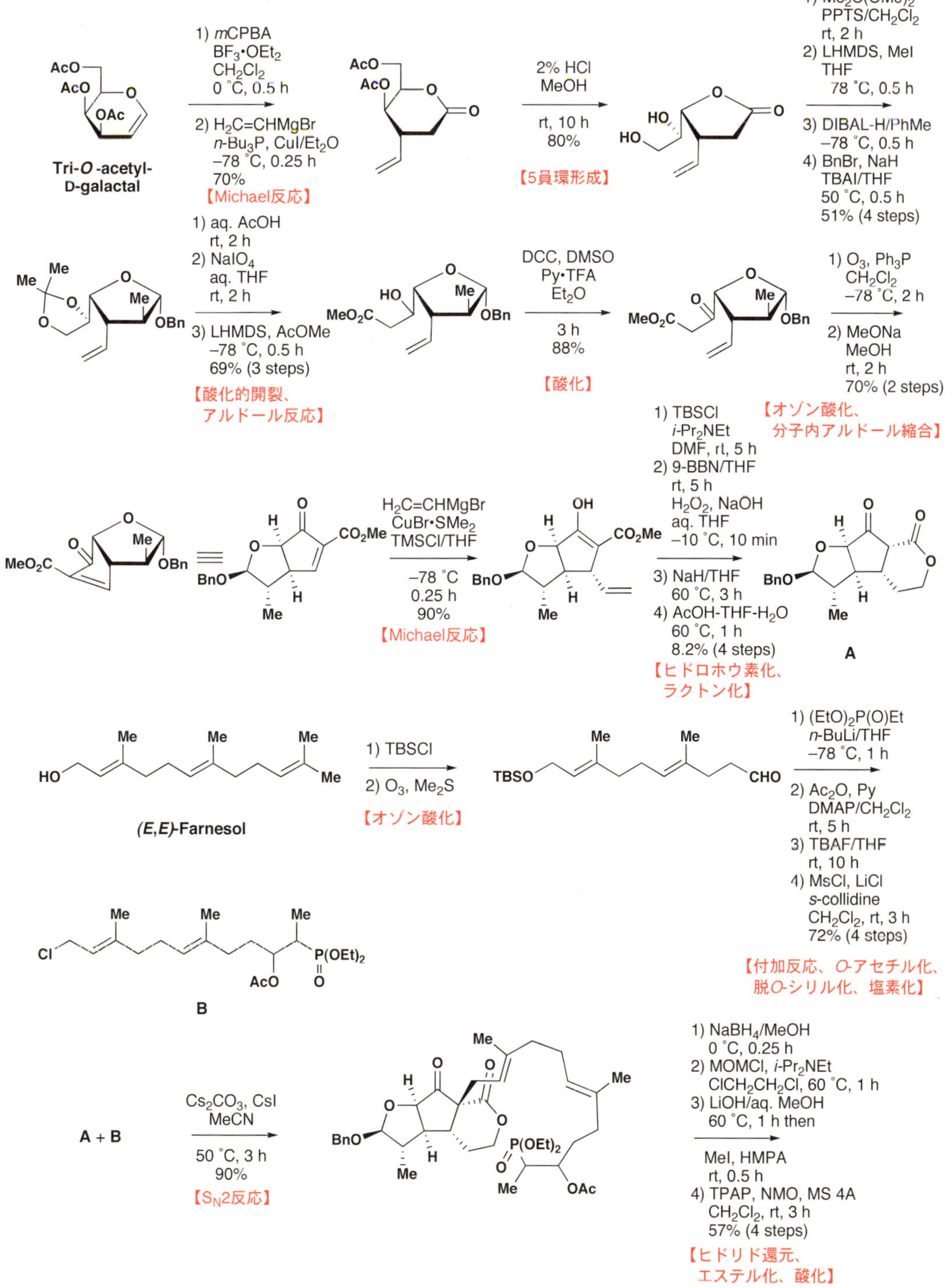

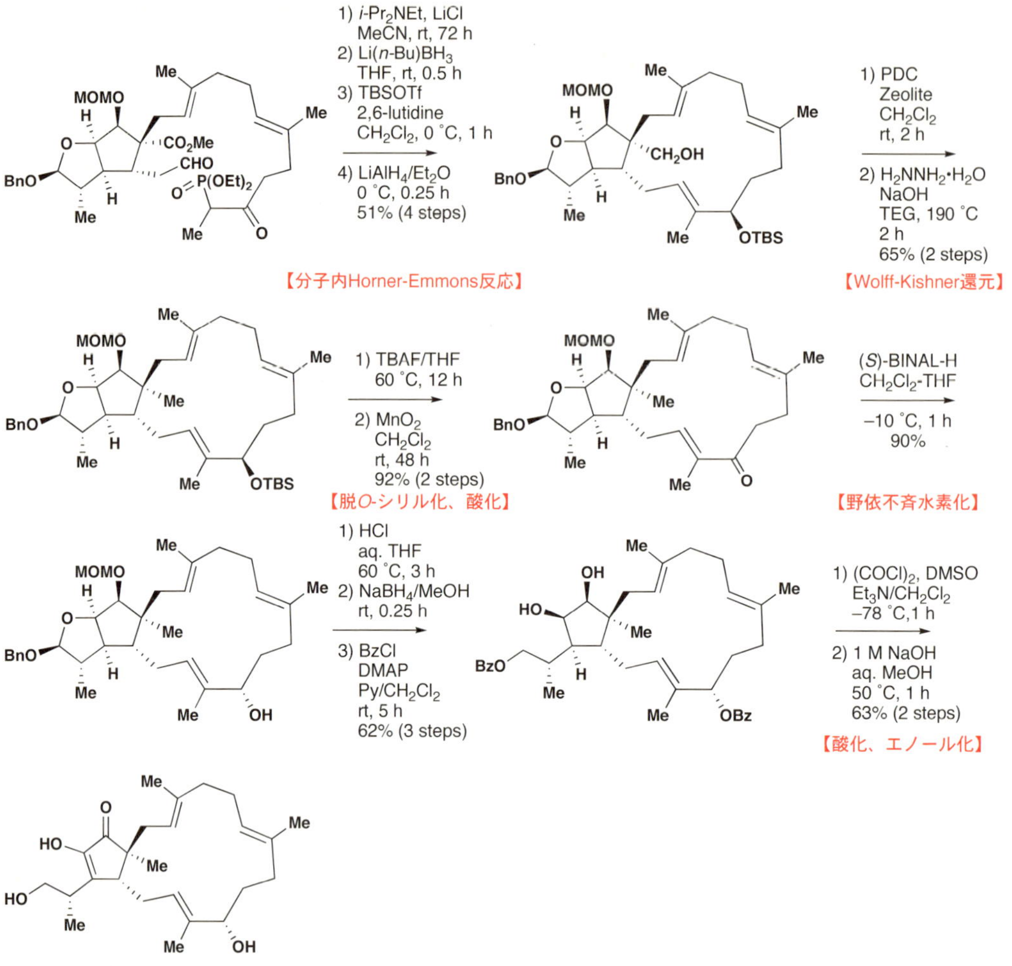

(+)-Terpestacin

2) A Synthesis of the Ring System of Terpestacin[3)]

Horner-Emmons反応、McMurryカップリングを鍵反応として15員環部分を合成

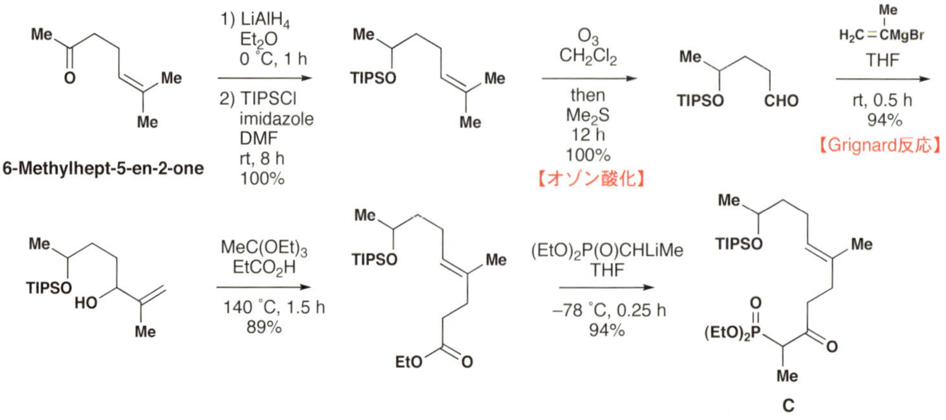

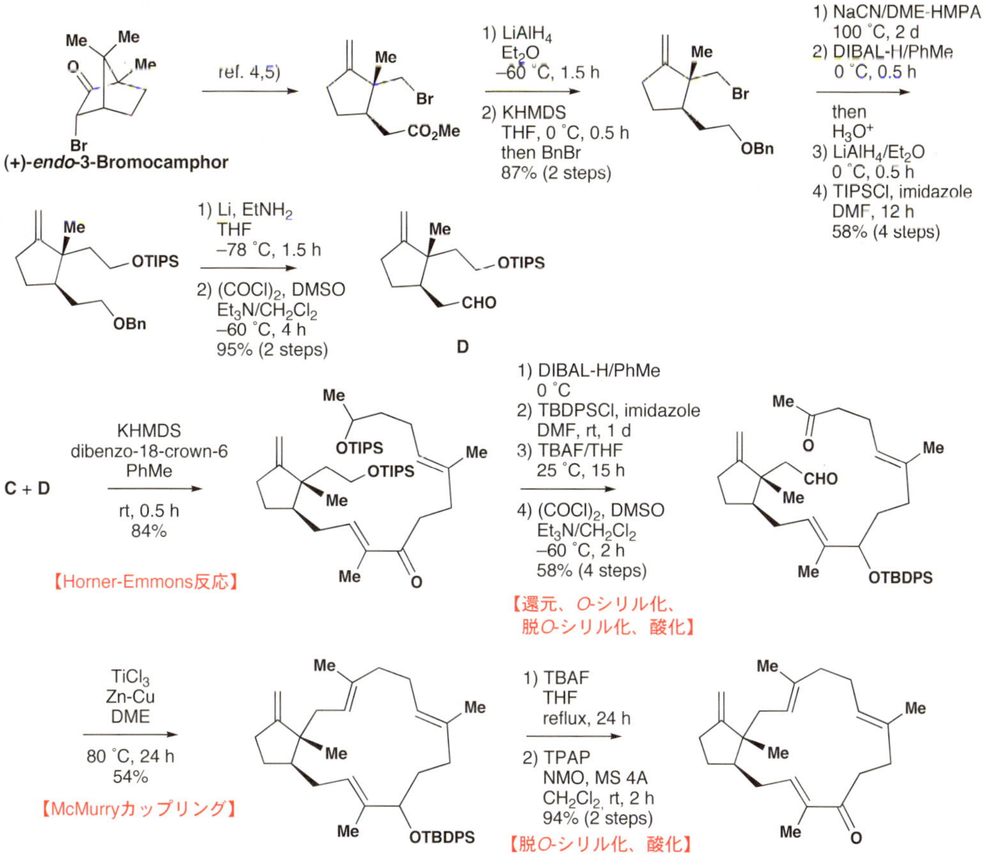

3) Intramolecular Julia Condensation for the Construction of 15-Membered Carbocycles in Terpestacin[6]

Michael反応、Juliaカップリングを鍵反応として15員環部分を合成

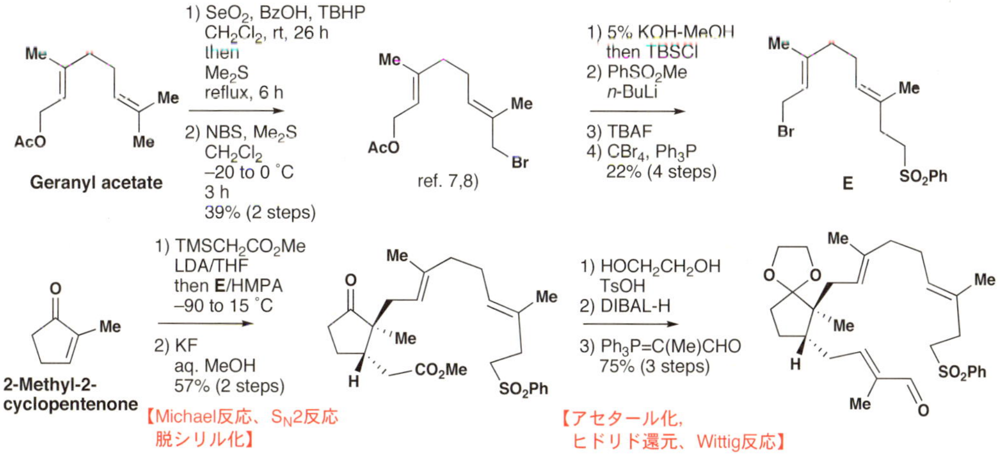

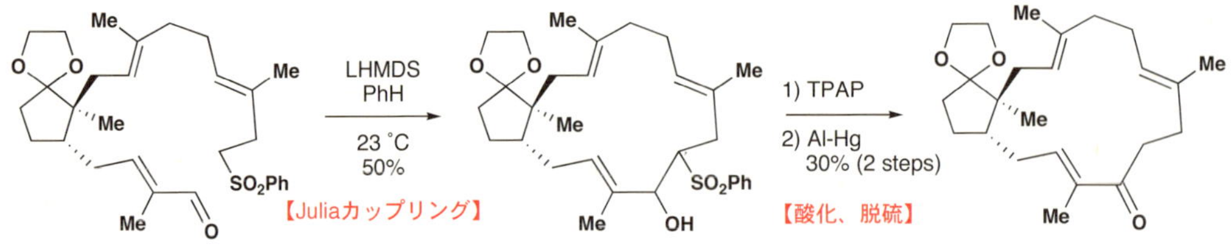

4) Synthesis of (–)-Terpestacin via Catalytic, Stereoselective Fragment Coupling: Siccanol Is Terpestacin, Not 11-*epi*-Terpestacin[9)]

クロスカップリングを鍵反応として天然物を全合成

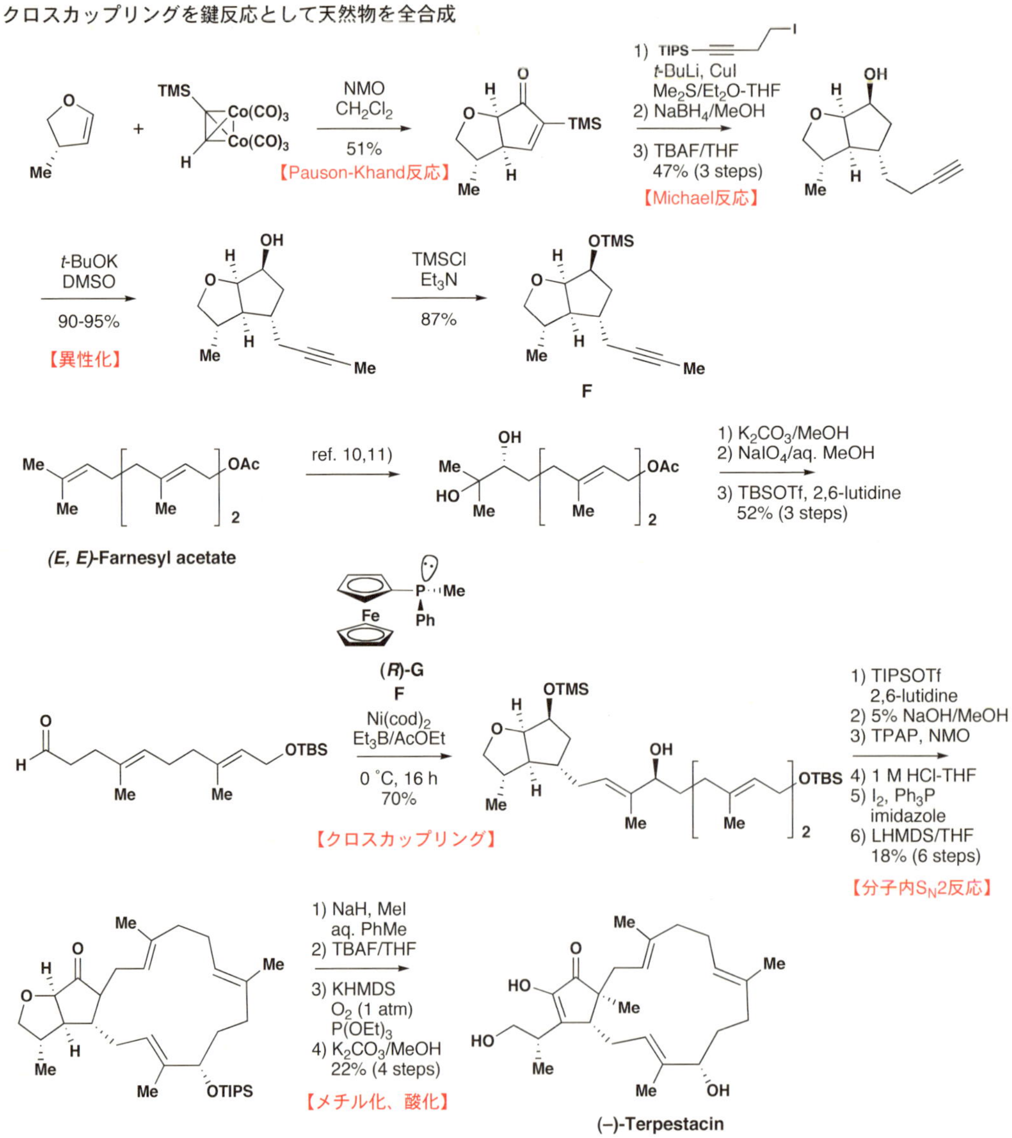

5) Enantioselective Synthesis of (–)-Terpestacin and (–)-Fusaproliferin[12,13]

γ-ラクトンの付加反応、エポキシ環のS_N2'型付加開環を鍵反応として天然物を全合成

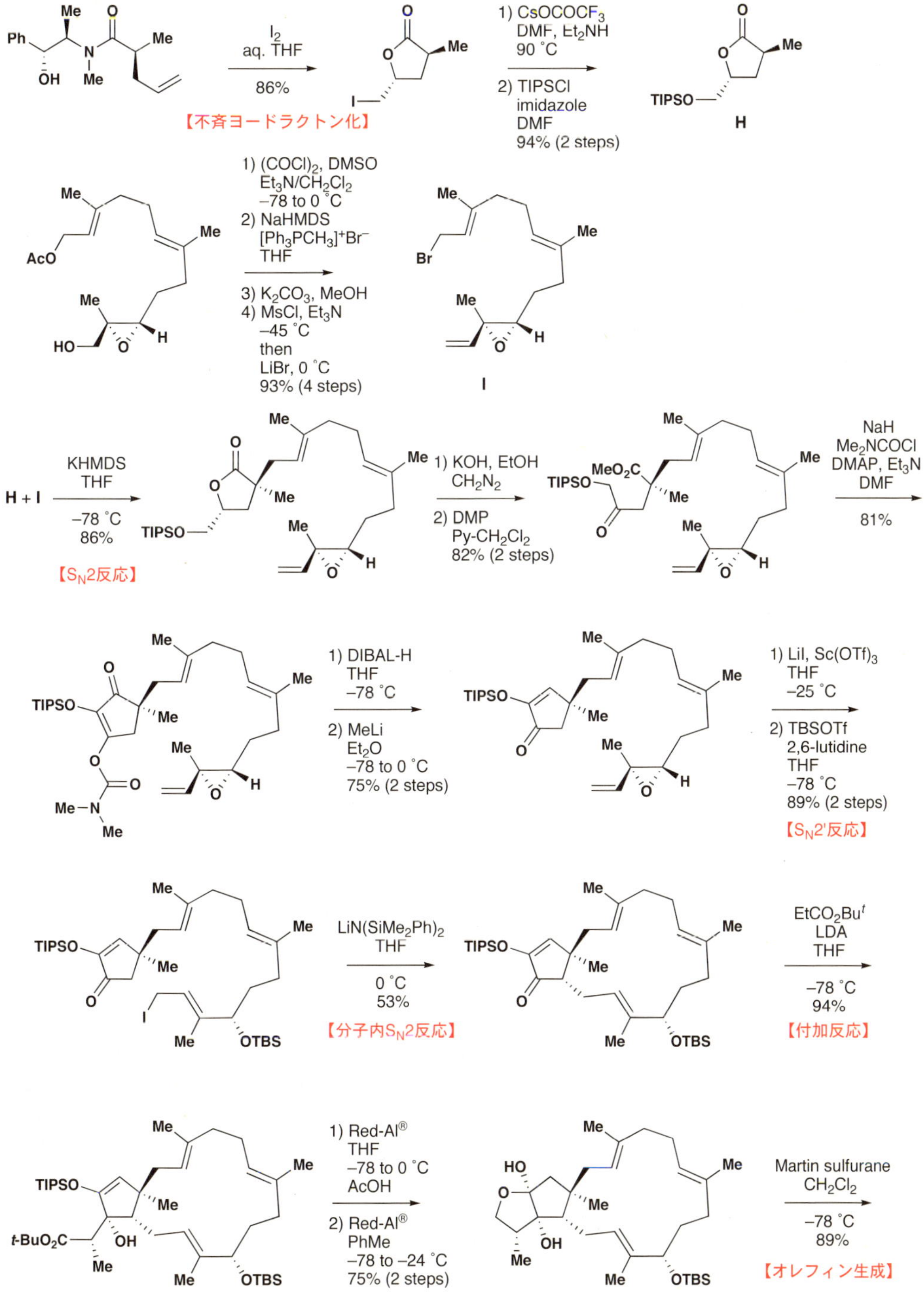

Terpestacin

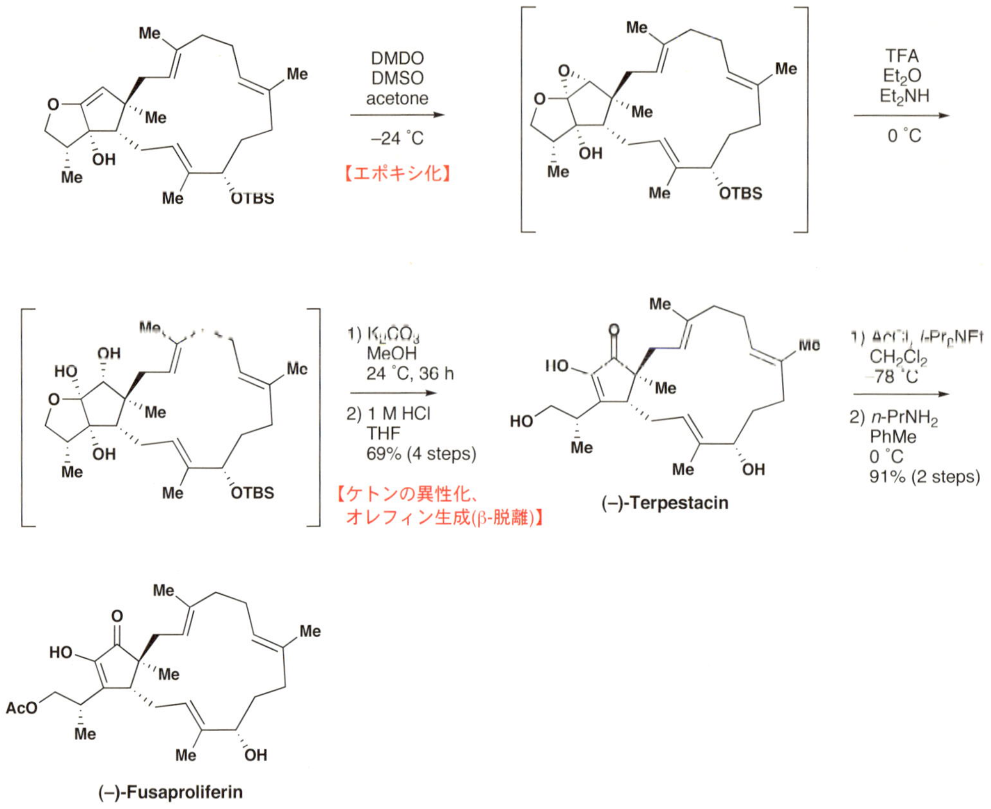

References

1) K. Tatsuta and N. Masuda, *J. Antibiot.*, **51**, 602-606 (1998)
2) K. Tatsuta, N. Masuda and H. Nishida, *Tetrahedron Lett.*, **39**, 83-86 (1998)
3) M. Paulc, M. Mouttet, K. Gabriel and D. Heissler, *Tetrahedron Lett.*, **40**, 843-846 (1999)
4) J. H. Hutchinson, T. Money and S. E. Piper, *Can. J. Chem.*, **64**, 854-860 (1986)
5) J. A. Clase and T. Money, *Can. J. Chem.*, **70**, 1537-1544 (1992)
6) K. Takeda, A. Nakajima and E. Yoshii, *Synlett*, 249-250 (1995)
7) A. C. Oehlschlager, J. W. Wong, V. G. Verigin and H. D. Pierce Jr., *J. Org. Chem.*, **48**, 5009-5017 (1983)
8) W. G. Dauben, R. K. Saugier and I. Fleischhauer, *J. Org. Chem.*, **50**, 3767-3774 (1985)
9) J. Chan and T. F. Jamison, *J. Am. Chem. Soc.*, **125**, 11514-11515 (2003)
10) G. A. Crispino, P. T. Ho and K. B. Sharpless, *Science*, **259**, 64-66 (1993)
11) E. J. Corey, M. C. Noe and S. Lin, *Tetrahedron Lett.*, **36**, 8741-8744 (1995)
12) A. G. Myers, M. Siu and F. Ren, *J. Am. Chem. Soc.*, **124**, 4230-4232 (2002)
13) A. G. Myers and M. Siu, *Tetrahedron*, **58**, 6397-6404 (2002)

Tetracyclines

1) The First Total Synthesis of Natural (–)-Tetracycline[1]

糖質を不斉炭素源として、Ferrier反応、立体選択的Diels-Alder反応、Michael-Dieckmann型反応
立体選択的ブロモエーテル化、フラン環の酸化的開環、光酸化、立体選択的還元を経て、天然物を全合成

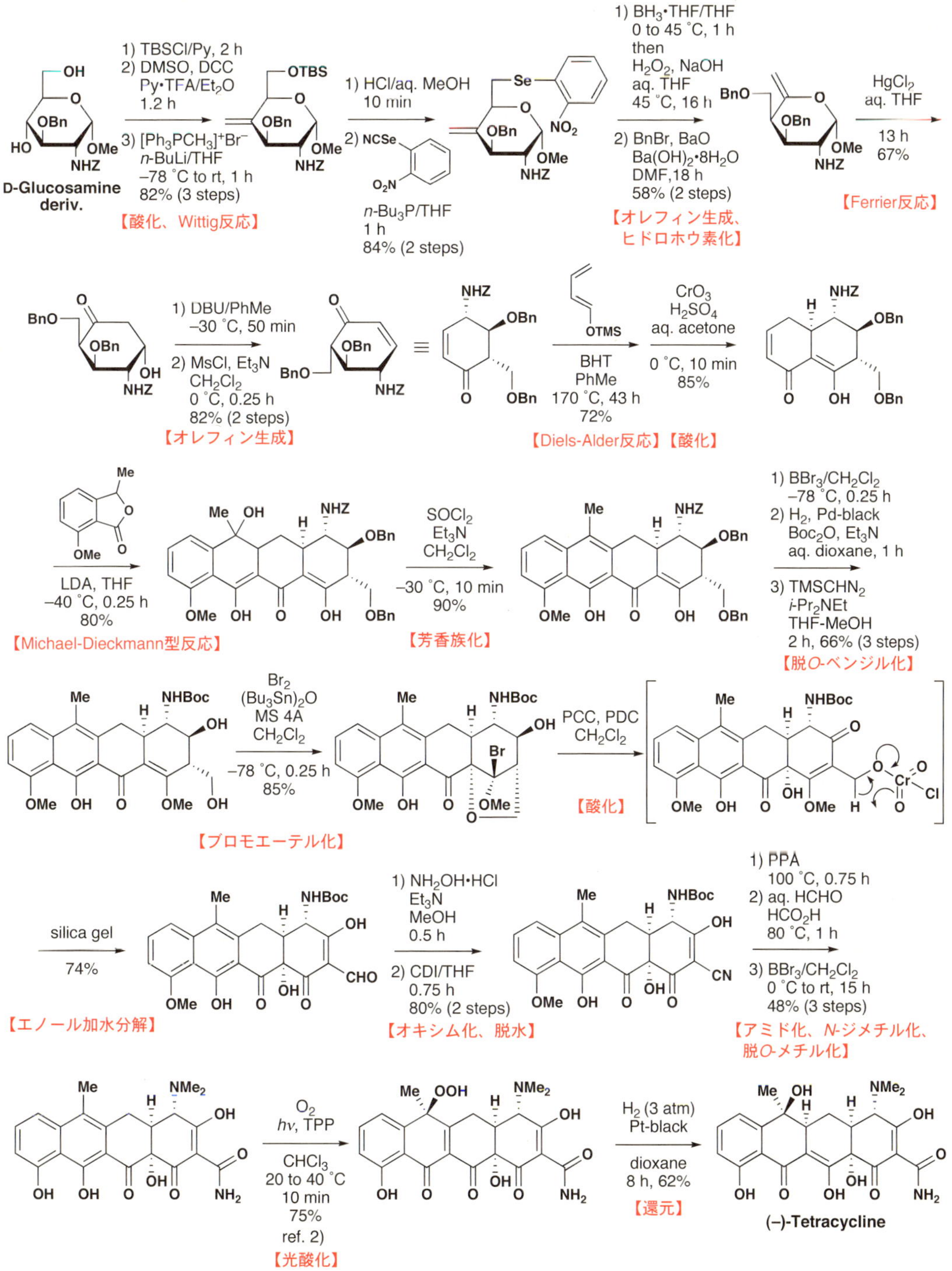

2) On the Total Synthesis of Tetracycline[2]

光酸化、還元を鍵反応とする部分合成

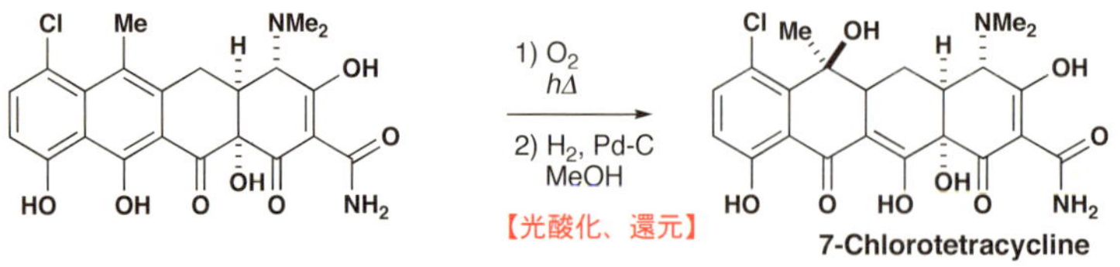

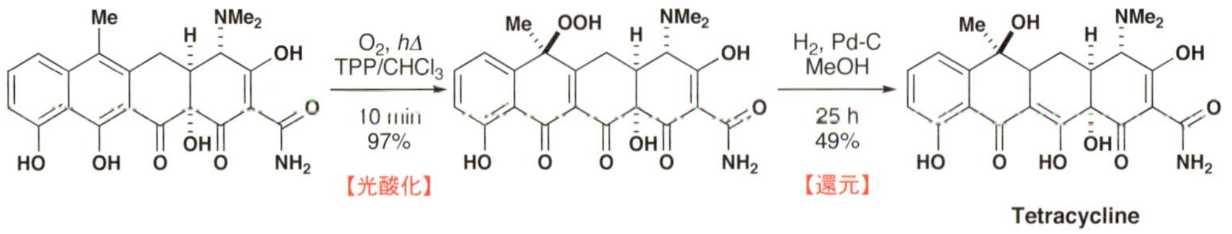

3) The Total Synthesis of *dl*-6-Demethyl-6-deoxytetracycline[3,4]

アルドール縮合、酸化的水酸基導入を経て、ラセミの類縁体を合成

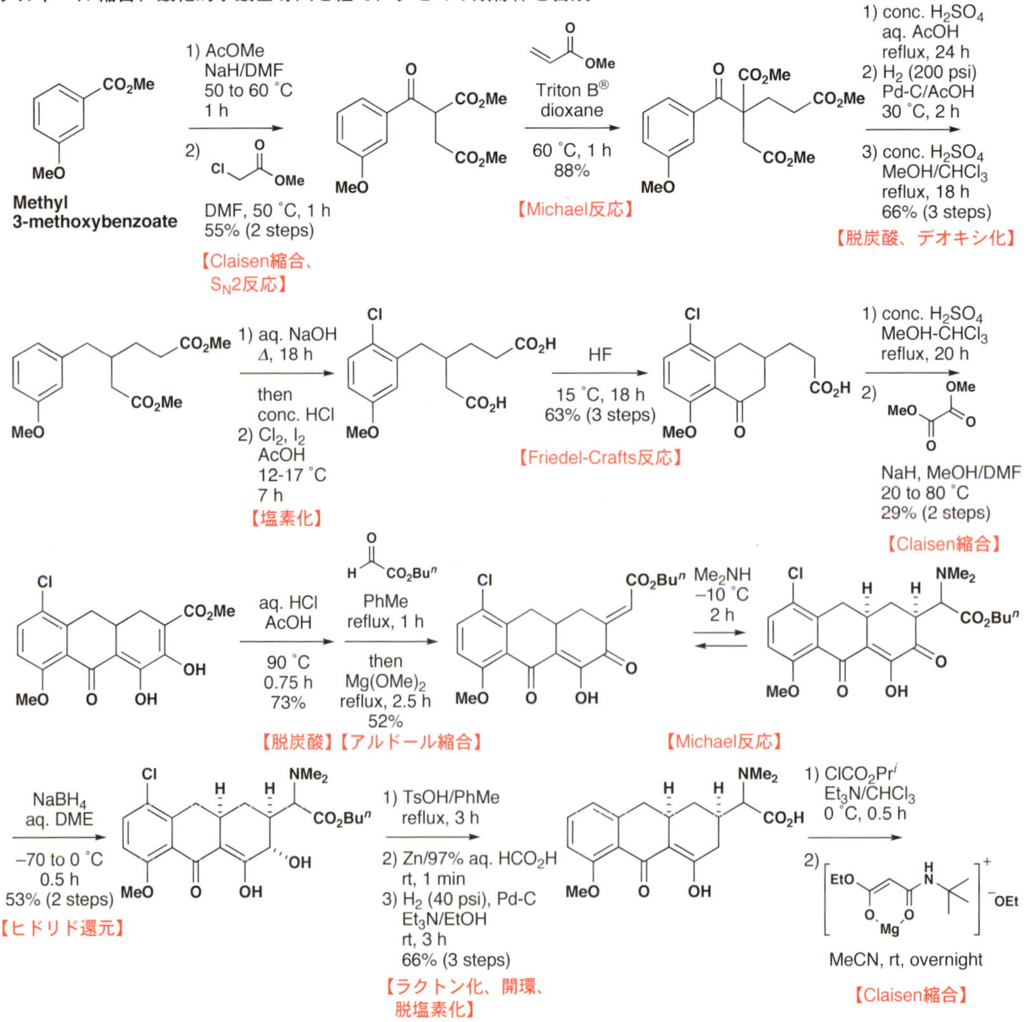

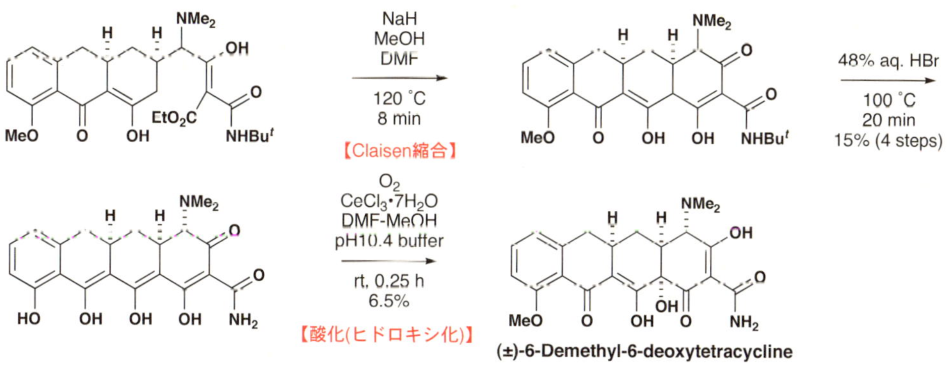

(±)-6-Demethyl-6-deoxytetracycline

4) Tetracyclines. V. A Total Synthesis of (±)-6-Deoxy-6-demethyltetracycline[5)]

アルドール型縮合、Claisen-Michael-Dieckmann型反応、酸化的水酸基導入を経てラセミの類縁体を合成

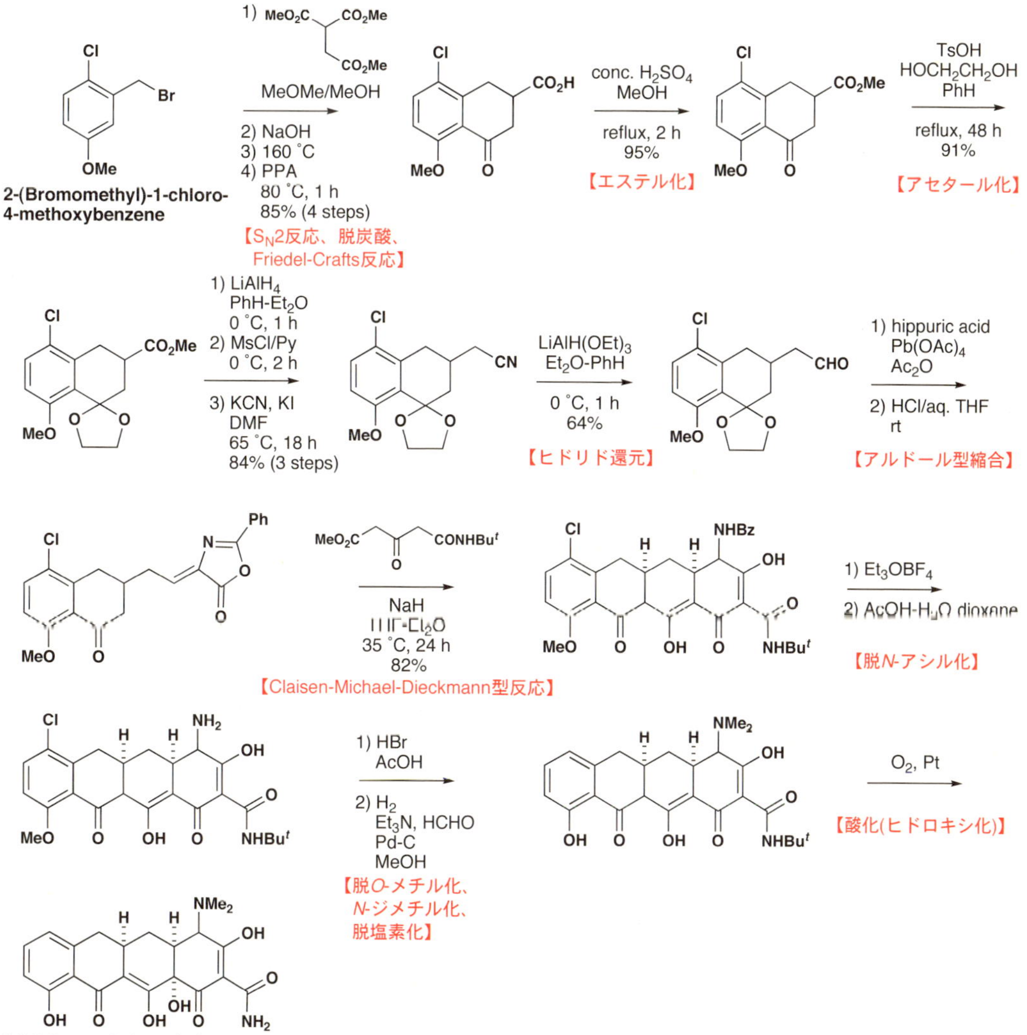

(±)-6-Deoxy-6-demethyltetracycline

5) Stereocontrolled Synthesis of (±)-12a-Deoxytetracycline[6)]

ラジカル環化、Michael反応、Pd錯体による脱炭酸、Dieckmann型反応を鍵としてラセミの類縁体を合成

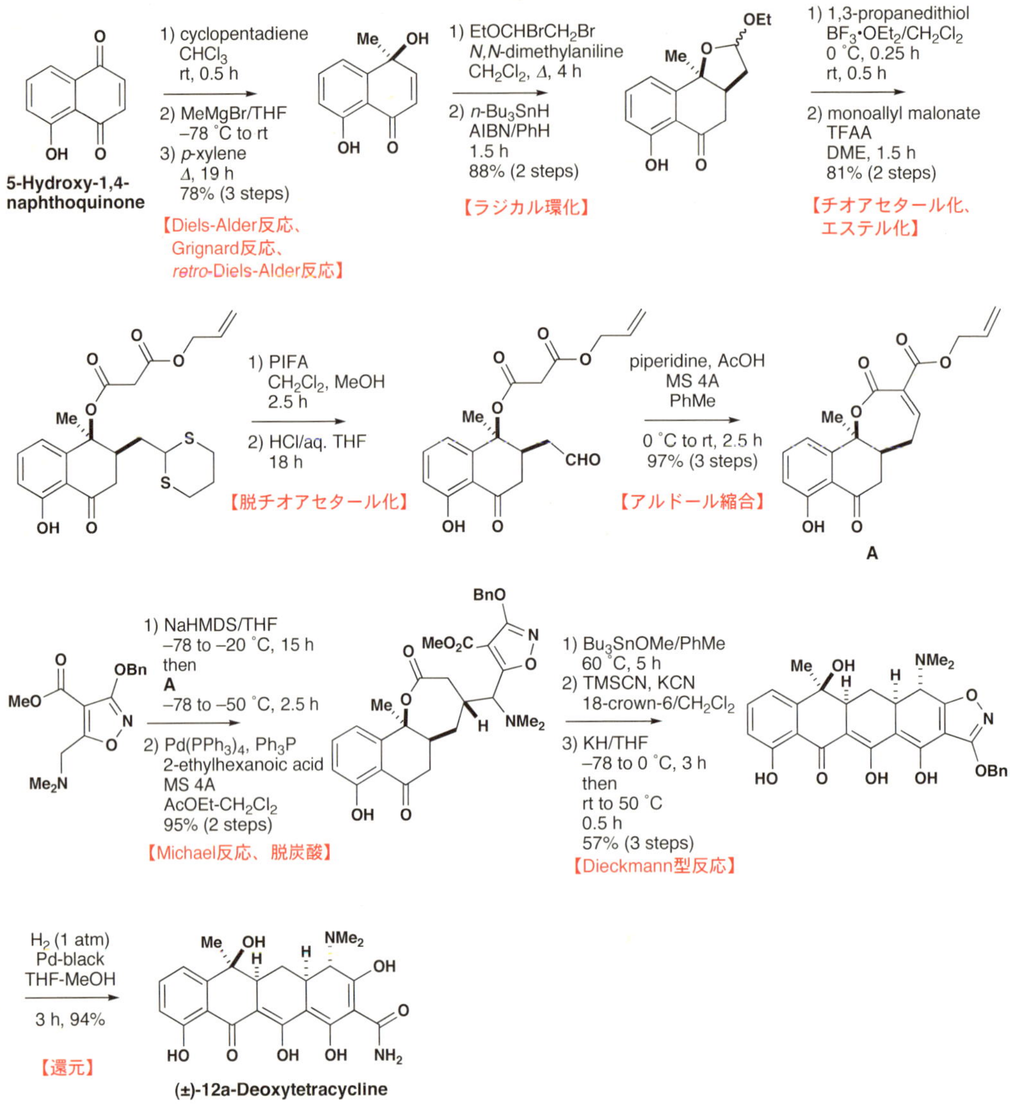

6) Synthesis of (–)-Tetracycline[7,8)]

酵素酸化、[4+2]付加環化を経て全合成

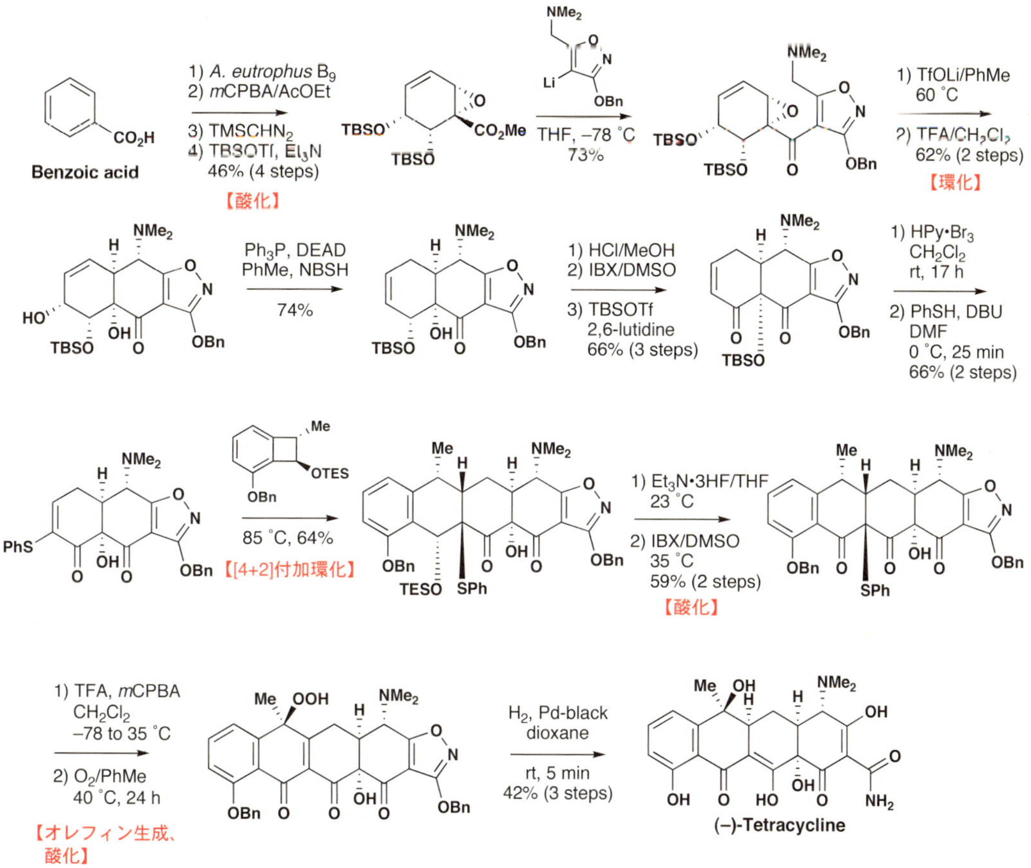

References

1) K. Tatsuta, T. Yoshimoto, H. Gunji, Y. Okado and M. Takahashi, *Chem. Lett.*, 646-647 (2000)
2) H. H. Wasserman, T.-J. Lu and A. I. Scott, *J. Am. Chem. Soc.*, **108**, 4237-4238 (1986)
3) L. H. Conover, K. Butler, J. D. Johnston, J. J. Korst and R. B. Woodward, *J. Am. Chem. Soc.*, **84**, 3222-3224 (1962)
4) J. J. Korst, J. D. Johnston, K. Butler, E. J. Bianco, L. H. Conover and R. B. Woodward, *J. Am. Chem. Soc.*, **90**, 439-457 (1968)
5) H. Muxfeldt and W. Rogalski, *J. Am. Chem. Soc.*, **87**, 933-934 (1965)
6) G. Stork, J. J. L. Clair, P. Spargo, R. P. Nargund and N. Totah, *J. Am. Chem. Soc.*, **118**, 5304-5305 (1996)
7) M. G. Charest, D. R. Siegel and A. G. Myers, *J. Am. Chem. Soc.*, **127**, 8292-8293 (2005)
8) M. G. Charest, C. D. Lerner, J. D. Brubaker, D. R. Siegel and A. G. Myers, *Science*, **308**, 395-399 (2005)

Tetrodecamycin

1) The First Total Synthesis of a Tetracyclic Antibiotic, (–)-Tetrodecamycin[1)]

光学活性なブテノリドの唯一の不斉炭素原子を活用したシクロヘキサン環の立体選択的導入、シクロヘキセン部分の位置選択的酸化によるシクロヘキセノン部分の構築、ケト-アルデヒド体のSmI_2処理による立体選択的シス-ジオールの形成、独自に開発したヘミアセタールのデオキシ化などを経て天然物の最初の全合成を完成

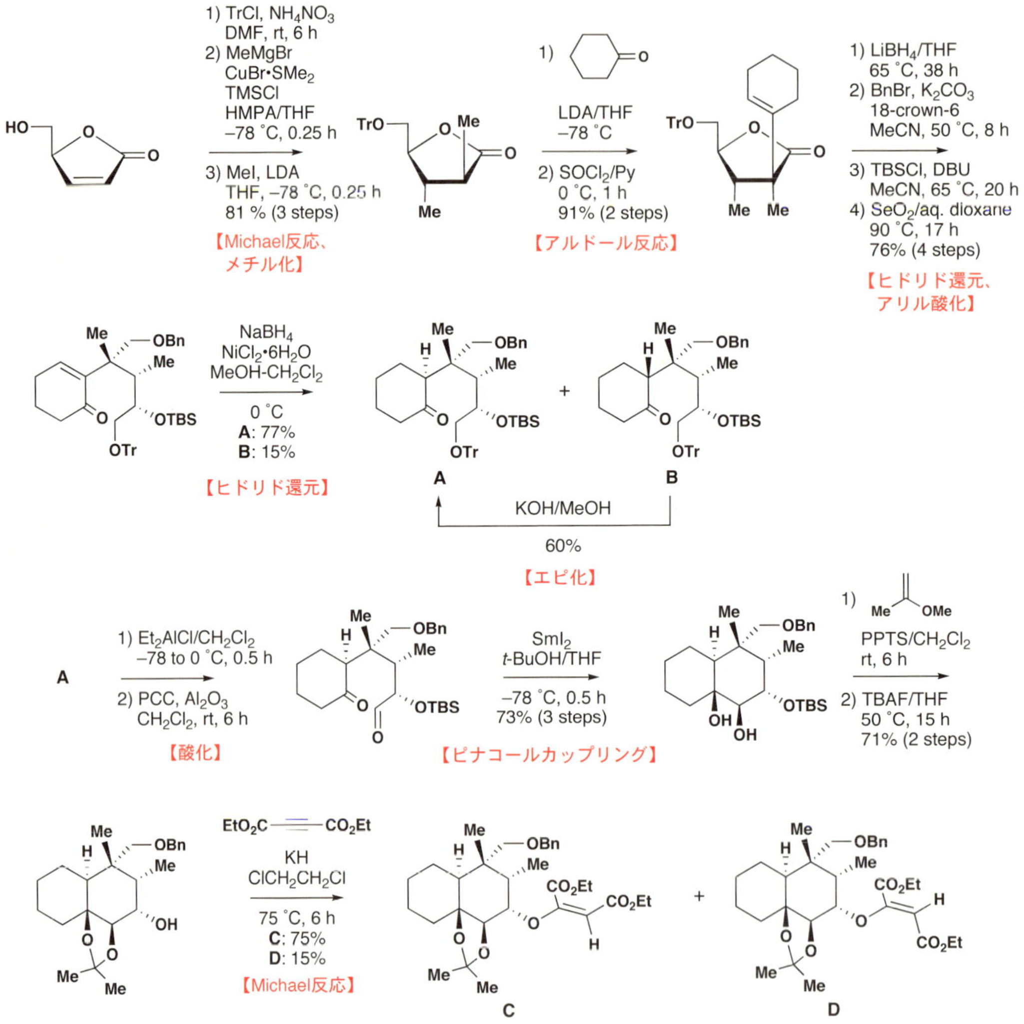

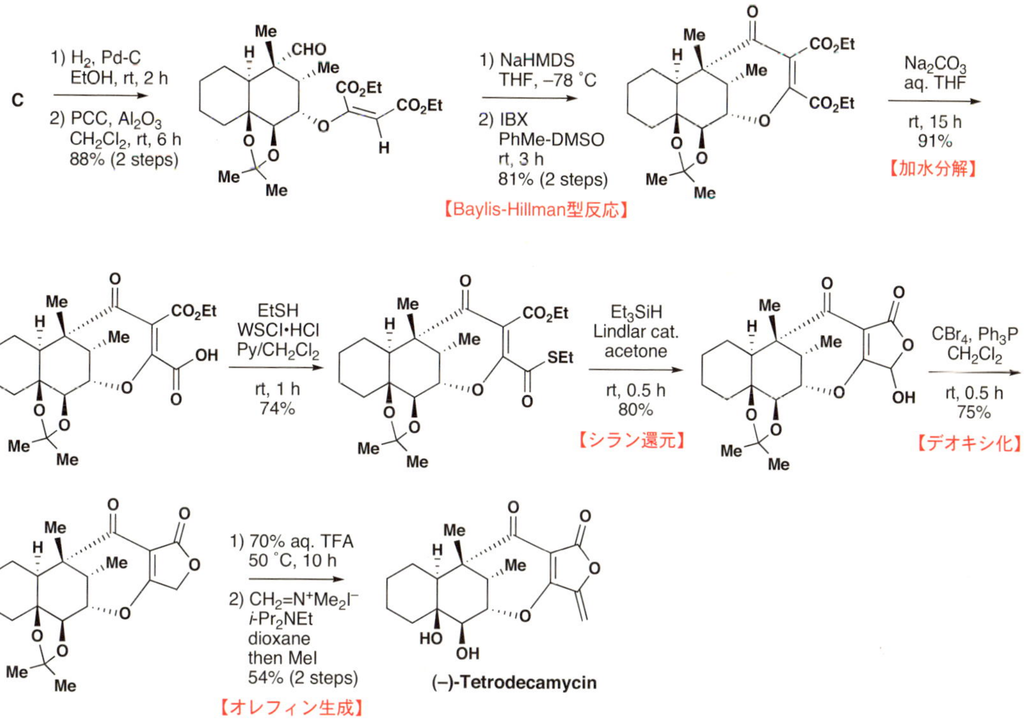

Reference

1) K. Tatsuta, Y. Suzuki, A. Furuyama and H. Ikegami, *Tetrahedron Lett.*, **47**, 3595-3598 (2006)

Thienamycin

1) Novel Synthesis of (+)-4-Acetoxy-3-hydroxyethyl-2-azetidinone from Carbohydrate A Formal Total Synthesis of (+)-Thienamycin[1)]

糖質を不斉炭素源として、骨格転位と、選択的酸化、連続エピ化、ラクタム化を鍵反応として天然物を合成

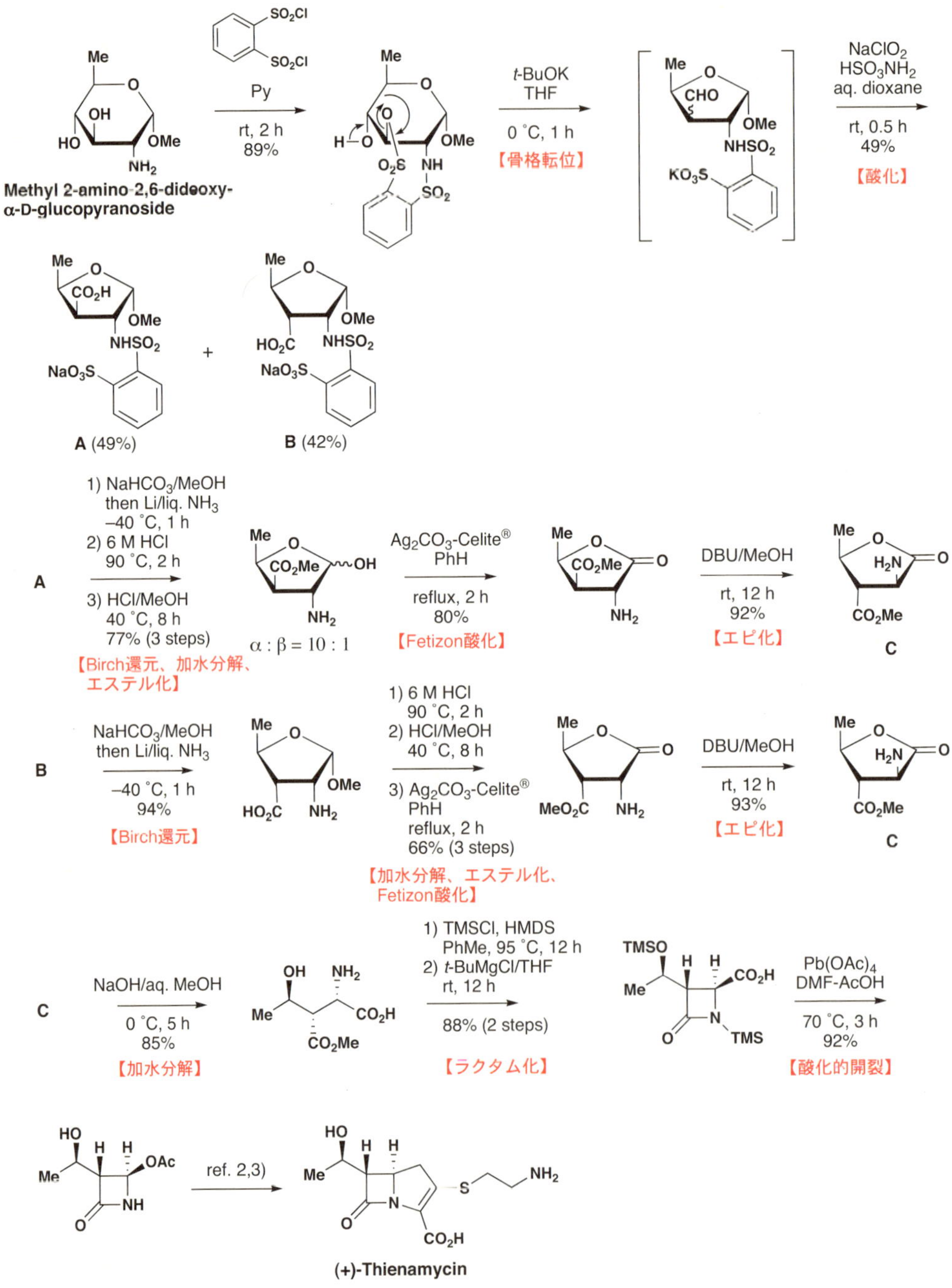

2) Total Synthesis of (±)-Thienamycin[4,5]

[2+2]型付加環化、アルドール反応、環化を鍵反応としてラセミ体の合成

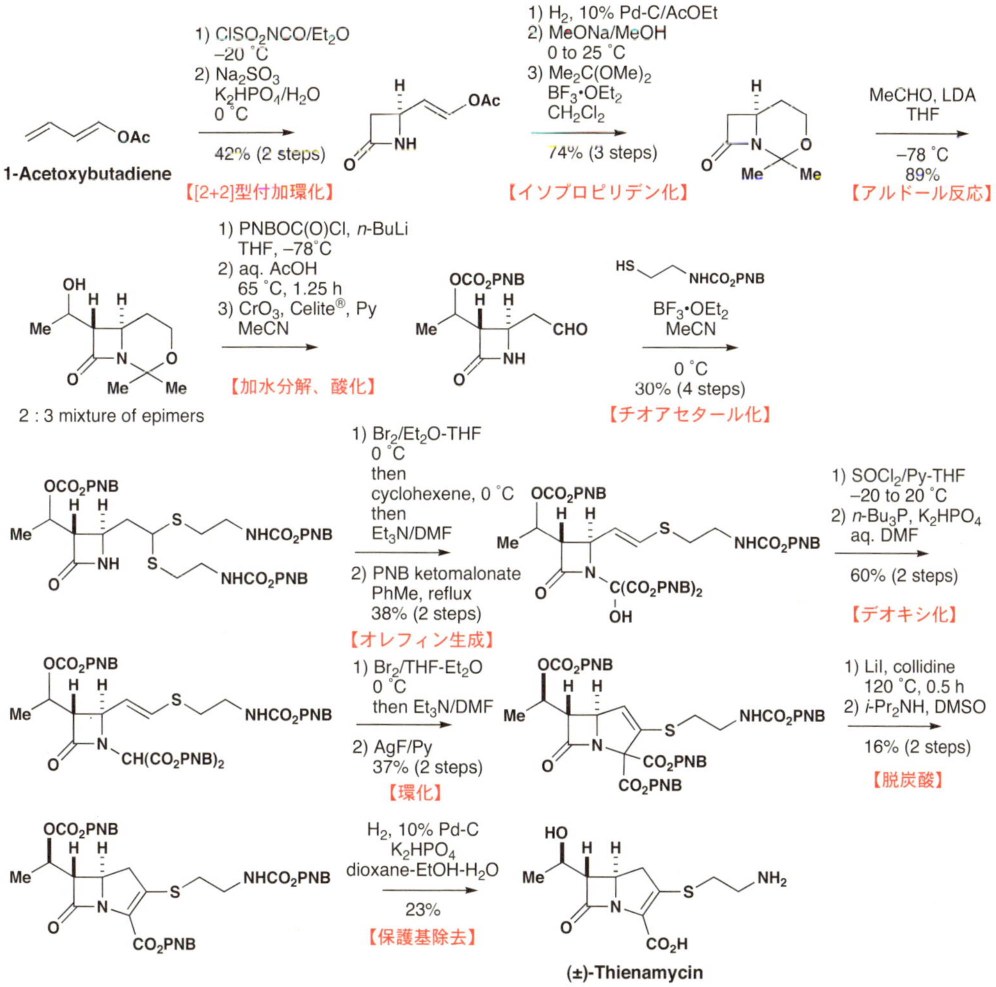

3) Studies on the Syntheses of Heterocyclic Compounds. 800. A Formal Total Synthesis of (±)-Thienamycin and a (±)-Decysteaminylthienamycin Derivative[6]

[3+2]付加環化、ラクタム化を鍵反応としてラセミ体の合成

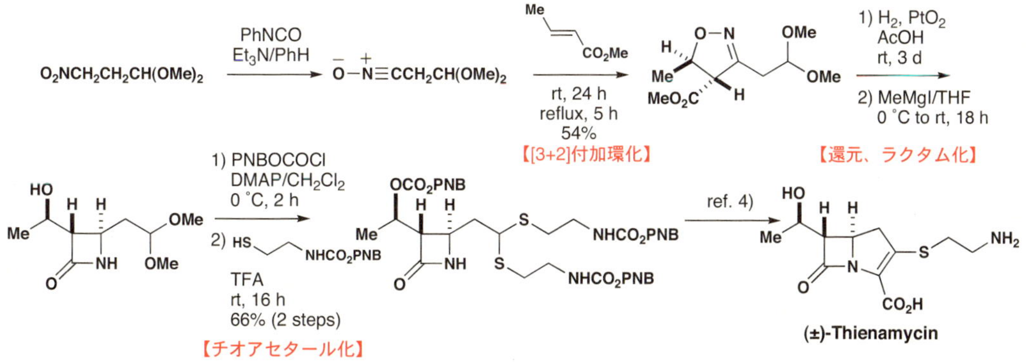

4) A Stereocontrolled Synthesis of (+)-Thienamycin[7)]

ジチアンのアニオンによるS_N2反応、Rh錯体によるカルベンの生成を経る環化を鍵反応として全合成

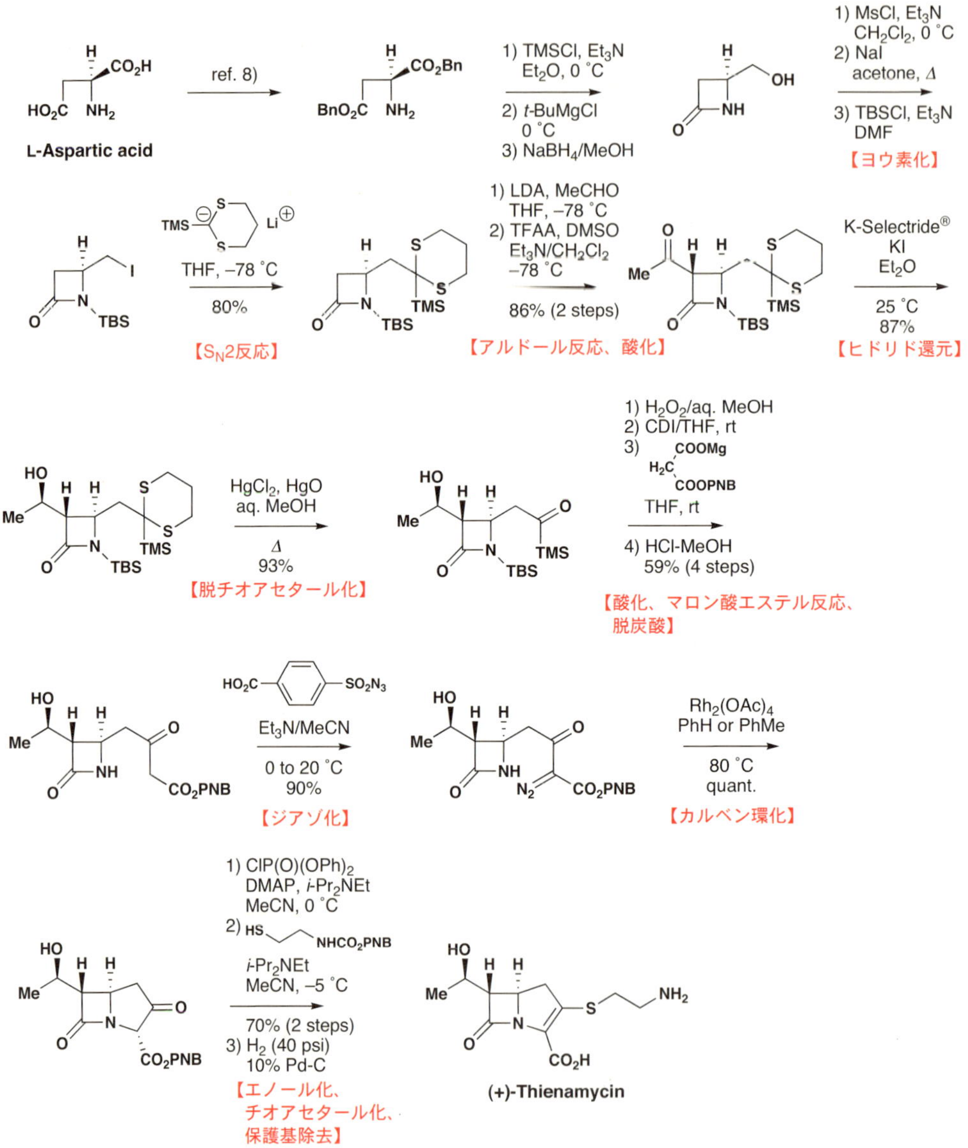

5) Stereo-Controlled Synthesis of Intermediates of (±)-Thienamycin[9)]

マロン酸エステル部位を有効に用いたβ-ラクタム環の構築を経て合成

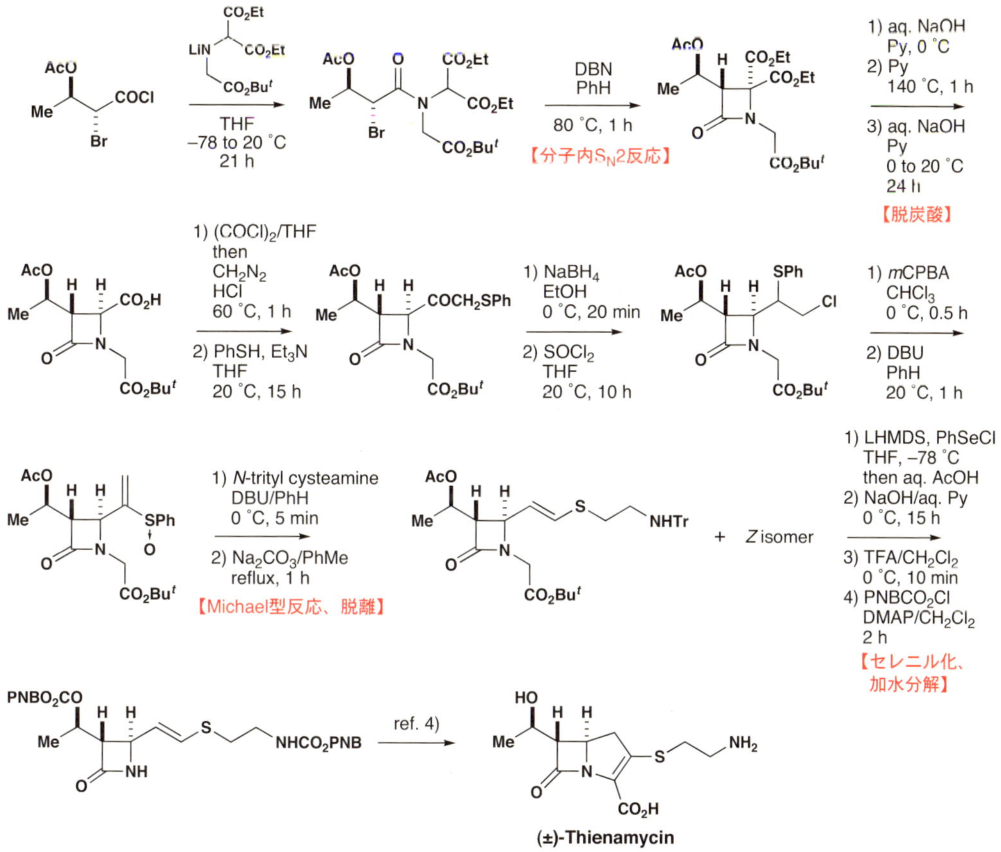

6) Total Synthesis of (+)-Thienamycin: A New Approach from Aspartic Acid[2)]

アルドール反応、Pb触媒によるアニオンによる脱炭酸を伴うエノールとの反応を経て全合成

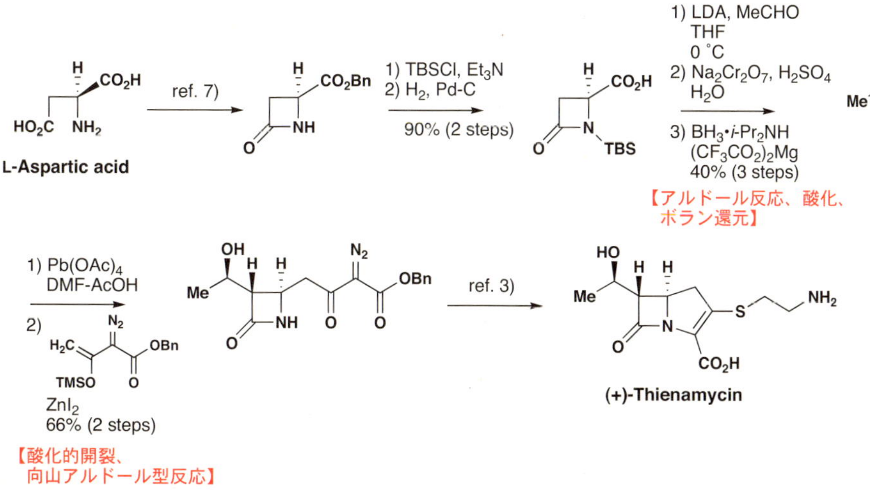

7) The Total Stereocontrolled Synthesis of a Chemical Precursor to (+)-Thienamycin[10]

糖質を不斉炭素源とし、アミノ基および側鎖部分の導入を鍵として前駆体を合成

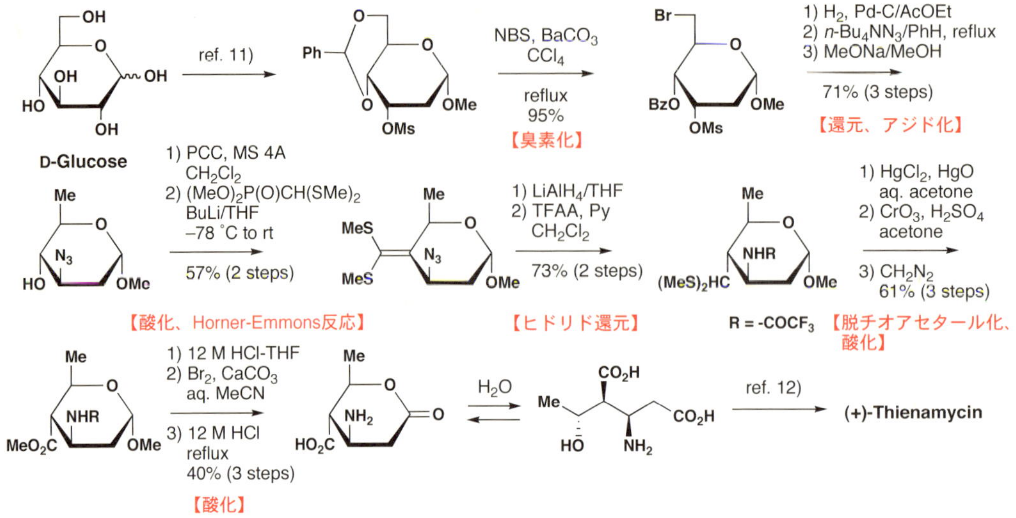

8) The Synthesis of 3-(1'-Hydroxyethyl)-2-azetidinone-4-yl Acetic Acid via Dianion Chemistry - An Important Intermediate in Thienamycin Total Synthesis[13]

アルドール反応、Claisen縮合型反応を経て形式的全合成

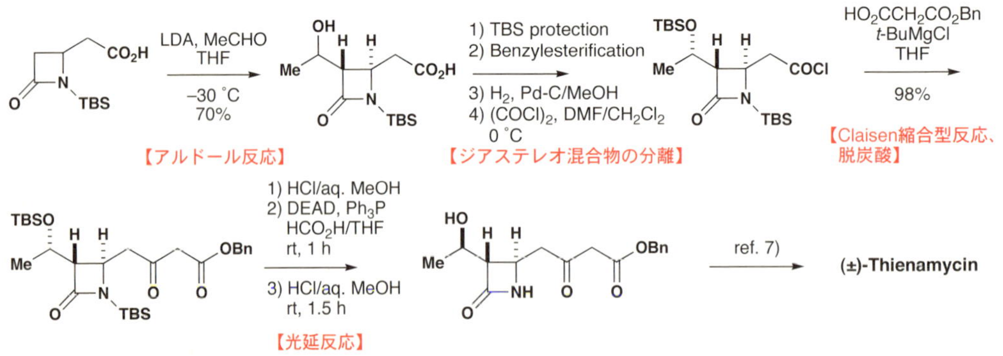

9) A Mild Method for the Conversion of Propiolic Esters to β-Keto Ester. Application to the Formal Total Synthesis of (±)-Thienamycin[14]

プロピオン酸エステルのβ-ケトエステルへの変換を経て形式全合成

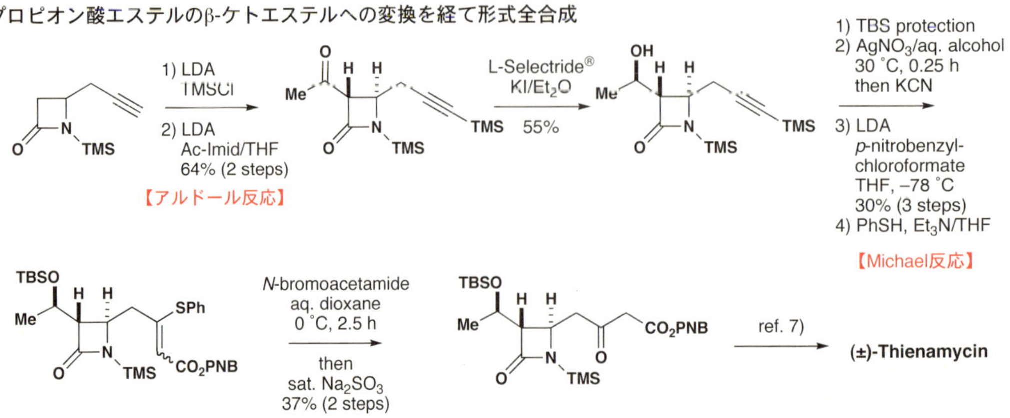

10) A Simple Preparation of (+)-4-Phenylthioazetidin-2-one and an Asymmetric Synthesis of (+)-Thienamycin[15]

シンコニジンを用いる不斉チオアセタール化、アルドール反応、Grignard反応を経て不斉合成

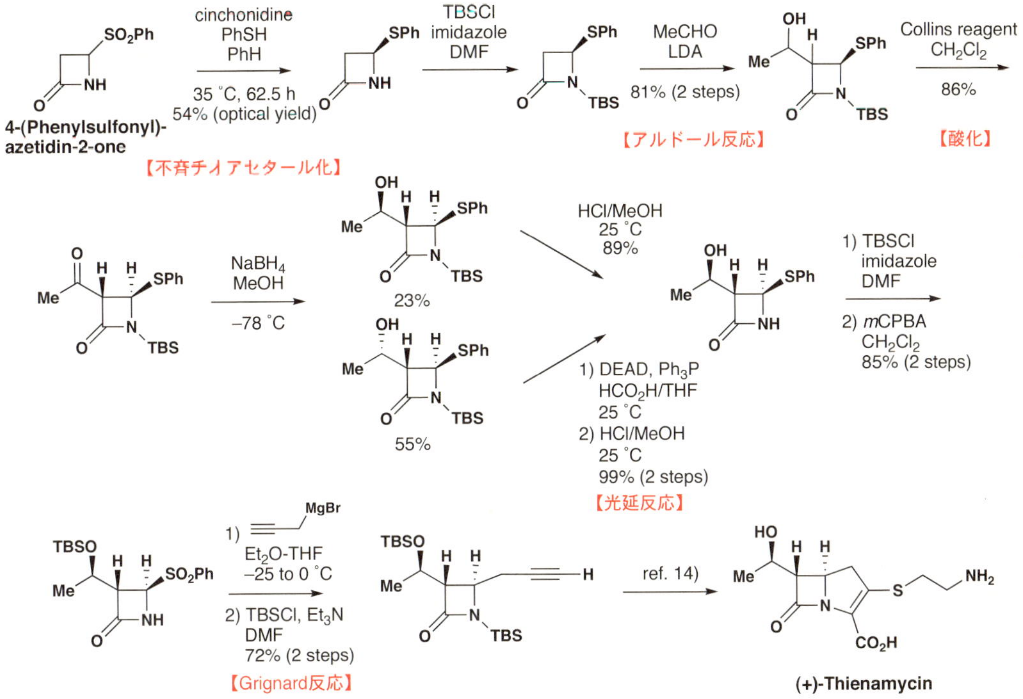

4-(Phenylsulfonyl)-azetidin-2-one
cinchonidine
PhSH
PhH
35 °C, 62.5 h
54% (optical yield)
【不斉チオアセタール化】
TBSCl
imidazole
DMF
MeCHO
LDA
81% (2 steps)
【アルドール反応】
Collins reagent
CH_2Cl_2
86%
【酸化】
$NaBH_4$
MeOH
–78 °C
23%
55%
HCl/MeOH
25 °C
89%
1) DEAD, Ph_3P
HCO_2H/THF
25 °C
2) HCl/MeOH
25 °C
99% (2 steps)
【光延反応】
1) TBSCl
imidazole
DMF
2) mCPBA
CH_2Cl_2
85% (2 steps)
MgBr
Et_2O-THF
–25 to 0 °C
2) TBSCl, Et_3N
DMF
72% (2 steps)
【Grignard反応】
ref. 14)
(+)-Thienamycin

11) A Formal Stereocontrolled Total Synthesis of (+)-Thienamycin[16,17]

Baeyer-Villiger反応、分子内S_N2'反応を経て合成

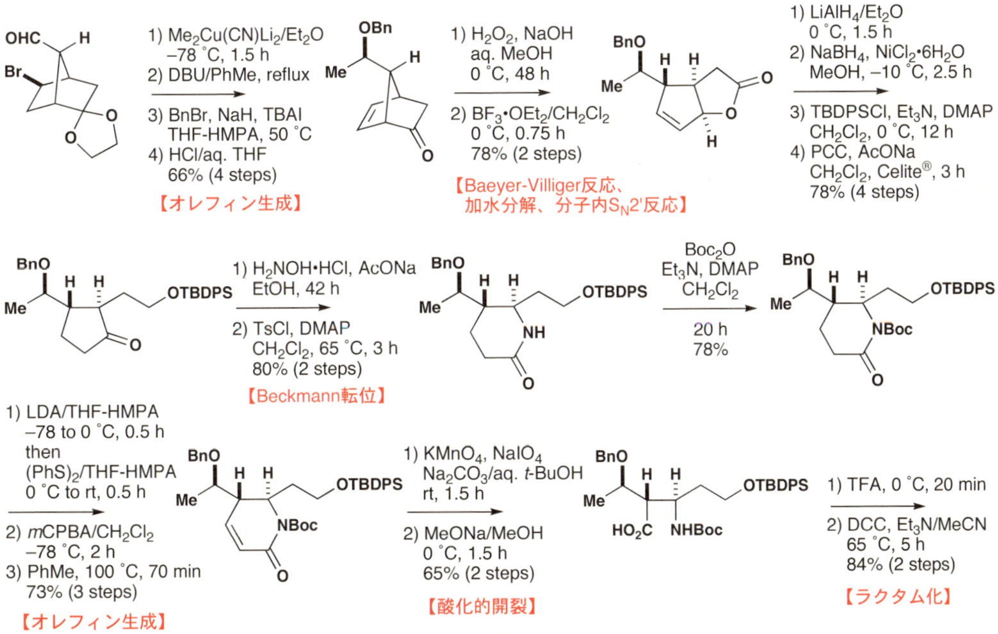

1) $Me_2Cu(CN)Li_2/Et_2O$
–78 °C, 1.5 h
2) DBU/PhMe, reflux
3) BnBr, NaH, TBAI
THF-HMPA, 50 °C
4) HCl/aq. THF
66% (4 steps)
【オレフィン生成】
1) H_2O_2, NaOH
aq. MeOH
0 °C, 48 h
2) $BF_3 \cdot OEt_2/CH_2Cl_2$
0 °C, 0.75 h
78% (2 steps)
【Baeyer-Villiger反応、加水分解、分子内S_N2'反応】
1) $LiAlH_4/Et_2O$
0 °C, 1.5 h
2) $NaBH_4$, $NiCl_2 \cdot 6H_2O$
MeOH, –10 °C, 2.5 h
3) TBDPSCl, Et_3N, DMAP
CH_2Cl_2, 0 °C, 12 h
4) PCC, AcONa
CH_2Cl_2, Celite®, 3 h
78% (4 steps)
1) $H_2NOH \cdot HCl$, AcONa
EtOH, 42 h
2) TsCl, DMAP
CH_2Cl_2, 65 °C, 3 h
80% (2 steps)
【Beckmann転位】
Boc_2O
Et_3N, DMAP
CH_2Cl_2
20 h
78%
1) LDA/THF-HMPA
–78 to 0 °C, 0.5 h
then
$(PhS)_2$/THF-HMPA
0 °C to rt, 0.5 h
2) mCPBA/CH_2Cl_2
–78 °C, 2 h
3) PhMe, 100 °C, 70 min
73% (3 steps)
【オレフィン生成】
1) $KMnO_4$, $NaIO_4$
Na_2CO_3/aq. t-BuOH
rt, 1.5 h
2) MeONa/MeOH
0 °C, 1.5 h
65% (2 steps)
【酸化的開裂】
1) TFA, 0 °C, 20 min
2) DCC, Et_3N/MeCN
65 °C, 5 h
84% (2 steps)
【ラクタム化】

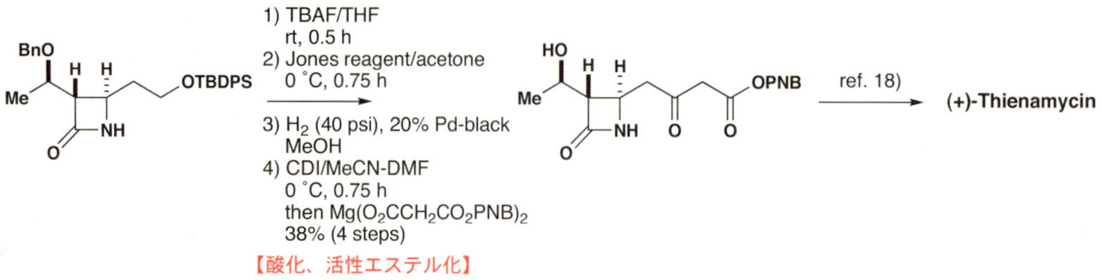

12) Stereocontrolled Synthesis of (+)-Thienamycin from (3*R*)-Hydroxybutyric Acid[19]

エノールとイミンとのアルドール型反応、ラクタム化を経て立体選択的合成

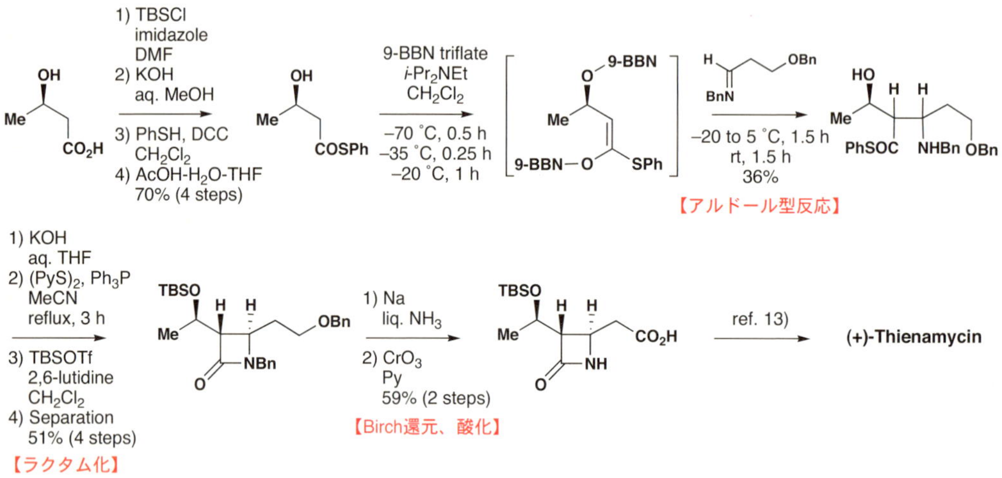

13) Synthesis of the β-Lactam Antibiotic (+)-Thienamycin via an Intermediate π-Allyltricarbonyliron Lactone Complex[20]

π-アリルトリカルボニル鉄錯体を経るβ-ラクタム環の構築を経て合成

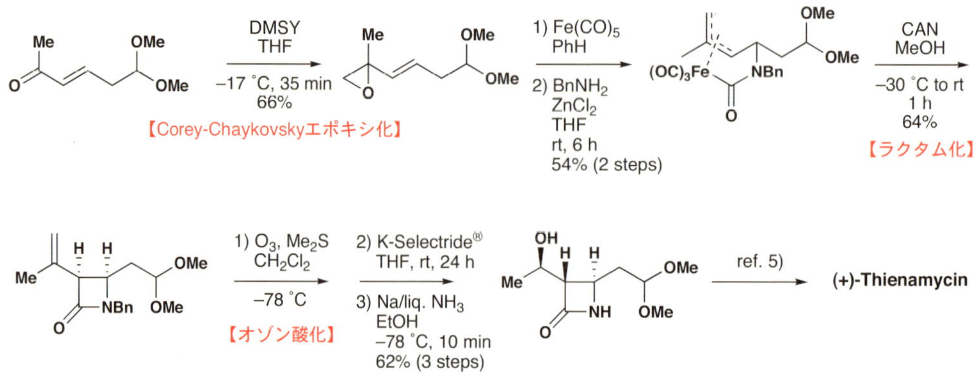

14) A Synthetic Approach to (+)-Thienamycin from Methyl (*R*)-3-Hydroxybutanoate. A New Entry to (3*R*, 4*R*)-3-[(*R*)-1-Hydroxyethyl]-4-acetoxy-2-azetidinone[21,22]

2-ヒドロキシ酪酸メチルと*N*-シリルイミンとの縮合を経て鍵中間体を合成

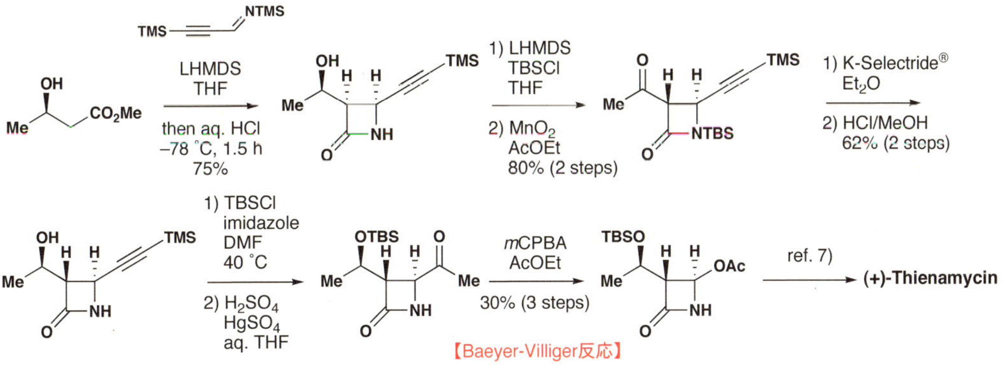

15) Total Synthesis of 4-Acetoxyazetizinone[23]

シリルエノールエーテル化、[2+2]型付加反応を経て鍵中間体を合成

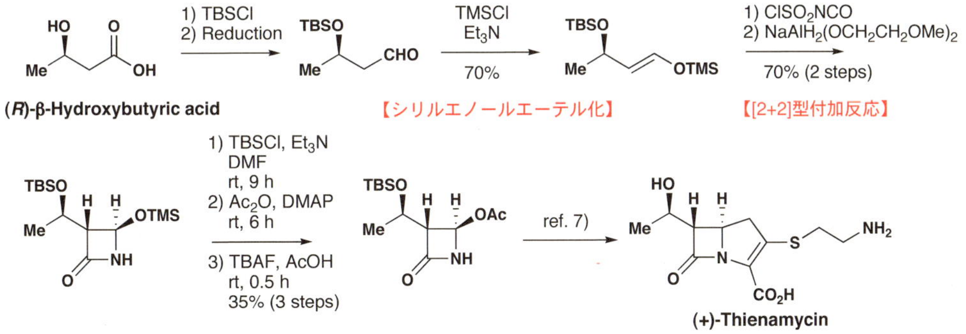

16) The Asymmetric Synthesis of β-Lactam Antibiotics-IV. A Formal Synthesis of Thienamycin[24]

キラルイミドを用いる側鎖部分の構築を経て合成

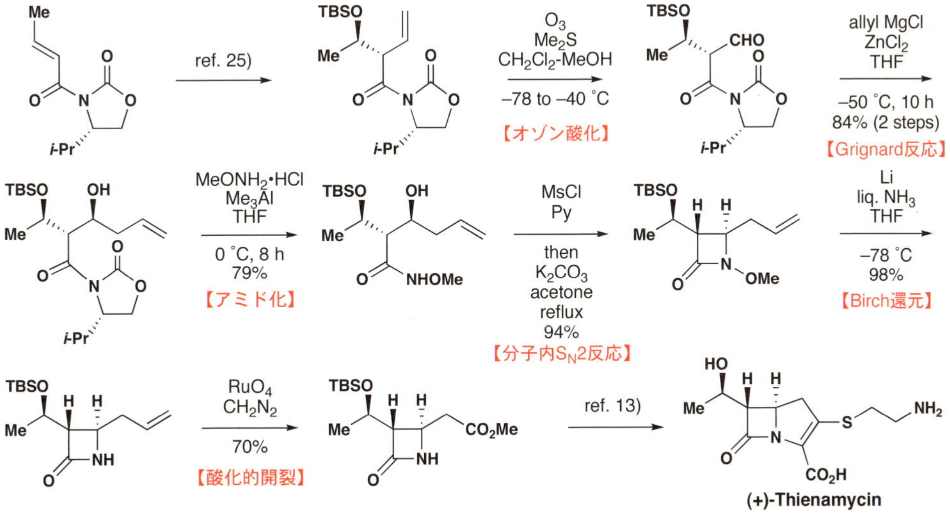

17) A Stereocontrolled Synthesis of Thienamycin from 6-Aminopenicillanic Acid[26)]

6-アミノペニシラン酸から、スルホン化、β-脱離を経て合成

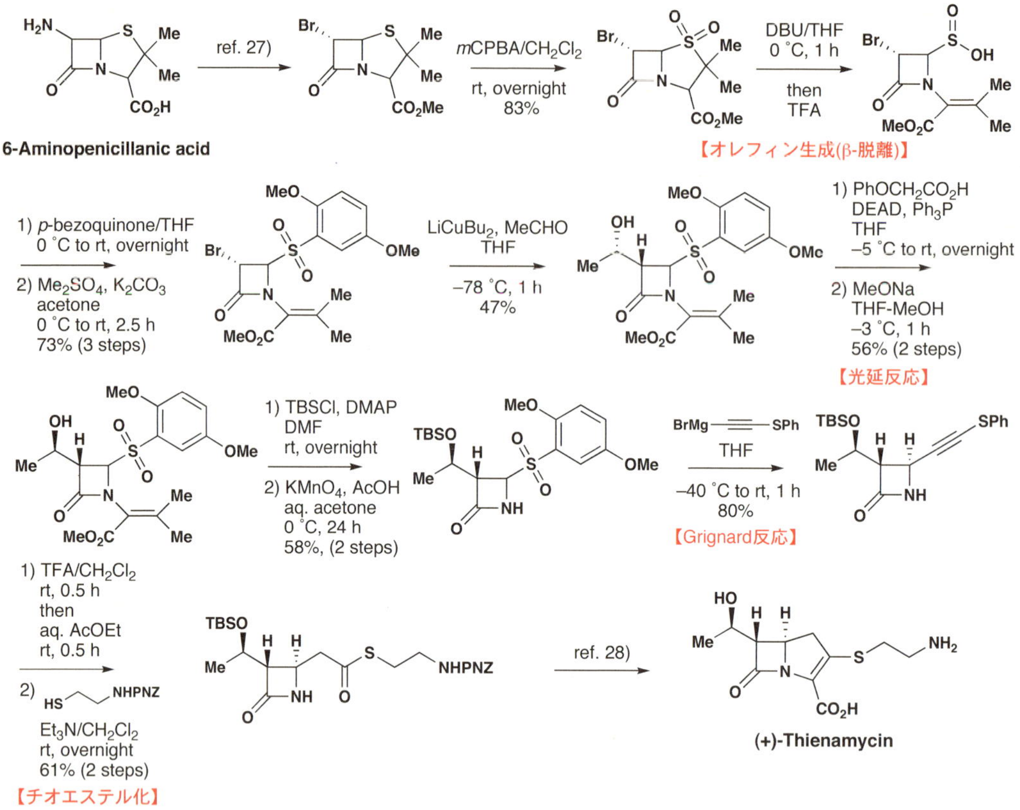

18) A Stereocontrolled Synthesis of the Key Intermediate of (+)-Thienamycin from (*R*)-(−)-3-Hydroxybutyric Acid Esters[29)]

立体選択的アミノ酸合成を鍵として合成

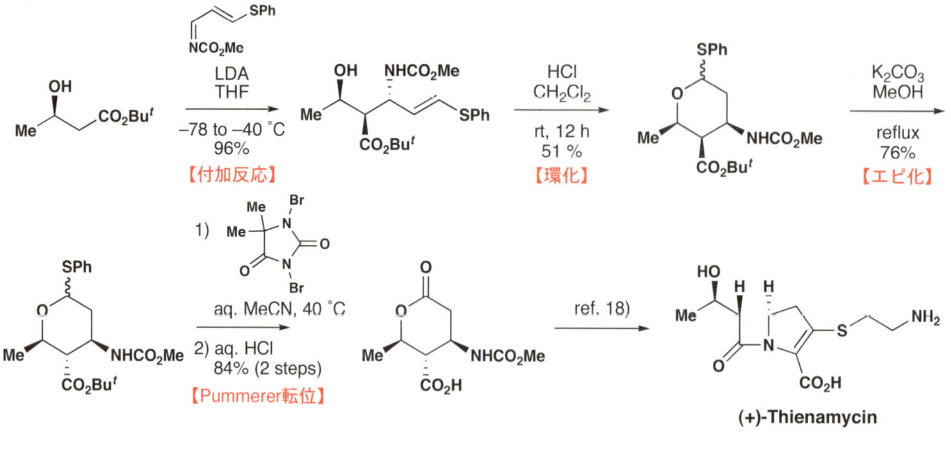

19) Asymmetric Synthesis of (1'*R*, 3*R*, 4*R*)-4-Acetoxy-3-(1'-((*tert*-butyldimethylsilyl)oxy)ethyl)-2-azetidinone and Other 3-(1'-Hydroxyethyl)-2-azetidinones from (*S*)-(+)-Ethyl-3-hydroxybutanoate: Formal Synthesis of (+)-Thienamycin[30]

光学活性なブタノエートとイミンとの付加反応、ラクタム化を鍵反応として合成

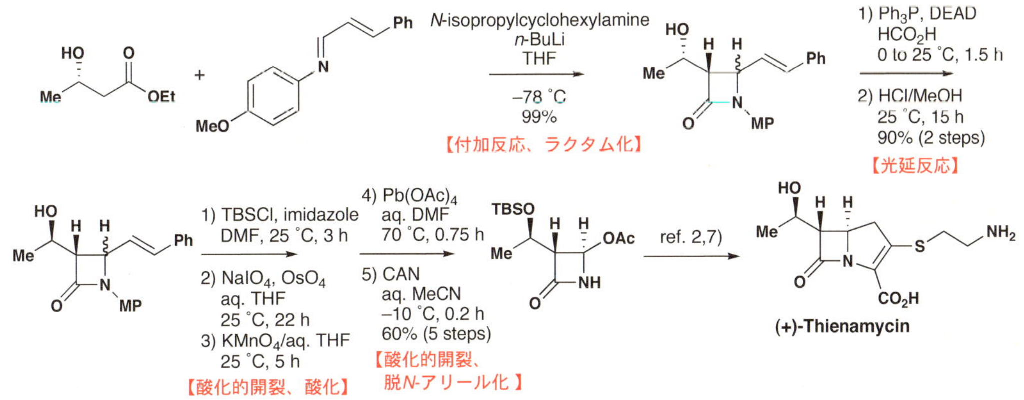

20) An Enantioselective Synthesis of a Key Intermediate to Thienamycin by Chemicoenzymatic Approach[31]

[2,3]-シグマトロピー転位、Baeyer-Villiger反応を経て合成

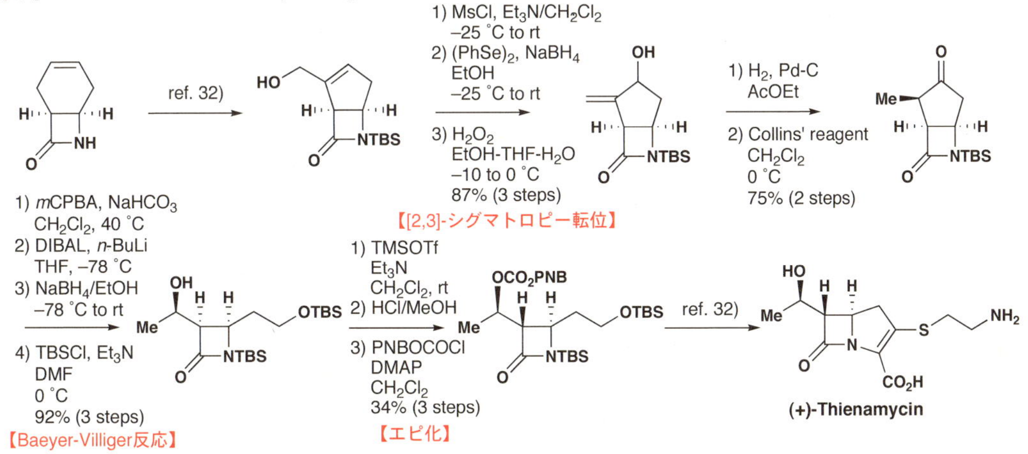

21) Palladium (II)-Assisted Carboacylation of Enamides to Produce Functionalized β-Amino Acids. Synthesis of Relays to (±)-Thienamycin[33]

エナミドのPd触媒カルボアシル化を鍵反応として合成

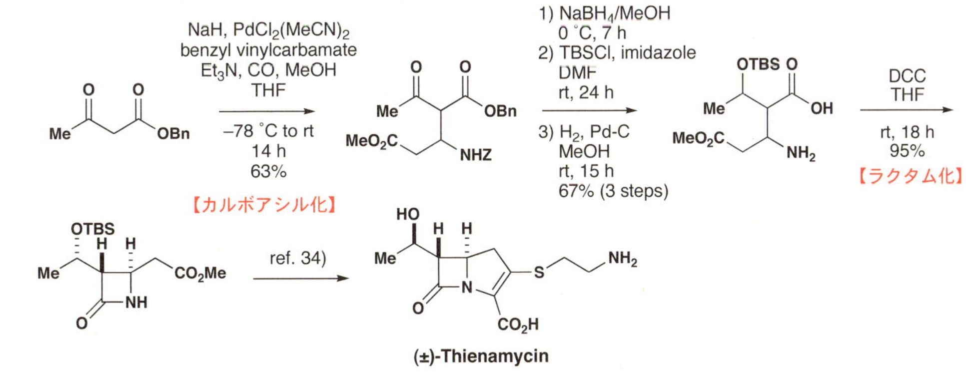

22) A Highly Stereoselective Formal Synthesis of (±)-Thienamycin through Organocopper Enolate-Iminoester Condensation[35,36]

有機銅エノールエステルとイミノエステルとの縮合を鍵反応として合成

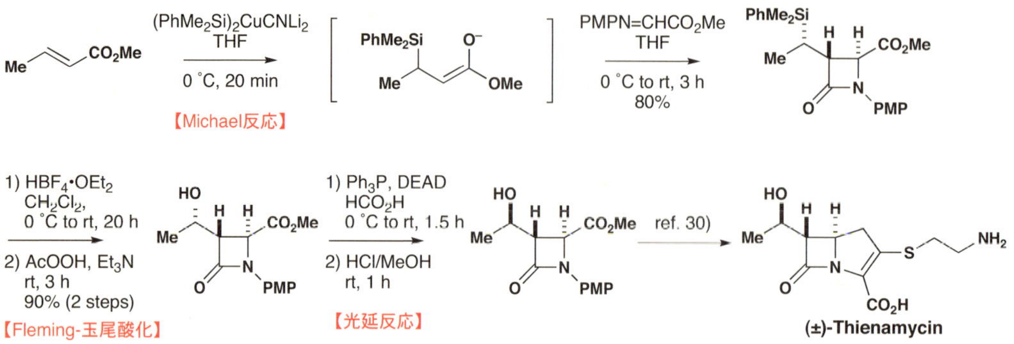

23) A Novel Ring-Closure Strategy for the Carbapenems: The Total Synthesis of (+)-Thienamycin[37]

ニトロアルドール反応、Michael型環化を経て合成

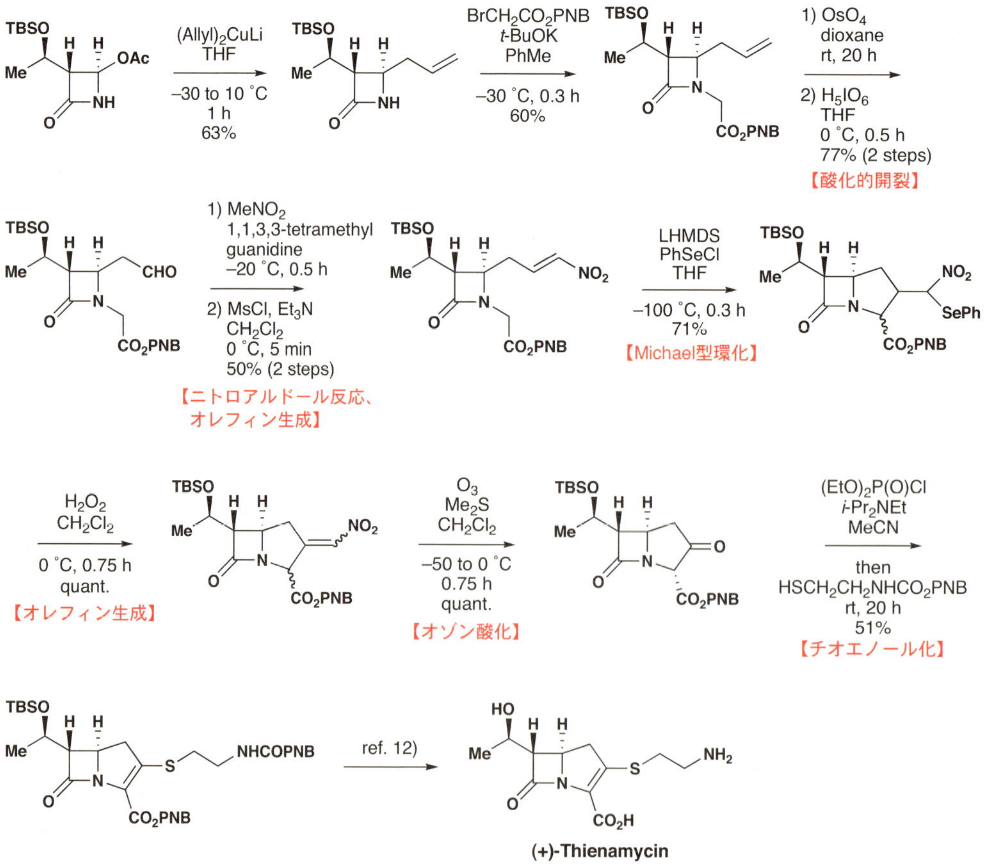

24) Ruthenium-Catalyzed Oxidation of Amides and Lactams with Peroxides[38)]

野依不斉水素化、ラクタム化、加酢酸分解を経て鍵中間体を合成

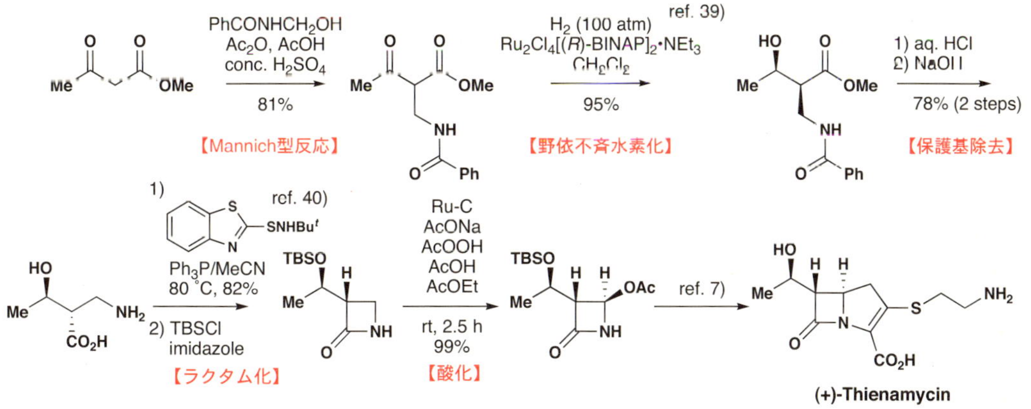

25) Stereoselective Reactions. XX. Synthetic Studies on Optically Active β-Lactams. Stereocontrolled Synthesis of Chiral Intermediate to (+)-Thienamycin from D-Glucose[41)]

D-グルコースを不斉炭素源として合成

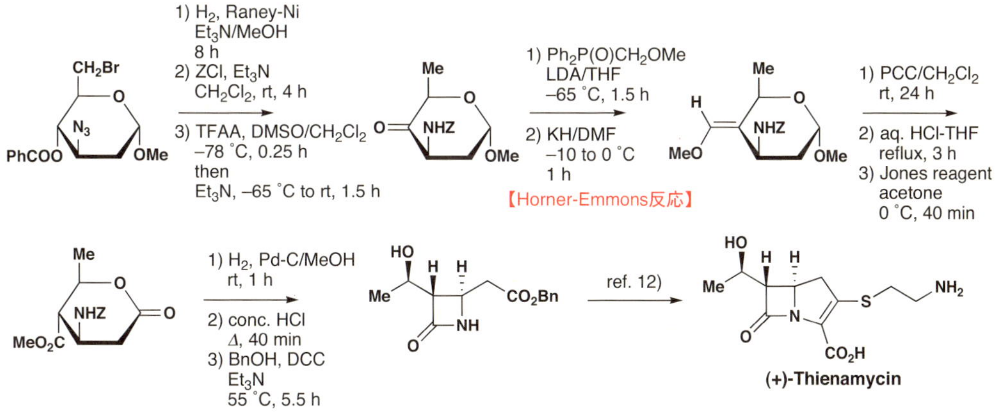

26) A Stereocontrolled Synthesis of a Key Intermediate to (+)-Thienamycin[42)]

L-グリセルアルデヒドから酸化的開裂、Wittig反応、[3+2]付加環化を経て合成

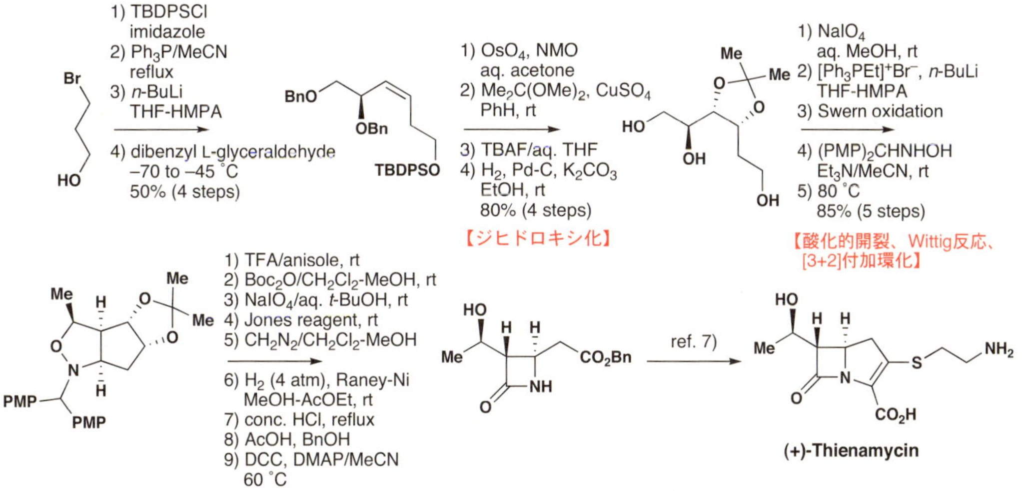

27) Chemistry of *O*-Silylated Ketene Acetals: A Stereoselective Synthesis of Optically Active Carbapenem Antibiotic, (+)-Thienamycin and (+)-PS-5[43]

O-シリルケテンアセタールの反応を鍵として合成

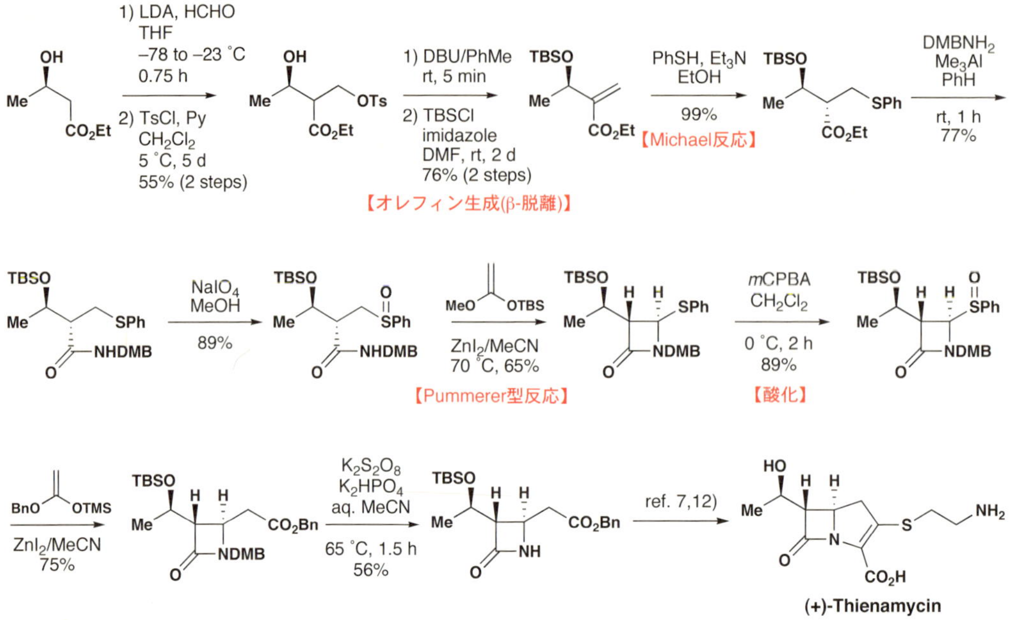

28) A New Strategy for the Synthesis of Carbapenems. A Formal Total Synthesis of (+)-Thienamycin[44,45]

アゼチジノンとアリルスズとの反応、Horner-Emmons反応を鍵として合成

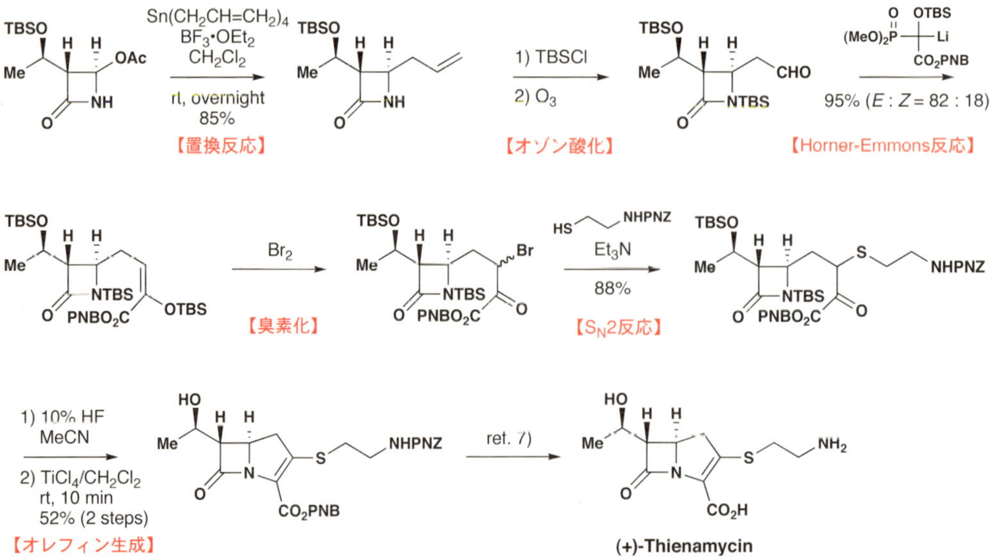

29) Synthesis of (±)-Thienamycin Based on a New Approach to β-Lactams via 4-*Exo-Trig* Cyclization of Carbamoylcobalt Salophens[46,47,48)]

カルバモイルコバルトサロフェンの環化を経て合成

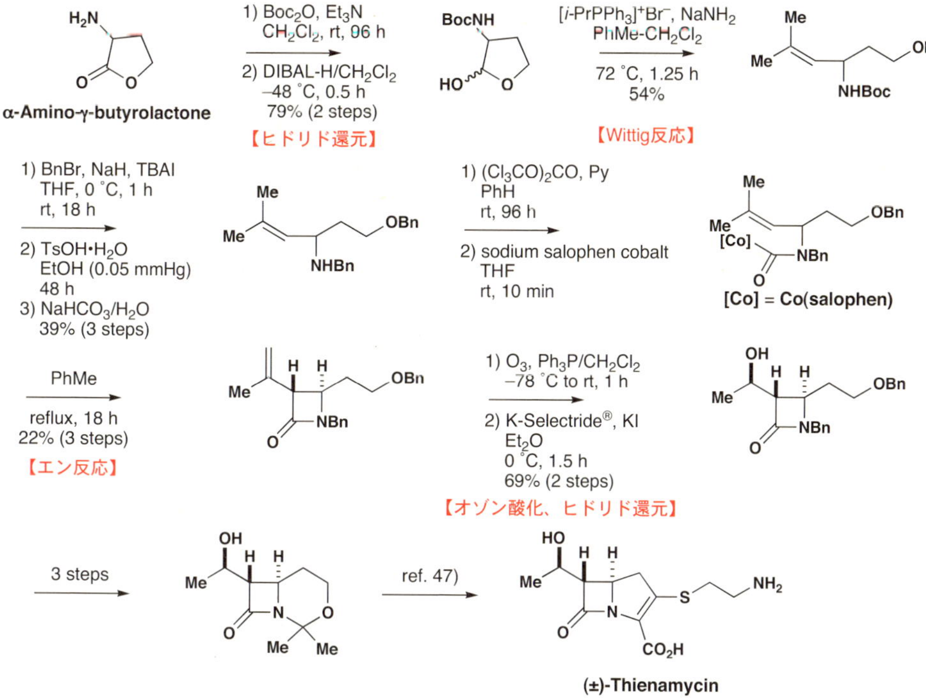

30) Stereoselective Synthesis of (±)-5-(1-Benzyloxyethyl)-6-(2-*tert*-butyldiphenyloxyethyl)-2-piperidinone. A Formal Total Synthesis of Thienamycin[49)]

Beckmann転位を鍵反応として合成

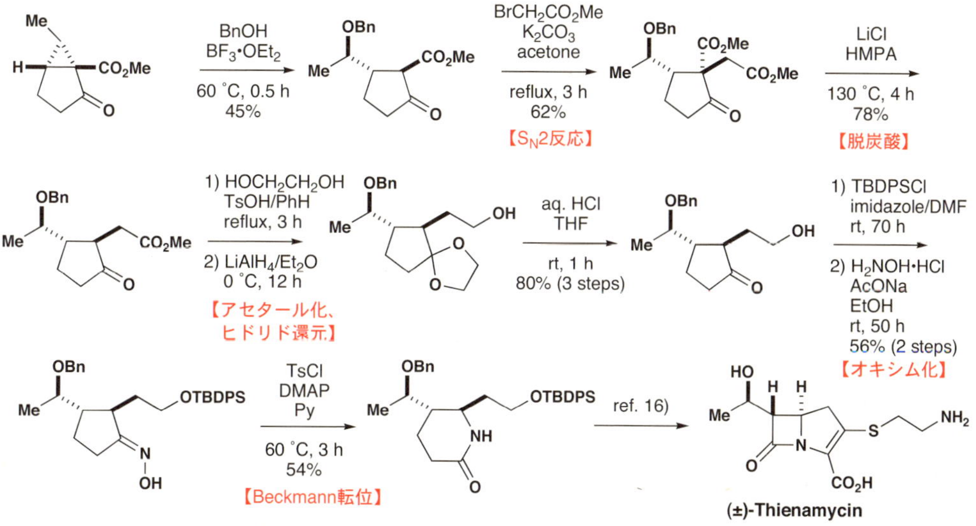

31) Sulfur-Directed Regioselective Radical Cyclization Leading to β-Lactams: Formal Synthesis of (±)-PS-5 and (±)-Thienamycin[50,51]

ラジカル環化によるβ-ラクタム環の構築を経て合成

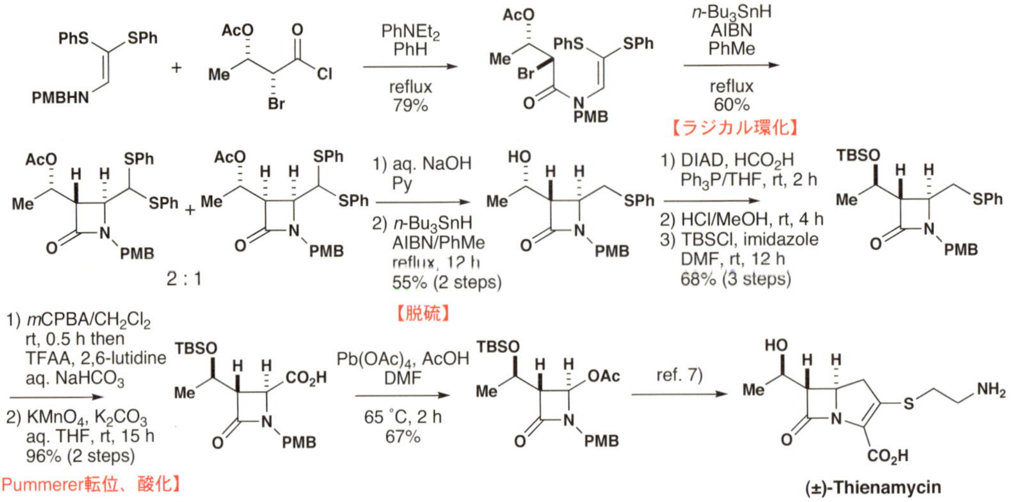

32) Synthesis of 4-Oxo-2-azetidineacetic Acid by Means of Radical Cyclization of *N*-Vinylic α-Bromo Amides[52]

ラジカル環化によるβ-ラクタム環形成を鍵反応として合成

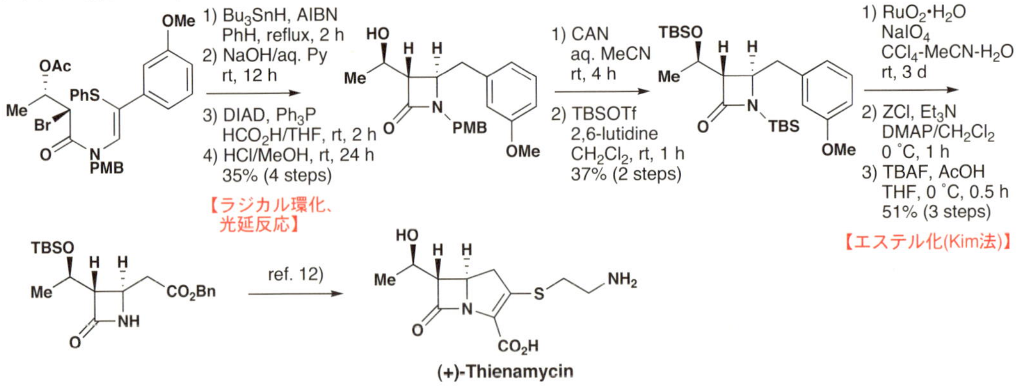

33) A Formal Total Asymmetric Synthesis of (+)-Thienamycin[53]

不斉Michael反応、Wilkinson触媒によるアリル基の除去を経て形式全合成

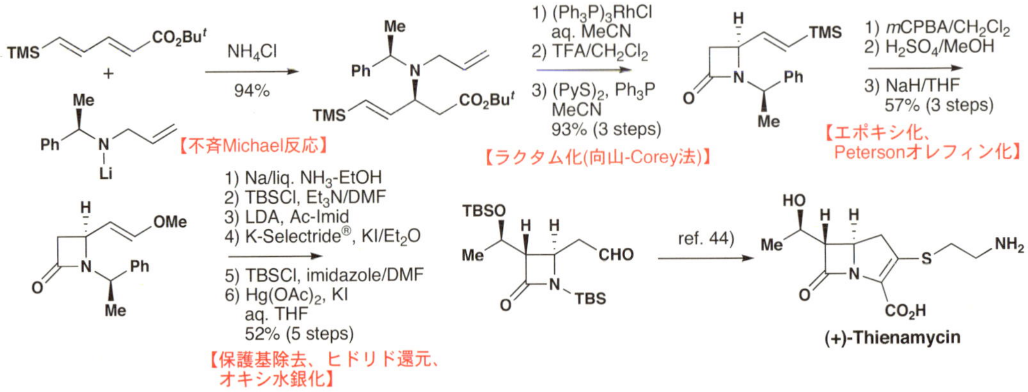

34) Formal Total Synthesis of the β-Lactam Antibiotics Thienamycin and PS-5[54)]

Nicholas反応、Crutius転位、ラクタム化を経て形式全合成

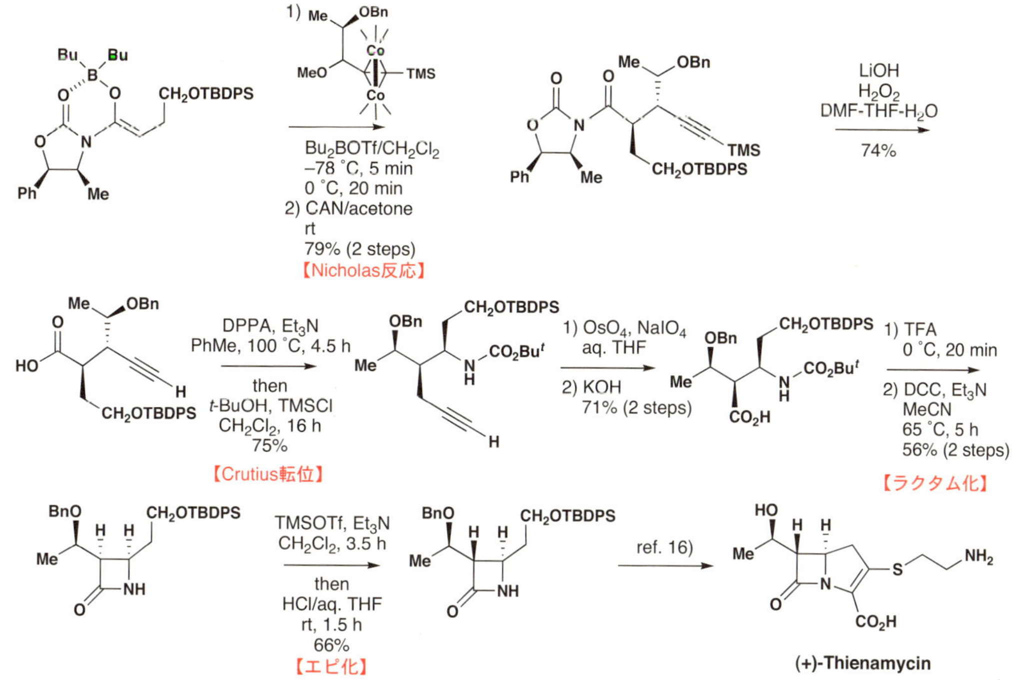

35) Use of Lithium (α-Methylbenzyl)allylamide for a Formal Asymmetric Synthesis of Thienamycin[55,56)]

不斉Michael反応、アルドール反応、ラクタム化を経て形式的全合成

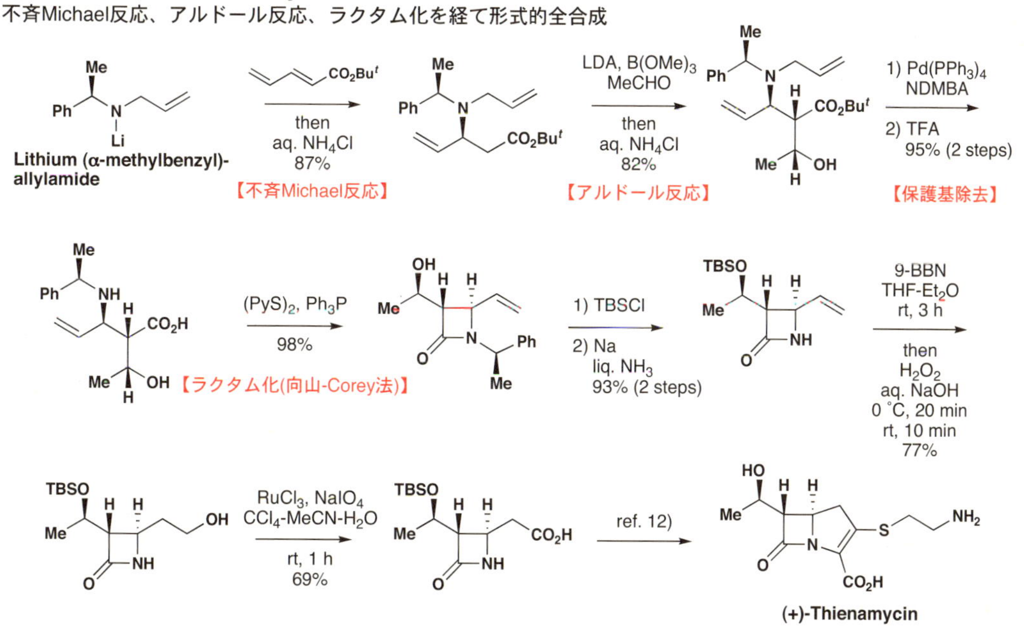

36) Stereocontrol in Organic Synthesis Using Silicon-containing Compounds. A Formal Synthesis of (±)-Thienamycin[57)]

アルドール反応、分子内光延反応、Fleming-玉尾酸化を経て形式的全合成

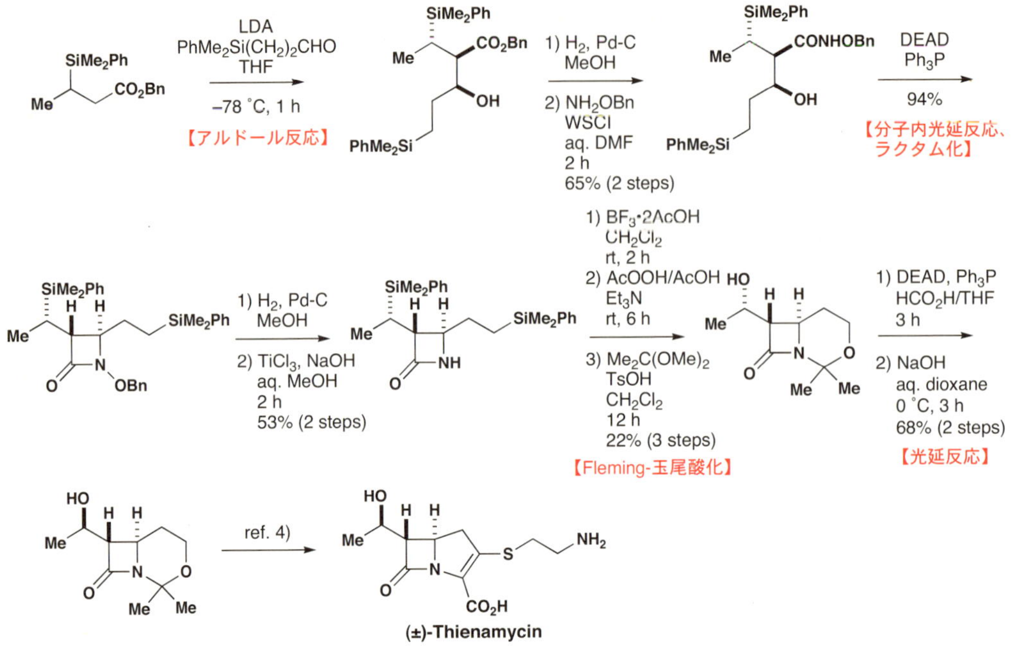

References

1) K. Tatsuta, M. Takahashi, N. Tanaka and K. Chikauchi, *J. Atntibiot.*, **53**, 1231-1234 (2000)
2) P. J. Reider and E. J. J. Grabowski, *Tetrahedron Lett.*, **23**, 2293-2296 (1982)
3) S. Karady, J. S. Amato, R. A. Reamer and L. M. Weinstock, *J. Am. Chem. Soc.*, **103**, 6765-6767 (1981)
4) D. B. R. Johnston, S. M. Schmitt, F. A. Bouffard and B. G. Christensen, *J. Am. Chem. Soc.*, **100**, 313-315 (1978)
5) S. M. Schmitt, D. B. R. Johnston and B. G. Christensen, *J. Org. Chem.*, **45**, 1142-1148 (1980)
6) T. Kametani, S.-P. Huang, S. Yokohama, Y. Suzuki and M. Ihara, *J. Am. Chem. Soc.*, **102**, 2060-2065 (1980)
7) T. N. Salzmann, R. W. Ratcliffe, B. G. Christensen and F. A. Bouffard, *J. Am. Chem. Soc.*, **102**, 6161-6163 (1980)
8) L. Zervas, M. Winitz and J. P. Greenstein, *J. Org. Chem.*, **22**, 1515-1521 (1957)
9) M. Shiozaki and T. Hiraoka, *Tetrahedron Lett.*, **21**, 4473-4476 (1980)
10) S. Hanessian, D. Desilets, G. Rancourt and R. Fortin, *Can. J. Chem.*, **60**, 2292-2294 (1982)
11) J. Kovar, V. Dienstbierova and J. Jary, *Collect. Czech. Chem. Commun.*, **32**, 2498-2499 (1967)
12) D. G. Melillo, T. Liu, K. Ryan, M. Sletzinger and I. Shinkai, *Tetrahedron Lett.*, **22**, 913-916 (1981)
13) I. Shinkai, T. Liu, R. A. Reamer and M. Sletzinger, *Tetrahedron Lett.*, **23**, 4899-4902 (1982)
14) M. Shibasaki, A. Nishida and S. Ikegami, *Tetrahedron Lett.*, **23**, 2875-2878 (1982)
15) M. Shibasaki, A. Nishida and S. Ikegami, *J. Chem. Soc., Chem. Commun.*, 1324-1325 (1982)
16) P. A. Grieco, D. L. Flynn and R. E. Zelle, *J. Am. Chem. Soc.*,**106**, 6414-6417 (1984)
17) P. A. Grieco, C. S. Pogonowski, S. D. Burke, M. Nishizawa, M. Miyashita, Y. Masaki, C.-L. J. Wang and G. Majetich, *J. Am. Chem. Soc.*, **99**, 4111-4118 (1982)
18) D. G. Melillo, I. Shinkai, T. Liu, K. Ryan and M. Sletzinger, *Tetrahedron Lett.*, **21**, 2783-2786 (1980)
19) T. Iimori and M. Shibasaki, *Tetrahedron Lett.*, **26**, 1523-1526 (1985)
20) S. T. Hodgson, D. M. Hollinshead and S. V. Ley, *Tetrahedron*, **41**, 5871-5878 (1985)
21) T. Chiba and T. Nakai, *Chem. Lett.*, 651-654 (1985)
22) T. Chiba, M. Nagatsuma and T. Nakai, *Chem. Lett.*, 1927-1930 (1985)
23) T. Ohashi, K. Kan, I. Sada, A. Miyama and K. Watanabe, Eur. Pat. Appl. Ep 167,154 Jan. 8, 1986
24) D. A. Evans and E. B. Sjogren, *Tetrahedron Lett.*, **27**, 4961-4964 (1986)
25) D. A. Evans, E. B. Sjogren, J. Bartroli and R. L. Dow, *Tetrahedron Lett.*, **27**, 4957-4960 (1986)
26) H. Maruyama and T. Hiraoka, *J. Org. Chem.*, **51**, 399-402 (1986)
27) J. P. Clayton, *J. Chem. Soc. C.*, 2123-2127 (1969)
28) A. Yoshida, Y. Tajima, N. Takeda and S. Oida, *Tetrahedron Lett.*, **25**, 2793-2796 (1984)
29) M. Hatanaka and H. Nitta, *Tetrahedron Lett.*, **28**, 69-72 (1987)
30) G. I. Georg, J. Kant and H. S. Gill, *J. Am. Chem. Soc.*, **109**, 1129-1135 (1987)
31) H. Kaga, S. Kobayashi and M. Ohno, *Tetrahedron Lett.*, **29**, 1057-1060 (1988)
32) N. Tamura, Y. Kawano, Y. Matsushita, K. Yoshioka and M. Ochiai, *Tetrahedron Lett.*, **27**, 3749-3751 (1986)
33) G. M. Wieber, L. S. Hegedus, B. Akermark and E. Michalson, *J. Org. Chem.*, **54**, 4649-4653 (1989)
34) D. H. Shih, F. Baker, L. Cama and B. G. Christensen, *Heterocycles*, **21**, 29-40 (1984)
35) C. Palomo, J. M. Aizpurua and R. Urchegui, *J. Chem. Soc., Chem. Commun.*, 1390-1392 (1990)
36) C. Palomo, J. M. Aizpurua, R. Urchegui and M. Iturburu, *J. Org. Chem.*, **57**, 1571-1579 (1992)
37) S. Hanessian, D. Desilets and Y. Bennani, *J. Org. Chem.*, **55**, 3098-3103 (1990)
38) S. Murahashi, T. Naota, T. Kuwabara, T. Saito, H. Kumobayashi and S. Akutagawa, *J. Am. Chem. Soc.*, **112**, 7820-7822 (1990)
39) R. Noyori, T. Ikeda, T. Ohkura, M. Widhalm, M. Kitamura, H. Takaya, S. Akutagawa, N. Sayo, T. Saito, T. Taketomi and H. Kumobayashi, *J. Am. Chem. Soc.*, **111**, 9134-9135 (1989)
40) T. Murayama, T. Kobayashi and T. Miura, *Tetrahedron Lett.*, **36**, 3703-3706 (1995)
41) N. Ikota, O. Yoshino and K. Koga, *Chem. Pharm. Bull.*, **39**, 2201-2206 (1991)
42) S. H. Kang and W. J. Kim, *Synlett*, 520-522 (1991)
43) Y. Kita, N. Shibata, T. Miki, Y. Takemura and O. Tamura, *Chem. Pharm. Bull.*, **40**, 12-20 (1992)
44) G. B. Feigelson, *Tetrahedron Lett.*, ***34***, 4747-4750 (1993)
45) T. N. Salzmann, R. W. Ratcliffe, B. G. Christensen and F. A. Bouffard, *J. Am. Chem. Soc.*, **102**, 6161-6163 (1980)
46) G. Pattenden and S. J. Reynolds, *J. Chem. Soc., Perkin Trans. 1*, 379-385 (1994)
47) D. B. R. Johnston, S. M. Schmitt, F. A. Bouffard and B. G. Christensen, *J. Am. Chem. Soc*, **100**, 313-315 (1978)
48) G. Pattenden and S. J. Reynolds, *Tetrahedron Lett.*, **32**, 259-262 (1991)
49) S. Tanimori, T. Niki, M. He and M. Nakayama, *Heterocycles*, **38**, 1533-1540 (1994)
50) H. Ishibashi, C. Kameoka, K. Kodama and M. Ikeda, *Tetrahedron*, **52**, 489-502 (1995)
51) H. Ishibashi, C. Kameoka, H. Iriyama, K. Kodama, T. Sato and M. Ikeda, *J. Org. Chem.*, **60**, 1276-1284 (1995)
52) H. Ishibashi, K. Kodama, C. Kameoka, H. Kawanami and M. Ikeda, *Tetrahedron*, **52**, 13867-13880 (1996)
53) S. G. Davies, C. J. R. Hedgecock and J. M. McKenna, *Tetrahedron Asymm.*, **6**, 2507-2510 (1995)
54) P. A. Jacobi, S. Murphree, F. Rupprecht and W. Zheng, *J. Org. Chem.*, **61**, 2413-2427 (1996)
55) S. G. Davies and D. R. Fenwick, *Chem. Commun.*, 565-566 (1997)
56) Y. Ito, Y. Kobayashi, T. Kawabata, M. Takase and S. Terashima, *Tetrahedron*, **45**, 5767-5790 (1989)
57) I. Fleming and J. D. Kilburn, *J. Chem. Soc., Perkin Trans. 1*, 2663-2671 (1998)

Trehalosamines

1) Synthesis of Trehalosamine[1)]

Schiff塩基を含むグルコサミルブロミドとグルコース部分とのKöenigs-Knorr反応を経て天然物を全合成

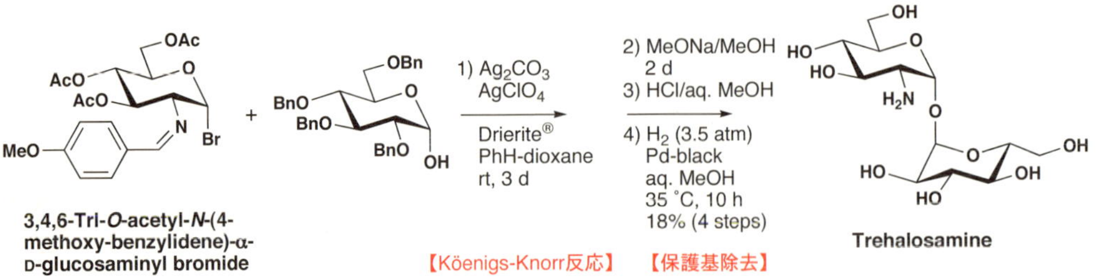

2) Synthesis of 6-Amino-6-deoxy-*α,α*-Trehalose: A Positional Isomer of Trehalosamine[2)]

臭素化、アジド化を経てアミノ基を導入して天然物を全合成

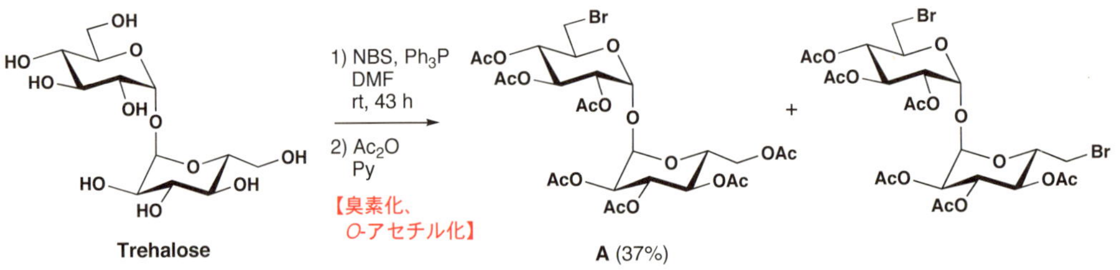

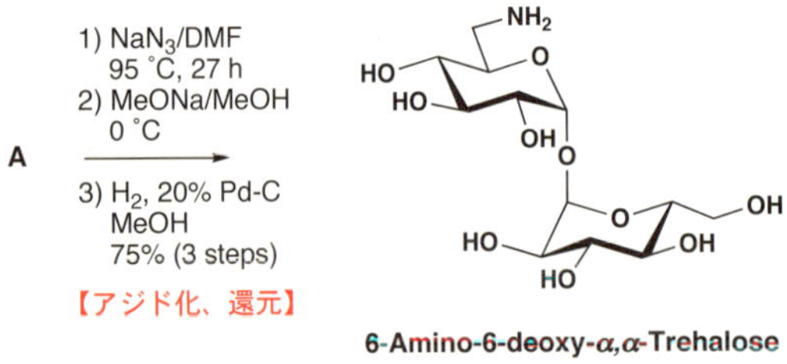

References

1) S. Umezawa, K. Tatsuta and R. Muto, *J. Antibiot. Ser. A*, **20**, 388-389 (1967)
2) S. Hanessian and P. Lavallèe, *J. Antibiot.*, **25**, 683-684 (1972)

Trichostatins

1) The First Total Synthesis of Trichostatin D[1)]

不斉ビニロガスアルドール反応、α-ヒドロキシグルコシルアミンの導入を経て天然物を全合成

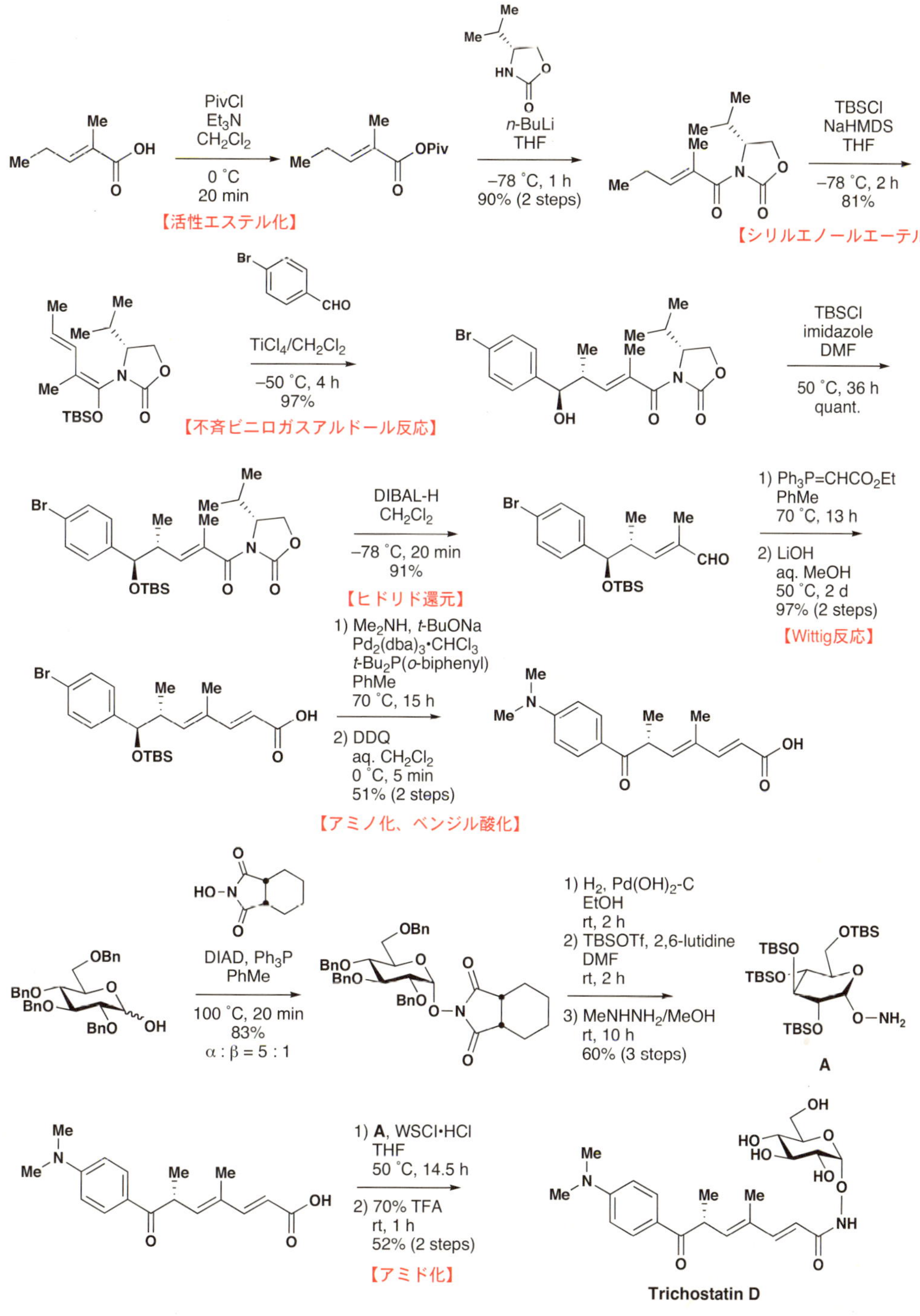

2) Synthesis of Trichostatin A, a Potent Differentiation Inducer of Friend Leukemic Cells, and Its Antipode[2]

Grignard反応、2回のWittig反応を経て天然物を合成

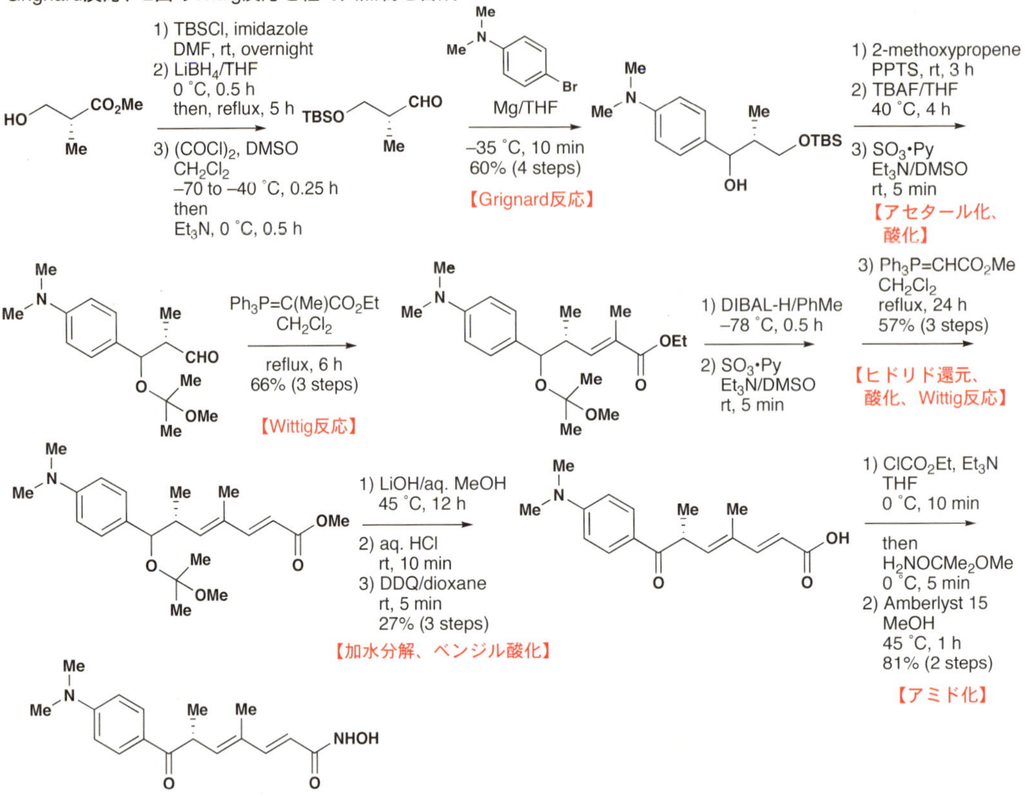

Trichostatin A

3) The Total Synthesis of (±)-Trichostatin A[3]

ビニロガスアルドール反応、Wittig反応を経てラセミ体を合成

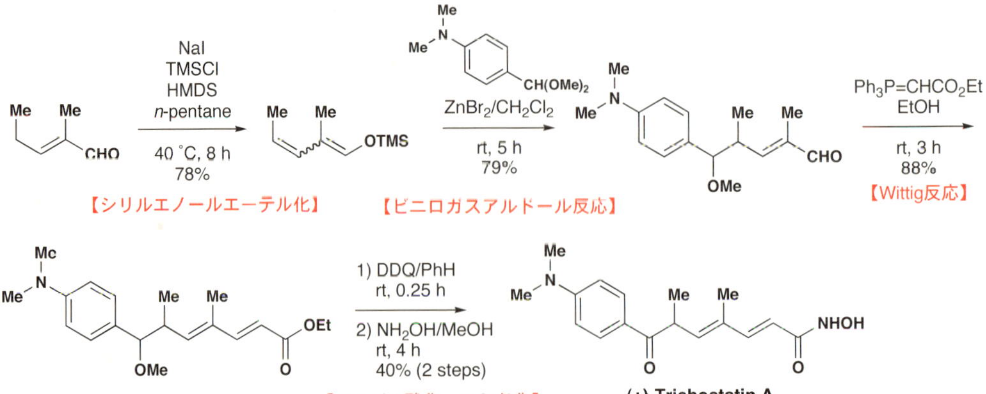

(±)-Trichostatin A

References

1) S. Hosokawa, T. Ogura, H. Togashi and K. Tatsuta, *Tetrahedron Lett.*, **46**, 333-337 (2005)
2) K. Mori and K. Koseki, *Tetrahedron*, **44**, 6013-6020 (1988)
3) I. Fleming, J. Iqbal and E.-P. Krebs, *Tetrahedron*, **39**, 841-846 (1983)

Tylosin

1) Total Synthesis of Tylosin[1,2)]

Wittig反応、FAMSOの立体選択的Michael反応、Wittig反応、アルドール縮合、向山-Coreyラクトン化、独自に開発した位置および立体選択的グリコシル化を鍵反応として天然物を全合成

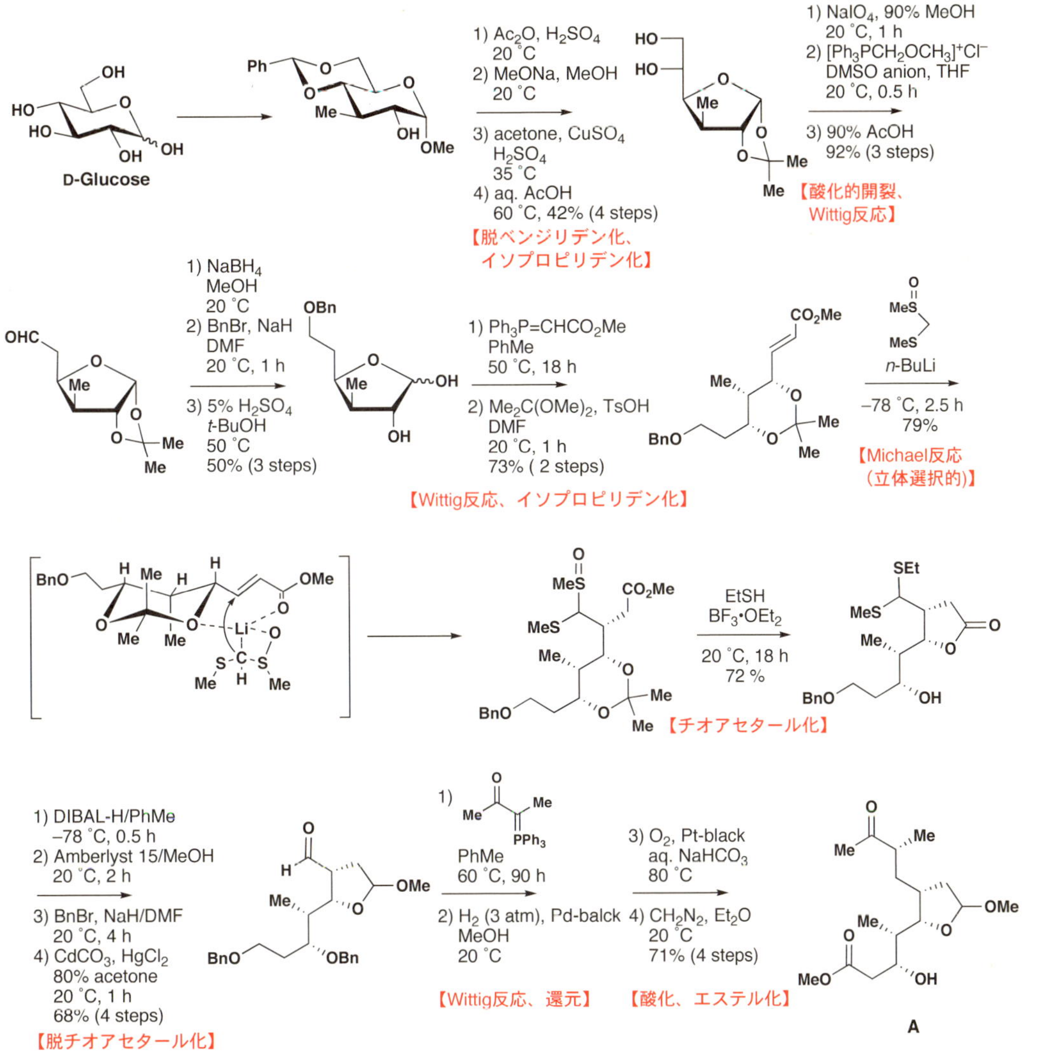

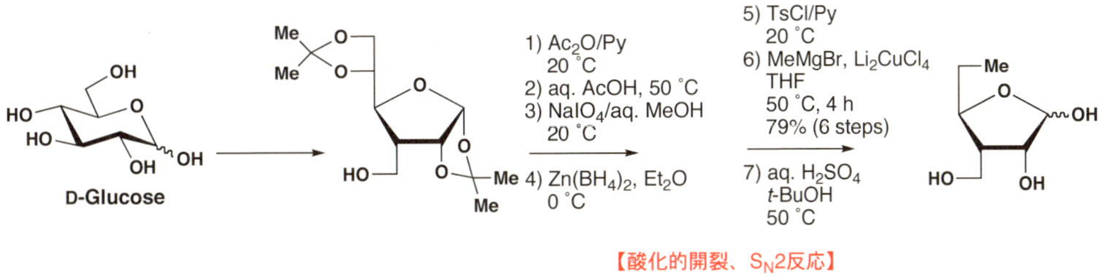

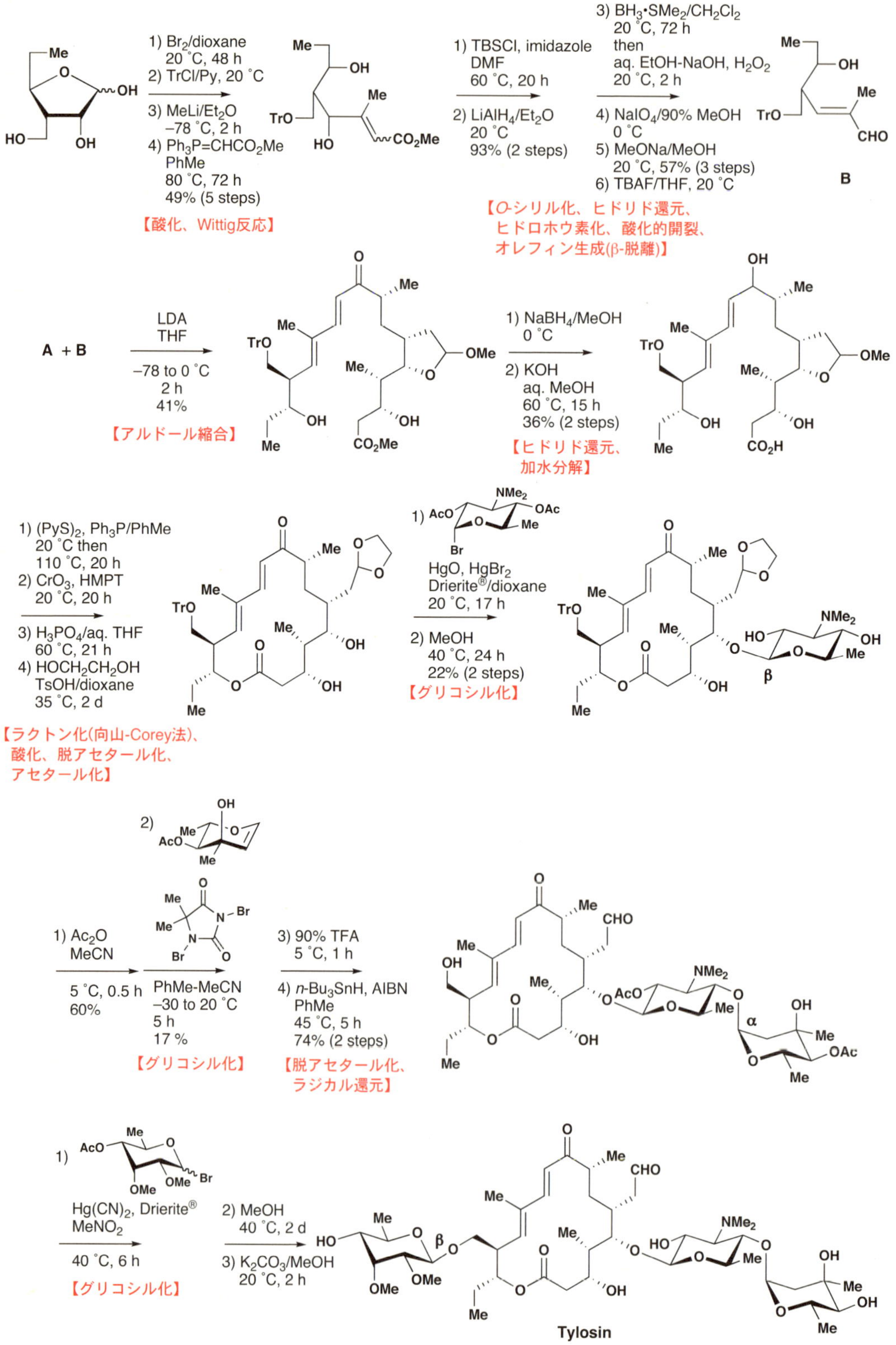
1) Br$_2$/dioxane 20 °C, 48 h
2) TrCl/Py, 20 °C
3) MeLi/Et$_2$O −78 °C, 2 h
4) Ph$_3$P=CHCO$_2$Me PhMe 80 °C, 72 h
49% (5 steps)
【酸化、Wittig反応】
1) TBSCl, imidazole DMF 60 °C, 20 h
2) LiAlH$_4$/Et$_2$O 20 °C
93% (2 steps)
3) BH$_3$•SMe$_2$/CH$_2$Cl$_2$ 20 °C, 72 h then aq. EtOH-NaOH, H$_2$O$_2$ 20 °C, 2 h
4) NaIO$_4$/90% MeOH 0 °C
5) MeONa/MeOH 20 °C, 57% (3 steps)
6) TBAF/THF, 20 °C
B
【O-シリル化、ヒドリド還元、ヒドロホウ素化、酸化的開裂、オレフィン生成(β-脱離)】
A + B
LDA THF −78 to 0 °C 2 h 41%
【アルドール縮合】
1) NaBH$_4$/MeOH 0 °C
2) KOH aq. MeOH 60 °C, 15 h
36% (2 steps)
【ヒドリド還元、加水分解】
1) (PyS)$_2$, Ph$_3$P/PhMe 20 °C then 110 °C, 20 h
2) CrO$_3$, HMPT 20 °C, 20 h
3) H$_3$PO$_4$/aq. THF 60 °C, 21 h
4) HOCH$_2$CH$_2$OH TsOH/dioxane 35 °C, 2 d
【ラクトン化(向山-Corey法)、酸化、脱アセタール化、アセタール化】
1) HgO, HgBr$_2$ Drierite®/dioxane 20 °C, 17 h
2) MeOH 40 °C, 24 h
22% (2 steps)
【グリコシル化】
β
1) Ac$_2$O MeCN 5 °C, 0.5 h 60%
2) PhMe-MeCN −30 to 20 °C 5 h 17 %
【グリコシル化】
3) 90% TFA 5 °C, 1 h
4) n-Bu$_3$SnH, AIBN PhMe 45 °C, 5 h
74% (2 steps)
【脱アセタール化、ラジカル還元】
α
1) Hg(CN)$_2$, Drierite® MeNO$_2$ 40 °C, 6 h
【グリコシル化】
2) MeOH 40 °C, 2 d
3) K$_2$CO$_3$/MeOH 20 °C, 2 h
β
Tylosin

2) Total Synthesis of *O*-Mycinosyltylonolide[3,4)]

糖質を不斉炭素源とし、Wittig反応、分子内Horner-Emmons反応を経て前駆体を合成

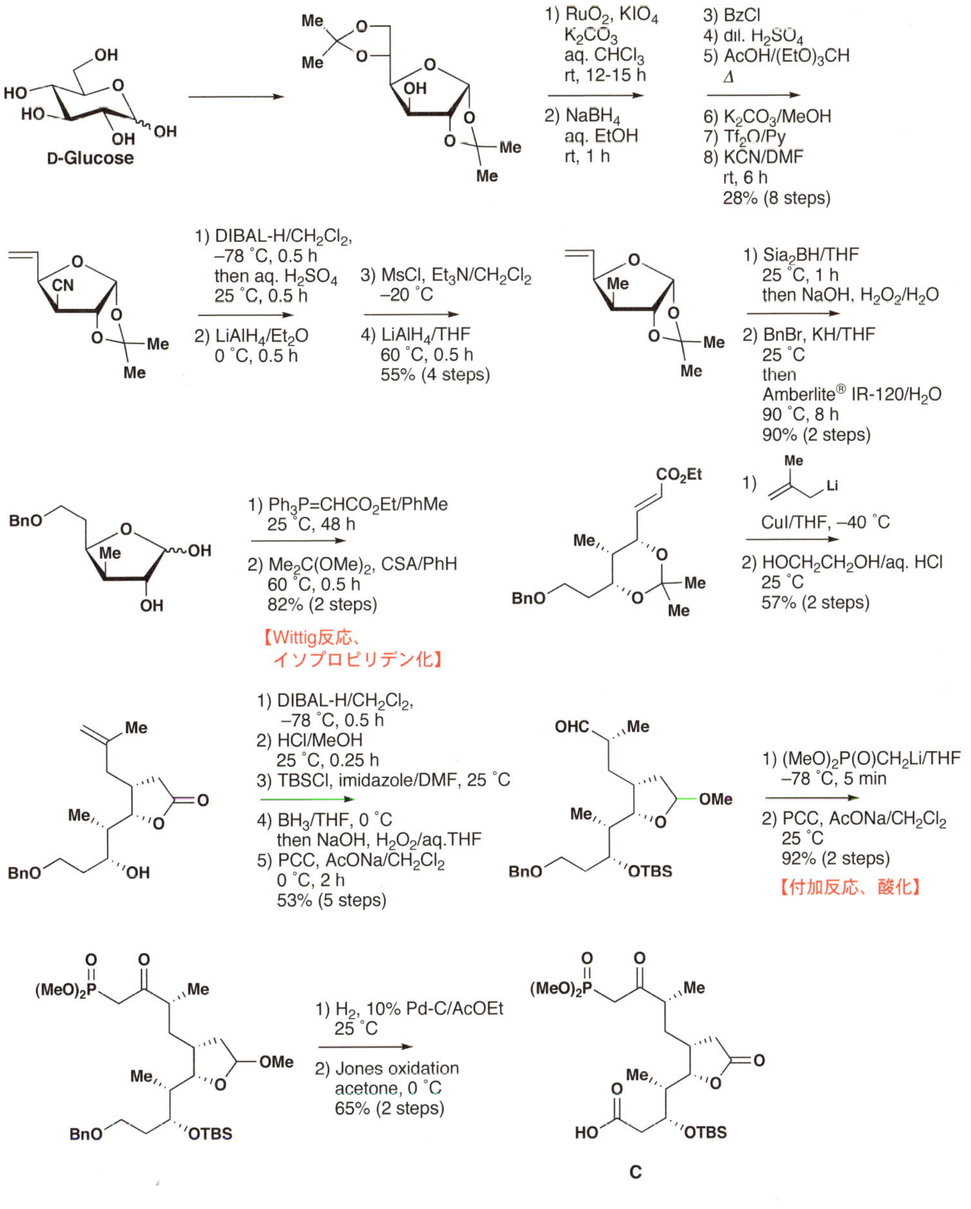

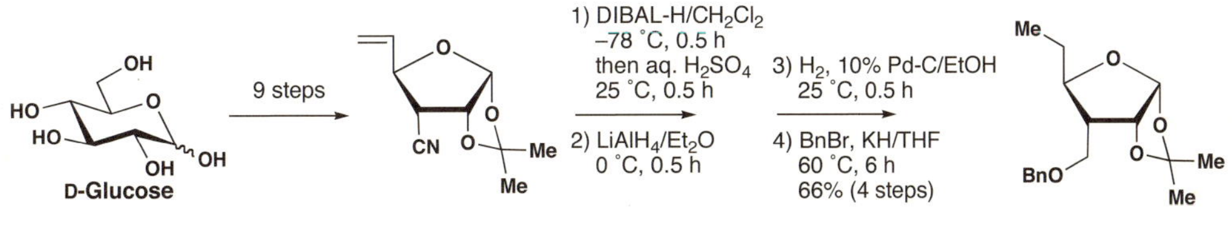

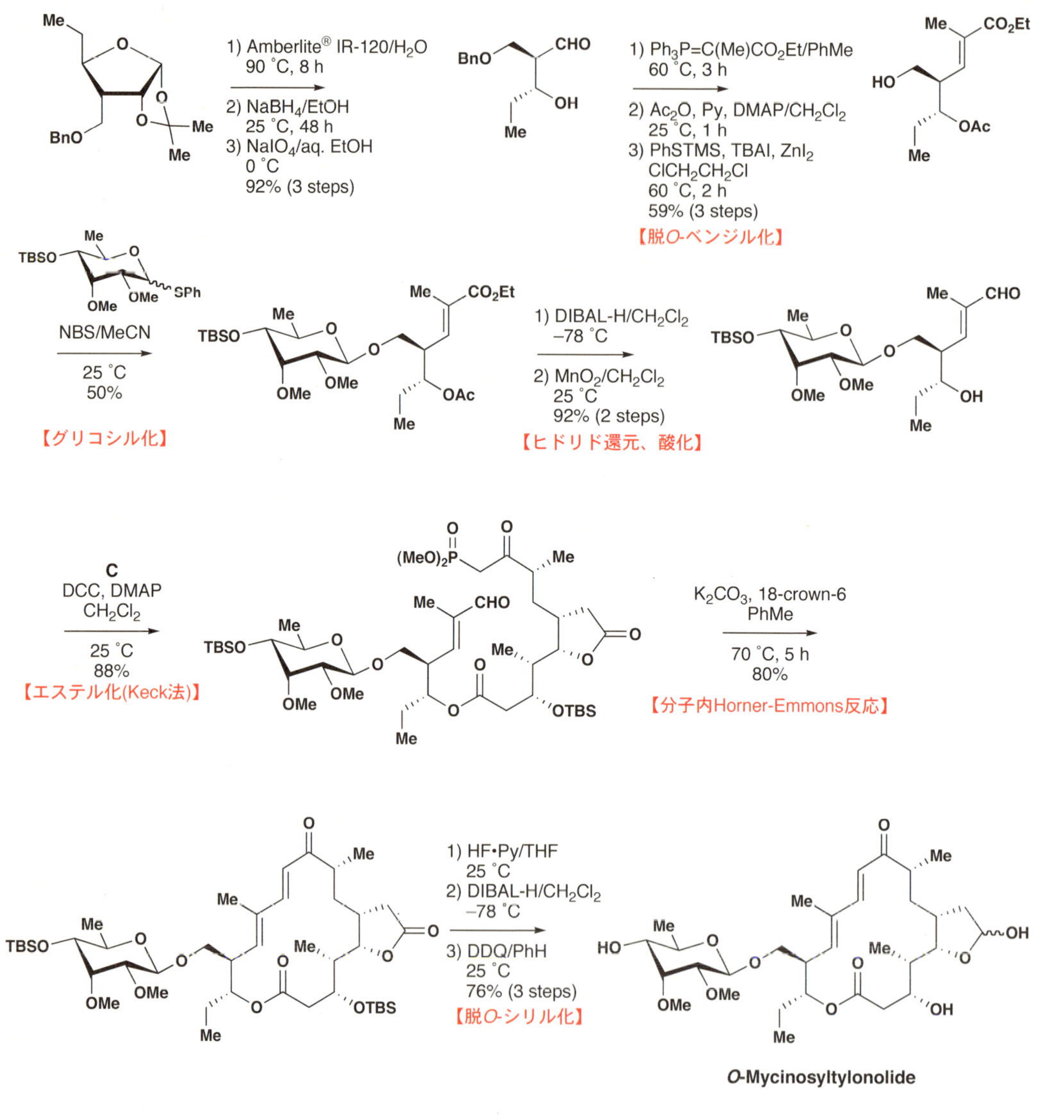
1) Amberlite® IR-120/H2O
90 °C, 8 h
2) NaBH4/EtOH
25 °C, 48 h
3) NaIO4/aq. EtOH
0 °C
92% (3 steps)
1) Ph3P=C(Me)CO2Et/PhMe
60 °C, 3 h
2) Ac2O, Py, DMAP/CH2Cl2
25 °C, 1 h
3) PhSTMS, TBAI, ZnI2
ClCH2CH2Cl
60 °C, 2 h
59% (3 steps)
【脱O-ベンジル化】
NBS/MeCN
25 °C
50%
【グリコシル化】
1) DIBAL-H/CH2Cl2
−78 °C
2) MnO2/CH2Cl2
25 °C
92% (2 steps)
【ヒドリド還元、酸化】
C
DCC, DMAP
CH2Cl2
25 °C
88%
【エステル化(Keck法)】
K2CO3, 18-crown-6
PhMe
70 °C, 5 h
80%
【分子内Horner-Emmons反応】
1) HF•Py/THF
25 °C
2) DIBAL-H/CH2Cl2
−78 °C
3) DDQ/PhH
25 °C
76% (3 steps)
【脱O-シリル化】
O-Mycinosyltylonolide

3) Synthesis of Tylonolide, the Aglycone of Tylosin[5)]

不斉アルドール反応、ラクトン化を鍵反応としてアグリコン部を合成

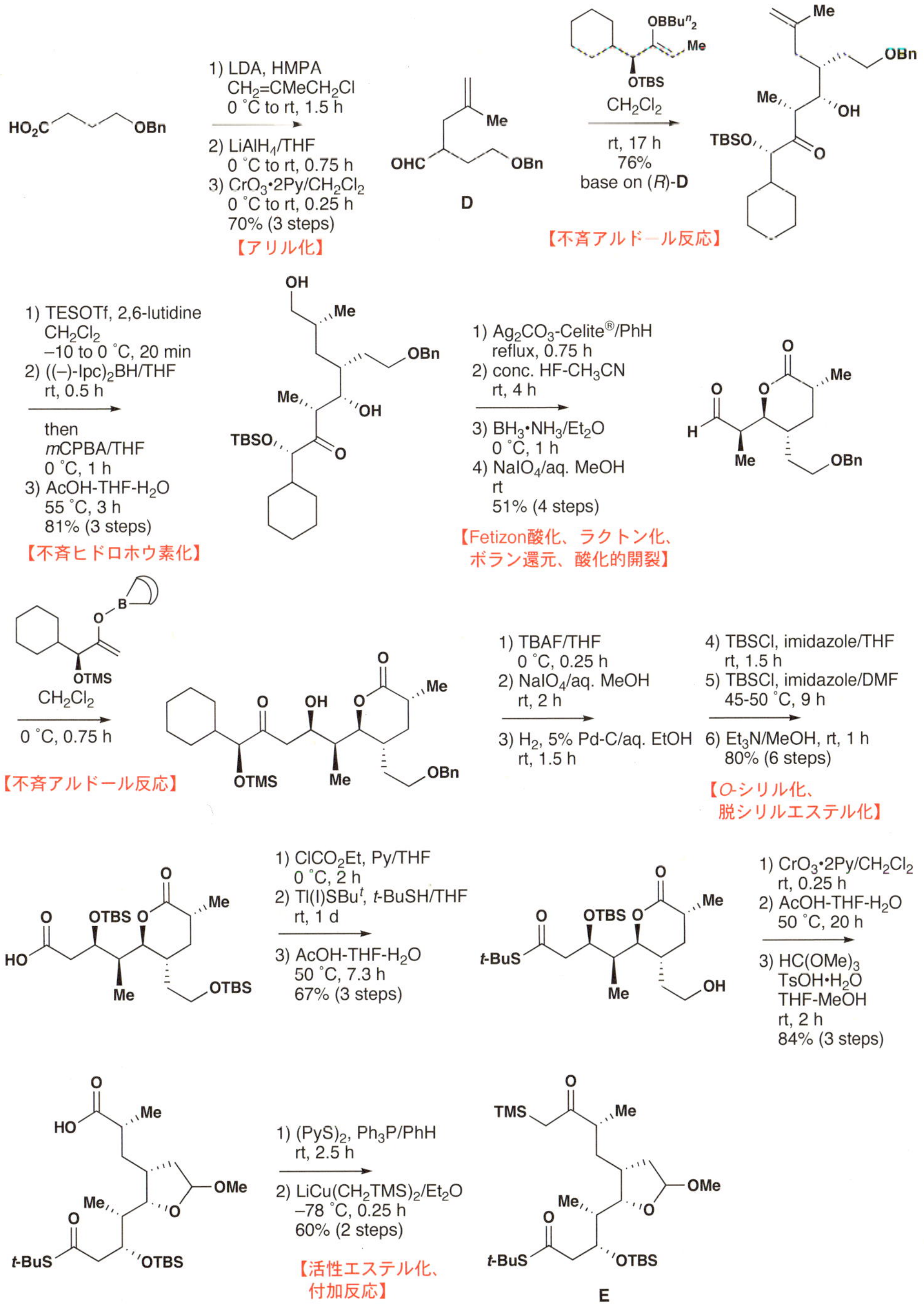

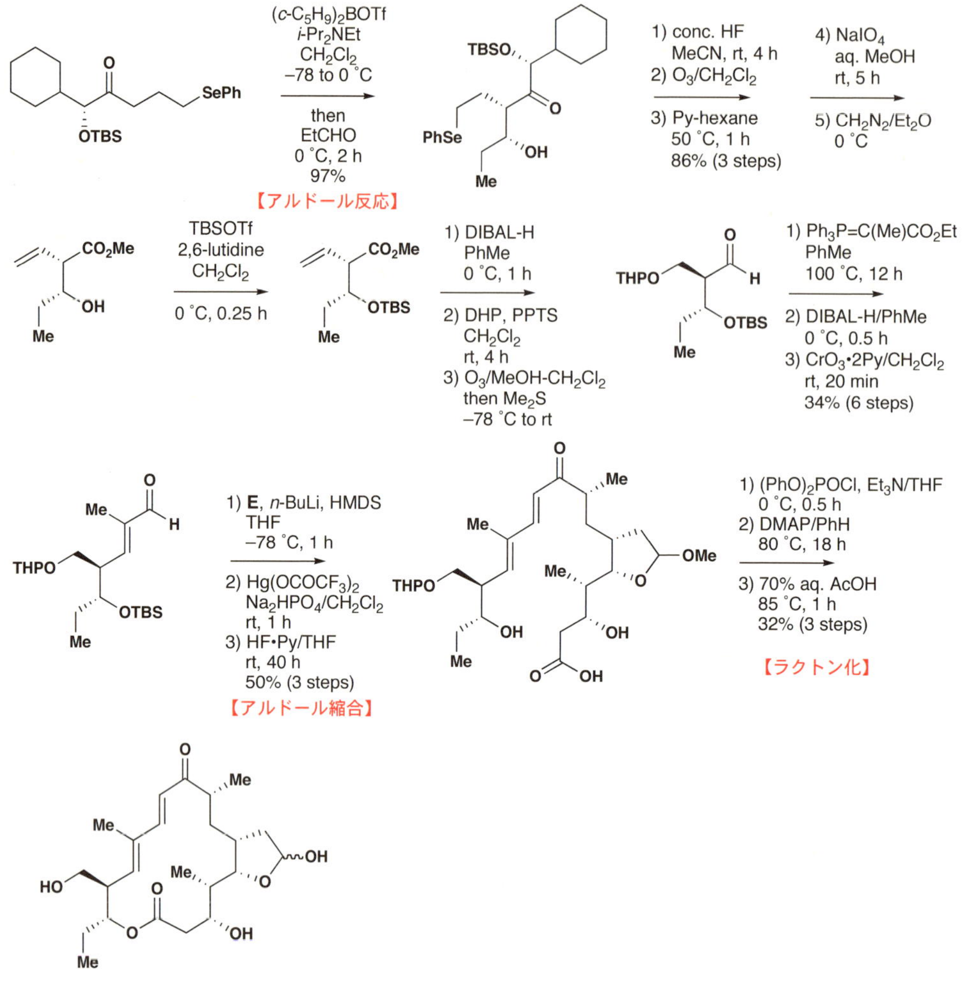

(c-C5H9)2BOTf
i-Pr2NEt
CH2Cl2
–78 to 0 °C
then
EtCHO
0 °C, 2 h
97%
【アルドール反応】
OTBS
SePh
TBSO
PhSe
OH
Me
1) conc. HF
MeCN, rt, 4 h
2) O3/CH2Cl2
3) Py-hexane
50 °C, 1 h
86% (3 steps)
4) NaIO4
aq. MeOH
rt, 5 h
5) CH2N2/Et2O
0 °C
CO2Me
OH
Me
TBSOTf
2,6-lutidine
CH2Cl2
0 °C, 0.25 h
CO2Me
OTBS
Me
1) DIBAL-H
PhMe
0 °C, 1 h
2) DHP, PPTS
CH2Cl2
rt, 4 h
3) O3/MeOH-CH2Cl2
then Me2S
–78 °C to rt
THPO
H
OTBS
Me
1) Ph3P=C(Me)CO2Et
PhMe
100 °C, 12 h
2) DIBAL-H/PhMe
0 °C, 0.5 h
3) CrO3•2Py/CH2Cl2
rt, 20 min
34% (6 steps)
Me
H
THPO
OTBS
Me
1) E, n-BuLi, HMDS
THF
–78 °C, 1 h
2) Hg(OCOCF3)2
Na2HPO4/CH2Cl2
rt, 1 h
3) HF•Py/THF
rt, 40 h
50% (3 steps)
【アルドール縮合】
Me
Me
OMe
Me
THPO
OH
OH
Me
OH
1) (PhO)2POCl, Et3N/THF
0 °C, 0.5 h
2) DMAP/PhH
80 °C, 18 h
3) 70% aq. AcOH
85 °C, 1 h
32% (3 steps)
【ラクトン化】
Me
Me
OH
Me
HO
OH
Me

Tylonolide

4) Total Synthesis of the 16-Membered Ring Macrolide Tylonolide Hemiacetal[6)]

Baeyer-Villiger反応、分子内S_N2'反応を鍵反応としてアグリコン部を合成

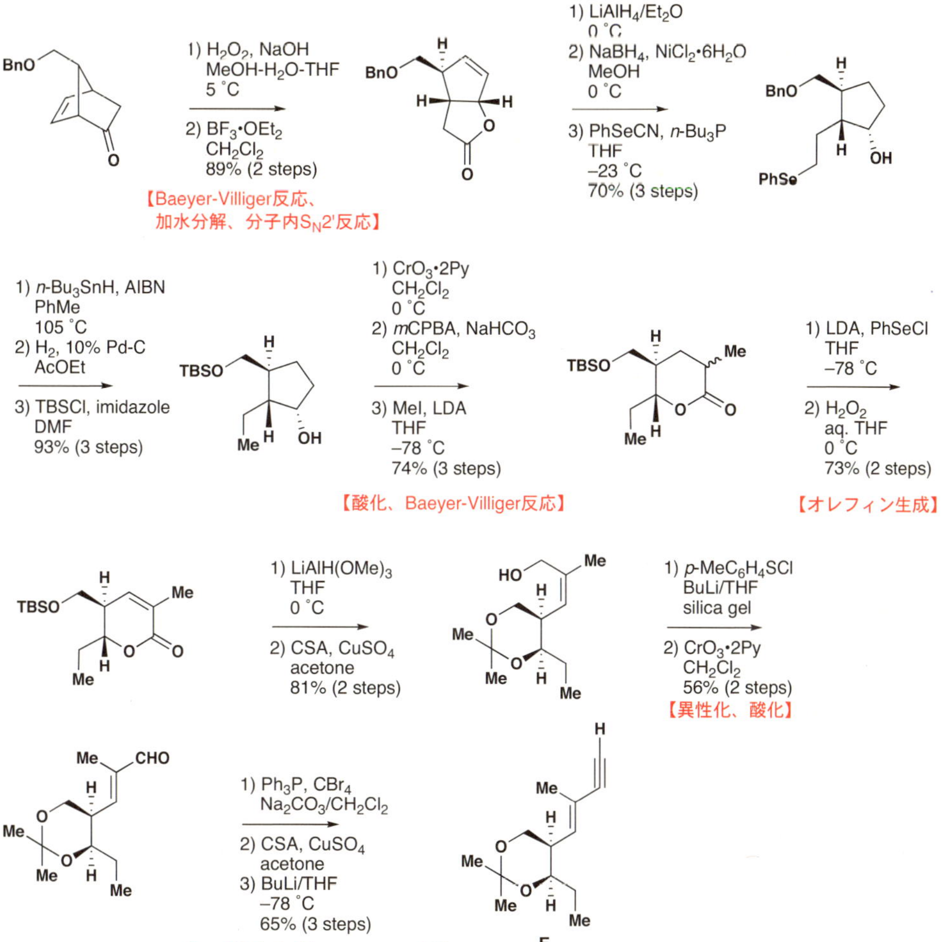

F

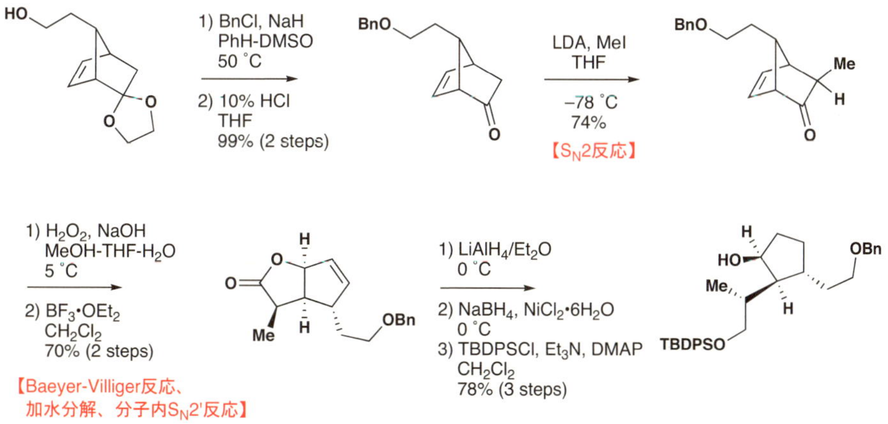

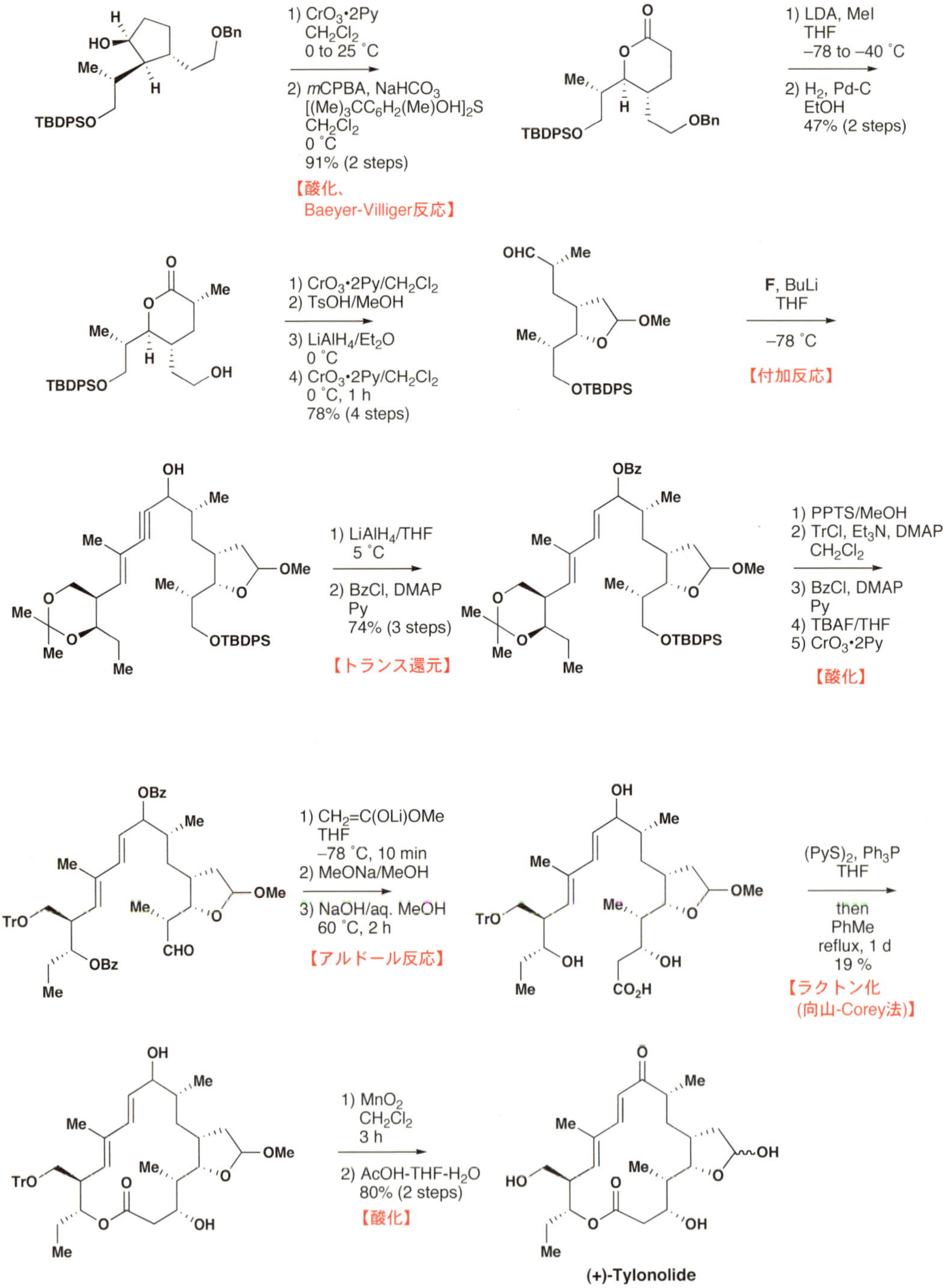

H
HO
OBn
Me
H
TBDPSO
1) CrO3•2Py
CH2Cl2
0 to 25 °C
2) mCPBA, NaHCO3
[(Me)3CC6H2(Me)OH]2S
CH2Cl2
0 °C
91% (2 steps)
【酸化、
Baeyer-Villiger反応】
O
O
Me
H
TBDPSO
OBn
1) LDA, MeI
THF
−78 to −40 °C
2) H2, Pd-C
EtOH
47% (2 steps)
O
O
Me
Me
H
TBDPSO
OH
1) CrO3•2Py/CH2Cl2
2) TsOH/MeOH
3) LiAlH4/Et2O
0 °C
4) CrO3•2Py/CH2Cl2
0 °C, 1 h
78% (4 steps)
OHC
Me
OMe
Me
O
OTBDPS
F, BuLi
THF
−78 °C
【付加反応】
OH
Me
Me
OMe
Me
O
O
Me
O
Me
OTBDPS
Me
1) LiAlH4/THF
5 °C
2) BzCl, DMAP
Py
74% (3 steps)
【トランス還元】
OBz
Me
Me
OMe
Me
O
O
Me
O
Me
OTBDPS
Me
1) PPTS/MeOH
2) TrCl, Et3N, DMAP
CH2Cl2
3) BzCl, DMAP
Py
4) TBAF/THF
5) CrO3•2Py
【酸化】
OBz
Me
Me
OMe
TrO
Me
O
CHO
OBz
Me
1) CH2=C(OLi)OMe
THF
−78 °C, 10 min
2) MeONa/MeOH
3) NaOH/aq. MeOH
60 °C, 2 h
【アルドール反応】
OH
Me
Me
OMe
TrO
Me
O
OH
OH
Me
CO2H
(PyS)2, Ph3P
THF
then
PhMe
reflux, 1 d
19 %
【ラクトン化
(向山-Corey法)】
OH
Me
Me
OMe
TrO
Me
O
O
O
O
OH
Me
1) MnO2
CH2Cl2
3 h
2) AcOH-THF-H2O
80% (2 steps)
【酸化】
O
Me
Me
OH
HO
Me
O
O
O
O
OH
Me
(+)-Tylonolide

5) Synthesis of Tylonolide, the Aglycone of Tylosin[7,8)]

Evans不斉アルドール反応、分子内Horner-Emmons反応による16員環ラクトンの構築を経てアグリコン部分を合成

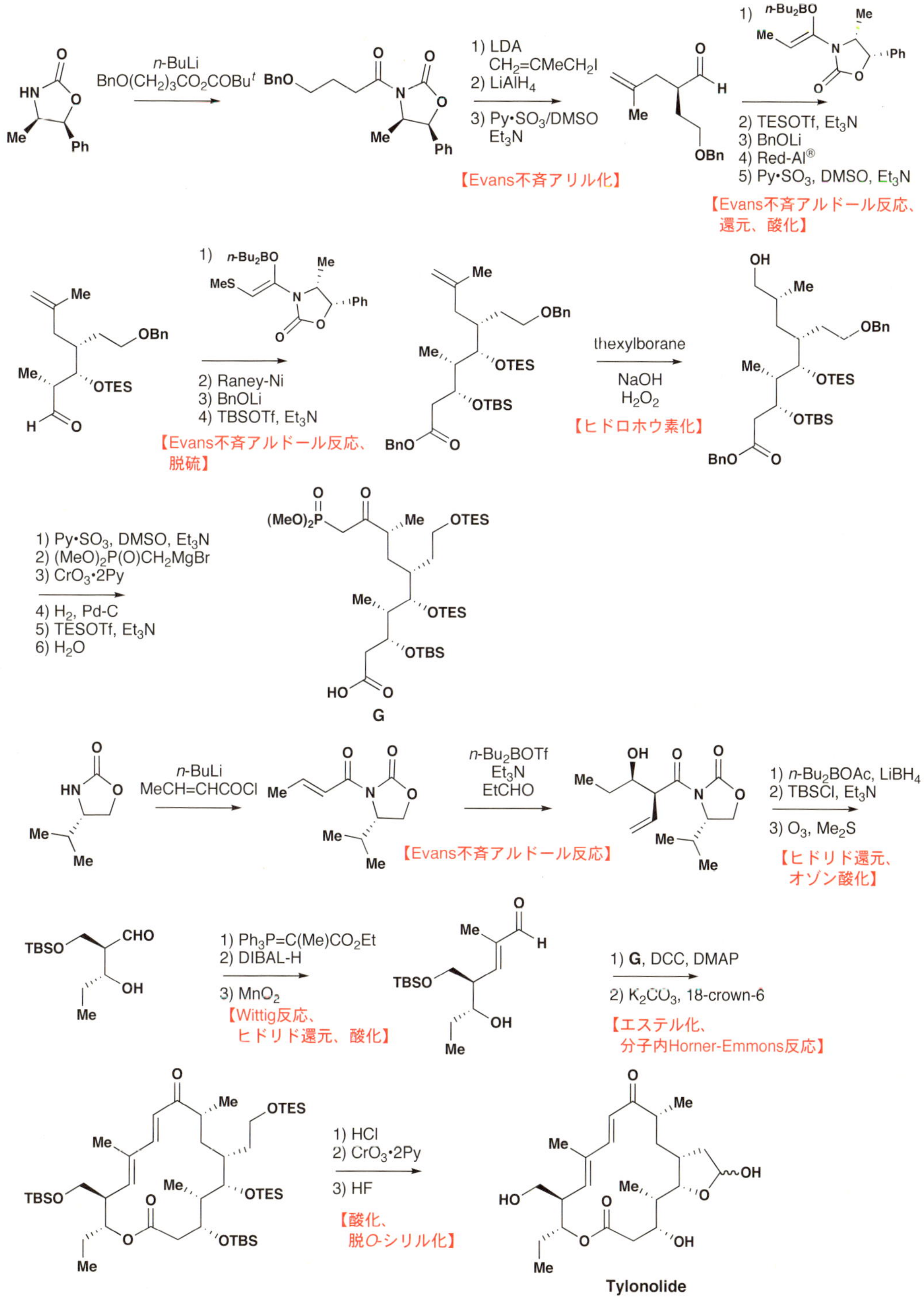

6) Total Synthesis of Tylonolide, the Aglycone of the 16-Membered Ring Macrolide Tylosin, from D-Glucose[9,10,11)]

糖質を不斉炭素源にし、立体選択的アリールの導入と水酸基の構築、*O*-イソプロピリデン基によって促進される分子内Horner-Emmons反応による16員環ラクトンの構築を経てアグリコン部分を合成

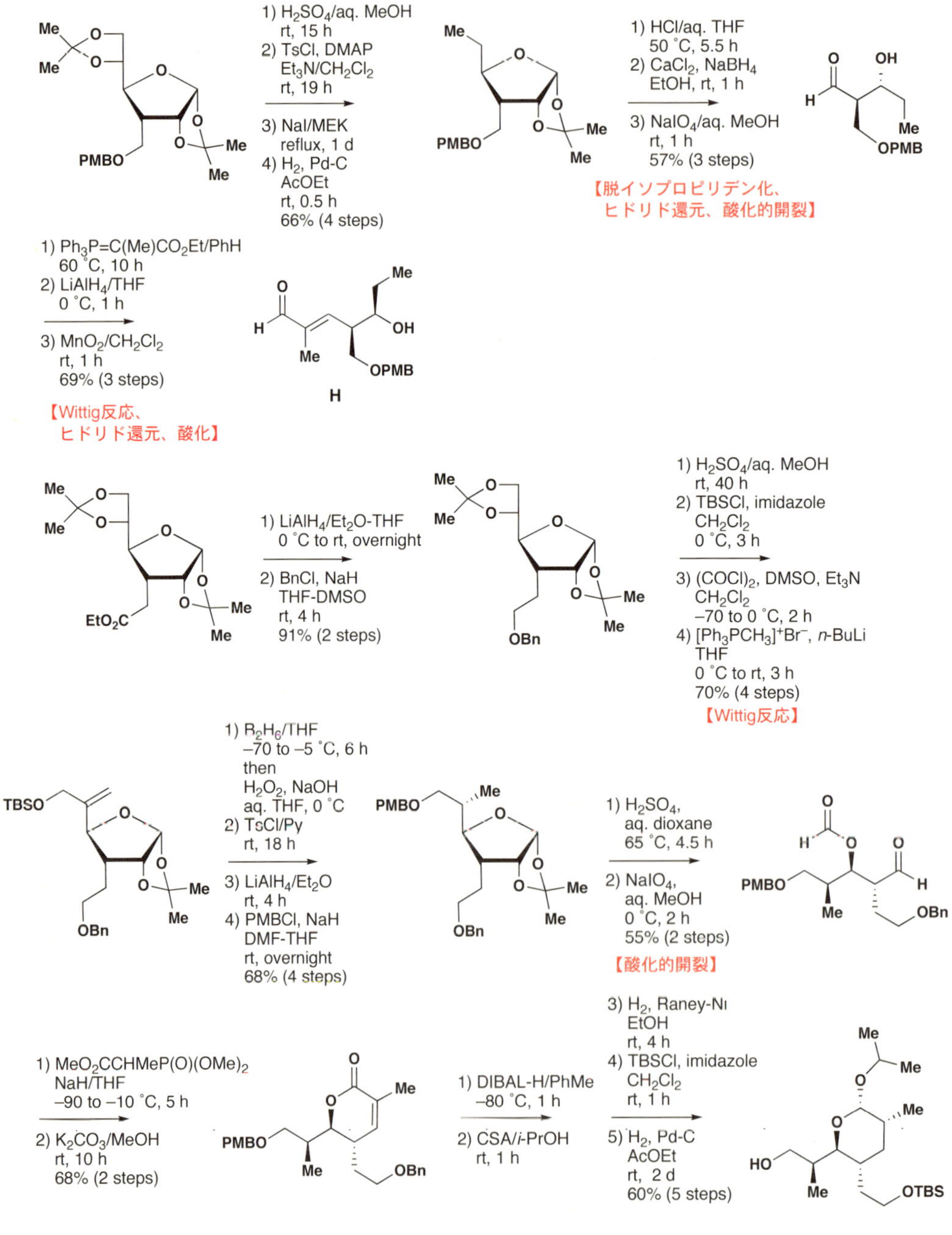

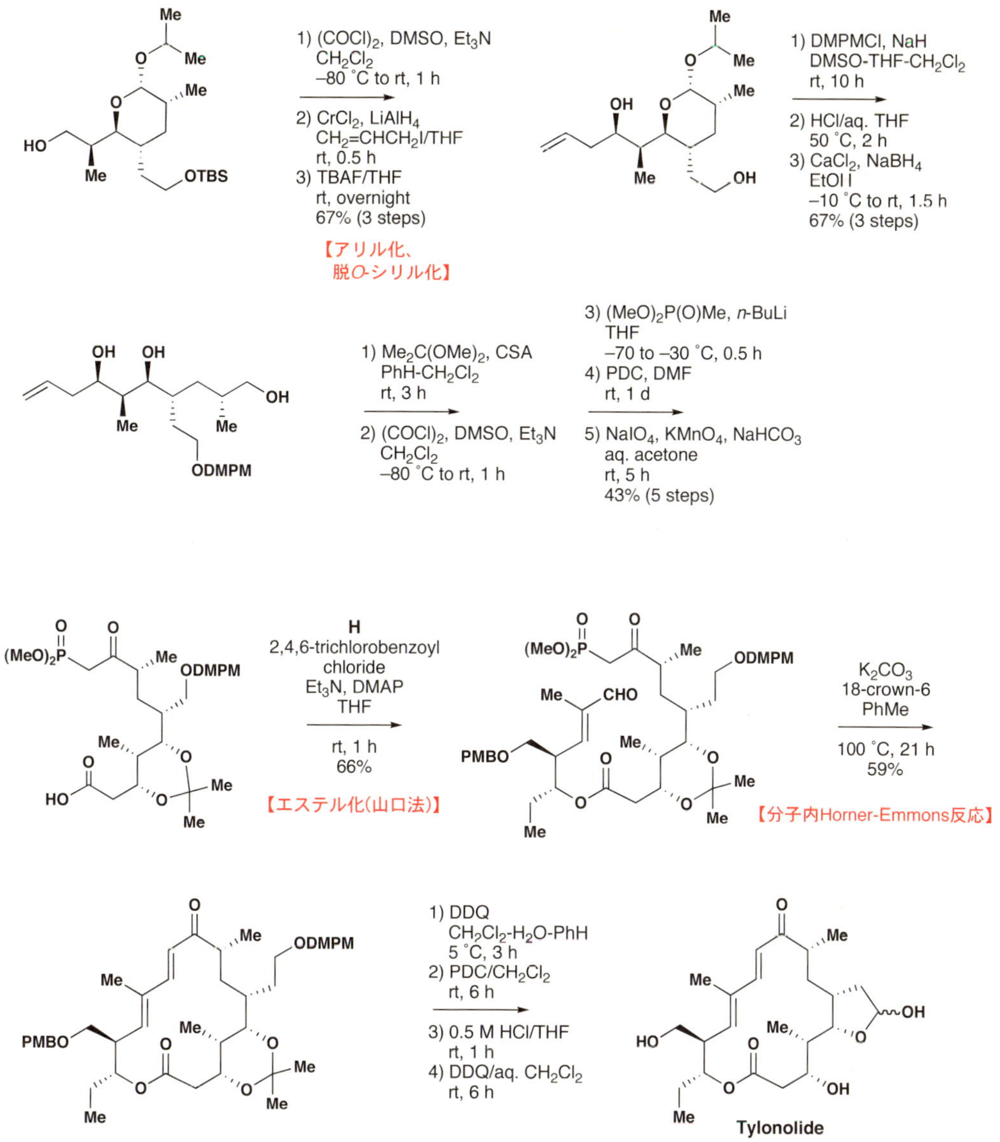

References

1) K. Tatsuta, Y. Amemiya, Y. Kanemura and M. Kinoshita, *Tetrahedron Lett.*, **22**, 3997-4000 (1981)
2) K. Tatsuta, Y. Amemiya, Y. Kanemura , H. Takahashi and M. Kinoshita, *Tetrahedron Lett.*, **23**, 3375-3378 (1982)
3) K. C. Nicolaou, M. R. Pavia and S. P. Seitz, *J. Am. Chem. Soc.*, **104**, 2027-2029 (1982)
4) K. C. Nicolaou, M. R. Pavia and S. P. Seitz, *J. Am. Chem. Soc.*, **104**, 2030-2031 (1982)
5) S. Masamune, L. D.-L. Lu, W. P. Jackson, T. Kaiho and T. Toyoda, *J. Am. Chem. Soc.*, **104**, 5523-5526 (1982)
6) P. A. Grieco, J. Inanaga, N.-H. Lin and T. Yanami, *J. Am. Chem. Soc.*, **104**, 5781-5784 (1982)
7) D. A. Evans, *Aldrichchimica Acta.*, **15**, 23-32 (1982)
8) I. Paterson and M. M. Mansuri, *Tetrahedron*, **41**, 3600 (1985)
9) T. Tanaka, Y. Oikawa, T. Hamada and O. Yonemitsu, *Tetrahedron Lett.*, **27**, 3651-3654 (1986)
10) T. Tanaka, Y. Oikawa, T. Hamada and O. Yonemitsu, *Chem. Pharm. Bull.*, **35**, 2209-2218 (1987)
11) T. Tanaka, Y. Oikawa, T. Hamada and O. Yonemitsu, *Chem. Pharm. Bull.*, **35**, 2219-2227 (1987)

UCE6

1) Total Synthesis of a Tetracyclic Anti-tumor, UCE6[1)]

Diels-Alder反応、アルドール反応、連続Michael-Dieckmann型反応、ベンジルメチルエーテルの還元による酸化的芳香族化を経て天然物を全合成

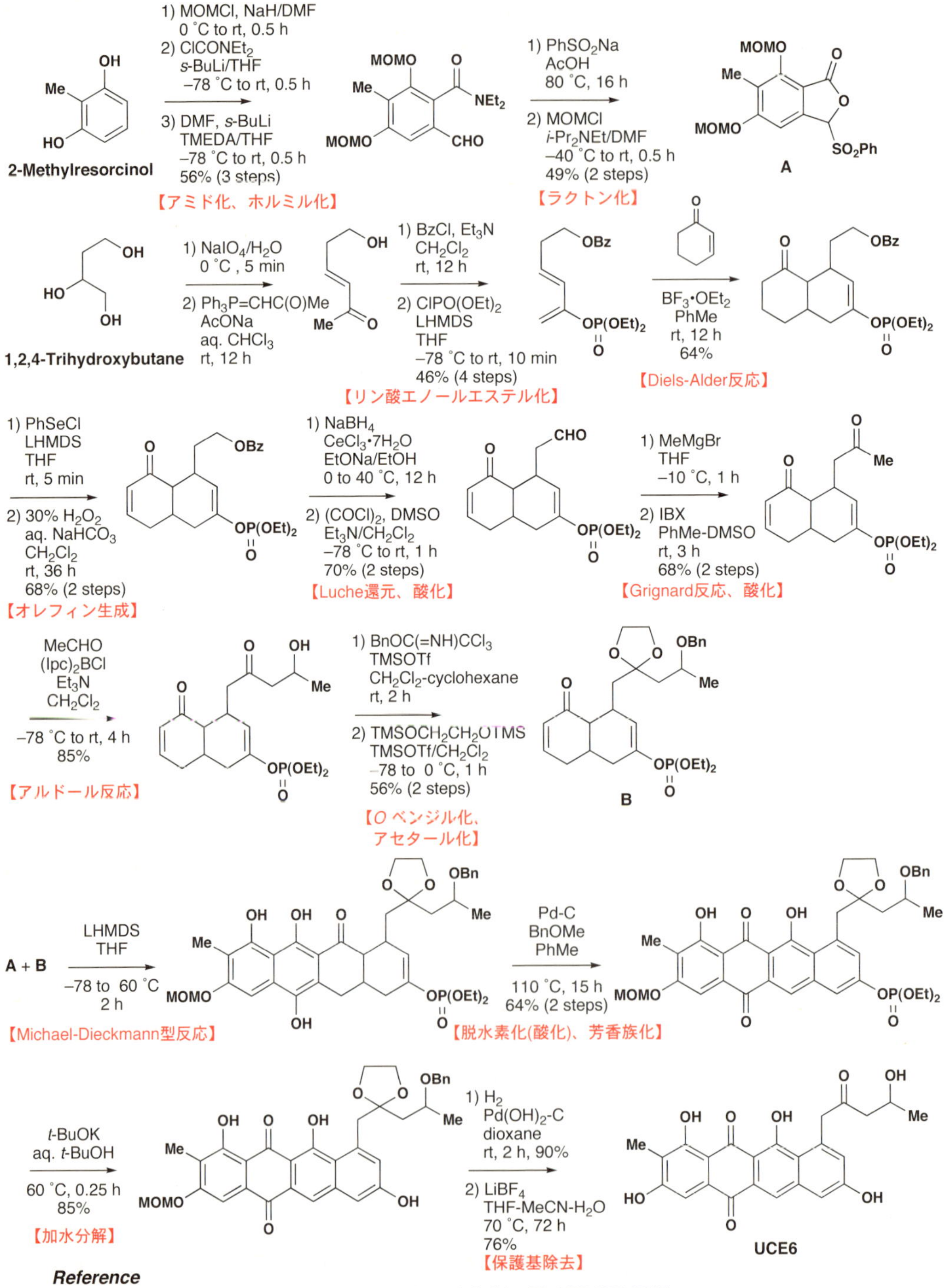

Reference

1) K. Tatsuta, T. Inukai, S. Itoh, M. Kawarasaki and Y. Nakano, *J. Antibiot.*, **55**, 1076-1080 (2002)

Valienamine and Validamine

1) Novel Synthesis of Natural *Pseudo*-aminosugars, (+)-Valienamine and (+)-Validamine[1)]

シリルエノールエーテルの生成によるフラノース環の開環、アルドール縮合、Michael-アルドール反応、S_N2反応によるアミノ基導入およびアンカー効果を利用した二重結合の立体選択的還元を鍵反応として二種の天然物そのものを全合成

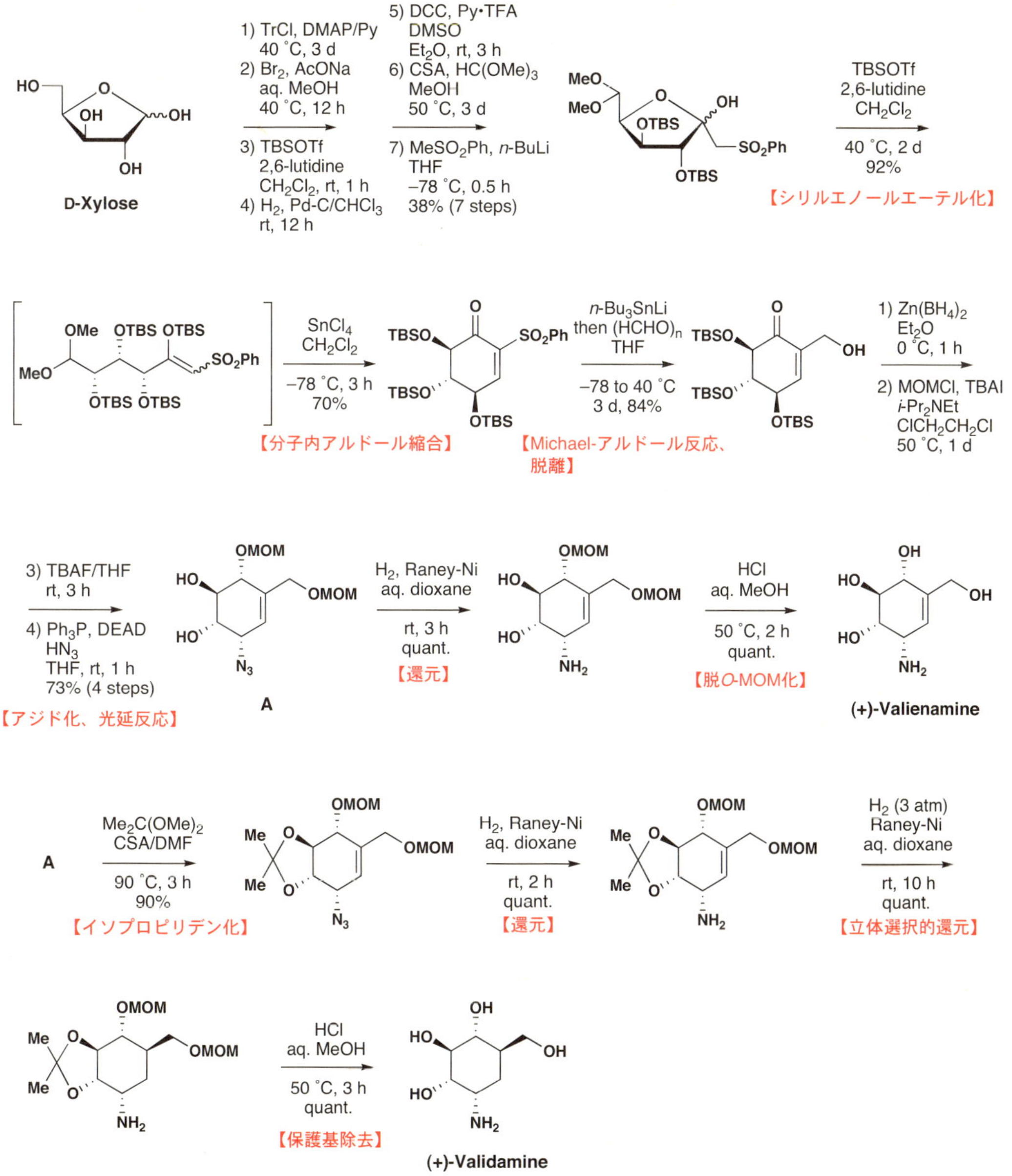

D-Xylose
1) TrCl, DMAP/Py 40 °C, 3 d
2) Br2, AcONa aq. MeOH 40 °C, 12 h
3) TBSOTf 2,6-lutidine CH2Cl2, rt, 1 h
4) H2, Pd-C/CHCl3 rt, 12 h
5) DCC, Py•TFA DMSO Et2O, rt, 3 h
6) CSA, HC(OMe)3 MeOH 50 °C, 3 d
7) MeSO2Ph, n-BuLi THF −78 °C, 0.5 h
38% (7 steps)
TBSOTf 2,6-lutidine CH2Cl2 40 °C, 2 d 92%
【シリルエノールエーテル化】
SnCl4 CH2Cl2 −78 °C, 3 h 70%
【分子内アルドール縮合】
n-Bu3SnLi then (HCHO)n THF −78 to 40 °C 3 d, 84%
【Michael-アルドール反応、脱離】
1) Zn(BH4)2 Et2O 0 °C, 1 h
2) MOMCl, TBAI i-Pr2NEt ClCH2CH2Cl 50 °C, 1 d
3) TBAF/THF rt, 3 h
4) Ph3P, DEAD HN3 THF, rt, 1 h
73% (4 steps)
【アジド化、光延反応】
A
H2, Raney-Ni aq. dioxane rt, 3 h quant.
【還元】
HCl aq. MeOH 50 °C, 2 h quant.
【脱O-MOM化】
(+)-Valienamine
A
Me2C(OMe)2 CSA/DMF 90 °C, 3 h 90%
【イソプロピリデン化】
H2, Raney-Ni aq. dioxane rt, 2 h quant.
【還元】
H2 (3 atm) Raney-Ni aq. dioxane rt, 10 h quant.
【立体選択的還元】
HCl aq. MeOH 50 °C, 3 h quant.
【保護基除去】
(+)-Validamine

2) Cyclitol Reactions. 5. Synthesis of Enantiomerically Pure Valienamine from Quebrachitol[2)]

クエブラシトールを原料として合成

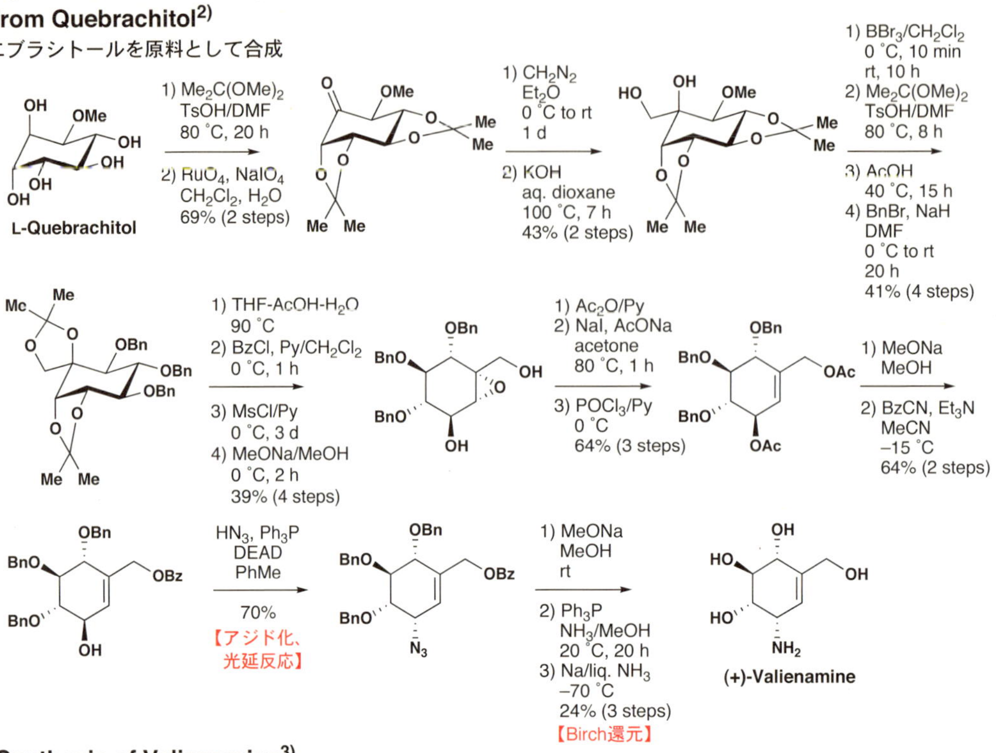

3) Synthesis of Valienamine[3)]

D-グルコースからFerrier反応を経てアセチル体を合成

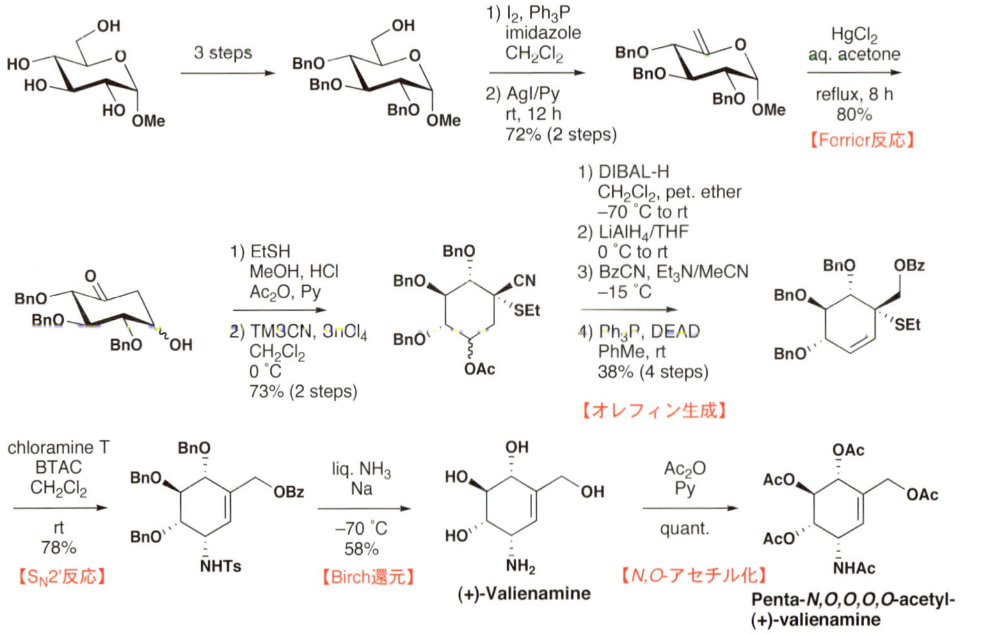

4) Stereocontrolled Synthesis of (+)-Valienamine[4)]

Grignard反応、S_N2'置換反応を経てアセチル体を合成

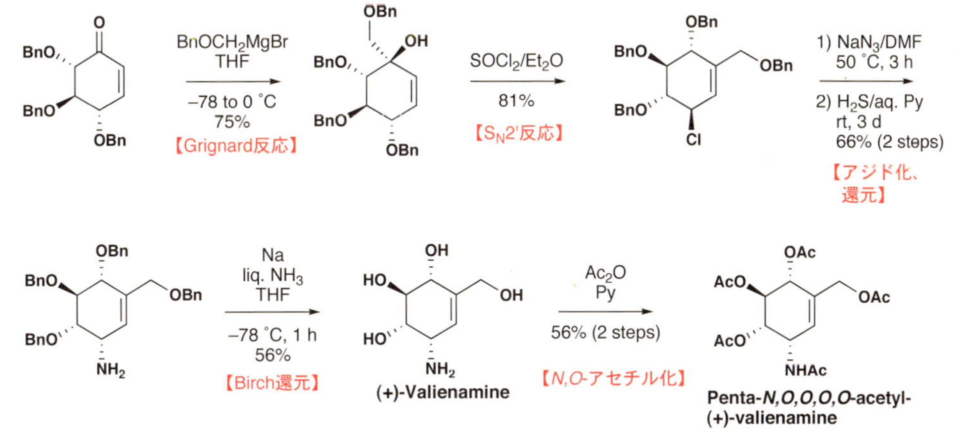

5) A Synthetic Route to Valienamine: An Interesting Observation Concerning Stereoelectronic Preferences in the S_N2' Reaction[5)]

Ferrier反応、カルバメートの分子内S_N2'反応を経てアセチル体を合成

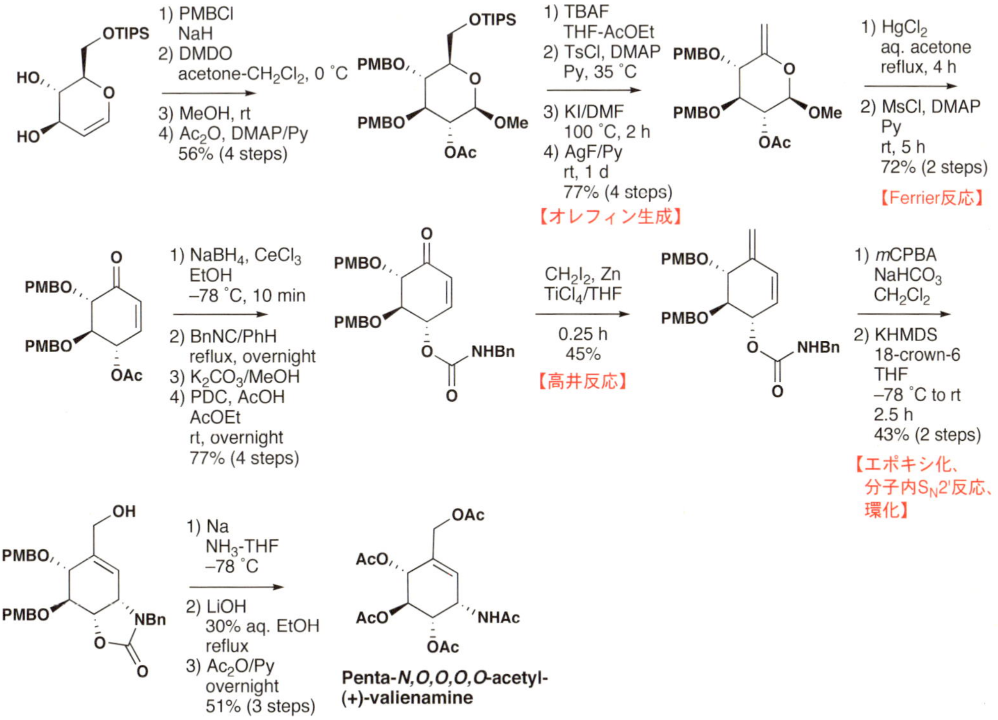

6) Syntheses of Validamine, *Epi*-validamine and Valienamine, Three Optically active *Pseudo*-amino-sugars from D-Glucose[6)]

ラジカル還元による脱ニトロ化を経て合成

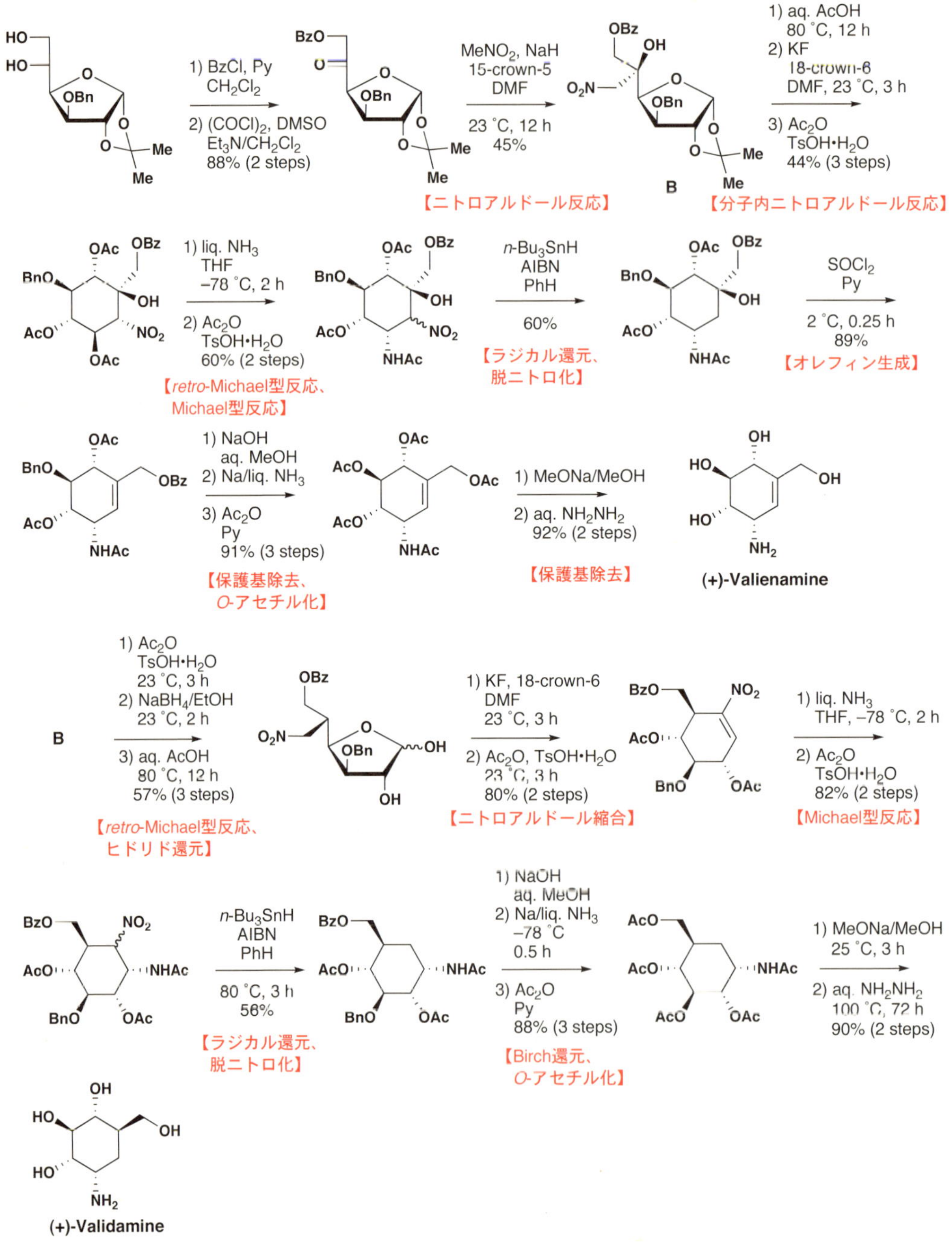

7) Synthesis of Valiolamine and Its *N*-Substituted Derivatives AO-128, Validoxylamine G, and Validamycin G via Branched-Chain Inosose Derivatives[7)]

分子内Horner-Emmons反応、光延反応を鍵として合成

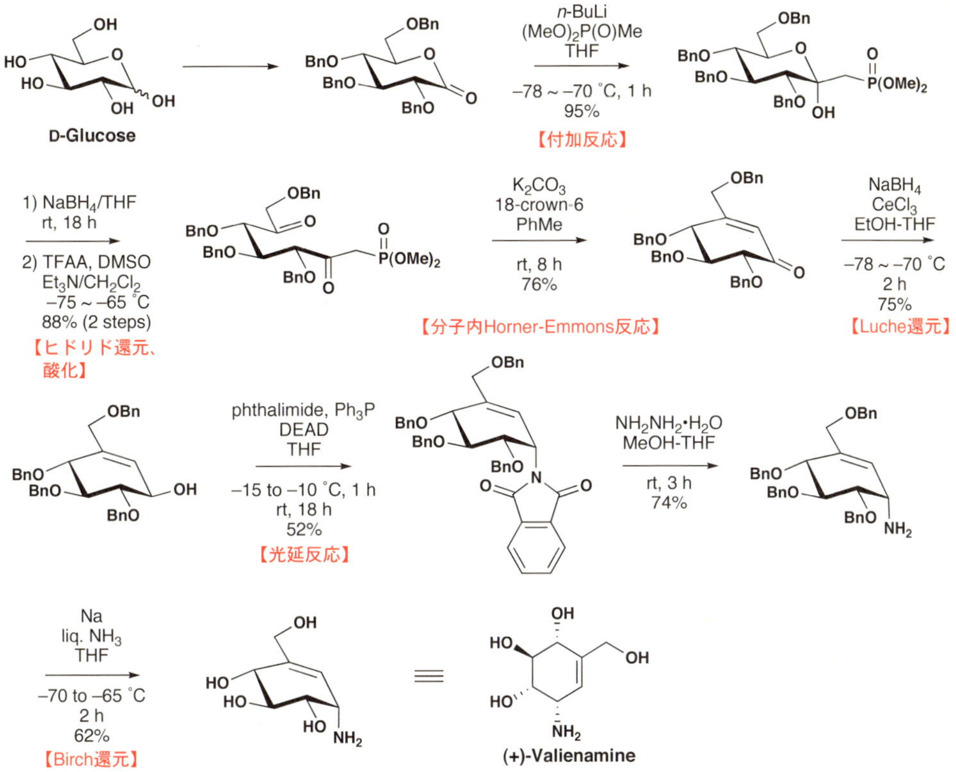

8) Synthetic Studies on the Validamycins. XII. Synthesis of Optically Active Valienamine and Validatol[8)]

エポキシ環の生成と開環を鍵反応としてアセチル体を合成

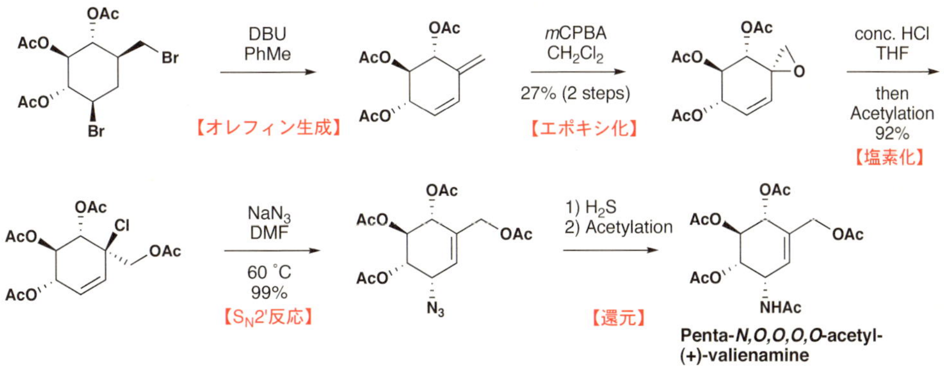

9) Intramolecular Amino Delivery Reactions for the Synthesis of Valienamine and Analogues[9)]

立体選択的エポキシ化、カルバメートの構築を経てアセチル体を合成

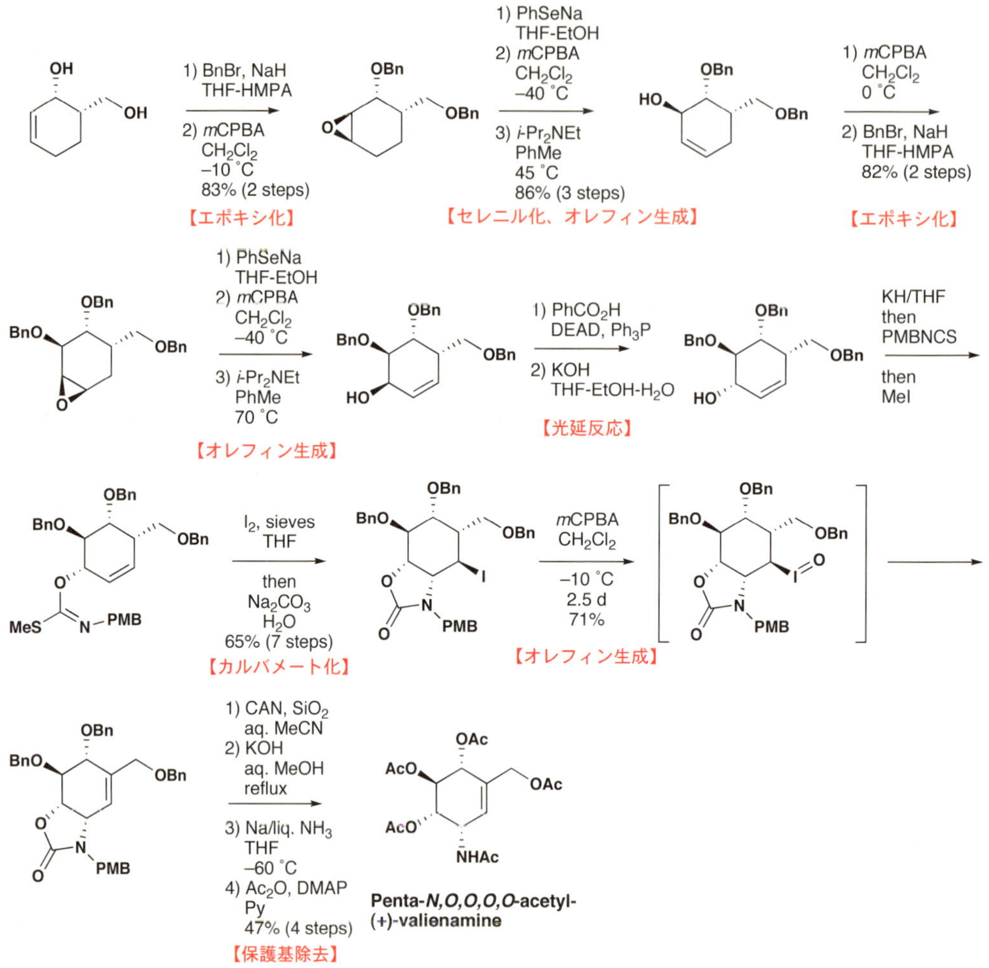

10) Total Synthesis of (±)- and (+)- Valienamine via a Strategy Derived from New Palladium-catalyzed Reactons[10)]

Pd錯体を経るカルバメートの構築を鍵として合成

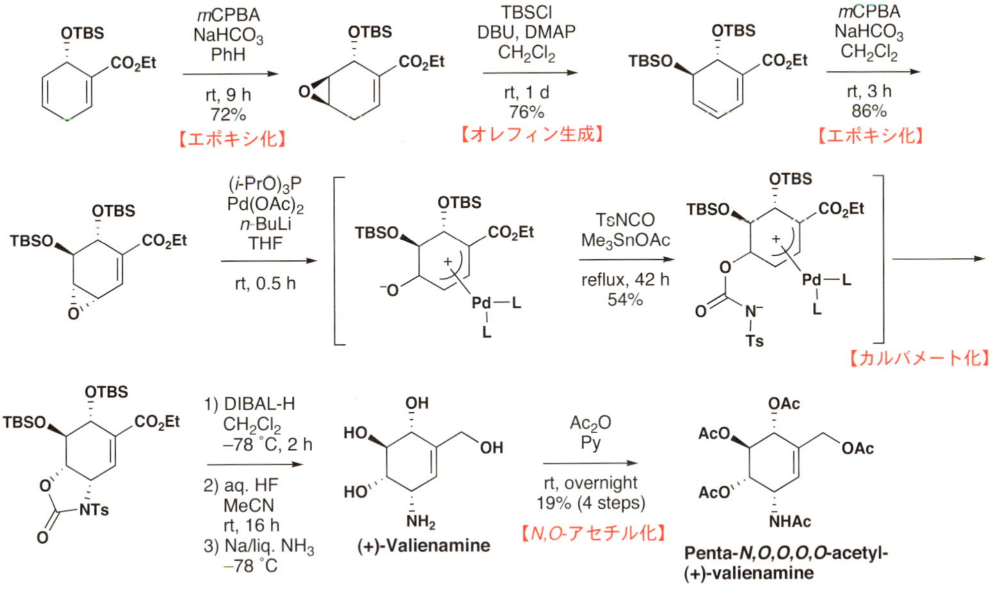

11) Enantiospecific Synthesis of Valienamine and 2-*epi*-Valienamine[11,12)]

選択的S_N2反応によるアミノ基の導入を経て合成

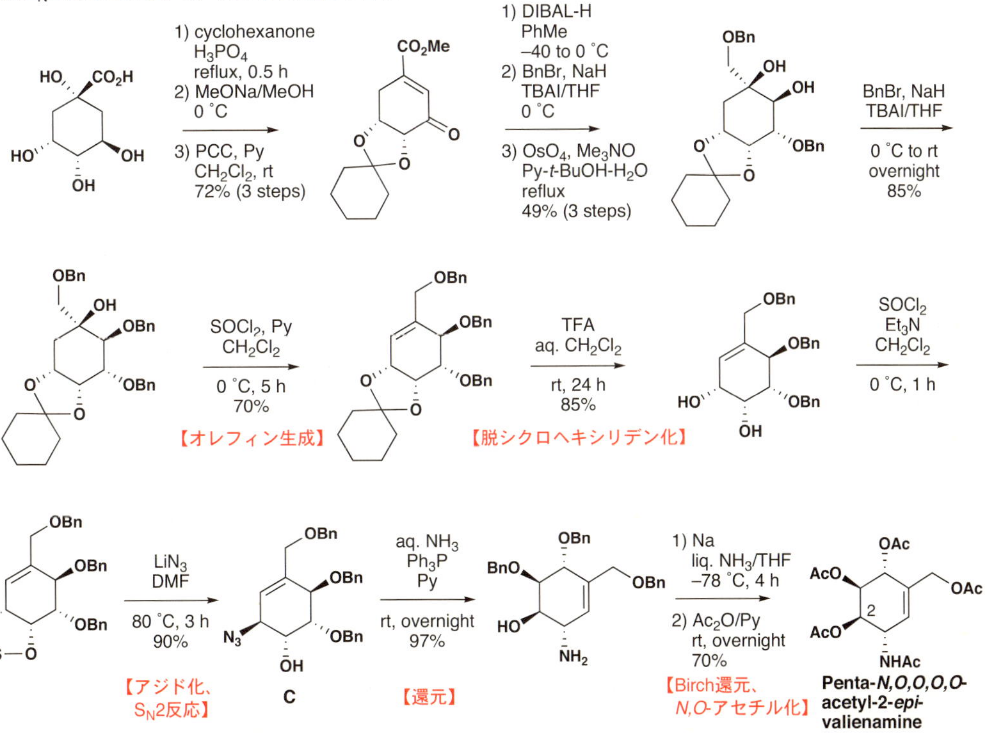

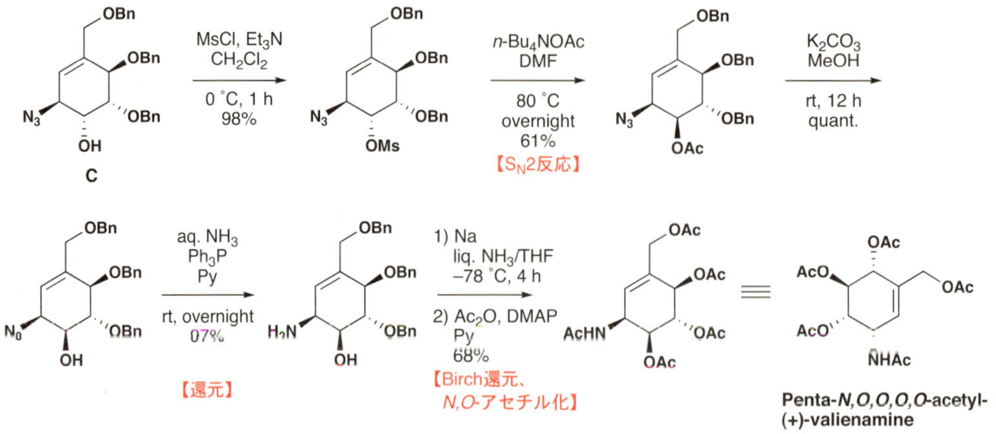

12) A New Synthesis of Valienamine[13]

立体選択的ジオール化、Pd錯体によるアミノ基の導入を経てアセチル体を合成

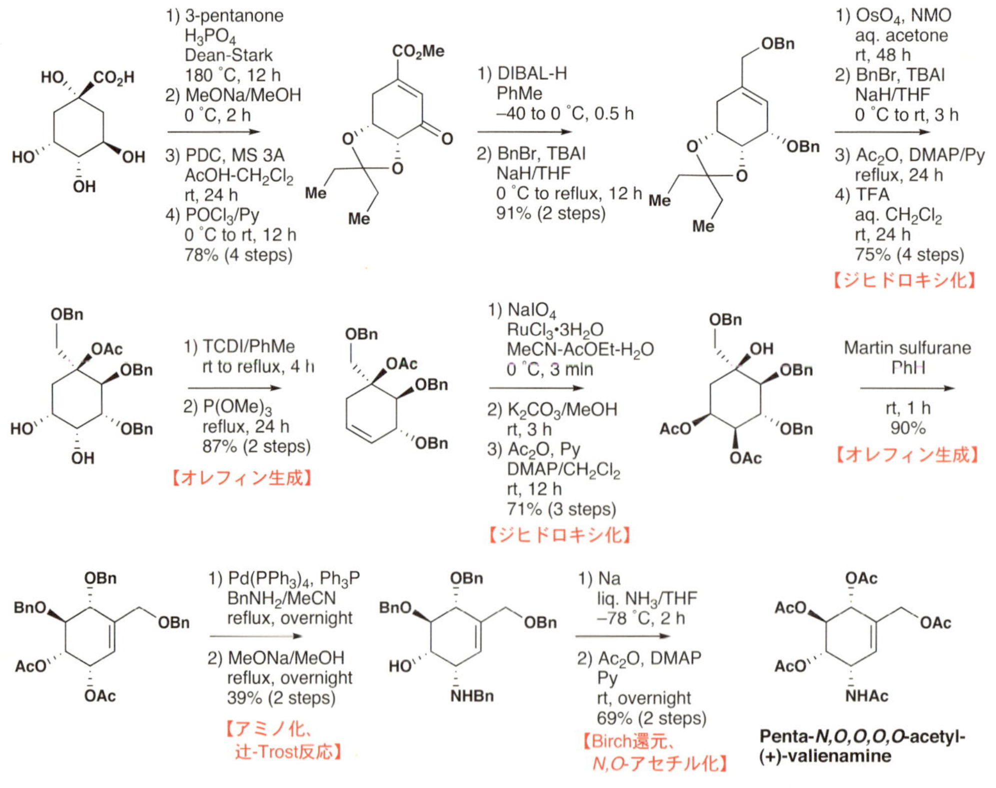

13) Total Synthesis of (+)-(1,2,3/4,5)-2,3,4,5-Tetrahydroxycyclohexane-1-methanol and (+)-(1,3/2,4,5)-5-Amino-2,3,4-trihydroxycyclohexane-1-methanol [(+)-Validamine]. *X*-Ray Crystal Structure of (3*S*)-(+)-2-*exo*-Bromo-4,8-dioxatricyclo[4.2.1.0^{3,7}]nonan-5-one[14)]

ブロモラクトン化、フラン環の開環を経て合成

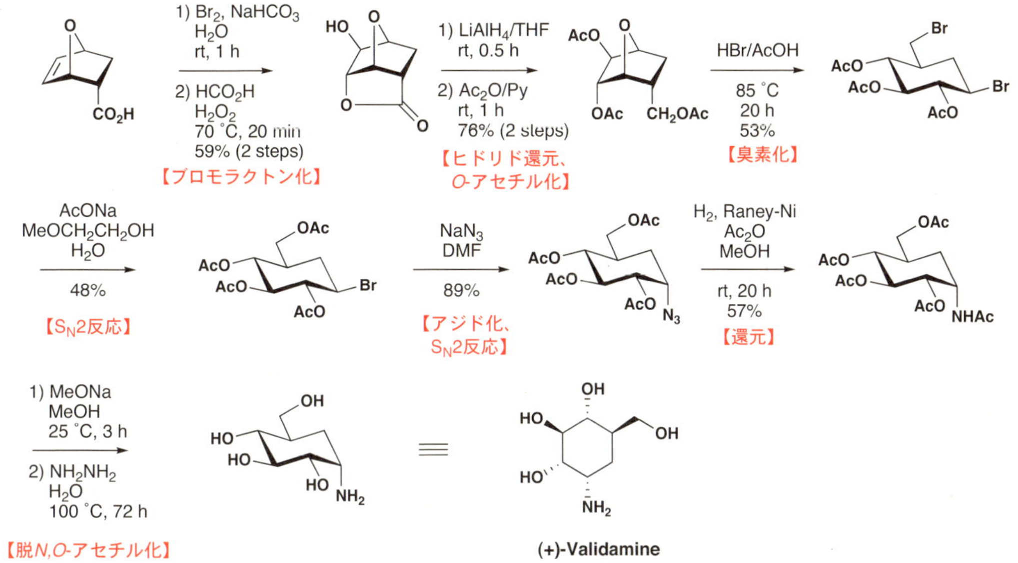

14) Stereoselective Conversion of D-Glucuronolactone into *Pseudo*-Sugar: Syntheses of *Pseudo*-α-D-Glucopyranose, *Pseudo*-β-D-Glucopyranose, and Validamine[15)]

ラジカル反応による脱ニトロ化を経て合成

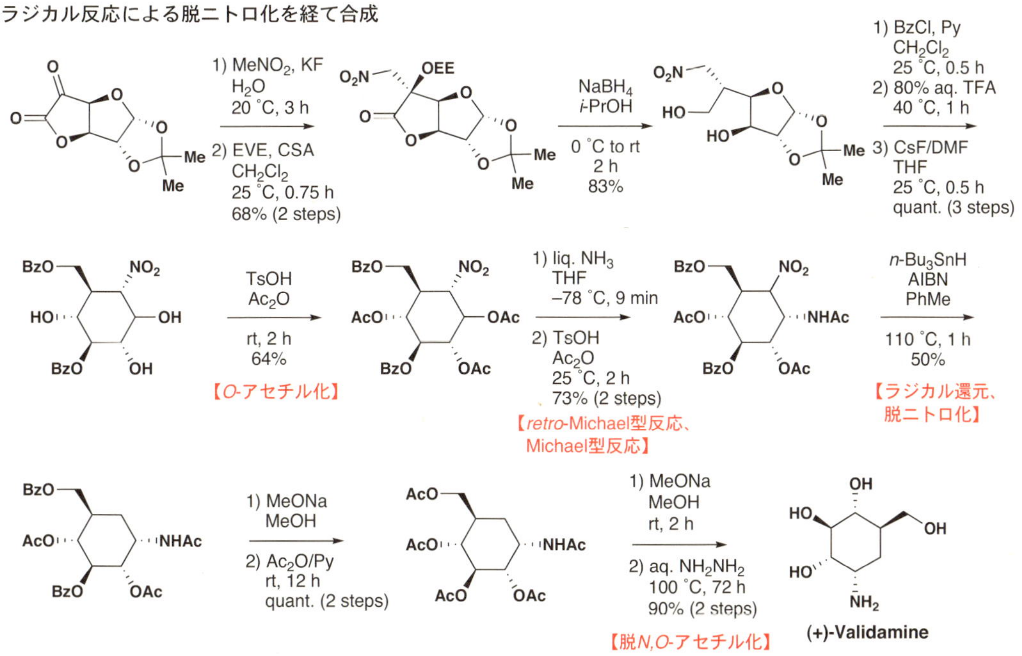

15) Enantiospecific Synthesis of Penta-*N,O,O,O,O*-acetylvalidamine and Penta-*N,O,O,O,O*-acetyl-2-*epi*-validamine[16)]

環状および直鎖スルホン酸エステルの選択的置換反応を経てアセチル体を合成

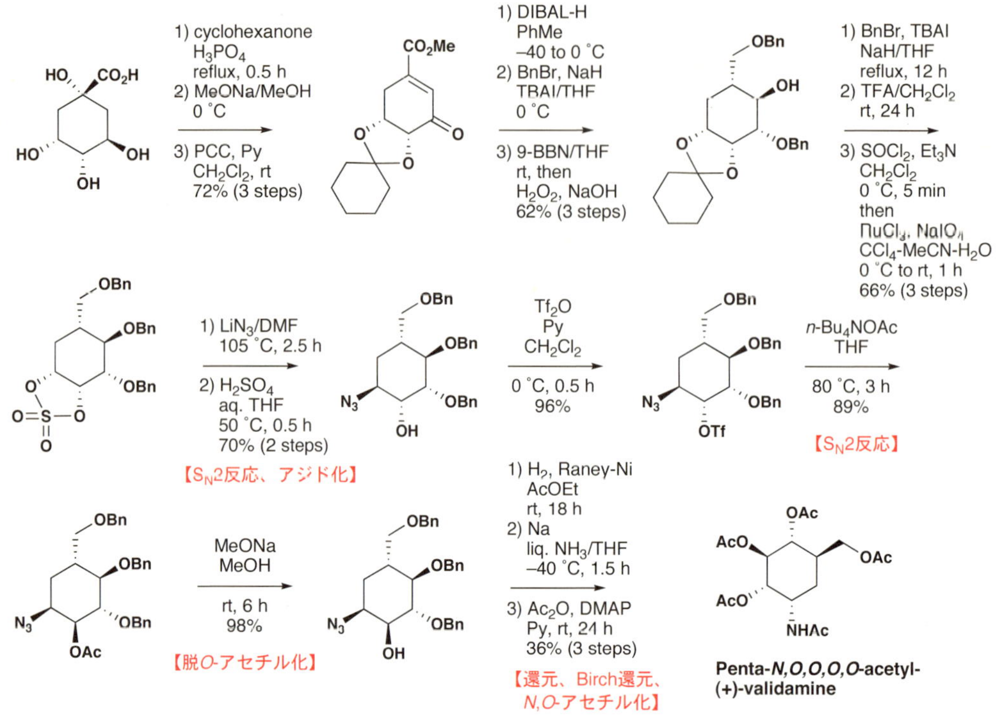

16) An Efficient Synthesis of Valienamine via Ring-Closing Metathesis[17)]

閉環メタセシスを鍵反応としてアセチル体を合成

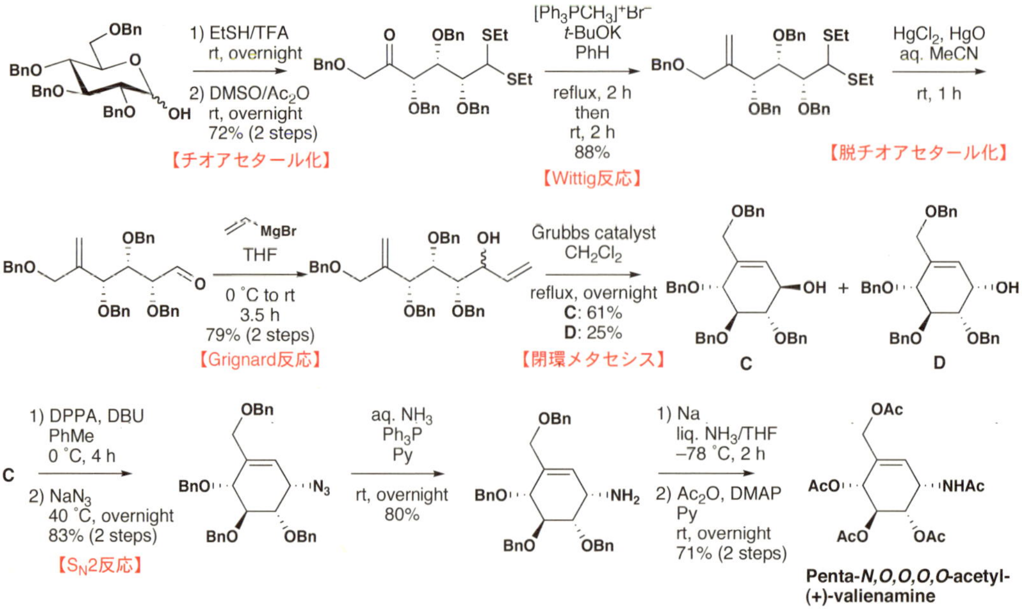

References

1) K. Tatsuta, H. Mukai and M. Takahashi, *J. Antibiot.*, **53**, 430-435 (2000)
2) H. Paulsen and F. R. Heiker, *Liebigs Ann. Chem.*, 2180-2203 (1981)
3) R. R. Schmidt and A. Koehn, *Angew. Chem. Int. Ed. Engl.*, **26**, 482-483 (1987)
4) F. Nicotra, L. Panza, F. Ronchetti and G. Russo, *Gazz. Chim. Ital.*, **119**, 577-579 (1989)
5) T. K. Park and S. J. Danishefsky, *Tetrahedron Lett.*, **35**, 2667-2670 (1994)
6) M. Yoshikawa, B. C. Cha, Y. Okaichi, Y. Takinami, Y. Yokokawa and I. Kitagawa, *Chem. Pharm. Bull.*, **36**, 4236-4239 (1988)
7) H. Fukase and S. Horii, *J. Org. Chem.*, **57**, 3651-3658 (1992)
8) S. Ogawa, Y. Shibata, T. Nose and T. Suami, *Bull. Chem. Soc. Jpn.*, **58**, 3387-3388 (1985)
9) S. Knapp, A. B. J. Naughton and T. G. M. Dhar, *Tetrahedron Lett.*, **33**, 1025-1028 (1992)
10) B. M. Trost, L. S. Chupak and T. Luebbers, *J. Am. Chem. Soc.*, **120**, 1732-1740 (1998)
11) T. K. M. Shing and L. H. Wan, *J. Org. Chem.*, **61**, 8468-8479 (1996)
12) T. K. M. Shing, T. Y. Li and S. H.-L. Kok, *J. Org. Chem.*, **64**, 1941-1946 (1999)
13) S. H.-L. Kok, C. C. Lee and T. K. M. Shing, *J. Org. Chem.*, **66**, 7184-7190 (2001)
14) S. Ogawa, Y. Iwsawa, T. Nose, T. Suami, S. Ohba, M. Ito and Y. Saito, *J. Chem. Soc., Perkin Trans. 1*, 903-906 (1985)
15) M. Yoshikawa, N. Murakami, Y. Yokokawa and Y. Inoue, *Tetrahedron*, **50**, 9619-9628 (1994)
16) T. K. M. Shing and V. W.-F. Tai, *J. Org. Chem.*, **60**, 5332-5334 (1995)
17) Y.-K. Chang, B.-Y. Lee, D. J. Kim, G. S. Lee, H. B. Jeon and K. S. Kim, *J. Org. Chem.*, **70**, 3299-3302 (2005)

Xanthocillin X Dimethylether

1) The First Stereoselective Total Synthesis of Antiviral Antibiotic, Xanthocillin X Dimethylether, and Its Stereoisomer[1)]

トリブチルスズビニルアミドの立体選択的な酸化的転位およびPd触媒下のホモカップリングを経て天然物および異性体を立体選択的に全合成

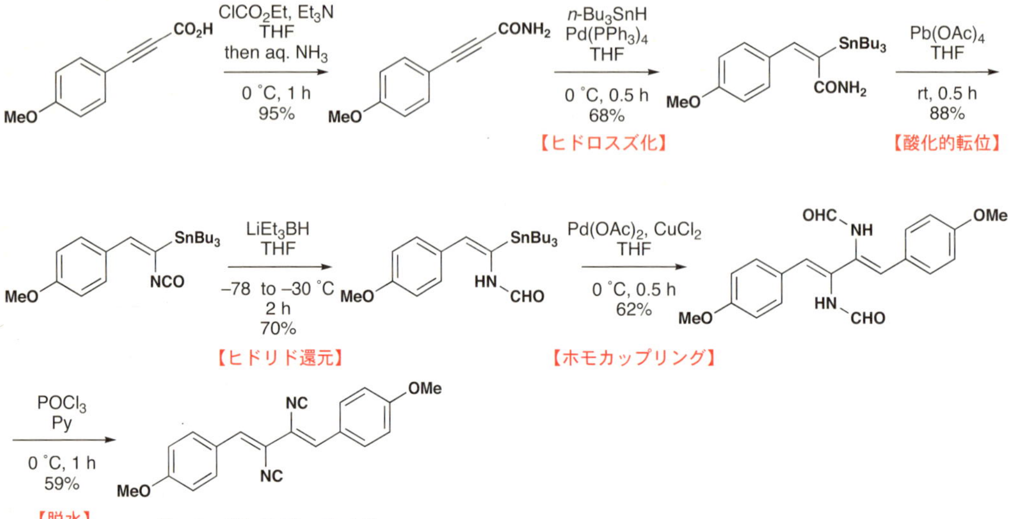

Xanthocillin X Dimethylether

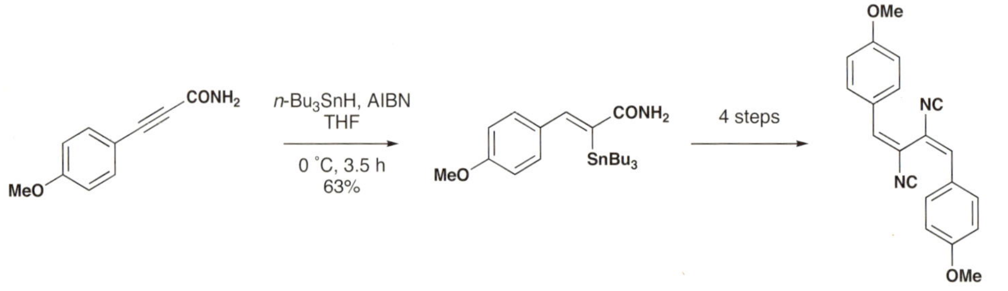

(*E*,*E*)-Isomer

Reference

1) K. Tatsuta and T. Yamaguchi, *Tetrahedron Lett.*, **46**, 5017-5020 (2005)

YM182029 and AM6898D

1) Total Synthesis of YM182029 and AM6898D[1)]

高井反応、Claisen転位を鍵反応として天然物を全合成、相対構造決定

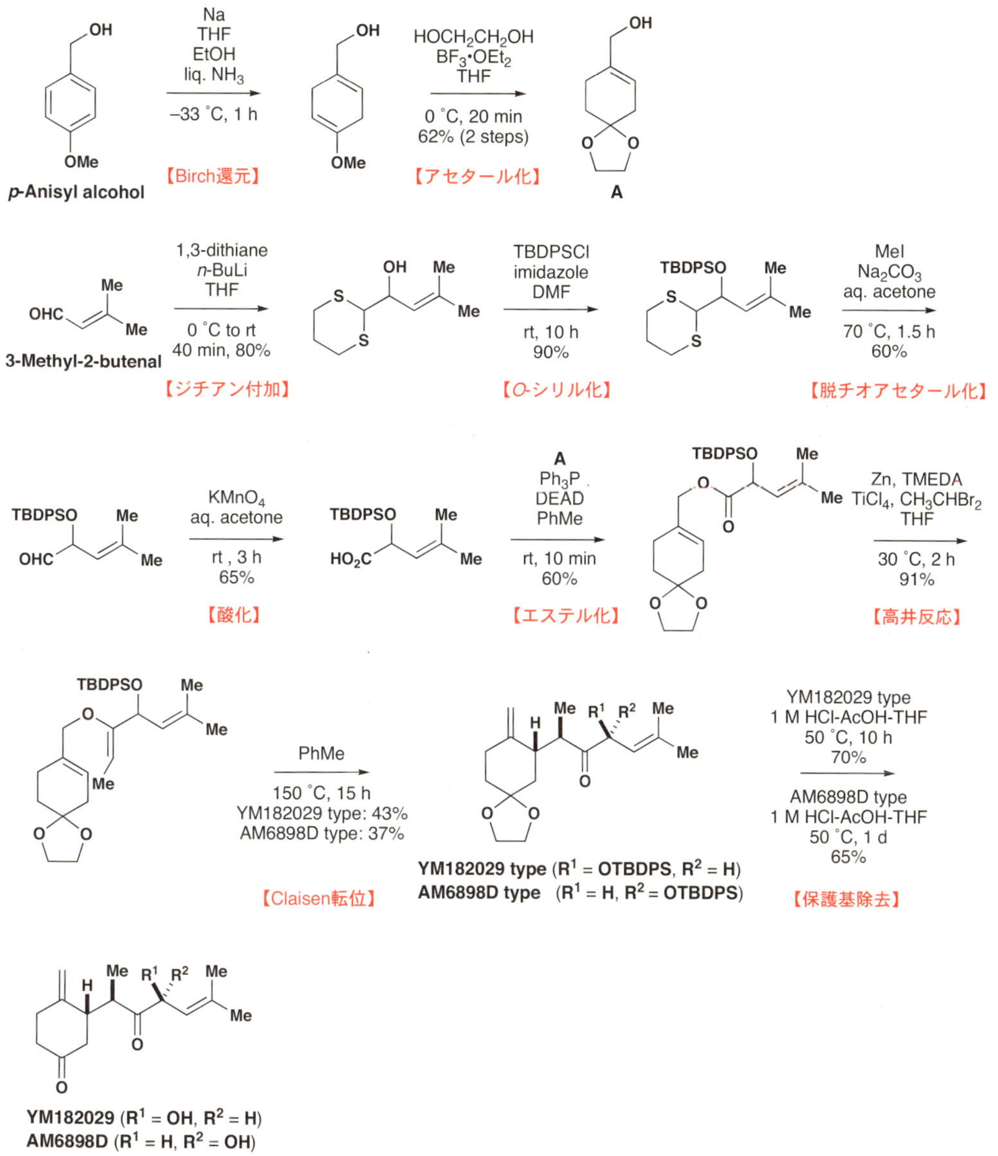

2) First Total Synthesis of (±)-AM6898A and (±)-AM6898D[2)]

S_N2'様反応、シアノヒドリンの反応を経て合成

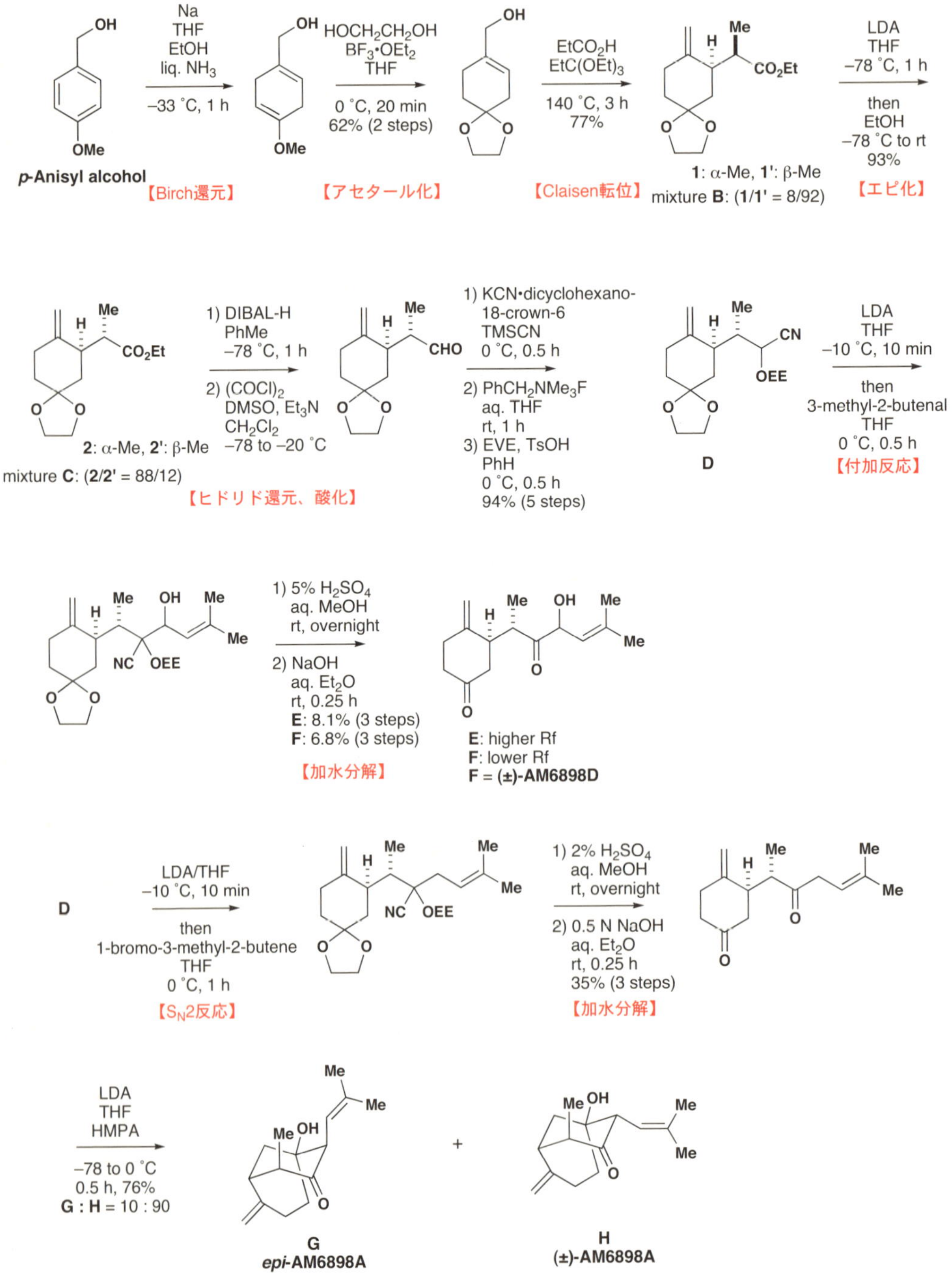

References

1) T. Ogura, Ph. D. Thesis, Graduate School of Science and Engineering Waseda University (2005)

2) Y. Fukuda and Y. Okamoto, *Tetrahedron*, **58**, 2513-2521 (2002)